西电科技专著系列丛书

高等学校电子信息类系列图书

盲源分离技术原理与应用

付卫红　编著

西安电子科技大学出版社

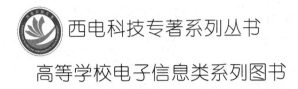

内容简介

本书全面论述了盲源分离技术的原理、关键算法及应用，在介绍盲源分离相关算法原理的基础上，总结出算法的实现步骤，给出算法的仿真结果，并分析了仿真结果。全书共14章，分为四部分，首先介绍了盲源分离的相关理论及技术基础概要，然后分别论述了超定/正定盲源分离技术和欠定盲源分离技术，最后对盲源分离技术的应用进行了介绍。

本书可作为信号处理相关专业研究生及高年级本科生的教材，还可作为无线通信、信号处理等领域工程技术人员的参考书。

图书在版编目(CIP)数据

盲源分离技术原理与应用/付卫红编著. 一西安：西安电子科技大学出版社，2023.4
ISBN 978-7-5606-6798-0

Ⅰ. ①盲…　Ⅱ. ①付…　Ⅲ. ①信号盲分离一研究　Ⅳ. ①TN911.7

中国国家版本馆 CIP 数据核字(2023)第 037131 号

策　　划　李惠萍
责任编辑　赵婧丽
出版发行　西安电子科技大学出版社(西安市太白南路 2 号)
电　　话　(029)88202421　88201467　　邮　　编　710071
网　　址　www.xduph.com　　电子邮箱　xdupfxb001@163.com
经　　销　新华书店
印刷单位　陕西精工印务有限公司
版　　次　2023 年 4 月第 1 版　2023 年 4 月第 1 次印刷
开　　本　787 毫米×1092 毫米　1/16　印　张　16.5
字　　数　386 千字
印　　数　1～2000 册
定　　价　43.00 元
ISBN 978-7-5606-6798-0/TN
XDUP 7100001-1

前　言

随着网络、通信和计算机技术的飞速发展，我们迈入了一个数字化、信息化的时代，而数字信号处理则是其关键环节之一。作为盲信号处理的主要内容，盲源分离是指在源信号和传输信道的先验信息均未知的情况下，仅由观测到的混合信号来恢复或分离出源信号的技术。盲源分离技术是信号处理领域中一个传统又极具挑战性的问题，它在语音信号处理、图像处理、机械故障诊断、生物医学信号处理、通信信号处理等领域都有广泛的应用。

盲源分离在通信侦察领域也具有十分重要的应用价值。在实际军事通信环境中，我方截获到的信号往往是敌方干扰信号、敌方通信信号、我方通信信号以及各种电磁干扰和噪声信号等的混合，因此要想对敌方通信信号进行侦察，则必须先从截获到的混合信号中分离出所需的敌方通信信号。由于通信信号调制样式的多样性，我方往往无法知道敌方发射信号的任何信息，再加上电磁环境的复杂性，对于敌方通信信号是如何混合在一起的，我方也无从知道，因此在不确定有关信号的先验信息的情况下，要对这种在时间、频率上混叠的信号进行处理是有相当难度的，盲源分离技术则是解决这一问题的有效途径。

作为通信工程专业的科研人员，作者重点关注通信信号的盲源分离技术。本书共分四部分，第一部分是盲源分离相关理论及技术基础概要，第二部分是超定/正定盲源分离技术，第三部分是欠定盲源分离技术，第四部分是盲源分离技术的应用研究。

第一部分为第 1 至 3 章，其中：第 1 章为盲源分离问题的提出和应用，主要介绍了盲源分离问题的提出、发展以及应用；第 2 章为盲源分离的数学模型及可分性条件，主要介绍了盲源分离的数学模型以及可分离的假设条件；第 3 章为盲源分离的理论基础，主要介绍了超定、正定、欠定盲源分离用到的 PCA、ICA、SCA 等理论基础知识，超定、欠定盲源分离常用方法以及算法性能评价指标等内容。

第二部分为第 4 至 8 章，其中：第 4 章为盲源分离的预处理技术，主要介绍了盲源分离中的白化预处理技术以及源信号个数估计技术；第 5 章为基于梯度的超定/正定盲源分离算法，首先介绍了固定步长的随机梯度盲源分离算法、自然梯度盲源分离算法以及 EASI 盲源分离算法，其次介绍了基于可变步长的自然梯度盲源分离算法以及 EASI 盲源分离算法，接着对算法的收敛性进行了分析，最后给出了不同算法的性能仿真结果；第 6 章为超定/正定盲源分离的快速定点算法，分别介绍了单元 FastICA 算法以及多元 FastICA 算法；第 7 章为基于联合对角化的超定/正定盲源分离算法，主要介绍了基于二阶累积量的联合对角化算法和基于四阶累积量的联合对角化算法；第 8 章为超定卷积混合盲源分离技术，介绍了卷积混合盲源分离的数学模型和时域、频域卷积盲源分离算法。

第三部分为第 9 至 12 章，其中：第 9 章研究了充分稀疏欠定混合矩阵估计技术，分别介绍了 k 均值聚类算法、模糊 C 均值聚类算法以及改进的 k 均值聚类算法的原理和实现步骤，并给出了算法的性能仿真结果；第 10 章为非充分稀疏欠定混合矩阵估计，分别介绍了

基于 k 维子空间的混合矩阵盲估计算法、基于参数估计的混合矩阵估计算法、基于平面聚类势函数的混合矩阵估计算法、基于齐次多项式表示的欠定混合矩阵盲估计算法以及基于单源点检测的欠定混合矩阵估计算法；第 11 章为基于压缩重构的源信号恢复算法，在介绍压缩感知数学模型及其与欠定盲源分离源信号恢复之间关系的基础上，详细介绍了基于贪婪思想的源信号恢复算法、基于 L_1 范数的源信号恢复算法和基于 L_0 范数的源信号恢复算法；第 12 章研究了源信号恢复的其他算法，具体包括基于最短路径的源信号恢复算法、基于统计稀疏分解的源信号恢复算法及其改进算法。

第四部分为第 13、14 章，其中第 13 章是盲源分离在军事通信中的应用，分别介绍了基于盲源分离的 DS-CDMA 信号伪码估计及多用户分离、基于盲源分离的跳频信号分选拼接技术、基于盲源分离的通信抗干扰技术等内容；第 14 章为通信信号盲源分离实测实验，给出了盲源分离算法在实际分离通信信号时的实验结果。

作者从 2005 年开始研究盲源分离技术，至今已有 17 年之久，带领研究生先后对超定/正定盲源分离技术以及欠定盲源分离技术进行了深入的研究。本书是作者在参考国内外相关文献的基础上，花了近三年时间对多年来研究工作的总结和整理。本书对盲源分离技术的关键算法原理进行了详细论述，对算法的实现步骤进行了总结，并给出了算法的性能仿真结果，最后还给出了盲源分离技术的应用实例和真实环境下的实测结果。

本书由付卫红编著。在编写的过程中参考了部分文献资料，有的未能在书末文献中列出，在此特向所有参考文献的作者致以诚挚的谢意。感谢参与本书文字校对工作的赵文胜、陈玥、张鑫钰、李浩轶、郑培源等研究生，感谢西安电子科技大学通信工程学院的各位领导和老师给予的帮助和支持，感谢西安电子科技大学出版社对本书出版工作的支持。

由于作者水平有限，加上时间仓促，书中不足之处在所难免，恳请广大读者批评指正。

编　者

2022 年 11 月

目　　录

第 1 章　盲源分离问题的提出和应用

盲源分离是指在源信号和传输信道的先验信息均未知的情况下，根据发送端源信号的统计特性，由观测到的混合信号来恢复或分离出源信号的信号处理技术。它是信号处理领域一个传统又极具挑战性的问题。在科学研究和工程实践应用中，很多观测信号都可以看成是多个源信号的混合，盲源分离的主要任务是从观测信号数据中恢复出我们需要的源信号。

本章首先介绍盲源分离问题的提出背景，然后概括盲源分离技术的发展现状，包括超定/正定盲源分离技术的发展现状和欠定盲源分离技术的发展现状，最后简单介绍盲源分离的应用。

1.1　盲源分离问题的提出

假设你在参加一个鸡尾酒会，现场有各种各样的声源，如聊天声(而且可能使用不同的语言)、音乐声，窗外可能还有汽笛声。如果在不同的位置有足够的麦克风去记录这些声音，各个麦克风记录的信号是具有不同权重的说话者语音信号的混合信号。尽管现场有很多干扰，你依然能够将注意力集中在你朋友所说的话上，甚至你还可以边谈话边听音乐等。在不知道声源的任何信息，也不知道麦克风位置的情况下，如何从麦克风接收到的语音信号中分离出所需要的说话者声音？盲源分离就是为了解决此类问题应运而生的。

盲源分离在以下情况中具有明显的优势：

(1) 源信号不可观测；

(2) 源信号的混合方式未知；

(3) 收发端之间的传输信道难以建立数学模型或关于传输信道的先验信息未知。

盲源分离算法的显著特点是盲，特别适宜于复杂电磁环境下的信号分离。

根据观测信号个数与源信号个数之间的大小关系，盲源分离被分为超定盲源分离、正定盲源分离、欠定盲源分离。当观测信号(混合信号)个数大于源信号个数时，盲源分离问题被称为超定盲源分离；当观测信号(混合信号)个数等于源信号个数时，盲源分离问题被称为正定盲源分离；当观测信号(混合信号)个数小于源信号个数时，盲源分离问题被称为欠定盲源分离。

目前针对超定盲源分离和正定盲源分离问题，采用的基本理论框架是一样的，都是根据源信号之间的统计独立性，利用独立分量分析(ICA)的理论方法来解决。而针对欠定盲源分离问题，一般根据源信号的稀疏特性，利用稀疏分量分析(SCA)的理论方法来解决。

1.2 盲源分离技术的发展

1.2.1 超定/正定盲源分离技术的发展

1986 年 4 月 13 日到 16 日，在美国举行的以神经网络为主题的一个国际会议上，Herault 和 Jutten 提出了一种反馈神经网络模型和一种基于 Hebb 学习规则的学习算法(H-J 算法)，在线性混合信道和源信号本身未知的情况下，新算法仅仅应用混合信号就实现了两个独立源信号的分离。Herault 和 Jutten 的工作开辟了一个崭新的研究课题——盲源分离(Blind Source Separation，BSS)。

由于盲源分离的唯一假设条件就是源信号相互统计独立，使得盲源分离成为应用非常广泛的信号处理方法。尤其当很难或根本无法建立从信源到传感器之间的传输信道模型时，盲源分离成为唯一可行的信号处理方法。

独立分量分析这一方法最早是在神经网络模型基础上提出来的，可以看作是主分量分析和因子分析方法的进一步发展，但又有很大的区别。同时，独立分量分析方法也可以看作是一种用于处理盲源分离的技术。

在 1989 年举行的高阶谱分析会议上，J. F. Cardoso 和 P. Common 发表了 2 篇关于 ICA 的早期论文，J. F. Cardoso 提出了 JADE (Joint Approximate Diagonalization of Eigen-matrix) 算法。

1991 年，L. Tong 对盲源分离解的不确定性及可辨识性进行了系统的研究。由于信号传输(即信道)以及源信号知识的缺乏，盲源分离存在两种不确定性或模糊性，即分离后信号的顺序排列和复振幅(幅值和初始相位)的不确定性。L. Tong 等人指出，当源信号之间相互独立时，如果对源信号矢量进行变换，当且仅当变换后的信号之间保持相互独立时，该变换矩阵可以分解为一个满秩对角矩阵和一个转置矩阵的乘积，也就是该变换仅仅改变了源信号的幅度和排列顺序，并没有改变信号的波形。

1994 年，P. Common 系统阐述了独立分量分析的概念，并给出了严格的数学定义，证明了只要通过适当的线性变换，使得变换后的各个信号之间相互独立就可以实现源信号的盲源分离，这就使得盲源分离的实现问题转化成对独立分量分析的求解问题。P. Common 对独立分量分析的代价函数进行了定义，提出了著名的基于最小互信息的独立分量分析方法。代价函数是一个用来衡量变换后各个信号之间相互独立程度的实值标量函数，当且仅当各个输出信号之间相互独立时，代价函数取得最大值或最小值，这样，通过对代价函数的最大化或最小化就能把随机矢量的独立分量分析问题转化为一个独立分量的优化问题。P. Common 的工作给了盲源分离问题一个清晰的脉络，使得以后的盲源分离算法开始有了明确的理论依据。

J. P. Nadal 和 N. Parga 在低噪情况下，通过最大化网络输出和输入的互信息，可以实现输出分布的因子化，即联合概率密度函数可以分解成边缘概率密度函数。A. J. Bell 等人在此基础上导出了随机梯度学习准则，给盲源分离问题建立了一个基于信息论的框架，给出了 Infomax 算法，但该算法的收敛性和稳定性有待提高。

1996 年，Cardoso 提出了相对梯度算法，随后，Amari 等人提出自然梯度算法，并从黎曼几何的角度阐明了这类算法的有效工作原理。自然梯度算法由于消除了矩阵求逆所带来的问题，因而使得许多算法对实际信号进行处理成为可能。经过验证，对于盲源分离算法，相对梯度算法和自然梯度算法是等价的。

1997 年，A. Hyvarinen 和 E. Oja 等人基于输出信号的负熵最大化原则，利用牛顿法近似获得了一种串行定点算法——FastICA 算法，该算法具有较快的收敛速度，因此在大规模数据处理中得到了广泛应用。

在国内，也有很多单位对盲源分离技术展开研究，如清华大学、西北工业大学、东南大学、上海交通大学、西安电子科技大学、华南理工大学、北京师范大学等。

1.2.2　欠定盲源分离技术的发展

盲源分离在过去二十多年间取得了较大发展，其中超定盲源分离技术得到广泛的应用。但是在许多实际应用中，超定的条件很难满足。例如在无线传感器网络中，由于成本或者环境的约束，传感器的数目少于源信号的数目，因此欠定盲源分离近年来成为研究的热点，此项研究也更具挑战性。在早期的研究工作中，学者们假设源信号在时频域存在分段互斥的特点(源信号充分稀疏)，即在任意时频处只有一个源信号起主要作用。但是时频互斥的约束条件过于理想，在实际应用中很难满足。当源信号的时频分布存在稍微重叠的情况时，算法性能将明显下降。为了放宽对时频分布的要求，有人提出观测时频比(Time-Frequency Ratio Of Mixtures，TFROM)算法，该算法允许源信号的时频分布存在一定程度的重叠，但是仍要求一定数量的相邻时频窗内存在只有一个源信号起作用的情况。为了解决欠定盲源分离问题，针对源信号具有稀疏性的欠定盲源分离方法中，较为有效的是“两步法”，即先估计混合矩阵，然后再利用估计出的混合矩阵和观测信号恢复出源信号。

在混合矩阵估计方面，主要通过聚类的方法来实现，有人将 k 均值聚类和霍夫变换相结合来进行混合矩阵估计，首先利用 k 均值聚类方法来获取聚类中心，并且借助微分进化方法来解决初始聚类中心的选取问题，然后使用霍夫变换来修正聚类中心，这样提高了混合矩阵估计的准确率，但是却大大增加了算法的复杂度。类似地，有文献采用蜂群算法和 k 均值聚类算法来估计聚类中心，然后使用网格密度法来修正聚类中心，提高了鲁棒性。

上述方法在理想的充分稀疏的情况下，即存在大量单源点(Single Source Point，SSP)的情形下，混合矩阵估计效果较好。但是在多源点(Multiple Source Point，MSP)数量与单源点数量规模相当的情形下，上述方法的性能将急剧下降，甚至无法估计混合矩阵。目前解决该问题的一个简单而有效的方法是识别时频 SSP 方法，该方法首先对观测信号进行线性时频分析，然后通过比较观测信号时频系数向量的实部和虚部所处的方向是否一致或者相反来识别单源点，最后采用传统的聚类方法对所有单源点进行聚类得到混合矩阵的各个列向量。基于识别时频 SSP 的混合矩阵估计方法只保留单源点，剔除多源点和干扰点，这样不仅减少了聚类的数据量，而且显著提高了聚类的准确度，在降低复杂度的同时提高了混合矩阵估计的准确度和稳健性。目前基于识别时频 SSP 方法存在的问题是时频分辨率低、时频单源点检测的准确率容易受到时频分辨率的影响。

在源信号非充分稀疏的情况下，观测信号空间中存在大量的多源点，而单源点稀少，使用单源点检测方法得到的单源点数量很可能无法满足聚类的要求，此时将无法完整估计混合矩阵。因此，在非充分稀疏的情况下，必须充分利用多源点所构成的观测信号子空间来估计混合矩阵。与单源点呈现线聚类不同，观测信号空间中多源点呈现出的是子空间聚类特性或者超平面聚类特性。

对于欠定盲源分离源信号恢复，目前主要采取稀疏恢复的方法，因为在混合矩阵已经估计完成的情况下，欠定盲源分离源信号恢复模型与稀疏恢复的数学模型一致，而且稀疏恢复方法一般具有较好的稳定性。混合矩阵已知的情况下，可以采用最短路径法来恢复源信号，最短路径法本质上是在线性方程组的约束下优化最小化 L_1 范数。有学者通过引入非负变量，可以将线性约束下的最小化 L_1 范数问题转换成线性规划问题，比如基追踪稀疏恢复就属于该问题。

为了降低源信号恢复算法的复杂度，解决 L_0 范数对噪声的高敏感度，有人提出基于平滑 L_0 范数(SL0，Smoothed L0 norm)的稀疏恢复算法，稀疏恢复的方法通过优化近似 L_0 范数的函数来获取最小 L_0 范数解，证明了最小化近似 L_0 范数的解可以无限逼近真实解，还证明了 SL0 算法的鲁棒性。同时还指出该算法可用于盲源分离且仿真结果表明该算法运行所需时间显著低于最小化 L_1 范数的算法所需的时间。但是由于 SL0 算法中每一次迭代都采用梯度下降法，恢复精度容易受到步长的影响，此后，有较多的学者在 SL0 算法的基础上做了改进。

1.3　盲源分离的应用

盲源分离的应用领域包括生物医学信号处理、图像处理、语音信号处理、地球物理勘探、通信信号处理等。

1. 生物医学信号处理

生物医学上的源信号常常都很微弱、不稳定，容易被各种噪声和干扰所污染，并且通常还相互叠加在一起，利用一些传统的方法并不能获得很清晰的效果。由于多数生物医学信号在统计上是相互独立的，采用 ICA 技术实现分离或提取生物医学信号，使被分解出的各个分量更容易具有实际的物理或生理意义。ICA 在生物医学上的典型应用有：胎儿心电信号的分离或提取、房颤信号的分离或提取、用于诱发脑电信号的特征提取、核磁功能成像等。

可以应用盲源分离技术对脑电记录的眼动、眨眼伪迹进行分离。试验者阅读屏幕上的文字，同时他们的脑电信号通过脑电图显示。眼球的水平运动会在脑电图中产生眼动伪迹，眨眼引起的眼睑垂直运动也在脑电图中产生伪迹，利用盲源分离技术可将眼动和眨眼伪迹进行分离，从而辨别出眼球移动和眨眼动作。

还有人将盲源分离方法用于多导胃电图的分析。胃电图分析是用电极在人体腹部表面记录胃收缩的肌电活动，但是胃电图上显示的肌电活动的波形除了来自胃部外，还有其他器官的肌电活动的干扰，利用 ICA 可以将干扰波形分离开来。

2. 图像处理

随着对盲源分离技术的深入研究，学者们开始将盲源分离应用在图像处理中。在图像的拍摄过程中，相机抖动、拍摄者技术及噪声迭加等问题都会造成图像的污染。在图像的恢复及图像重构等问题中，要从污染图像中提取出原本想要拍摄的图像，盲源分离技术在解决这类问题的同时，可以很好地保留图像的原有信息。近年来，盲源分离技术越来越多地被应用于图像的特征提取、图像分类、图像融合等领域。

3. 语音信号处理

语音信号是人类相互之间进行信息交换和情感交流的重要媒介，是信息的载体，语音信号传输也是人类社会最基本、最高效、最便捷的通信手段。随着科技的飞速进步，为了使语音信号这种表达方法在人类生活的各个领域得到更广泛的应用，语音信号处理技术便应运而生。

在实际环境中，语音信号经常会受到各种噪声或其他说话人的干扰，从而造成语音质量的降低。这时，就需要根据不同的干扰采用不同的语音增强算法。语音增强是语音信号处理领域中的一个重要研究内容，它就是要从受到污染的语音信号中尽可能地恢复出纯净的语音信号，以达到改进语音质量，消除听觉上的疲劳感，提高语音可懂度的目的。在许多应用场合，都需要用到语音信号增强技术。

语音信号增强包含两个方面：一方面是去除语音中的噪声；另一方面是去除其他语音的干扰，这是语音信号的分离问题。从信号分离的角度来看，语音降噪的问题可以看作是语音信号和噪声的分离问题，可以充分利用语音信号和噪声在时频域、统计特性等方面的不同来实现语音信号的增强。

4. 地球物理勘探

地球物理勘探是应用物理学原理勘查地下矿产、研究地质构造的一种算法和理论，可以简称为物探，它主要应用于资源勘查和环境保护等方面。该理论所给出的是根据物理现象对地质体或地质构造做出解释推断的结果，是根据测量数据或所观测的地球物理场求解场源体的问题，是地球物理场的反演问题。而盲源分离技术恰恰是利用观测得到的数据求解源信号，乃至信号的传输信道的理论，因此地理物理勘探中的部分问题属于盲源分离理论的应用范畴，将盲源分离技术用于解决地理物理勘探中所遇到的某些问题在理论上是可行的。

5. 通信信号处理

随着新一代无线通信技术的发展及其通信系统复杂程度逐步提高，无线通信环境中的辐射源数量也越来越多，调制样式也愈加复杂。对无线通信侦收系统而言，接收到的信号通常是许多个不同信号构成的混合信号，这些混合信号往往在时频域、调制域中相互混杂，彼此重叠。这种情况下，利用传统的信号处理方法(例如频率域滤波)很难将所需信号分离出来，因为传统方法通常是利用频率资源或者功率资源来进行信号检测分析与识别处理的，面对这些情况传统方法往往力不从心。同时，受先验条件的限制和约束，接收系统不可能全部获取信号的各种先验信息。尤其对非合作通信系统来讲，接收机预先无法获得发送端精确的载波与其他信号参数信息。因此，若要求接收机能顺利完成解调，必须先利用盲信号处理技术，从接收信号中分离出各种信号，提取必要的信号参数，并在未知信道模型的前提下，设法完成数据解调。非合作通信接收系统的主要任务是对接收的混合信号进行快速准确的分选、识别，并得到有用信号，进而实现对合作通信双方的通信信号进行侦测与截获。但多数情况下，非合作通信侦收并不知道接收信号的先验信息，信号的检测、参数估计、识别和解调处理都具有盲的特性，信号处理始终处于被动地位；尤其是随着数字通信技术的飞速发展，复杂通信体制、多信号复用和混合编码等方式的出现，使得通信系统能利用时、频、空、码域等多领域之间的差异来提升通信能力。这就使非合作通信接收系统只能从盲的角度出发，去寻找合作通信中时、频、空、码域等多领域之间的差异以分离出有用信号并加以处理，实际上这也就是非合作通信系统的盲源分离与信号处理问题。

本章小结

盲源分离是信号处理领域一个传统又极具挑战性的问题，在生物医学信号处理、图像处理、语音信号处理、通信信号处理等方面都有广泛的应用。本章简单介绍了盲源分离问题的提出背景，概述了盲源分离技术的发展现状，并对盲源分离技术的应用进行了说明。接下来将对不同的盲源分离技术进行详细的论述，包括算法的原理、实现步骤以及部分算法的性能仿真结果。

第 2 章　盲源分离的数学模型及可分性条件

盲源分离系统中信号的混合方式有线性混合和非线性混合两种。非线性混合模型的处理方法虽然也有所发展，但是总体来讲仍然不够成熟，信号处理起来相对比较困难。通过求解非线性混合矩阵的逆矩阵来实现非线性混合模型的处理，这对目前的数学方法来讲是比较难的。对实际工作中的多数场合来说，线性混合模型通常占据主导地位。

本章首先介绍盲源分离问题中的信号混合模型，包括线性瞬时混合模型和线性卷积混合模型，然后给出解决盲源分离问题的假设条件，最后分析盲源分离技术存在的固有的模糊性。

2.1　盲源分离的数学模型

2.1.1　线性瞬时混合模型

假设有 N 个源信号，M 个接收天线(传感器)，仅考虑信号幅度的衰减，不关注源信号到达不同阵元(传感器)处时间延迟的不同，此时混合模型为线性瞬时混合模型，数学表达式为

$$x_j(t) = \sum_{i=1}^{N} a_{ji} s_i(t) \tag{2.1}$$

其中，a_{ji}是第 i 个源信号到 j 个接收天线(传感器)的传输系数，也叫混合系数，$s_i(t)$是第 i 个源信号第 t 时刻的采样值，$x_j(t)$是第 j 个混合信号(观测信号)在 t 时刻的采样值，$i\in[1, 2, \cdots, N]$，$j\in[1, 2, \cdots, M]$，可将式(2.1)展开为

$$\begin{pmatrix} x_1(t) \\ x_2(t) \\ \vdots \\ x_M(t) \end{pmatrix} = \begin{pmatrix} a_{11} \\ a_{21} \\ \vdots \\ a_{M1} \end{pmatrix} s_1(t) + \begin{pmatrix} a_{12} \\ a_{22} \\ \vdots \\ a_{M2} \end{pmatrix} s_2(t) + \cdots + \begin{pmatrix} a_{1N} \\ a_{2N} \\ \vdots \\ a_{MN} \end{pmatrix} s_N(t) \tag{2.2}$$

将式(2.2)写成向量形式为

$$\boldsymbol{x}(t) = \boldsymbol{A}\boldsymbol{s}(t) \tag{2.3}$$

其中，$\boldsymbol{s}(t)=[s_1(t), s_2(t), \cdots, s_N(t)]^{\mathrm{T}}$，$\boldsymbol{x}(t)=[x_1(t), x_2(t), \cdots, x_M(t)]^{\mathrm{T}}$，$\boldsymbol{A}$ 为混合矩阵，线性瞬时混合模型示意图如图 2.1 所示。

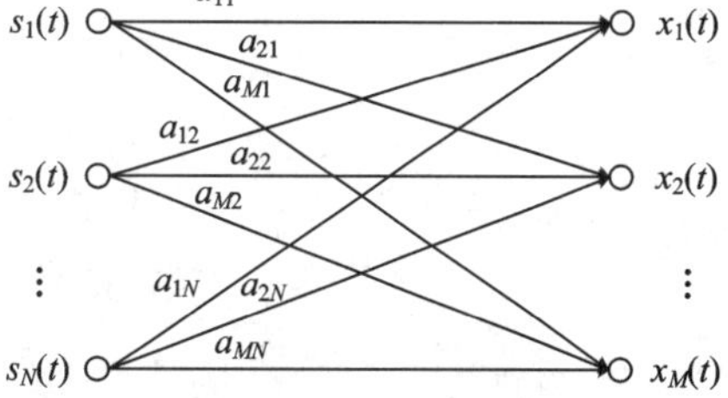

图 2.1　线性瞬时混合模型示意图

当 $M>N$ 时，观测信号的个数多于源信号，这种情况称为超定盲源分离；当 $M=N$ 时，观测信号的个数等于源信号，这种情况称为正定盲源

分离；当 $M<N$ 时，观测信号的个数小于源信号，这种情况称为欠定盲源分离。

对于超定/正定盲源分离，其目标是找到一个 $N\times M$ 的解混矩阵，也叫分离矩阵 $\boldsymbol{W}$，使得

$$\boldsymbol{y}(t)=\boldsymbol{W}\boldsymbol{x}(t) \tag{2.4}$$

为源信号的估计。一般来说，超定/正定盲源分离是利用源信号之间的统计独立性来找到满足要求的分离矩阵。

由于欠定盲源分离问题属于一个复杂的问题，因此对欠定盲源分离问题的求解，则需要用到源信号的稀疏特性，先估计出混合矩阵，然后再利用估计得到的混合矩阵恢复出源信号。

由于在实际情况中，传输信道和接收天线(传感器)阵列不可避免地包含加性噪声，因此在实际应用中必须考虑加性噪声，这样式(2.3)中的混合模型就变为

$$\boldsymbol{x}(t)=\boldsymbol{A}(\boldsymbol{s}(t)+\boldsymbol{v}(t))+\boldsymbol{r}(t) \tag{2.5}$$

其中，$\boldsymbol{v}(t)=[v_1(t),\ v_2(t),\ \cdots,\ v_N(t)]^{\mathrm{T}}$ 是信道加性噪声，$\boldsymbol{r}(t)=[r_1(t),\ r_2(t),\ \cdots,\ r_M(t)]^{\mathrm{T}}$ 是接收天线(传感器)阵列的加性噪声。目前对线性瞬时混合盲源分离的研究，一般只考虑接收天线(传感器)接收阵列的加性噪声影响。

2.1.2　线性卷积混合模型

实际系统中，接收天线(传感器)接收到的信号往往是源信号经过不同时延后的线性组合，即观测数据是源信号的卷积和，称此为线性卷积混合模型。线性卷积混合模型比较接近实际，这是因为：① 实际中每一个源信号不会同时到达所有的传感器，每一个传感器对不同的源信号延时不同，延时值的大小取决于传感器与源信号间的相对位置以及信号的传播速度；② 源信号到达传感器是经过多径传播的，假设信号是线性组合的，则从传感器观测到的信号是源信号各个延时值的线性组合。

假设有 N 个信源 $s_i(t)(i\in[1,\ 2,\ \cdots,\ N])$，卷积混合后被 M 个接收机接收，混合信号为 $x_j(t)(j\in[1,\ 2,\ \cdots,\ M])$，则卷积混合的数学模型可以表示为

$$x_j(t)=\sum_{i=1}^{N}\sum_{p=0}^{P}a_{ji,\,p}\cdot s_i(t-p)=\sum_{i=1}^{N}a_{ji}*s_i(t) \tag{2.6}$$

其中，$a_{ji,\,p}(p=1,\ 2,\ \cdots,\ P)$ 表示从第 i 个源信号到第 j 个接收天线之间延迟为 p 时的传输系数，$i\in[1,\ 2,\ \cdots,\ N]$，$j\in[1,\ 2,\ \cdots,\ M]$，P 是传输函数的阶数，$*$ 表示卷积。为了方便起见，把式(2.6)表示为向量形式，即

$$\boldsymbol{x}(t)=\sum_{p=0}^{P}\boldsymbol{A}(p)\boldsymbol{s}(t-p) \tag{2.7}$$

$$\boldsymbol{A}(p)=\begin{pmatrix} a_{11,\,p} & \cdots & a_{1N,\,p} \\ \vdots & \ddots & \vdots \\ a_{M1,\,p} & \cdots & a_{MN,\,p} \end{pmatrix} \tag{2.8}$$

其中，$\boldsymbol{s}(t)=[s_1(t),\ s_2(t),\ \cdots,\ s_N(t)]^{\mathrm{T}}$，$\boldsymbol{x}(t)=[x_1(t),\ x_2(t),\ \cdots,\ x_M(t)]^{\mathrm{T}}$。当 p 仅取 0 时，该模型就是线性瞬时混合模型了。当 $M=2$，$N=2$ 时，线性卷积混合模型示意图如图 2.2 所示。

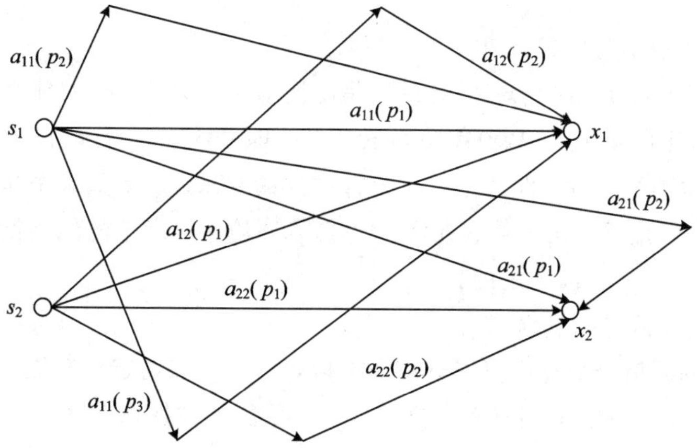

图 2.2　线性卷积混合模型示意图

在卷积混合模型下，盲源分离的目的就扩展为求解一个 Q 阶的 $N\times M$ 的分离滤波器矩阵 $\boldsymbol{W}(q)$，使得

$$\boldsymbol{y}(t)=\sum_{q=0}^{Q}\boldsymbol{W}(q)\boldsymbol{x}(t-q) \tag{2.9}$$

为源信号 $\boldsymbol{s}(t)$的估计，$\boldsymbol{y}(t)=[y_1(t),\ y_2(t),\ \cdots,\ y_N(t)]^{\mathrm{T}}$ 为 N 维列向量。

2.2　线性瞬时混合盲源分离的假设条件

2.2.1　超定/正定盲源分离的假设条件

在没有混合矩阵 $\boldsymbol{A}$ 和源信号 $\boldsymbol{s}(t)$任何先验信息的条件下，如果没有一定的前提条件，则盲源分离问题的解一定是多解的。因此，为了使得盲源分离问题有确定性的解，有必要给出盲源分离问题的假设和约束条件。

(1) 源信号各分量是相互统计独立的随机变量。

直观地说，如果任意的随机变量序列 y_1，y_2，…，y_N 之间是相互统计独立的，这就意味着从随机变量 $y_i(i=1,\ 2,\ \cdots,\ N)$的信息中不能得到随机变量 y_j 的任何信息。随机变量之间的统计独立性可以通过概率密度函数来精确地描述。假设 $p(y_1,\ y_2,\ \cdots,\ y_N)$表示随机变量 $y_i(i=1,\ 2,\ \cdots,\ N)$的联合概率密度函数，$p_i(y_i)$表示随机变量 $y_i(i=1,\ 2,\ \cdots,\ N)$的边缘概率密度函数，如果满足

$$p(y_1,\ y_2,\ \cdots,\ y_N)=p_1(y_1)p_2(y_2)\cdots p_N(y_N) \tag{2.10}$$

则说 $y_i(i=1,\ 2,\ \cdots,\ N)$是相互统计独立的。

如果源信号 s_j 的概率密度函数为 $p_j(s_j)$，则源信号向量 $\boldsymbol{s}=[s_1,\ s_2,\ \cdots,\ s_N]$的概率密度函数为

$$p_s(\boldsymbol{s})=\prod_{j=1}^{N}p_j(s_j) \tag{2.11}$$

独立性假设是超定/正定盲源分离的立足点，在很多实际应用中，这也是一条合理的

假设。

(2) 假设 N 个源信号中只允许一个是高斯信号。

因为两个统计独立的高斯信号混合后还是高斯信号，所以它们的独立性等同于互不相关。可以证明，由任意旋转 $\boldsymbol{y}=\boldsymbol{Wx}$($\boldsymbol{W}$ 为旋转矩阵，即 $\boldsymbol{WW}^{\mathrm{T}}=\boldsymbol{I}$)分离得到的结果都不会改变高斯向量的二阶不相关性，即总是符合统计独立的要求。因此如果服从高斯分布的源信号超过一个，则各源信号不可分离。在实际的自然环境中，真正的纯高斯信号很少，所以假设(2)是合理的，也是可以满足的。

(3) 假设混合矩阵是列满秩的。

为确保所有的源信号分量都可以分离或提取，盲源分离约定混合矩阵列满秩。换句话说，若混合矩阵是列亏损的，则只有部分源信号分量能够被提取出来。

(4) 源信号各分量是零均值的。

如果零均值并不成立，我们可以通过预处理来达到这个条件。一般我们使用中心化观测变量这一技术，即减去样本均值。这意味着在用盲源分离算法处理数据之前，原始的观测混合数据 $\boldsymbol{x}'$ 可以通过式(2.12)进行预处理，即

$$\boldsymbol{x} = \boldsymbol{x}' - E\{\boldsymbol{x}'\} \tag{2.12}$$

因为 $E\{\boldsymbol{s}\}=\boldsymbol{A}^{-1}E(\boldsymbol{x})$，所以独立成分也是零均值的。由于混合矩阵在预处理之后保持不变，因此我们可以进行中心化而不影响混合矩阵的估计。

在以上假设条件下，盲源分离(BSS)的任务就是寻找一个分离矩阵 $\boldsymbol{W}$，使得

$$\boldsymbol{y}(t) = \boldsymbol{Wx}(t) = \boldsymbol{WA}(t)\boldsymbol{s}(t) + \tilde{\boldsymbol{v}}(n) = \boldsymbol{\Lambda}(t)\boldsymbol{P}(t)\boldsymbol{s}(t) + \tilde{\boldsymbol{v}}(n) \tag{2.13}$$

的各分量相互独立，其中 $\tilde{\boldsymbol{v}}(n)$ 是噪声，$\boldsymbol{\Lambda}(t)$ 是实对角阵，而 $\boldsymbol{P}(t)$ 是任意交换阵，这时我们就说 $\boldsymbol{y}(t)$ 是 $\boldsymbol{s}(t)$ 的一个估计，从而分离出了信号源中的各个独立成分。理想情况下(没有噪声)，如果我们找到的分离矩阵 $\boldsymbol{W}$ 刚好是 $\boldsymbol{A}$ 的逆，即 $\boldsymbol{\Lambda}(t)\boldsymbol{P}(t)$ 是单位阵，则

$$\boldsymbol{y}(t) = \boldsymbol{Wx}(t) = \boldsymbol{A}^{-1}\boldsymbol{x}(t) = \boldsymbol{A}^{-1}\boldsymbol{As}(t) = \boldsymbol{s}(t) \tag{2.14}$$

这时就可以准确地分离出 $\boldsymbol{s}$ 中的各个独立信号。

2.2.2 欠定盲源分离的假设条件

当混合矩阵和源信号满足如下三个条件时，可以利用稀疏分量分析的方法来求解欠定盲源分离问题。

条件 1：混合矩阵 $\boldsymbol{A}\in\boldsymbol{R}^{M\times N}$，并且构成 $\boldsymbol{A}$ 的任意 $M\times N$ 维的子矩阵是可逆矩阵；

条件 2：对于任意的采样时刻，源信号 $\boldsymbol{s}(t)$ 最多只有 $M-1$ 个非 0 元素；

条件 3：对任意包含 $N-M+1$ 个下标的集合 $I=\{i_1, i_2, \cdots, i_{N-M+1}\}\subset\{1, 2, \cdots, N\}$，源信号矩阵 $\boldsymbol{S}$ 中至少存在 M 列使得每列中对应下标集合 I 的元素均为 0，而且 M 个列向量中的任意 $M-1$ 个向量是线性无关的。

上面的三个条件，条件 1 是对矩阵的要求，条件 2 是每个信号列向量应该满足的条件，条件 3 要求整个采样时间段内的接收信号应该携带混合矩阵 $\boldsymbol{A}$ 的所有信息，这样才能恢复出混合矩阵。当一个欠定盲源分离问题同时满足以上三个条件时，可以利用接收信号准确地恢复出源信号，这一理论为欠定盲源分离的发展起到了推进作用。

2.3　线性瞬时混合盲源分离的模糊性

2.3.1　超定/正定盲源分离的模糊性

由于盲源分离技术是利用源信号之间的统计独立性，通过观测信号向量 $\boldsymbol{x}$ 来对混合矩阵和源信号进行估计的。当两个源信号相互独立时，如果将它们的排列顺序颠倒，或者对两个信号都乘以一个常数，则它们仍然独立。因此，盲源分离技术具有下面两个内在的不确定性，或者说模糊性，这种不确定性在盲源分离技术中是无法消除的。

1. 排列顺序的不确定性

排列顺序的不确定性无法确定恢复的各个信号分量 y_j 与源信号向量 $\boldsymbol{s}(t)$中的哪个分量对应。因为

$$\boldsymbol{x}(k)=\boldsymbol{A}\boldsymbol{s}(k)=\boldsymbol{A}\boldsymbol{P}^{-1}\boldsymbol{P}\boldsymbol{s}(k)=\widetilde{\boldsymbol{A}}\widetilde{\boldsymbol{s}}(k) \tag{2.15}$$

其中，$\boldsymbol{P}$ 是单位置换阵，如

$$\boldsymbol{P}\boldsymbol{s}=\begin{bmatrix}0 & 0 & 1 & 0\\ 0 & 1 & 0 & 0\\ 0 & 0 & 0 & 1\\ 1 & 0 & 0 & 0\end{bmatrix}\begin{bmatrix}s_1\\ s_2\\ s_3\\ s_4\end{bmatrix}=\begin{bmatrix}s_3\\ s_2\\ s_4\\ s_1\end{bmatrix} \tag{2.16}$$

所以盲源分离后，可能使源信号的排列顺序发生变化。

2. 信号(复)幅度的不确定性

因为

$$\boldsymbol{x}=\boldsymbol{A}\boldsymbol{s}=\sum_{j=1}^{N}\left(\frac{1}{\alpha_j}h_j\right)(s_j\alpha_j) \tag{2.17}$$

可以看出，如果 s_j 乘以任何非零复因子 α_j，而 $\boldsymbol{A}$ 的第 j 列各元素均乘以 $1/\alpha_j$，则不论 α_j 取何值，$\boldsymbol{x}$ 均不变。因此由 $\boldsymbol{x}$ 获得源信号时，存在尺度的不确定性。

鉴于以上原因，一般约定各源信号具有单位方差，即 $E\{|s_i|^2\}=1$，此时 $\boldsymbol{s}$ 的自相关矩阵为单位阵，即 $\boldsymbol{R}_{ss}=E(\boldsymbol{s}\boldsymbol{s}^{\mathrm{T}})=\boldsymbol{I}_N$。对于复信号，则为 $\boldsymbol{R}_{ss}=E(\boldsymbol{s}\boldsymbol{s}^{\mathrm{H}})=\boldsymbol{I}_N$。也就是说，通过这样的约束后，恢复出来的信号协方差矩阵为单位方差。而对于复信号，除了存在以上两个模糊性之外，还存在相位的模糊性，这是因为如果 α_j 为复数，则其中既包含幅值也包含相位。

当然，实际中源信号协方差矩阵 $\boldsymbol{R}_{ss}$ 往往不等于 $\boldsymbol{I}_N$，而是 $\boldsymbol{R}_{ss}=\boldsymbol{D}=\mathrm{diag}(d_1, d_2, \cdots, d_N)$，这时可将 $\boldsymbol{s}$ 分解为 $\boldsymbol{s}=\boldsymbol{D}^{1/2}\widetilde{\boldsymbol{s}}$，则 $\boldsymbol{R}_{\widetilde{s}\widetilde{s}}=\boldsymbol{I}_N$，因此将 $\widetilde{\boldsymbol{s}}$ 看作源信号矢量($\widetilde{\boldsymbol{s}}$ 相对 $\boldsymbol{s}$ 只是对各个源信号在幅度上作了一定的伸缩)，而将 $\widetilde{\boldsymbol{A}}=\boldsymbol{A}\boldsymbol{D}^{1/2}$ 看作 $\boldsymbol{A}$，则观测信号同样满足盲源分离的线性混合模型。因此，在后面的推导中，我们都认为 $\boldsymbol{R}_{ss}=\boldsymbol{I}_N$。

2.3.2　欠定盲源分离的模糊性

目前欠定盲源分离问题的求解，一般采用两步法，即混合矩阵估计和源信号恢复。混合矩阵估计的基本思想是利用源信号的稀疏性，对观测信号进行聚类。在混合矩阵估计之

前，需要对观测信号进行归一化处理，目前常用的归一化方法是 L_2 范数归一化。比如假设有 $M=3$ 个观测信号，$N=4$ 个源信号，源信号充分稀疏，则第 M 个观测通道接收到的 N 个源信号分别为

$$x_M(t)=a_{11}s_1(t)+a_{12}s_2(t)+\cdots+a_{1N}s_N(t) \tag{2.18}$$

假设 t_i 时刻只有第 i 个源信号起作用，则有

$$\begin{aligned} x_1(t_i) &= a_{1i}s_i(t_i) \\ x_2(t_i) &= a_{2i}s_i(t_i) \\ x_3(t_i) &= a_{3i}s_i(t_i) \end{aligned} \tag{2.19}$$

对 $\boldsymbol{x}(t_i)=[x_1(t_i),x_2(t_i),x_3(t_i)]^{\mathrm{T}}$ 做归一化，则有

$$\frac{\boldsymbol{x}(t_i)}{\|\boldsymbol{x}(t_i)\|_2}=\left[\frac{a_{1i}}{\|\boldsymbol{a}_i\|_2},\frac{a_{2i}}{\|\boldsymbol{a}_i\|_2},\frac{a_{3i}}{\|\boldsymbol{a}_i\|_2}\right] \tag{2.20}$$

可以看到，所有第 i 个源信号起作用的时刻，归一化后的观测信号聚集在同一个点上，由此利用聚类算法估计出的聚类中心就对应混合矩阵的列向量，只是估计出来的列向量相对真实的列向量有一定的比例伸缩。也就是说对归一化后的观测信号利用聚类算法估计出所有的混合矩阵列向量后，组成的混合矩阵与真实的混合矩阵之间满足如下关系：

$$\hat{\boldsymbol{A}}=\begin{bmatrix} \frac{1}{\|a_1\|_2} & 0 & \cdots & 0 \\ 0 & \frac{1}{\|\boldsymbol{a}_2\|_2} & \cdots & 0 \\ \vdots & & \ddots & \vdots \\ 0 & \cdots & \cdots & \frac{1}{\|\boldsymbol{a}_N\|_2} \end{bmatrix}\times\boldsymbol{A} \tag{2.21}$$

其中，$\hat{\boldsymbol{A}}$ 是估计出来的混合矩阵，$\boldsymbol{A}$ 是真实的混合矩阵。也就是说估计出来的混合矩阵列向量与真实的混合矩阵列向量之间有一个常系数，因此利用估计的混合矩阵进行源信号恢复时，真实的源信号与估计的源信号之间也会有一个系数，即会存在幅度的模糊性。

另外，由于对观测信号聚类时，并不能确定各类与混合矩阵列向量之间的对应关系，因此恢复出来的源信号会存在排列顺序的模糊性。

本章小结

本章首先详细分析了盲源分离的数学模型，即线性瞬时混合模型和线性卷积混合模型，给出了收发信号在不同模型下二者之间的数学关系表达式，并将线性瞬时混合盲源分离问题分为超定/正定盲源分离和欠定盲源分离两种情况；其次给出了要解决线性瞬时混合盲源分离所需要的假设条件，这里对超定/正定盲源分离和欠定盲源分离两种情况分别进行了讨论；最后讨论了超定/正定盲源分离以及欠定盲源分离中固有的模糊性问题。本章的内容是后面章节内容的一个铺垫。

第 3 章　盲源分离的理论基础

要解决盲源分离问题，需要用到多种信号分析的相关理论知识。本章首先介绍了盲源分离技术相关的主分量分析(PCA)、独立分量分析(ICA)、稀疏分量分析(SCA)等信号分析理论，然后给出了目前解决盲源分离问题的常用方法和思路，最后对盲源分离技术的性能评价指标进行了说明。

3.1　主分量分析(PCA)

主分量分析(Principal Component Analysis, PCA)是一种常用的数据分析方法。PCA 通过线性变换将原始数据变换为一组各维度线性无关的表示，可用于提取数据的主要特征分量，常用于高维数据的降维。PCA 本质上是将方差最大的方向作为主要特征，并且在各个正交方向上将数据“解相关”，也就是让它们在不同正交方向上没有相关性。

降维问题的优化目标是：将一组 N 维向量降为 K 维($0<K<N$)，其目标是选择 K 个单位(模为 1)正交基，使得原始数据变换到这组基上后，各字段两两间协方差为 0，而字段的方差则尽可能大(在正交的约束下，取最大的 K 个方差)。

设有 M 个 N 维数据记录，进行去均值处理后，将其按列排成 $N\times M$ 的矩阵 $\boldsymbol{X}$，设

$$\boldsymbol{C}=\frac{1}{M}\boldsymbol{X}\boldsymbol{X}^{\mathrm{T}} \tag{3.1}$$

则 $\boldsymbol{C}$ 是一个对称矩阵，其对角线分别为各个字段的方差，而第 i 行 j 列和第 j 行 i 列元素相同，表示 i 和 j 两个字段的协方差。

根据上述推导，我们发现要达到优化目的，等价于将协方差矩阵对角化，即除对角线外的其他元素转化为 0，并且在对角线上将元素按大小从上到下排列，这样就达到了优化目的。

设原始数据矩阵 $\boldsymbol{X}$ 对应的协方差矩阵为 $\boldsymbol{C}$，而 $\boldsymbol{P}$ 是一组基按行组成的矩阵，设 $\boldsymbol{Y}=\boldsymbol{P}\boldsymbol{X}$，$\boldsymbol{Y}$ 的协方差矩阵为 $\boldsymbol{D}$，则

$$\boldsymbol{D}=\frac{1}{M}\boldsymbol{Y}\boldsymbol{Y}^{\mathrm{T}}=\frac{1}{M}(\boldsymbol{P}\boldsymbol{X})(\boldsymbol{P}\boldsymbol{X})^{\mathrm{T}}=\boldsymbol{P}\left(\frac{1}{M}\boldsymbol{X}\boldsymbol{X}^{\mathrm{T}}\right)\boldsymbol{P}^{\mathrm{T}}=\boldsymbol{P}\boldsymbol{C}\boldsymbol{P}^{\mathrm{T}} \tag{3.2}$$

此时要找的 $\boldsymbol{P}$ 不是别的，而是能让原始协方差矩阵 $\boldsymbol{C}$ 对角化的 $\boldsymbol{P}$。换句话说，优化目标变成了寻找一个矩阵 $\boldsymbol{P}$，满足 $\boldsymbol{P}\boldsymbol{C}\boldsymbol{P}^{\mathrm{T}}$ 是一个对角矩阵，并且对角元素按从大到小依次排列，那么 $\boldsymbol{P}$ 的前 k 行就是要寻找的基，用 $\boldsymbol{P}$ 的前 k 行组成的矩阵乘以 $\boldsymbol{X}$ 就使得 $\boldsymbol{X}$ 从 N 维降到了 K 维，并满足上述优化条件。

由矩阵的相关知识可知，一个 N 行 N 列的实对称矩阵一定可以找到 N 个单位正交特征向量，设这 N 个特征向量为 $\boldsymbol{e}_1$，$\boldsymbol{e}_2$，$\boldsymbol{e}_3$，…，$\boldsymbol{e}_N$，我们将其按列组成矩阵：

$$\boldsymbol{E}=\begin{bmatrix}\boldsymbol{e}_1\\ \boldsymbol{e}_2\\ \boldsymbol{e}_3\\ \vdots\\ \boldsymbol{e}_N\end{bmatrix} \tag{3.3}$$

则对协方差矩阵 $\boldsymbol{C}$ 有如下结论:

$$\boldsymbol{E}^{\mathrm{T}}\boldsymbol{C}\boldsymbol{E}=\boldsymbol{\Lambda}=\begin{pmatrix}\lambda_1 & & & \\ & \lambda_2 & & \\ & & \ddots & \\ & & & \lambda_N\end{pmatrix} \tag{3.4}$$

其中，$\boldsymbol{\Lambda}$ 为对角矩阵，其对角元素为各特征向量对应的特征值(可能有重复)。到这里，已经找到了需要的矩阵 $\boldsymbol{P}$，即

$$\boldsymbol{P}=\boldsymbol{E}^{\mathrm{T}} \tag{3.5}$$

$\boldsymbol{P}$ 是协方差矩阵的特征向量单位化后按行排列出的矩阵，其中每一行都是 $\boldsymbol{C}$ 的一个特征向量。如果设 $\boldsymbol{P}$ 是按照 $\boldsymbol{\Lambda}$ 中特征值的大小，将对应的特征向量从上到下排列得到的矩阵，则用 $\boldsymbol{P}$ 的前 k 行组成的矩阵乘以原始数据矩阵 $\boldsymbol{X}$，就得到了我们需要的降维后的数据矩阵 $\boldsymbol{Y}$。

ICA 的预处理中的白化方法可以有效地降低问题的复杂度，而且算法简单，用传统的 PCA 就可完成。用 PCA 对观测信号进行白化的预处理使得原来所求的解混合矩阵退化成一个正交阵，减少了 ICA 的工作量。此外，当观测信号的个数大于源信号个数时，经过白化处理可以自动将观测信号数目降到与源信号维数相同。

3.2 独立分量分析(ICA)

独立分量分析(Independent Component Analysis，ICA)是在源信号统计独立的假设条件下，确定一个逆变换保证输出信号的各分量尽可能相互独立。BSS 则无论源信号是否具备统计独立特性，其目的都是设法分离和重构源信号。所以说 ICA 是实现 BSS 的众多方法中的一个子类，由于源信号通常是由不同的物理设备发出的，统计独立性很容易满足，因此常用 ICA 代替 BSS。具体地说，ICA 以非高斯源信号为研究对象，要求混合信号中至多含有一个高斯分布信号。这是由于多个高斯分布信号的线性混合仍然服从高斯分布，从而在独立性的意义上不再可分。

独立分量分析的基本目的就是确定线性变换矩阵 $\boldsymbol{W}$，使得变换后的输出分量 $\boldsymbol{y}(t)=\boldsymbol{W}\boldsymbol{x}(t)$ 尽可能统计独立。直观地说，实现独立分量分析的两个主要部分是目标函数和优化方法。

一般来说，不同的目标函数是由不同的估计准则得到的，然后通过恰当的优化方法来实现独立分量分析，也就是求出混合矩阵 $\boldsymbol{H}$ 和独立成分 $\boldsymbol{s}$，其中这些优化方法大多是基于梯度的方法。为了更清楚地描述实现独立分量分析的方法，假设将不同的估计准则得到的目标函数表示为 $J(\boldsymbol{W})$，且 $\boldsymbol{W}$ 的第 n 行表示为 $\boldsymbol{w}_n$，则这个优化问题就是(以极大化为例，极小化是与其等价的):

$$\begin{cases}\max_{\boldsymbol{W}}(J(\boldsymbol{W})) \\ \text{s.t.}\ |\boldsymbol{w}_n| = 1\ (n = 1, 2, \cdots N)\end{cases} \tag{3.6}$$

目前采用ICA技术进行盲源分离的主要方法有非高斯的最大化法、互信息的最小化法以及最大似然函数估计。这些方法的一个共同点就是按照一定的准则来度量输出信号之间的独立性。由独立性的不同测度构造出不同的目标函数，对这些目标函数用不同的算法进行优化，就推导出不同的盲源分离算法。下面首先给出常用的独立性测度方法，然后分别介绍上述三种盲源分离方法。

在盲源分离中，常以 Kullback-Leibler 散度（又名相对熵）作为独立性的测度。Kullback-Leibler 散度定义为两个概率密度函数 $\boldsymbol{p}_y(\boldsymbol{y})$和 $\boldsymbol{q}(\boldsymbol{y})$之间的距离，即

$$D_{pq} = \mathrm{KL}[\boldsymbol{p}_y(\boldsymbol{y}), \boldsymbol{q}(\boldsymbol{y})] = \int \boldsymbol{p}_y(\boldsymbol{y}) \log \frac{\boldsymbol{p}_y(\boldsymbol{y})}{\boldsymbol{q}(\boldsymbol{y})} \mathrm{d}\boldsymbol{y} \tag{3.7}$$

概率密度函数 $\boldsymbol{p}_y(\boldsymbol{y})$和 $\boldsymbol{q}(\boldsymbol{y})$之间的 Kullback-Leibler 距离满足如下不等式：

$$D_{pq} \geqslant 0 \tag{3.8}$$

其中，等式成立的充分必要条件是概率密度函数 $\boldsymbol{p}_y(\boldsymbol{y})$与 $\boldsymbol{q}(\boldsymbol{y})$几乎处处相等。Kullback-Leibler 散度是测量概率密度函数之间的偏离度的度量。

3.2.1　非高斯的最大化法

在大多数经典的统计理论里，随机变量被假设为高斯分布。概率论里一个经典的结论(中心极限定理)表明，在某种条件下，独立随机变量的和趋于高斯分布，独立随机变量的和比原始随机变量中的任何一个更接近于高斯分布。

设 $y_k = \boldsymbol{w}^{\mathrm{T}}\boldsymbol{x}$，这里 $\boldsymbol{w}$ 是一个待定的列向量，令 $\boldsymbol{z} = \boldsymbol{A}^{\mathrm{T}}\boldsymbol{w}$，则

$$y_k = \boldsymbol{w}^{\mathrm{T}}\boldsymbol{x} = \boldsymbol{w}^{\mathrm{T}}\boldsymbol{A}\boldsymbol{s} = \boldsymbol{z}^{\mathrm{T}}\boldsymbol{s} \tag{3.9}$$

因此 y_k 是 s_i 的线性组合。由中心极限定理知 $\boldsymbol{z}^{\mathrm{T}}\boldsymbol{s}$ 比任何一个 s_i 更接近高斯分布，因此可以把 $\boldsymbol{w}$ 看成是最大化 $\boldsymbol{w}^{\mathrm{T}}\boldsymbol{x}$ 的非高斯性的一个向量，找到这样的一个向量 $\boldsymbol{w}$，得到的 y_k 等于其中的一个独立成分的估计。因此要估计出盲源分离模型中的所有的独立成分(源信号) $s_i(i=1, 2, \cdots, N)$，只需找到 N 个这样的向量 $\boldsymbol{w}_i(i=1, 2, \cdots, N)$即可。设 $\boldsymbol{W}$ 是由 $\boldsymbol{w}_i(i=1, 2, \cdots, N)$组成的矩阵，即 $\boldsymbol{W}=[\boldsymbol{w}_1, \boldsymbol{w}_2, \cdots, \boldsymbol{w}_N]^{\mathrm{T}}$，则源信号的估计可表示为

$$\boldsymbol{y} = \boldsymbol{W}\boldsymbol{x} \tag{3.10}$$

其中，$\boldsymbol{y}=[y_1, y_2, \cdots, y_N]^{\mathrm{T}}$ 是 N 个源信号的估计。因此该方法的关键是对非高斯性的度量，非高斯性的度量方法有峭度(kurtosis)法和负熵法。峭度也称四阶累积量，$y_i(i=1, 2, \cdots, N)$的峭度被定义为

$$\mathrm{kurt}(y_i) = E\{y_i^4\} - 3E\{y_i^2\}^2 \tag{3.11}$$

对一个高斯随机变量来说，它的峭度等于0；但对于大多数非高斯随机变量，它的峭度不等于0。峭度有正也有负，正的称为超高斯信号，负的称为亚高斯信号。因此 y_i 的峭度的绝对值越大，则其非高斯性越强，这就是非高斯性的峭度度量法。

非高斯性的负熵度量法是基于信息论中熵的概念引入的。信息论中一个基本的结论是：在所有具有等方差的随机变量中，高斯变量的熵最大。这意味着熵能用来作为非高斯性的测量。对熵的定义进行修改即可得到负熵，其定义如下：

$$J(\boldsymbol{y}) = H(\boldsymbol{y}_{\mathrm{gauss}}) - H(\boldsymbol{y}) \tag{3.12}$$

这里 $\boldsymbol{y}_{\text{gauss}}$ 是一个与 $\boldsymbol{y}$ 有相同的协方差的高斯随机向量，$H(\boldsymbol{y})$表示 $\boldsymbol{y}$ 的熵。由于上面提到的特性，负熵总是非负的，它为 0 的条件是当且仅当 $\boldsymbol{y}$ 是高斯分布。因此 $\boldsymbol{y}$ 的负熵越大，其非高斯性越好。

3.2.2　最大似然估计

所谓最大似然估计，就是找到一个矩阵 $\boldsymbol{W}$，使 $\boldsymbol{Wx}$ 的分布尽可能地接近源信号的分布，它是 ICA 估计的一个非常普遍的方法，与信息论紧密相关，其实质与互信息的最小化法是相同的。令 $\boldsymbol{W}=(\boldsymbol{w}_1, \boldsymbol{w}_2, \cdots, \boldsymbol{w}_N)^{\mathrm{T}}$，$\boldsymbol{y}=\boldsymbol{Wx}$ 是对源信号的估计，设 $\boldsymbol{q}$ 是 $\boldsymbol{y}$ 的概率密度函数（假设已经获得），$\boldsymbol{q}=[q_1, q_2, \cdots, q_N]$，则 $\boldsymbol{x}$ 的概率密度函数为

$$p(\boldsymbol{x}) = |\det\boldsymbol{W}| \cdot \boldsymbol{q}(\boldsymbol{Wx}) = |\det\boldsymbol{W}| \cdot \prod_{i=1}^{N} q_i(\boldsymbol{w}_i^{\mathrm{T}}\boldsymbol{x}) \tag{3.13}$$

如果 $\boldsymbol{x}(t)(t=1, 2, \cdots, T)$是 $\boldsymbol{x}$ 的 T 个样本点，并且它们之间相互独立，则有

$$p(\boldsymbol{x}) = p(\boldsymbol{x}(1)) \times p(\boldsymbol{x}(2)) \cdots \times p(\boldsymbol{x}(T)) \tag{3.14}$$

对它取对数即可得到定义的对数似然函数为

$$L = \sum_{t=1}^{T}\sum_{i=1}^{N} \log q_i(\boldsymbol{w}_i^{\mathrm{T}}\boldsymbol{x}(t)) + T\log|\det\boldsymbol{W}| \tag{3.15}$$

如果可以找到分离矩阵 $\boldsymbol{W}$ 使得似然函数 L 最大，则由 $\boldsymbol{y}=\boldsymbol{Wx}$ 就可以分离出各个独立信号分量。

3.2.3　互信息的最小化法

N 个随机变量 $y_i(i=1, 2, \cdots, N)$的互信息定义为

$$I(y_1, y_2, \cdots, y_N) = \sum_{i=1}^{N} H(y_i) - H(\boldsymbol{y}) \tag{3.16}$$

其中，$H(\boldsymbol{y})$表示 $\boldsymbol{y}$ 的熵。互信息是对相关性的一种自然测度，它总是非负的，当且仅当变量统计独立时，它才为 0。互信息的一个重要性质是：如果 $\boldsymbol{y}=\boldsymbol{Wx}$，那么

$$I(y_1, y_2, \cdots, y_N) = \sum_{i}^{N} H(y_i) - H(\boldsymbol{x}) - \log|\det\boldsymbol{W}| \tag{3.17}$$

如果 y_i 是非相关的，并具有单位方差，即 $E(\boldsymbol{yy}^{\mathrm{T}})=\boldsymbol{I}$，则有

$$E(\boldsymbol{yy}^{\mathrm{T}}) = E(\boldsymbol{Wxx}^{\mathrm{T}}\boldsymbol{W}^{\mathrm{T}}) = \boldsymbol{WR}_{xx}\boldsymbol{W}^{\mathrm{T}} = \boldsymbol{I} \tag{3.18}$$

所以

$$\boldsymbol{R}_{xx} = \boldsymbol{W}^{-1}\boldsymbol{W}^{-\mathrm{T}} \tag{3.19}$$

由式(3.17)和式(3.19)有

$$\begin{aligned} I(y_1, y_2, \cdots, y_N) &= \sum_{i}^{N}[H(y_i) - H(y_{i,\text{gauss}})] + \sum_{i}^{N} H(y_{i,\text{gauss}}) - H(\boldsymbol{x}) - \log|\det(\boldsymbol{W})| \\ &= -\sum_{i}^{N} J(y_i) + \sum_{i}^{N} H(y_{i,\text{gauss}}) - H(\boldsymbol{x}) + \frac{1}{2}\log|\det R_{xx}| \end{aligned} \tag{3.20}$$

即

$$I(y_1, y_2, \cdots, y_N) = c - \sum_{i}^{N} J(y_i) \tag{3.21}$$

其中，$J(y_i)$表示 y_i 的负熵，而 c 是与 $\boldsymbol{W}$ 无关的常量。因此如果找到一个可逆矩阵 $\boldsymbol{W}$ 能最

小化 **N** 个随机变量 $\boldsymbol{y}_i(i=1, 2, \cdots, N)$的互信息，相当于找到了负熵的最大化方向，由非高斯性的负熵度量法可知，此时就可以估计出源信号。

3.3　稀疏分量分析(SCA)

稀疏分量分析(Sparse component analysis，SCA)主要研究信号稀疏性的衡量以及信号的稀疏表示等。目前，能够有效解决欠定盲源分离问题的一个前提是源信号具有稀疏性或者在变换域(如时频域)具有稀疏性。直观上的理解，信号的稀疏性是指在大部分时刻信号的取值为 0 或者较小，只有少部分时刻取值较大。源信号的稀疏性分为充分稀疏和非充分稀疏两种情况。源信号充分稀疏是指在某一时刻只有一个源信号取值非 0，即 $s_i(t)\neq 0$，而对于 $j\neq i$，$s_j(t)=0$。与源信号充分稀疏相反，源信号非充分稀疏是指在某一时刻有多个源信号取值非 0。

由于自然界中广泛存在服从广义高斯分布的信号，研究者们使用广义高斯分布的概率密度函数来研究信号稀疏性的度量。广义高斯分布的概率为

$$P(s;\alpha)=\frac{1}{2\Gamma(1+1/\alpha)}\exp(-|s|^{\alpha}),\quad \alpha>0 \tag{3.22}$$

其中，$\Gamma(\cdot)$表示伽马函数，$\Gamma(s)=\int_0^{\infty} v^{s-1}e^{-v}dv>0$，$P(s;\alpha)$的形状与参数$\alpha$的取值大小密切相关。广义高斯分布概率密度曲线如图 3.1 所示，当参数 α 取值较小时，概率密度曲线形状较为尖锐。参数 α 在一定程度上可以衡量信号的稀疏性。事实上，当 $\alpha=2$ 时，$P(s;\alpha)$为高斯分布的概率密度函数，而当 $\alpha=1$ 时，源信号服从拉普拉斯分布。

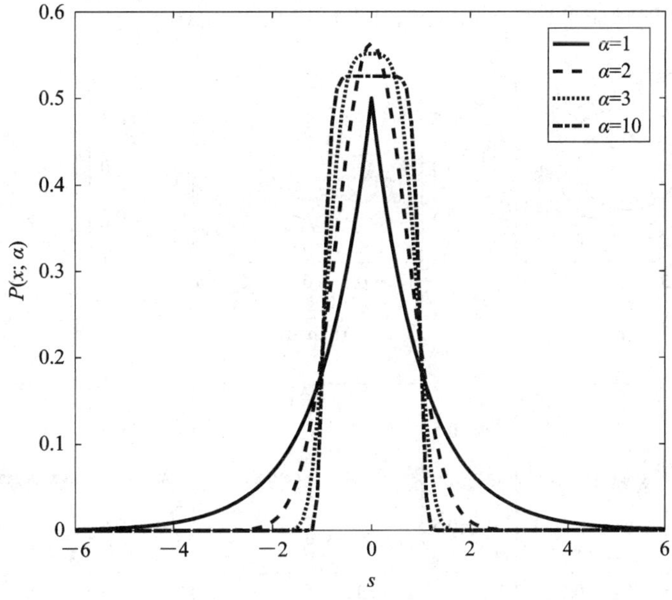

图 3.1　广义高斯分布概率密度曲线

下面通过等概率密度曲线(等价于等值线)分布形状来说明参数 α 如何衡量信号的稀疏性。首先，假设源信号向量 $\boldsymbol{s}=[s_1, s_2, \cdots, s_N]^T$ 的每个分量独立同分布，都服从广义高斯

分布，那么源信号向量的联合概率密度函数为

$$P(s_1, s_2, \cdots, s_N)=\prod_{i=1}^{N}\frac{1}{2\Gamma\left(1+\frac{1}{\alpha}\right)}\exp(-|s_i|^{\alpha})=\left(\frac{1}{2\Gamma\left(1+\frac{1}{\alpha}\right)}\right)^{N}\exp\left(-\sum_{i=1}^{N}|s_i|^{\alpha}\right) \tag{3.23}$$

为了求出式(3.23)的等值线，使 $P(s_1, s_2, \cdots, s_N)$ 等于一个固定值 $P_c(0\leqslant P_c\leqslant 1)$，即得到

$$\left(\frac{1}{2\Gamma\left(1+\frac{1}{\alpha}\right)}\right)^{N}\exp\left(-\sum_{i=1}^{N}|s_i|^{\alpha}\right)=P_c \tag{3.24}$$

对式(3.24)进一步整理得到

$$\exp\left(-\sum_{i=1}^{N}|s_i|^{\alpha}\right)=P_c\left[2\Gamma\left(1+\frac{1}{\alpha}\right)\right]^{N} \tag{3.25}$$

对式(3.25)等号两边取以自然数 e 为底数的对数，并进一步整理得到

$$\sum_{i=1}^{N}|s_i|^{\alpha}=-\ln P_c\left[2\Gamma\left(1+\frac{1}{\alpha}\right)\right]^{N} \tag{3.26}$$

令 $-\ln P_c\left[2\Gamma\left(1+\frac{1}{\alpha}\right)\right]^{N}=c$，那么式(3.26)变为

$$\sum_{i=1}^{N}|s_i|^{\alpha}=|s_1|^{\alpha}+|s_2|^{\alpha}+\cdots+|s_N|^{\alpha}=c \tag{3.27}$$

因此，式(3.27)的等值线分布形状与等概率密度曲线分布一致。通过改变式(3.27)中常数 c 的值，即可得到等值线族。以 2 路源信号为例，即源信号向量 $\boldsymbol{s}=[s_1, s_2]^{\mathrm{T}}$，根据式(3.27)，在参数 α 取值不同的情况下绘制等值线，得到如图 3.2 所示的等值线族，其中图 3.2(a)～(f)分别对应参数 $\alpha=2, 1.5, 1, 0.5, 0.1, 0.01$。

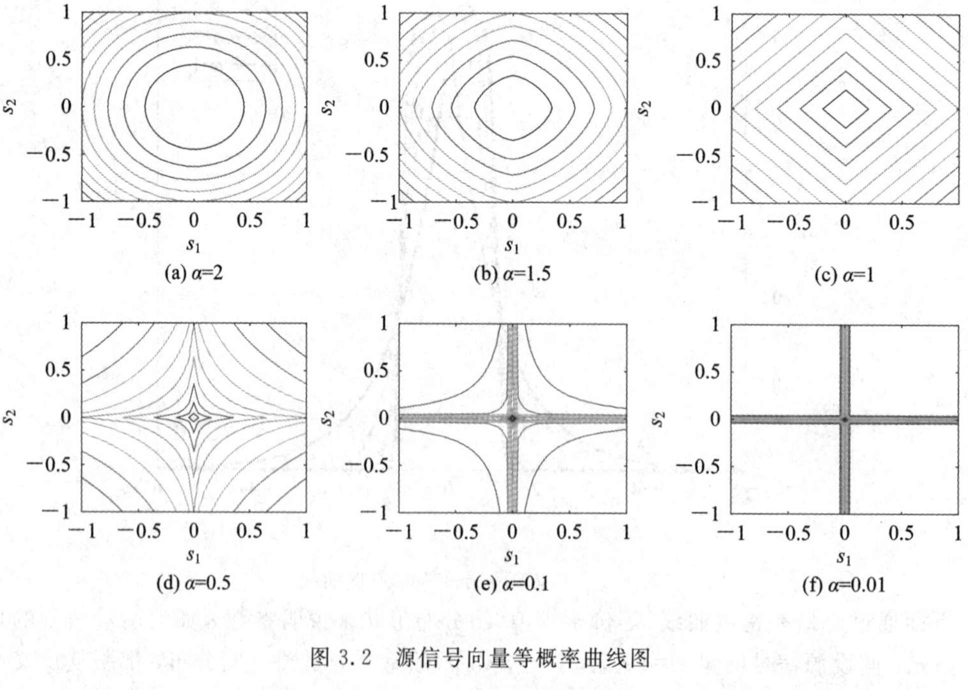

图 3.2　源信号向量等概率曲线图

由图可知，等值线族为封闭曲线族，且随着 α 的减小，等值线往坐标轴靠拢。当 $\alpha \to 0^+$ 时，等值线族几乎凝聚成了两条直线。因此，α 的大小代表了信号的稀疏程度。当 $\alpha=1$ 时，式(3.27)即为 L_1 范数

$$\|\boldsymbol{s}\|_1 = \sum_{i=1}^{N} |s_i| \tag{3.28}$$

下面考虑 $\alpha \to 0^+$ 的情形，假设集合 $\{i_1, i_2, \cdots, i_k\} \subset \{1, 2, \cdots, N\}$，$k$ 为源信号向量 $\boldsymbol{s} = [s_1, s_2, \cdots, s_N]^{\mathrm{T}}$ 中非零元素的数目（起主导作用的源信号数目），当 $i \in \{i_1, i_2, \cdots, i_k\}$ 时，$s_i \neq 0$，而当 $i \notin \{i_1, i_2, \cdots, i_k\}$ 且 $i \in \{1, 2, \cdots, N\}$ 时，$s_i = 0$，那么对式(3.27)取极限得到

$$\lim_{\alpha \to 0^+} \sum_{i=1}^{N} |s_i|^\alpha = \lim_{\alpha \to 0^+} (|s_{i_1}|^\alpha + |s_{i_2}|^\alpha + \cdots + |s_{i_k}|^\alpha) = \sum_{j=1}^{k} \lim_{\alpha \to 0^+} |s_{i_j}|^\alpha \tag{3.29}$$

由于 $0 < |s_{i_j}| < +\infty$，$\lim\limits_{\alpha \to 0^+} |s_{i_j}|^\alpha = 1$，因此式(3.29)变为

$$\lim_{\alpha \to 0^+} \sum_{i=1}^{N} |s_i|^\alpha = k \tag{3.30}$$

一般习惯上将式(3.30)称为 L_0 范数，记为 $\|\boldsymbol{s}\|_0$。因此，向量的 L_0 范数表示向量中非零元素的数目。但是，值得注意的是 L_0 范数并不是真正意义上的范数。从数学定义出发，范数必须满足 3 个条件。

(1) 非负性：当 $\boldsymbol{s} \neq \boldsymbol{0}$($\boldsymbol{s}$ 不为 $\boldsymbol{0}$ 向量)时，$\|\boldsymbol{s}\| > 0$；当 $\boldsymbol{s} = \boldsymbol{0}$($\boldsymbol{s}$ 的元素为 0)时，$\|\boldsymbol{s}\| = 0$。

(2) 等距性：$\|\lambda \boldsymbol{s}\| = |\lambda| \, \|\boldsymbol{s}\|$，其中 λ 为常数。

(3) 加法不等性：$\|\boldsymbol{s} + \boldsymbol{s}'\| \leqslant \|\boldsymbol{s}\| + \|\boldsymbol{s}'\|$，$\|\boldsymbol{s}\|$，$\|\boldsymbol{s}'\|$ 为任意向量范数。

显然，L_0 范数并不满足等距性。例如根据式(3.27)可知，$\|\boldsymbol{s}\|_0 = k$，若 $\lambda = 2$，则 $\|\lambda \boldsymbol{s}\|_0 = \|2\boldsymbol{s}\|_0 = k$，$|\lambda| \, \|\boldsymbol{s}\|_0 = 2\|\boldsymbol{s}\|_0 = 2k$，即 $\|\lambda \boldsymbol{s}\|_0 \neq |\lambda| \, \|\boldsymbol{s}\|_0$。因此 L_0 范数不是数学意义上的范数，而只是一种习惯的记法。而 L_1 范数是真正意义的范数，因为它满足上述 3 个条件。

3.4　盲源分离常用方法

3.4.1　超定/正定盲源分离常用方法

目前常用的超定/正定盲源分离算法可分为以下三大类。

(1) 信号经过变换后，使不同信号分量之间的相依性(dependency) 最小化，这类方法称为独立分量分析(ICA)，最早由 Common 在 1994 年提出。

(2) 利用非线性传递函数对输出进行变换，使得输出分布包含在一个有限的超立方体中，然后熵的最大化将迫使输出尽可能在超立方体中均匀散布，这类方法称为熵最大化方法，是 Bell 和 Sejnowski 在 1995 年提出的。

(3) 非线性主分量分析是线性主分量分析方法的推广，由 Oja 和 Karhumen 等人在 1994 年提出。

现已证明，熵最大化法与独立分量分析是等价的。

3.4.2 欠定盲源分离常用方法

目前欠定盲源分离问题常用两步法来解决。两步法是指先进行混合矩阵估计，再进行源信号恢复。当源信号具有稀疏性时，特别是在充分稀疏的情形下，观测信号的散点图呈现线聚类的特性，每一个聚类中心对应混合矩阵的各个列向量。在源信号非充分稀疏的情形下，观测信号空间呈现子空间聚类特性，混合矩阵的各个列向量处于各个子空间的交集中。在完成混合矩阵估计的情况下，利用稀疏信号重构的方法来恢复源信号。

1. 混合矩阵估计

在源信号充分稀疏的情况下，即在同一时刻只有一个源信号起作用时，例如只有第 i 个源信号起作用，那么式(2.1)变为

$$\boldsymbol{x}(t) = \sum_{i=1}^{N} \boldsymbol{s}_i(t)\boldsymbol{a}_i \tag{3.31}$$

因此，观测信号呈现线聚类的特性。如图 3.3 所示，2 个接收通道接收 4 路源信号，观测信号散点图中呈现出的 4 条线段，对应混合矩阵的 4 个列向量。

对观测信号进行归一化后得到图 3.4 所示的散点分布，出现 4 个聚类中心，此时聚类中心就是混合矩阵(归一化的情形下)的各个列向量。

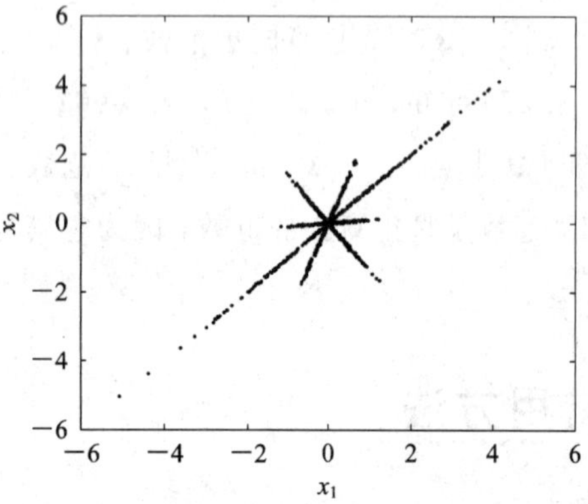

图 3.3 源信号充分稀疏情形下的观测信号散点图

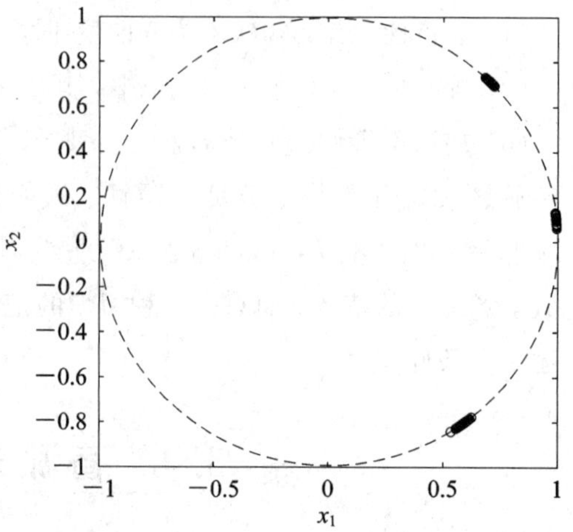

图 3.4 源信号充分稀疏情形下的归一化观测信号散点图

采用点聚类的方法对归一化后的观测信号进行聚类就可以得到混合矩阵的各个列向量。点聚类的方法有 k 均值聚类、分层聚类等，这些聚类的方法要求已知源信号数目(聚类中心个数)。针对源信号数目未知的情况，有人提出了基于改进 k 均值的聚类方法，后文均使用该方法来进行点聚类。下面引入两个定义。

定义 3.1 若在时刻 t，只有一路源信号起作用，即 t 时刻的观测信号向量 $\boldsymbol{x}(t)$ 满足式(3.31)，则称 $\boldsymbol{x}(t)$ 为单源点。

定义 3.2 若在时刻 t，有多路源信号起作用，t 时刻的观测信号向量为

$$\boldsymbol{x}(t) = s_{i_1}(t)\boldsymbol{a}_{i_1} + s_{i_2}(t)\boldsymbol{a}_{i_2} + \cdots + s_{i_k}(t)\boldsymbol{a}_{i_k} \tag{3.32}$$

其中，$\{i_1, i_2, \cdots, i_k\} \subset \{1, 2, \cdots, N\}$，$k$ 为在 t 时刻起作用的源信号的个数，且 $k \geqslant 2$，则称式(3.32)中的 $\boldsymbol{x}(t)$ 为多源点。

根据上述定义可知，在源信号充分稀疏的理想情形下(无噪声和干扰点)，观测信号空间由单源点组成，但是在实际应用中，会存在噪声和多源点的干扰，因此如何识别单源点是一个需要研究的问题。

若在时域或者变换域存在大量多源点，即在源信号非充分稀疏的情形下，观测信号空间中形成多个子空间(超平面)。为了能更直观地说明，以 $M=3$，$N=4$ 为例，每一时刻有 k ($k=2$)个源信号起作用，如图 3.5 所示，此时归一化观测信号的散点图呈现出平面聚类的特性，总共有 $C_N^k = C_4^2 = 6$ 个平面。

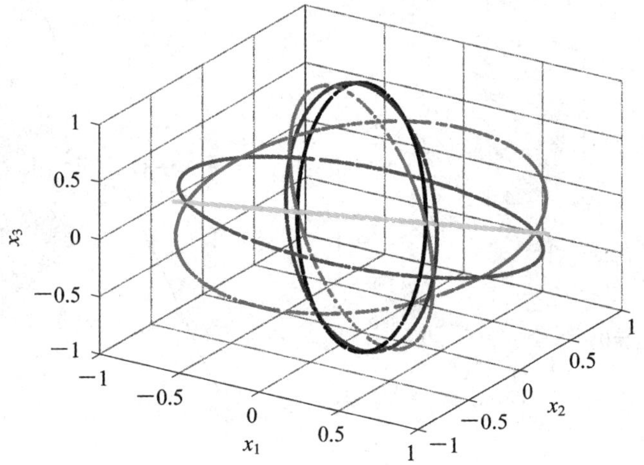

图 3.5　源信号非充分稀疏情形下的归一化观测信号散点图

显然混合矩阵 $\boldsymbol{A}$ 的四个列向量 $\boldsymbol{a}_1$、$\boldsymbol{a}_2$、$\boldsymbol{a}_3$、$\boldsymbol{a}_4$ 就隐藏在平面的交线中，且每个列向量 $\boldsymbol{a}_i (i=1, 2, 3, 4)$ 就处在 $C_{N-1}^{k-1} = C_{4-1}^{2-1} = 3$ 个平面的交线之中。对于更一般的情况(高维)，若在同一时刻起作用的源信号个数 $k \leqslant M-1$，则观测信号 $\boldsymbol{x}$ 在 $\mathbf{R}^N$ 空间中形成多个子空间，混合矩阵的各个列向量处于子空间交集中。因此，在源信号非充分的情况下，混合矩阵估计分为两个阶段，第一阶段是估计子空间(超平面)，第二阶段是估计混合矩阵的列向量所处的交线。

2. 源信号恢复

在没有噪声的情况下，若混合矩阵 $\boldsymbol{A}$ 已知，则源信号的恢复问题可以等价为如下优化问题：

$$\min \sum_{i=1}^{N} \sum_{t=1}^{T} |\boldsymbol{s}_i(t)| \quad \text{s.t.} \ \boldsymbol{X} = \boldsymbol{AS} \tag{3.33}$$

不难证明的是，可以将式(3.33)分解成 T 个优化问题

$$\begin{gathered}\min \sum_{i=1}^{N} |\boldsymbol{s}_i(t)| \quad \text{s.t.} \ \boldsymbol{x}(t) = \boldsymbol{As}(t) \\ t = 1, 2, \cdots, T\end{gathered} \tag{3.34}$$

式(3.34)中的目标函数就是源信号向量 $\boldsymbol{s}(t)$ 的 L_1 范数，求解式(3.34)的问题即可恢复出源信号。在省略 t 的情况下，将式(3.34)写为

$$\min \|\boldsymbol{s}\|_1 \quad \text{s.t.}\ \boldsymbol{x}=\boldsymbol{A}\boldsymbol{s} \tag{3.35}$$

其中，$\|\cdot\|_1$ 表示向量的 L_1 范数。下面从几何方面来解释式(3.35)，以 $N=3$ 为例，那么式(3.35)中的目标函数为 $F_s=|s_1|+|s_2|+|s_3|$，如图 3.6(a)所示为 $|s_1|+|s_2|+|s_3|=1$ 所对应的多边体，等值线为封闭的菱形曲线族(与图 3.2(c)一致)，因此形象地称该多边体为菱形球。目标函数值 $F_s\geqslant 0$，随着 F_s 的增大，菱形不断向外扩张，如图 3.6(b)所示，对应的等值线(菱形)也不断向外延伸，当菱形与式(3.35)中的可行域 $\{\boldsymbol{s}|\boldsymbol{x}=\boldsymbol{A}\boldsymbol{s}\}$ 相切时将在菱形顶点处取得最优解。显然，图 3.6(a)中的菱形球的顶点的坐标向量是稀疏的，六个顶点的坐标为[1 0 0；0 1 0；−1 0 0；0 −1 0；0 0 1；0 0 −1]。

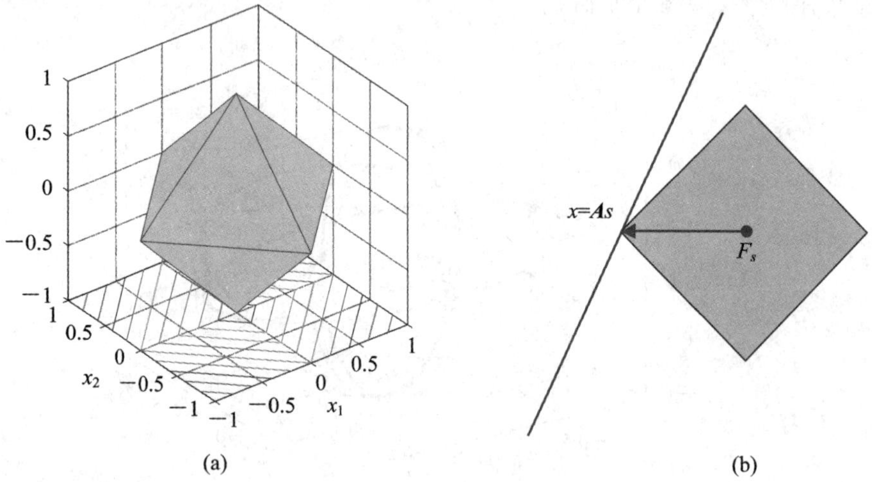

图 3.6 优化 L_1 范数的几何示意图

根据上述分析可知，式(3.35)的解是稀疏解。而为了求出最稀疏解，最直接的方式是优化 L_0 范数，即

$$\min \|\boldsymbol{s}\|_0 \quad \text{s.t.}\ \boldsymbol{x}=\boldsymbol{A}\boldsymbol{s} \tag{3.36}$$

其中，$\|\cdot\|_0$ 表示向量的 L_0 范数。事实上，式(3.35)和式(3.36)在一定条件下是等价的，下面说明等价性。对于矩阵 $\boldsymbol{A}\in\mathbf{R}^{M\times N}$，如果存在一个最小的常数 δ_k，使得集合 $\{\boldsymbol{s}|\boldsymbol{s}\in\mathbf{R}^N,\ \|\boldsymbol{s}\|_0=k\}$ 中所有的向量满足

$$(1-\delta_k)\|\boldsymbol{s}\|_2^2\leqslant\|\boldsymbol{A}\boldsymbol{s}\|_2^2\leqslant(1+\delta_k)\|\boldsymbol{s}\|_2^2 \tag{3.37}$$

则称 δ_k 为混合矩阵 $\boldsymbol{A}$ 的等距常数。若等距常数 $\delta_k<(\sqrt{2}-1)$，则式(3.36)的解与式(3.35)的解是等价的。但是式(3.36)的求解属于 NP-hard 问题，不易求解。为了使问题能够有效解决，使用近似 L_0 范数代替 L_0 范数。

3.5 盲源分离性能评价指标

为了定量地评价盲源分离算法的分离效果，可以定义多种性能评价指标(干信比、互串误差、相关系数等)。此外，可以用混合矩阵估计误差来衡量欠定盲源分离中混合矩阵估计的准确度，下面一一介绍。

3.5.1 干信比(ISR)

由盲源分离线性混合模型可知，第 i 个传感器(接收天线)的输出为

$$x_i(t) = \sum_{l=1}^{N} a_{il} s_l(t) + v_i(t) \qquad (i = 1, 2, \cdots, M) \tag{3.38}$$

假设分离矩阵为 $\boldsymbol{W}$，则分离信号为

$$\boldsymbol{y}(t) = \boldsymbol{W}\boldsymbol{x}(t) = \boldsymbol{W}\boldsymbol{A}\boldsymbol{s}(t) + \boldsymbol{W}\boldsymbol{v}(t) \tag{3.39}$$

我们定义全局矩阵 $\boldsymbol{G}=\boldsymbol{W}\boldsymbol{A}$，如果 $\boldsymbol{G}$ 是一个对角矩阵，则第 j 个分离信号 $y_j(t)$ 是第 j 个源信号 $s_j(t)$ 的估计，且

$$y_j(t) = \sum_{i=1}^{M} w_{ji} x_i(t) \tag{3.40}$$

将式(3.38)代入式(3.40)可得

$$\begin{aligned} y_j(t) &= \sum_{i=1}^{M} w_{ji} \left\{ \sum_{l=1}^{N} a_{il} s_l(t) + v_i(t) \right\} \\ &= \sum_{i=1}^{M} w_{ji} \sum_{l=1}^{N} a_{il} s_l(t) + \sum_{i=1}^{M} w_{ji} v_i(t) \\ &= \sum_{i=1}^{M} w_{ji} a_{ij} s_j(t) + \sum_{i=1}^{M} \sum_{\substack{l=1 \\ l \neq j}}^{N} w_{ji} a_{il} s_l(t) + \sum_{i=1}^{M} w_{ji} v_i(t) \end{aligned} \tag{3.41}$$

由式(3.41)可以看出，$y_j(t)$ 中包含三部分(三项)，第一部分(第一项)是期望得到的信号，第二部分(第二项)是残留的干扰，第三部分(第三项)是输出噪声。在评价通信系统性能时，一般采用信号的二阶矩或者能量来衡量。则式(3.41)中第一项的二阶矩就是期望信号的能量，定义为

$$\begin{aligned} S_j = E\left[\left| \sum_{i=1}^{M} w_{ji} a_{ij} s_j(t) \right|^2 \right] &= E\left[\left\{ \sum_{i=1}^{M} w_{ji} a_{ij} s_j \right\} \left\{ \sum_{k=1}^{M} w_{jk} a_{kj} s_j \right\}^* \right] \\ &= \sum_{i=1}^{M} \sum_{k=1}^{M} w_{ji} a_{ij} w_{jk}^* a_{kj}^* E[s_j(t) s_j^*(t)] \end{aligned} \tag{3.42}$$

假设第 j 个源信号的功率为 P_j，即

$$E[s_j(t) s_j^*(t)] = P_j \tag{3.43}$$

则式(3.42)为

$$S_j = P_j \sum_{i=1}^{M} \sum_{k=1}^{M} w_{ji} a_{ij} w_{jk}^* a_{kj}^* \tag{3.44}$$

用向量的形式可表示为

$$S_j = P_j \boldsymbol{W}_{j\cdot} \boldsymbol{A}_{\cdot j} \boldsymbol{A}_{\cdot j}^{\mathrm{H}} \boldsymbol{W}_{j\cdot}^{\mathrm{H}} \tag{3.45}$$

其中，$\boldsymbol{W}_{j\cdot}$ 表示分离矩阵 $\boldsymbol{W}$ 的第 j 行，$\boldsymbol{A}_{\cdot j}$ 表示混合矩阵 $\boldsymbol{A}$ 的第 j 列。

式(3.41)中第二项的二阶矩为残留干扰功率，定义为

$$\begin{aligned} I_j \triangleq E\left[\left| \sum_{i=1}^{M} \sum_{\substack{l=1 \\ l \neq j}}^{N} w_{ji} a_{il} s_l(t) \right|^2 \right] &= E\left[\left\{ \sum_{i=1}^{M} \sum_{\substack{l=1 \\ l \neq j}}^{N} w_{ji} a_{il} s_l \right\} \left\{ \sum_{k=1}^{M} \sum_{\substack{p=1 \\ p \neq j}}^{N} w_{jk} a_{kp} s_p \right\}^* \right] \\ &= \sum_{\substack{l=1 \\ l \neq j}}^{N} \sum_{\substack{p=1 \\ p \neq j}}^{N} E[s_l(t) s_p^*(t)] \sum_{i=1}^{M} \sum_{k=1}^{M} w_{ji} a_{il} a_{kp}^* w_{jk}^* \end{aligned} \tag{3.46}$$

根据源信号之间的统计独立假设条件可知：

当 $l\neq p$ 时，

$$E[s_l(t)s_p^*(t)]=0 \tag{3.47}$$

当 $l=p$ 时，由式(3.43)可知

$$E[s_l(t)s_l^*(t)]=P_l \tag{3.48}$$

则将式(3.48)代入式(3.46)，并由式(3.47)可知，残留干扰功率简化为

$$I_j=\sum_{\substack{l=1\\l\neq j}}^{N}P_l\sum_{i=1}^{M}\sum_{k=1}^{M}w_{ji}a_{il}a_{kl}^*w_{jk}^* \tag{3.49}$$

式(3.49)可用向量表示为

$$I_j=\sum_{\substack{l=1\\l\neq j}}^{N}P_l\boldsymbol{W}_{j\cdot}\boldsymbol{A}_{\cdot l}\boldsymbol{A}_{\cdot l}^{\mathrm{H}}\boldsymbol{W}_{j\cdot}^{\mathrm{H}} \tag{3.50}$$

式(3.41)第三项的二阶矩是输出噪声的功率，定义为

$$\begin{aligned}N_j&=E\left[\left|\sum_{i=1}^{M}w_{ji}v_i(t)\right|^2\right]=E\left[\left\{\sum_{i=1}^{M}w_{ji}v_i(t)\right\}\left\{\sum_{k=1}^{M}w_{jk}v_k(t)\right\}^*\right]\\&=\sum_{i=1}^{M}\sum_{k=1}^{M}w_{ji}E[v_i(t)v_k^*(t)]w_{jk}^*\end{aligned} \tag{3.51}$$

式(3.51)可用向量表示为

$$N_j=\boldsymbol{W}_{j\cdot}E[\boldsymbol{v}(t)\boldsymbol{v}^{\mathrm{H}}(t)]\boldsymbol{W}_{j\cdot}^{\mathrm{H}} \tag{3.52}$$

假设噪声协方差矩阵为 $\boldsymbol{K}_v$，即

$$E[\boldsymbol{v}(t)\boldsymbol{v}^{\mathrm{H}}(t)]=\boldsymbol{K}_v \tag{3.53}$$

则输出噪声的功率为

$$N_j=\boldsymbol{W}_{j\cdot}\boldsymbol{K}_v\boldsymbol{W}_{j\cdot}^{\mathrm{H}} \tag{3.54}$$

由以上分析可知，可以采用残留干扰与信号功率比(干信比)来衡量盲源分离算法抑制干扰的能力，干信比越小，算法抑制其他信号干扰的能力越强，算法分离效果越好。

某一特定期望信号的干信比定义为

$$\zeta_j=\frac{I_j}{S_j} \tag{3.55}$$

将式(3.45)和式(3.50)代入到式(3.55)，则有

$$\zeta_j=\frac{I_j}{S_j}=\frac{\sum\limits_{\substack{l=1\\l\neq j}}^{N}P_l\boldsymbol{W}_{j\cdot}\boldsymbol{A}_{\cdot l}\boldsymbol{A}_{\cdot l}^{\mathrm{H}}\boldsymbol{W}_{j\cdot}^{\mathrm{H}}}{P_j\boldsymbol{W}_{j\cdot}\boldsymbol{A}_{\cdot j}\boldsymbol{A}_{\cdot j}^{\mathrm{H}}\boldsymbol{W}_{j\cdot}^{\mathrm{H}}} \tag{3.56}$$

为了衡量盲源分离算法的总体效果，常用多个期望信号的干信比的平均值来衡量，即

$$\mathrm{ISR}_{\mathrm{avg}}=\frac{1}{N}\sum_{j=1}^{N}\zeta_j \tag{3.57}$$

或者用最大干信比来衡量

$$\mathrm{ISR}_{\max}=\max_{1\leqslant j\leqslant N}\{\zeta_j\} \tag{3.58}$$

最大干信比可以保证分离出来的所有信号，其干信比不会超过 $\mathrm{ISR}_{\max}$。

如果各个源信号功率相等，即 $P_j=P_l(\forall k,\ l=1,\ 2,\ \cdots,\ m)$，则

$$\zeta_j=\frac{\sum\limits_{\substack{l=1\\l\neq j}}^{N}\boldsymbol{W}_{j\cdot}\boldsymbol{A}_{\cdot j}\boldsymbol{A}_{\cdot j}^{\mathrm{H}}\boldsymbol{W}_{j\cdot}^{\mathrm{H}}}{\boldsymbol{W}_{j\cdot}\boldsymbol{A}_{\cdot j}\boldsymbol{A}_{\cdot j}^{\mathrm{H}}\boldsymbol{W}_{j\cdot}^{\mathrm{H}}}=\frac{\sum\limits_{l=1}^{N}\boldsymbol{W}_{j\cdot}\boldsymbol{A}_{\cdot l}\boldsymbol{A}_{\cdot l}^{\mathrm{H}}\boldsymbol{W}_{j\cdot}^{\mathrm{H}}-\boldsymbol{W}_{j\cdot}\boldsymbol{A}_{\cdot j}\boldsymbol{A}_{\cdot j}^{\mathrm{H}}\boldsymbol{W}_{j\cdot}^{\mathrm{H}}}{\boldsymbol{W}_{j\cdot}\boldsymbol{A}_{\cdot j}\boldsymbol{A}_{\cdot j}^{\mathrm{H}}\boldsymbol{W}_{j\cdot}^{\mathrm{H}}}$$
$$=\frac{\sum\limits_{l=1}^{N}|G_{jl}|^2-|G_{jj}|^2}{|G_{jj}|^2} \tag{3.59}$$

其中，G_{jl} 是全局矩阵 $\boldsymbol{G}=\boldsymbol{WA}$ 的第(j, l)个元素。

由式(3.57)和式(3.59)有

$$\mathrm{ISR}_{\mathrm{avg}}=\frac{1}{N}\sum_{j=1}^{N}\zeta_j=\frac{1}{N}\cdot\sum_{j=1}^{N}\left[\frac{\sum\limits_{l=1}^{N}|G_{jl}|^2-|G_{jj}|^2}{|G_{jj}|^2}\right] \tag{3.60}$$

从以上分析过程可以看出，式(3.60)定义的干信比是在假设全局矩阵是一个对角阵，或者说第 j 个分离信号是 j 个源信号的估计的条件下给出的，但是由盲源分离的模糊性，我们知道分离信号与源信号的排列顺序可能存在差异，即第 j 个分离信号可能不是第 j 个源信号的估计，而是第 i 个源信号的估计。这时的全局矩阵 $\boldsymbol{G}$ 不再是一个近似对角阵，而是一个近似对角阵与置换阵的乘积，即 $\boldsymbol{G}=\boldsymbol{\Lambda P}$，其中 $\boldsymbol{\Lambda}$ 是一个对角阵，而 $\boldsymbol{P}$ 是任意的置换阵。此时全局矩阵 $\boldsymbol{G}$ 近似为一个各行各列只有一个非 0 元素的矩阵。此时定义的干信比就不能再是式(3.59)和式(3.60)，第 j 个分离信号的干信比定义为

$$\zeta_j'=\frac{\sum\limits_{l=1}^{N}|G_{jl}|^2-|G_{\max j}|^2}{|G_{\max j}|^2} \tag{3.61}$$

其中，$G_{\max j}$ 是全局矩阵 $\boldsymbol{G}$ 的第 j 行中模值最大的元素。

平均干信比定义为

$$\mathrm{ISR}_{\mathrm{avg}}=\frac{1}{N}\sum_{j=1}^{N}\zeta_j'=\frac{1}{N}\cdot\sum_{j=1}^{N}\left[\frac{\sum\limits_{l=1}^{N}|G_{jl}|^2-|G_{\max j}|^2}{|G_{\max j}|^2}\right] \tag{3.62}$$

最大干信比为

$$\mathrm{ISR}_{\max}=\max_{1\leqslant j\leqslant N}\{\zeta_j'\} \tag{3.63}$$

3.5.2 互串误差

互串误差定义为

$$\varepsilon=\frac{1}{N}\cdot\left\{\sum_{i=1}^{N}\left[\sum_{j=1}^{N}\frac{|G_{ij}|}{\max(|G_{ij}|)}-1\right]+\sum_{j=1}^{N}\left[\sum_{i=1}^{N}\frac{|G_{ji}|}{\max(|G_{ji}|)}-1\right]\right\} \tag{3.64}$$

其中，G_{ij} 是全局矩阵 $\boldsymbol{G}$ 的第(i, j)个元素，N 是原信号个数。互串误差 $\varepsilon=0$，表明全局矩阵 $\boldsymbol{G}$ 是一个各行各列只有一个非 0 元素的置换阵，此时分离信号中没有其他源信号的干扰。ε 越接近于 0，分离效果越好。

3.5.3 相关系数

盲源分离的目标就是在缺乏先验信息的情况下提取各路源信号波形或者将各路源信号

分离开来。而相关系数可以很好地衡量波形变化的一致性，若恢复得到的源信号与真实源信号的相关系数为1，则它们的波形变化完全一致，例如对于语音信号，此时语音波形是一致的，而无须幅度(声音大小)一致。因此使用相关系数来衡量源信号的恢复精度，可定义为

$$R_{\text{coef}}(\hat{\boldsymbol{S}}, \boldsymbol{S}) = \frac{1}{N}\sum_{n=1}^{N} \frac{\left|\sum_{t=1}^{T} s(n, t)\hat{s}(n, t)\right|}{\sqrt{\sum_{t=1}^{T} s^2(n, t)\sum_{t=1}^{N} \hat{s}^2(n, t)}} \tag{3.65}$$

其中，$\boldsymbol{S}$ 是估计得到的源信号矩阵，$\hat{\boldsymbol{S}}$ 是实际的源信号矩阵，$s(n, t)$表示 $\boldsymbol{S}$ 的第 n 行第 t 列个元素，$\hat{s}(n, t)$表示 $\hat{\boldsymbol{S}}$ 的第 n 行第 t 列个元素。R_{coef}越大表示精度越高，R_{coef}的最大值为1。

3.5.4 混合矩阵估计误差

欠定盲源分离中，混合矩阵估计的相对误差定义为

$$\varepsilon = \min\left\{\frac{\|\boldsymbol{A} - \hat{\boldsymbol{A}}\boldsymbol{P}\|_{\text{F}}}{\|\boldsymbol{A}\|_{\text{F}}}\right\} \tag{3.66}$$

其中，$\boldsymbol{A}$ 为真实的混合矩阵，$\hat{\boldsymbol{A}}$ 为估计得到的混合矩阵，$\boldsymbol{P}$ 为置换矩阵，用于消除顺序模糊性，$\|\cdot\|_{\text{F}}$ 表示矩阵 Frobenius 范数。当估计误差的数值很小时，使用 ε 绘制的对比曲线将出现堆叠的现象，从而不能直观地对比。因此，也采用对数的形式定义混合矩阵估计信干比(SIR)

$$\text{SIR} = 20 \cdot \lg\left[\min\left\{\frac{\|\boldsymbol{A}\|_{\text{F}}}{\|\boldsymbol{A} - \hat{\boldsymbol{A}}\boldsymbol{P}\|_{\text{F}}}\right\}\right] \tag{3.67}$$

本章小结

本章主要介绍了盲源分离技术的相关理论基础。首先介绍了在超定/正定盲源分离中应用比较多的主分量分析(PCA)方法和独立分量分析(ICA)方法，以及在欠定盲源分离中应用较多的稀疏分量分析(SCA)方法。其次，在此基础上给出了目前盲源分离常用的方法。最后定义了几种常用的盲源分离性能评价指标，为评估后续章节中所给出的盲源分离算法性能做了铺垫。

第 4 章　盲源分离的预处理技术

在求解盲源分离问题之前，需要对观测信号进行中心化和白化预处理，此外还需要对源信号的个数进行估计。中心化预处理比较简单，令观测数据减去其自身的均值，使其均值为 0。将观测数据变为零均值向量是白化操作的必需条件之一，同时在求观测数据的协方差矩阵时也变得更为简单，提升了算法的运算效率。本章将介绍盲源分离中必不可少的白化预处理技术和源信号个数估计技术。

4.1　白化预处理技术

白化预处理的目的是对观测向量实施线性变换，使得它的各个分量不相关并且具有单位方差，因此白化也叫球面化(Sphered)。

白化预处理过程就是选择一个矩阵 $\boldsymbol{Q}$，使协方差矩阵 $E\{\boldsymbol{y}\boldsymbol{y}^{\mathrm{H}}\}$ 成为单位阵 $\boldsymbol{I}$，其中 $\boldsymbol{y}(t)=\boldsymbol{Q}\boldsymbol{x}(t)$，这样，向量 $\boldsymbol{y}(t)$ 的各个分量之间互不相关，并且它们具有单位方差。独立条件比不相关条件更强，不相关条件是统计独立的必要条件。白化预处理过程在大规模的信号处理中是比较有效的，有时候没有白化预处理过程，信号就不能很好地分离。超定盲源分离中，常常通过白化处理，将超定盲源分离问题转换成正定盲源分离问题，一方面达到数据降维的目的，另一方面可以达到消噪和减小信号之间相关性的目的。白化预处理可以提高盲源分离算法的抗噪能力，同时有效降低问题的复杂度。

4.1.1　批处理的标准白化算法

一个零均值的随机矢量 $\boldsymbol{y}(t)$ 的协方差矩阵为单位阵，即 $\boldsymbol{R}_{yy}=E\{\boldsymbol{y}\boldsymbol{y}^{\mathrm{H}}\}=\boldsymbol{I}$，则说它是白的。在白化时，传感器矢量或观测信号 $\boldsymbol{x}(t)$ 用下列变换进行预处理

$$\boldsymbol{y}(t)=\boldsymbol{Q}\boldsymbol{x}(t) \tag{4.1}$$

其中，$\boldsymbol{y}(t)$ 是白化后的矢量，$\boldsymbol{Q}$ 是一个 $n\times m$ 的白化矩阵，如果 $m>n$(n 是源信号个数(假设已知或可估计得到)，m 是观测信号个数)，则白化矩阵 $\boldsymbol{Q}$ 同时将观测数据矢量的维数从 m 降到 n。白化的目的就是要选择白化矩阵 $\boldsymbol{Q}$，使得协方差矩阵 $E\{\boldsymbol{y}\boldsymbol{y}^{\mathrm{H}}\}$ 为单位阵 $\boldsymbol{I}$。因此白化后的矢量 $\boldsymbol{y}(t)$ 的分量是互不相关的，并有单位方差，即

$$\boldsymbol{R}_{yy}=E\{\boldsymbol{y}\boldsymbol{y}^{\mathrm{H}}\}=E\{\boldsymbol{Q}\boldsymbol{x}\boldsymbol{x}^{\mathrm{H}}\boldsymbol{Q}^{\mathrm{H}}\}=\boldsymbol{Q}\boldsymbol{R}_{xx}\boldsymbol{Q}^{\mathrm{H}}=\boldsymbol{I} \tag{4.2}$$

一般来说，观测信号 $\boldsymbol{x}(t)$ 的协方差矩阵通常是对称正定的，它可以作如下特征值分解

$$\boldsymbol{R}_{xx}=\boldsymbol{U}_x\boldsymbol{\Lambda}_x\boldsymbol{U}_x^{\mathrm{H}}=\boldsymbol{U}_x\boldsymbol{\Lambda}_x^{1/2}\boldsymbol{\Lambda}_x^{1/2}\boldsymbol{U}_x^{\mathrm{H}} \tag{4.3}$$

其中，$\boldsymbol{U}_x$ 是一正交矩阵，$\boldsymbol{\Lambda}_x=\mathrm{diag}\{\lambda_1, \lambda_2, \cdots, \lambda_n, \lambda_{n+1}, \cdots, \lambda_m\}$是由 $\boldsymbol{R}_{xx}$ 的特征值 $\lambda_1, \lambda_2, \cdots, \lambda_m$

组成的对角矩阵。如果观测信号矢量中没有噪声，则

$$\lambda_1 \geqslant \lambda_2 \geqslant \cdots \geqslant \lambda_n > 0,\ \lambda_{n+1} = \lambda_{n+2} = \cdots = \lambda_m = 0 \tag{4.4}$$

而当观测信号中有噪声污染时，则有

$$\lambda_1 \geqslant \lambda_2 \geqslant \cdots \geqslant \lambda_n > \lambda_{n+1} \approx \lambda_{n+2} \approx \cdots \approx \lambda_m \approx \sigma^2 \tag{4.5}$$

其中，σ^2 是噪声的功率。

令 $\boldsymbol{U}_x = [\boldsymbol{U}_s \quad \boldsymbol{U}_v]$，$\boldsymbol{\Lambda}_x = \begin{bmatrix} \boldsymbol{\Lambda}_s & \boldsymbol{O} \\ \boldsymbol{O} & \boldsymbol{\Lambda}_v \end{bmatrix}$，而 $\boldsymbol{U}_s = [\boldsymbol{u}_1, \boldsymbol{u}_2, \cdots, \boldsymbol{u}_n]$，$\boldsymbol{U}_v = [\boldsymbol{u}_{n+1}, \boldsymbol{u}_{n+2}, \cdots, \boldsymbol{u}_m]$，$\boldsymbol{\Lambda}_s = \mathrm{diag}(\lambda_1, \lambda_2, \cdots, \lambda_n)$，$\boldsymbol{\Lambda}_v = \mathrm{diag}(\lambda_{n+1}, \lambda_{n+2}, \cdots, \lambda_m)$，$\boldsymbol{O}$ 是元素都为 0 的矩阵，$\boldsymbol{u}_i (i=1, 2, \cdots, m)$ 是 $\boldsymbol{R}_{xx}$ 的特征值 $\lambda_i (i=1, 2, \cdots m)$ 对应的特征向量。则

$$\boldsymbol{R}_{xx} = [\boldsymbol{U}_s \quad \boldsymbol{U}_v]\begin{bmatrix} \boldsymbol{\Lambda}_s & \boldsymbol{O} \\ \boldsymbol{O} & \boldsymbol{\Lambda}_v \end{bmatrix}\begin{bmatrix} \boldsymbol{U}_s^{\mathrm{H}} \\ \boldsymbol{U}_v^{\mathrm{H}} \end{bmatrix} = \boldsymbol{U}_s\boldsymbol{\Lambda}_s\boldsymbol{U}_s^{\mathrm{H}} + \boldsymbol{U}_v\boldsymbol{\Lambda}_v\boldsymbol{U}_v^{\mathrm{H}} \tag{4.6}$$

一般将由 $\boldsymbol{U}_s$ 的列向量张成的子空间称为信号子空间，而将由 $\boldsymbol{U}_v$ 的列向量张成的子空间称为噪声子空间。

则白化矩阵计算为

$$\boldsymbol{Q} = \boldsymbol{\Lambda}_s^{-1/2}\boldsymbol{U}_s^{\mathrm{H}} = \mathrm{diag}\left\{\frac{1}{\sqrt{\lambda_1}}, \frac{1}{\sqrt{\lambda_2}}, \cdots, \frac{1}{\sqrt{\lambda_n}}\right\}\boldsymbol{U}_s^{\mathrm{H}} \tag{4.7}$$

或

$$\boldsymbol{Q} = \boldsymbol{U}\boldsymbol{\Lambda}_s^{-1/2}\boldsymbol{U}_s^{\mathrm{H}} \tag{4.8}$$

其中，$\boldsymbol{U}$ 是一任意的正交矩阵。容易证明观测信号经过式(4.7)或式(4.8)所描述的矩阵 $\boldsymbol{Q}$ 变换后，得到的信号矢量 $\boldsymbol{y}(t)$ 是白化的。将式(4.7)或式(4.8)代入式(4.2)有

$$\boldsymbol{R}_{yy} = E\{\boldsymbol{y}\boldsymbol{y}^{\mathrm{H}}\} = \boldsymbol{Q}\boldsymbol{R}_{xx}\boldsymbol{Q}^{\mathrm{H}} = \boldsymbol{U}\boldsymbol{\Lambda}_s^{-(1/2)H}\boldsymbol{U}_s^{\mathrm{H}}\boldsymbol{R}_{xx}\boldsymbol{U}_s\boldsymbol{\Lambda}_s^{-(1/2)\mathrm{H}}\boldsymbol{U}^{\mathrm{H}} \tag{4.9}$$

又由式(4.6)可知

$$\begin{aligned}\boldsymbol{R}_{yy} &= \boldsymbol{U}\boldsymbol{\Lambda}_s^{-1/2}\boldsymbol{U}_s^{\mathrm{H}}[\boldsymbol{U}_s\boldsymbol{\Lambda}_s\boldsymbol{U}_s^{\mathrm{H}} + \boldsymbol{U}_v\boldsymbol{\Lambda}_v\boldsymbol{U}_v^{\mathrm{H}}]\boldsymbol{U}_s\boldsymbol{\Lambda}_s^{-(1/2)\mathrm{H}}\boldsymbol{U}^{\mathrm{H}} \\ &= \boldsymbol{U}\boldsymbol{\Lambda}_s^{-1/2}\boldsymbol{U}_s^{\mathrm{H}}\boldsymbol{U}_s\boldsymbol{\Lambda}_s\boldsymbol{U}_s^{\mathrm{H}}\boldsymbol{U}_s\boldsymbol{\Lambda}_s^{-(1/2)\mathrm{H}}\boldsymbol{U}^{\mathrm{H}} + \boldsymbol{U}\boldsymbol{\Lambda}_s^{-1/2}\boldsymbol{U}_s^{\mathrm{H}}\boldsymbol{U}_v\boldsymbol{\Lambda}_v\boldsymbol{U}_v^{\mathrm{H}}\boldsymbol{U}_s\boldsymbol{\Lambda}_s^{-(1/2)\mathrm{H}}\boldsymbol{U}^{\mathrm{H}} \\ &= \boldsymbol{U}\boldsymbol{\Lambda}_s^{-1/2}\boldsymbol{\Lambda}_s\boldsymbol{\Lambda}_s^{-1/2}\boldsymbol{U}^{\mathrm{H}} \\ &= \boldsymbol{I}\end{aligned} \tag{4.10}$$

式(4.10)的得出利用了 $\boldsymbol{U}_s$ 和 $\boldsymbol{U}_v$ 之间的正交性。因此式(4.7)、式(4.8)两式所表示的矩阵满足白化矩阵的要求，以上白化方法我们称之为批处理的标准白化算法。

4.1.2 自适应的标准白化算法

自适应标准白化算法的目的是为估计白化矩阵 $\boldsymbol{Q}$ 寻找一个简单的自适应算法，使得输出信号的协方差矩阵是一对角矩阵，即

$$\boldsymbol{R}_{yy} = E\{\boldsymbol{y}\boldsymbol{y}^{\mathrm{H}}\} = \boldsymbol{\Lambda} \tag{4.11}$$

其中，$\boldsymbol{\Lambda} = \mathrm{diag}\{\lambda_1, \lambda_2, \cdots, \lambda_n\}$ 是一对角阵，$\boldsymbol{y}^{\mathrm{H}}$ 是 $\boldsymbol{y}$ 的共轭转置。典型的 $\boldsymbol{\Lambda} = \boldsymbol{I}$。我们知道，如果所有的互相关为 0，则输出信号是不相关的，即

$$r_{ij} = E\{y_i y_j^*\} = 0 \quad \forall i \neq j \tag{4.12}$$

且自相关非零

$$r_{ii} = E\{|y_i|^2\} = \lambda_i > 0 \tag{4.13}$$

因此最小化准则可用 p－范数写成如下目标函数

$$J_p(\boldsymbol{W}) = \frac{1}{p}\sum_{i=1}^{n}\sum_{\substack{j=1\\j\neq i}}^{n} |\boldsymbol{r}_{ij}|^p \tag{4.14}$$

约束条件：一般的 $\boldsymbol{r}_{ii}\neq 0$，$\forall i$；典型的 $r_{ii}=1$，$\forall i$。

下面以实信号为例，推导出 $p=2$ 时的自适应白化算法，此时

$$J_2(\boldsymbol{W}) = \frac{1}{2}\sum_{i=1}^{n}\sum_{\substack{j=1\\j\neq i}}^{n} |r_{ij}|^2 = \frac{1}{2}\sum_{i=1}^{n}\sum_{j=1}^{n} |E\{y_iy_j\}-\lambda_i\delta_{ij}|^2 = \frac{1}{2}\|E\{\boldsymbol{y}\boldsymbol{y}^{\mathrm{H}}\}-\boldsymbol{\Lambda}\|_{\mathrm{F}}^2 \tag{4.15}$$

其中，$\|\boldsymbol{\Lambda}\|_{\mathrm{F}}$ 表示矩阵 $\boldsymbol{\Lambda}$ 的 Frobenius 范数。

$$\boldsymbol{R}_{yy} = E\{\boldsymbol{y}\boldsymbol{y}^{\mathrm{H}}\} = E\{\boldsymbol{Q}\boldsymbol{x}\boldsymbol{x}^{\mathrm{H}}\boldsymbol{Q}^{\mathrm{H}}\} = E\{\boldsymbol{Q}\boldsymbol{H}\boldsymbol{s}\boldsymbol{s}^{\mathrm{H}}(\boldsymbol{Q}\boldsymbol{H})^{\mathrm{H}}\} = \boldsymbol{G}\boldsymbol{R}_{ss}\boldsymbol{G}^{\mathrm{H}} = \boldsymbol{G}\boldsymbol{G}^{\mathrm{H}} \tag{4.16}$$

其中，$\boldsymbol{G}=\boldsymbol{Q}\boldsymbol{H}$ 是从 $\boldsymbol{s}$ 到 $\boldsymbol{y}$ 的全局变换矩阵。式(4.16)最后一步利用了源信号是单位方差的假设条件，则式(4.15)表示的目标函数为

$$J_2(\boldsymbol{W}) = \frac{1}{2}\|\boldsymbol{G}\boldsymbol{G}^{\mathrm{H}}-\boldsymbol{\Lambda}\|_{\mathrm{F}}^2 = \frac{1}{2}\mathrm{tr}\{(\boldsymbol{G}\boldsymbol{G}^{\mathrm{H}}-\boldsymbol{\Lambda})(\boldsymbol{G}\boldsymbol{G}^{\mathrm{H}}-\boldsymbol{\Lambda})\} \tag{4.17}$$

使用标准的梯度下降方法和链式法，则有

$$\frac{\mathrm{d}g_{ij}}{\mathrm{d}t} = -\mu\frac{\partial J_2(\boldsymbol{W})}{\partial g_{ij}} = -\mu\sum_{k=1}^{n}\sum_{p=1}^{n}\frac{\partial J_2}{\partial r_{kp}}\frac{\partial r_{kp}}{\partial g_{ij}} \tag{4.18}$$

其中，r_{kp} 是矩阵 $\boldsymbol{R}_{yy}=\boldsymbol{G}\boldsymbol{G}^{\mathrm{T}}$ 的第(k, p)个元素，μ 是迭代步长，则

$$\frac{\mathrm{d}g_{ij}}{\mathrm{d}t} = \mu\left[\sum_{k=1}^{n}\lambda_k\frac{\partial r_{kk}}{\partial g_{ij}} - \sum_{k=1}^{n}\sum_{p=1}^{n}r_{kp}\frac{\partial r_{kp}}{\partial g_{ij}}\right] = \mu\left[2\lambda_i g_{ij} - \sum_{k=1}^{n}r_{ik}g_{kj} - \sum_{p=1}^{n}r_{pi}g_{pj}\right] \tag{4.19}$$

因为协方差矩阵 $\boldsymbol{R}_{yy}$ 是对称的，即 $\boldsymbol{r}_{ij}=\boldsymbol{r}_{ji}$，则式(4.19)可化简为

$$\frac{\mathrm{d}g_{ij}}{\mathrm{d}t} = 2\mu\left[\lambda_i g_{ij} - \sum_{k=1}^{n}\boldsymbol{r}_{ik}\boldsymbol{g}_{kj}\right] \quad (i,\ j=1,\ 2,\ \cdots,\ n) \tag{4.20}$$

写成矩阵的形式则有

$$\frac{\mathrm{d}\boldsymbol{G}}{\mathrm{d}t} = 2\mu(\boldsymbol{\Lambda}-\boldsymbol{R}_{yy})\boldsymbol{G} = 2\mu(\boldsymbol{\Lambda}-\boldsymbol{G}\boldsymbol{G}^{\mathrm{H}})\boldsymbol{G} \tag{4.21}$$

因为 $\boldsymbol{G}=\boldsymbol{Q}\boldsymbol{H}$，又由于我们假设 $\boldsymbol{H}$ 随时间变化非常缓慢，即 $\mathrm{d}\boldsymbol{H}/\mathrm{d}t\approx 0$，因此有

$$\frac{\mathrm{d}\boldsymbol{Q}}{\mathrm{d}t}\boldsymbol{H} = 2\mu(\boldsymbol{\Lambda}-\boldsymbol{R}_{yy})\boldsymbol{Q}\boldsymbol{H} \tag{4.22}$$

即

$$\frac{\mathrm{d}\boldsymbol{Q}}{\mathrm{d}t} = 2\mu(\boldsymbol{\Lambda}-\boldsymbol{R}_{yy})\boldsymbol{Q} \tag{4.23}$$

算法的离散形式为

$$\boldsymbol{Q}(l+1) = \boldsymbol{Q}(l) + \eta_l(\boldsymbol{\Lambda}-\boldsymbol{R}_{yy}^{(l)})\boldsymbol{Q}(l) \tag{4.24}$$

式(4.24)就是自适应的标准白化算法，这里 $\boldsymbol{Q}(l)$是第 l 次迭代时的白化矩阵，η_l 是迭代步长，$\boldsymbol{R}_{yy}^{(l)}$ 是第 l 次迭代时估计得到的协方差矩阵，计算公式为

$$\hat{\boldsymbol{R}}_{yy}^{(l)} = \frac{1}{N}\sum_{k=0}^{N-1}\boldsymbol{y}^{(l)}(k)\,[\boldsymbol{y}^{(l)}(\boldsymbol{k})]^{\mathrm{H}} \tag{4.25}$$

其中，$\boldsymbol{y}^{(l)}(k)=\boldsymbol{Q}(l)\boldsymbol{x}(k)$。

当 $\boldsymbol{\Lambda}=\boldsymbol{I}$ 时，有

$$Q(l+1)=Q(l)+\eta_l(I-\hat{R}_{yy}^{(l)})Q(l) \tag{4.26}$$

4.1.3 批处理的稳健白化算法

标准白化算法虽然能将观测信号白化，但是如果观测信号中存在噪声，为了改善盲源分离算法的性能，则有必要给出一种能够消除噪声影响的白化算法——稳健的白化算法。观测信号受到噪声污染时，白化矩阵 $\boldsymbol{Q}$ 可采用如下公式来进行白化处理。

$$\boldsymbol{Q}=(\boldsymbol{\Lambda}_s-\sigma^2\boldsymbol{I}_n)^{-1/2}\times\boldsymbol{U}_s^{\mathrm{H}} \tag{4.27}$$

其中，$\boldsymbol{\Lambda}_s$、σ^2 以及 $\boldsymbol{U}_s$ 的定义与前面相同。可以看到，式(4.27)表示的白化矩阵有消除噪声的功能。式(4.27)表示的白化矩阵所构成的白化算法称之为批处理的稳健白化算法。

定理 4.1 在有噪声时，采用稳健白化算法进行白化后，从 $\boldsymbol{s}$ 到 $\boldsymbol{y}$ 的全局混合矩阵 $\boldsymbol{G}=\boldsymbol{QH}$ 是一个正交矩阵；在没有噪声时，由于 $\sigma^2=0$，因此标准的白化算法(式(4.7)或式(4.8))和稳健白化算法(式(4.27))是等价的，这时全局矩阵 $\boldsymbol{G}=\boldsymbol{QH}$ 都是正交的。

证明 当有噪声时，$\lambda_{n+1}=\lambda_{n+2}=\cdots=\lambda_m=\sigma^2$，即 $\boldsymbol{\Lambda}_v=\sigma^2\boldsymbol{I}_{m-n+1}$。

$$\boldsymbol{z}=\boldsymbol{Qx}=\boldsymbol{QHs}+\boldsymbol{Qv}=\tilde{\boldsymbol{z}}+\tilde{\boldsymbol{v}} \tag{4.28}$$

其中，$\tilde{\boldsymbol{z}}=\boldsymbol{QHs}=\boldsymbol{Gs}$，$\tilde{\boldsymbol{v}}=\boldsymbol{Qv}$ 仍为高斯白噪声。由式(4.27)有：

$$E(\boldsymbol{zz}^{\mathrm{H}})=\boldsymbol{Q}E(\boldsymbol{xx}^{\mathrm{H}})\boldsymbol{Q}^{\mathrm{H}}=(\boldsymbol{\Lambda}_s-\sigma^2\boldsymbol{I}_n)^{-1/2}\boldsymbol{U}_s^{\mathrm{H}}\boldsymbol{U}_x\boldsymbol{\Lambda}_x\boldsymbol{U}_x^{\mathrm{H}}\boldsymbol{U}_s(\boldsymbol{\Lambda}_s-\sigma^2\boldsymbol{I}_n)^{-1/2} \tag{4.29}$$

经过简单的数学推导后有：

$$E(\boldsymbol{zz}^{\mathrm{H}})=(\boldsymbol{\Lambda}_s-\sigma^2\boldsymbol{I}_n)^{-1/2}\boldsymbol{\Lambda}_s(\boldsymbol{\Lambda}_s-\sigma^2\boldsymbol{I}_n)^{-1/2} \tag{4.30}$$

另外，

$$\begin{aligned}E[\tilde{\boldsymbol{z}}\tilde{\boldsymbol{z}}^{\mathrm{H}}]&=E[(\boldsymbol{z}-\boldsymbol{Qv})(\boldsymbol{z}-\boldsymbol{Qv})^{\mathrm{H}}]=E[\boldsymbol{zz}^{\mathrm{H}}]-E[\boldsymbol{Qvz}^{\mathrm{H}}]-E[\boldsymbol{z}(\boldsymbol{Qv})^{\mathrm{H}}]+E[\boldsymbol{Qvv}^{\mathrm{H}}\boldsymbol{Q}^{\mathrm{H}}]\\&=E[\boldsymbol{zz}^{\mathrm{H}}]-E[\boldsymbol{Qv}(\boldsymbol{Gs}+\boldsymbol{Qv})^{\mathrm{H}}]-E[(\boldsymbol{Gs}+\boldsymbol{Qv})(\boldsymbol{Qv})^{\mathrm{H}}]+E[\boldsymbol{Qvv}^{\mathrm{H}}\boldsymbol{Q}^{\mathrm{H}}]\\&=E[\boldsymbol{zz}^{\mathrm{H}}]E[\boldsymbol{vv}^{\mathrm{H}}]\boldsymbol{Q}^{\mathrm{H}}=E[\boldsymbol{zz}^{\mathrm{H}}]-\sigma^2\boldsymbol{QQ}^{\mathrm{H}}\end{aligned} \tag{4.31}$$

由式(4.27)、式(4.30)以及式(4.31)可得

$$E[\tilde{\boldsymbol{z}}\tilde{\boldsymbol{z}}^{\mathrm{H}}]=(\boldsymbol{\Lambda}_s-\sigma^2\boldsymbol{I}_n)^{-1/2}\boldsymbol{\Lambda}_s(\boldsymbol{\Lambda}_s-\sigma^2\boldsymbol{I}_n)^{-1/2}-\sigma^2(\boldsymbol{\Lambda}_s-\sigma^2\boldsymbol{I}_n)^{-1} \tag{4.32}$$

因为 $\boldsymbol{\Lambda}_s$ 是对角矩阵，所以由式(4.32)有 $E[\tilde{\boldsymbol{z}}\tilde{\boldsymbol{z}}^{\mathrm{H}}]=\boldsymbol{I}$，又由 $\tilde{\boldsymbol{z}}=\boldsymbol{BHs}=\boldsymbol{Gs}$ 可知，此时 $\boldsymbol{G}$ 也是正交矩阵。

当没有噪声时，$\sigma^2=0$ 是有噪时的一个特例，以上结论同样成立，故定理得证。

采用稳健白化算法对观测信号白化后，全局矩阵 $\boldsymbol{G}$ 是一个正交矩阵，但是此时白化后的信号 $\boldsymbol{z}$ 的协方差矩阵不再是严格的单位阵；采用标准白化算法能够使白化后的信号 $\boldsymbol{z}$ 的协方差矩阵为单位阵，但全局矩阵不再是严格的正交阵。由于稳健白化算法在一定程度上消除了噪声的影响，因此稳健白化算法比标准白化算法更常用。

4.1.4 自适应的稳健白化算法

前面推导了自适应的标准白化算法

$$\boldsymbol{Q}(l+1)=\boldsymbol{Q}(l)+\eta_l[\boldsymbol{I}-\langle\boldsymbol{y}(k)\boldsymbol{y}^{\mathrm{H}}(k)\rangle]\boldsymbol{Q}(l) \tag{4.33}$$

其中，$\boldsymbol{y}(k)=\boldsymbol{Q}(l)\boldsymbol{x}(k)$，$\langle\cdot\rangle$表示统计平均，在实际中用算术平均代替。当 $\boldsymbol{x}(k)$ 含噪声时，记为 $\boldsymbol{x}(k)=\tilde{\boldsymbol{x}}(k)+\boldsymbol{v}(k)$，$\tilde{\boldsymbol{x}}(k)$ 和 $\tilde{\boldsymbol{y}}(k)=\boldsymbol{Q}(l)\tilde{\boldsymbol{x}}(k)$ 分别为输入、输出矢量的无噪估计。易知，$\boldsymbol{x}(k)$ 中的加性噪声 $\boldsymbol{v}(k)$ 在估计的白化矩阵中引入偏差。输出的协方差矩阵可估计为

$$\widetilde{\boldsymbol{R}}_{yy} = \langle \boldsymbol{y}(k)\boldsymbol{y}^{\mathrm{H}}(k)\rangle = \boldsymbol{Q}\widetilde{\boldsymbol{R}}_{\tilde{x}\tilde{x}}\boldsymbol{Q}^{\mathrm{H}} + \boldsymbol{Q}\widetilde{\boldsymbol{R}}_{w}\boldsymbol{Q}^{\mathrm{H}} \tag{4.34}$$

其中，$\widetilde{\boldsymbol{R}}_{\tilde{x}\tilde{x}} = \langle \tilde{\boldsymbol{x}}(k)\tilde{\boldsymbol{x}}^{\mathrm{H}}(k)\rangle = \dfrac{1}{N}\sum_{k=1}^{N}\tilde{\boldsymbol{x}}(k)\tilde{\boldsymbol{x}}^{\mathrm{H}}(k)$，$\widetilde{\boldsymbol{R}}_{w} = \langle \boldsymbol{v}(k)\boldsymbol{v}^{\mathrm{H}}(k)\rangle$。

假设噪声的功率或协方差矩阵已知或已经估计得到，例如$\widetilde{\boldsymbol{R}}_w = \tilde{\sigma}_v^2\boldsymbol{I}$，则自适应的稳健白化算法的迭代公式为

$$\boldsymbol{Q}(l+1) = \boldsymbol{Q}(l) + \eta(l)[\boldsymbol{I} - \langle \boldsymbol{y}(k)\boldsymbol{y}^{\mathrm{H}}(k)\rangle + \tilde{\sigma}_v^2\boldsymbol{Q}^{\mathrm{H}}(l)\boldsymbol{Q}(l)]\boldsymbol{Q}(l) \tag{4.35}$$

式(4.35)所表示的白化算法称为自适应的稳健白化算法，可以看到该算法消除了噪声的影响。

4.2　源信号个数估计技术

在现有的盲源分离技术中，大多数算法的实现都需要建立在源信号数目已知的前提下，但在实际的通信环境中，源信号的数目往往是无法预知的，因此，在对接收信号进行盲源分离前，需要对源信号个数进行可靠的估计。现有的源信号个数估计方法一般可以分为以下几类：基于特征值分解的方法，基于信息论准则的方法(包括 AIC(Akaika Information Theoretic Criteria)准则和 MDL(Minimum Dscription Length)准则)，以及基于盖尔圆准则(Gerschgorin Disk Estimator，GDE)的方法等。

4.2.1　基于特征值分解的方法

基于特征值分解的方法是源信号数目估计方法中最简单的方法。假设 M 个源信号之间是相互独立的，接收通道的个数为 N，则某一采样时刻接收端接收到的观测信号 $\boldsymbol{x}(t)=[x_1(t), x_2(t), \cdots, x_N(t)]$可以表示为

$$\boldsymbol{x}(t) = \boldsymbol{A}\boldsymbol{s}(t) + \boldsymbol{v}(t) \tag{4.36}$$

其中，$\boldsymbol{A}$ 表示信道混合矩阵，$\boldsymbol{s}(t)=[s_1(t), s_2(t), \cdots, s_M(t)]^{\mathrm{T}}$ 表示源信号，$\boldsymbol{v}(t)$为零均值的高斯白噪声。根据观测信号 $\boldsymbol{x}(t)$计算协方差矩阵，有

$$\boldsymbol{R} = E[\boldsymbol{x}(t)\boldsymbol{x}(t)^{\mathrm{H}}] = \boldsymbol{\Psi} + \sigma^2\boldsymbol{I} \tag{4.37}$$

其中，$\boldsymbol{R}$ 是一个 $N\times N$ 的矩阵，$\boldsymbol{\Psi}=\boldsymbol{A}\boldsymbol{R}_s\boldsymbol{A}^{\mathrm{H}}$，$\boldsymbol{R}_s=E[\boldsymbol{s}(t)\boldsymbol{s}(t)^{\mathrm{H}}]$，$\boldsymbol{A}$ 为满秩矩阵。由于各个源信号之间的独立性，$\boldsymbol{R}_s$ 是一个 $M\times M$ 的满秩矩阵，从而有 $\mathrm{rank}(\boldsymbol{\Psi})=\mathrm{rank}(\boldsymbol{R}_s)=M$，因此在矩阵 $\boldsymbol{\Psi}$ 的 N 个特征值中，有 $N-M$ 个特征值为 0。记 $\lambda_1\geqslant\lambda_2\geqslant\cdots\geqslant\lambda_M$ 为协方差矩阵 $\boldsymbol{R}$ 的 M 个特征值，则 $\boldsymbol{R}$ 的 $N-M$ 个最小特征值等于 σ^2，即

$$\lambda_{M+1} = \lambda_{M+2} = \cdots = \lambda_N = \sigma^2 \tag{4.38}$$

在估计源信号数目时，通常可以利用源信号特征值要大于噪声特征值的特点，对协方差矩阵进行特征值分解，将得到的 N 个特征值从大到小依次排列，然后通过计算相邻特征值之间的比值 γ_i，令 $\gamma_i=\lambda_i/\lambda_{i+1}(i=1, \cdots, N)$，找到相邻两特征值比值最大时的序号，就可以确定为源信号的数目。

基于特征值分解的方法，其优点在于简单，易于实现，但不足之处在于要求的数据样本足够多，以保证对协方差的估计十分准确，同时要求噪声方差非常小。

如果直接用接收到的混合信号进行源信号数目估计，当观测信号数目小于源信号个数

时，不满足阵列信号源信号数目估计方法的应用条件。此外，即使观测信号个数大于源信号个数，理论上可以直接利用观测信号，并通过对观测信号协方差矩阵进行特征值分解的方法估计源信号个数，但是实际中由于噪声的影响，估计准确度比较低，因此有必要使用一种通道扩展方法对接收信号进行扩展，得到路数更多的观测信号，然后估计扩展后的观测信号协方差矩阵，再使用以特征值为基础的源数目估计方法进行求解。

这里给出一种利用间隔抽样的方法对接收信号中的每路信号进行通道扩展，具体过程是指对输入信号进行重采样，得到新的数据向量，以此构成多维矩阵。假设接收信号中的一路观测信号为 $\boldsymbol{x}(t)$，对其进行间隔为 T_1 的采样，得到观测信号的离散形式 $\tilde{\boldsymbol{x}}(l)=\boldsymbol{x}(lT_1)$；然后每隔 B 个采样点对离散观测信号 $\tilde{\boldsymbol{x}}(l)$ 进行一次抽样，即可通过间隔抽样将离散化的观测信号 $\tilde{\boldsymbol{x}}(l)$ 重排列为 B 路虚拟多通道信号 $\tilde{x}_1(l)$，$\tilde{x}_2(l)$，…，$\tilde{x}_B(l)$，如式(4.39)所示，即

$$\tilde{\boldsymbol{x}}_b(l)=\tilde{\boldsymbol{x}}((l-1)B+b),\ b=1,\ 2,\ \cdots,\ B \tag{4.39}$$

可得每路信号扩展形成的多通道观测信号矩阵 $\tilde{\boldsymbol{X}}_B(l)$ 如式(4.40)所示，即

$$\tilde{\boldsymbol{X}}_B(l)=\begin{bmatrix}\tilde{x}_1(l)\\ \tilde{x}_2(l)\\ \vdots\\ \tilde{x}_B(l)\end{bmatrix}=\begin{bmatrix}\tilde{x}((l-1)B+1)\\ \tilde{x}((l-1)B+2)\\ \vdots\\ \tilde{x}((l-1)B+B)\end{bmatrix} \tag{4.40}$$

通过间隔抽样法对接收信号进行扩展，可将其转变为接收信号数目的 B 倍。利用扩展后的多通道接收信号进行源信号数目的估计，其准确度比扩展前更高。

4.2.2 基于信息论准则的方法

基于信息论准则的方法主要有 AIC 准则和 MDL 准则两种方法，基于信息论准则的方法可描述如下：给定一个包含 T 个采样点的观测矩阵 $\boldsymbol{X}$ 和一组参数化的概率密度函数 $f(\boldsymbol{X}|\boldsymbol{\Theta})$ 模型，从中选择最符合观测数据的模型。其中使 AIC 准则具有最小值时的模型可定义为

$$\xi_{\mathrm{AIC}}=-2\ln f(\boldsymbol{X}\mid\hat{\boldsymbol{\Theta}})+2\kappa \tag{4.41}$$

式中，$\hat{\boldsymbol{\Theta}}$ 是 $\boldsymbol{\Theta}$ 的最大似然估计，κ 是 $\boldsymbol{\Theta}$ 中的自由度。式中的第一项为最大似然估计器的对数似然值，第二项为修正项，使得 ξ_{AIC} 是 $f(\boldsymbol{X}|\boldsymbol{\Theta})$ 与 $f(\boldsymbol{X}|\hat{\boldsymbol{\Theta}})$ 间 Kullback-Leibler 距离的无偏估计。

MDL 准则的模型定义为

$$\xi_{\mathrm{MDL}}=-\ln f(\boldsymbol{X}\mid\hat{\boldsymbol{\Theta}})+\frac{1}{2}\kappa\ln(T) \tag{4.42}$$

在观测数据的样本足够多时，MDL 准则与 AIC 准则得到的结论是相同的。

源信号数目估计的目的就在于估计出矩阵 $\boldsymbol{\Psi}$ 的秩，在使用 MDL 准则或 AIC 准则前，根据观测数据矩阵先建立一组模型或概率密度函数 $f(\boldsymbol{X}|\boldsymbol{\Theta})$。根据式(4.37)，假设矩阵 $\boldsymbol{\Psi}$ 的秩为 k，则有

$$\boldsymbol{R}^{(k)}=\boldsymbol{\Psi}^{(k)}+\sigma^2\boldsymbol{I} \tag{4.43}$$

其中，$k\in\{0,\ 1,\ \cdots,\ N-1\}$ 遍历所有可能的源信号数目。$\boldsymbol{\Psi}^{(k)}$ 的代数展开可表示为

$$\boldsymbol{\Psi}^{(k)} = \sum_{i=1}^{k}(\lambda_i - \sigma^2)\boldsymbol{v}_i\boldsymbol{v}_i^{\mathrm{H}} + \sigma^2\boldsymbol{I} \tag{4.44}$$

其中，$\lambda_1, \lambda_2, \cdots, \lambda_k$ 和 $\boldsymbol{v}_1, \boldsymbol{v}_2, \cdots, \boldsymbol{v}_k$ 分别是 $\boldsymbol{R}^{(k)}$ 的特征值和特征向量。用 $\boldsymbol{\Theta}^{(k)}$ 表示该模型中参数组成的向量，有

$$\boldsymbol{\Theta}^{(k)} = [\lambda_1, \cdots\lambda_k, \sigma^2, \boldsymbol{v}_1^{\mathrm{T}}, \cdots, \boldsymbol{v}_k^{\mathrm{T}}] \tag{4.45}$$

由于观测数据样本 $\boldsymbol{x}(i)(i=1, 2, \cdots, T)$ 是统计独立的零均值高斯随机变量，其联合概率密度为

$$\begin{aligned} f(\boldsymbol{X} \mid \boldsymbol{\Theta}^{(k)}) &= f((\boldsymbol{x}(1), \cdots, \boldsymbol{x}(T)) \mid \boldsymbol{\Theta}^{(k)}) \\ &= \prod_{i=1}^{T} \frac{1}{\pi^N \mid \boldsymbol{R}^{(k)} \mid} \exp\{-\boldsymbol{x}(i)^{\mathrm{H}}[\boldsymbol{R}^{(k)}]^{-1}\boldsymbol{x}(i)\} \end{aligned} \tag{4.46}$$

$|\boldsymbol{R}^{(k)}|$ 表示 $\boldsymbol{R}^{(k)}$ 的行列式，对式(4.46)两边取对数并忽略与 $\boldsymbol{\Theta}^{(k)}$ 无关的项，有

$$\ln f(\boldsymbol{X} \mid \boldsymbol{\Theta}^{(k)}) = -T\ln|\boldsymbol{R}^{(k)}| - \mathrm{tr}\{[\boldsymbol{R}^{(k)}]^{-1}\hat{\boldsymbol{R}}\} \tag{4.47}$$

$\mathrm{tr}\{\cdot\}$ 表示取矩阵的迹。其中，

$$\hat{\boldsymbol{R}} = \frac{1}{T}\sum_{i=1}^{T}\boldsymbol{x}(i)\boldsymbol{x}(i)^{\mathrm{H}} \tag{4.48}$$

使式(4.47)取最大值时的 $\boldsymbol{\Theta}^{(k)}$ 值就是 $\boldsymbol{\Theta}$ 的最大似然估计，估计值为

$$\begin{cases} \hat{\lambda}_i = l_i \\ \sigma^2 = \dfrac{1}{N-k}\displaystyle\sum_{i=k+1}^{N} l_i \quad (i = 1, \cdots, k) \\ \hat{\boldsymbol{v}}_i = \boldsymbol{h}_i \end{cases} \tag{4.49}$$

式中，$l_1 > l_2 > \cdots > l_N$ 和 $\boldsymbol{h}_1, \cdots, \boldsymbol{h}_N$ 分别是矩阵 $\hat{\boldsymbol{R}}$ 的特征值和特征向量。

根据式(4.47)和式(4.49)可以得到

$$\begin{cases} \ln f(\boldsymbol{X} \mid \boldsymbol{\Theta}^{(k)}) = (N-k)T\ln\left[\dfrac{\alpha_N(k)}{\beta_N(k)}\right] \\ \alpha_N(k) = \displaystyle\prod_{i=k+1}^{N} l_i^{1/(N-k)} \\ \beta_N(k) = \dfrac{1}{N-k}\displaystyle\sum_{i=k+1}^{N} l_i \end{cases} \tag{4.50}$$

对于 $\boldsymbol{\Theta}^{(k)}$ 中的独立参数的个数，可以通过计算 $\boldsymbol{\Theta}^{(k)}$ 张成空间的自由度来求出。$\hat{\lambda}_i$ 和 $\hat{\boldsymbol{v}}_i$ 分别是实特征值和复特征向量，因此 $\boldsymbol{\Theta}^{(k)}$ 中的参数个数为 $k+1+2kN$。其中特征向量 $\hat{\boldsymbol{v}}_i$ 模值是归一化的，减少 $2k$ 个自由度；各特征向量之间是相互正交的关系，减少 $2[k(k-1)/2]$ 个自由度。因此修正项 κ 为

$$\kappa = k + 1 + 2kN - 2k - k(k-1) = k(2N-k) + 1 \tag{4.51}$$

将式(4.50)和式(4.51)代入式(4.41)和式(4.42)中，即可得到 AIC 和 MDL 准则下的计算公式为

$$\begin{cases} \xi_{\mathrm{AIC}} = -2(N-k)T\ln\left(\dfrac{\alpha_N(k)}{\beta_N(k)}\right) + 2[k(2N-k)+1] \\ \xi_{\mathrm{MDL}} = -(N-k)T\ln\left(\dfrac{\alpha_N(k)}{\beta_N(k)}\right) + \dfrac{1}{2}[k(2N-k)+1]\ln(T) \end{cases} \tag{4.52}$$

当遍历 $k=0, 1, \cdots, N-1$ 时，使上述准则最小时对应的秩 k 就是源信号数目的估计值。

已有研究证明：MDL 准则估计得到的源数目是真实值的渐进一致估计，即当数据样本趋于无穷时，估计值收敛到真实值的概率为 1；而 AIC 的估计值偏大，不是真实值的渐进一致估计，仿真结果也证实了这一点。

从以上分析中可以得出基于信息论准则的方法的使用条件为：

(1) 接收通道数 N 必须大于源数目 M；

(2) 必须存在少量的噪声，以保证 $\lambda_{M+1}, \lambda_{M+2}, \cdots, \lambda_N$ 不等于 0；

(3) 噪声必须为高斯白噪声。

4.2.3 基于盖尔圆准则的方法

1. 盖尔圆定理

对于 $N\times N$ 维实矩阵或复矩阵 $\boldsymbol{A}$，设其第 i 行和 j 列元素为 a_{ij}，第 i 行中除了第 i 列外的所有元素的绝对值之和为

$$\xi_i = \sum_{j=1,\ j\neq i}^{N} |a_{ij}| \tag{4.53}$$

将复平面上以 a_{ij} 为圆心，ξ_i 为半径的所有点的集合定义为第 i 个圆盘 O_i，则矩阵 $\boldsymbol{A}$ 的所有特征值会包含在圆盘 O_i 的并区间内，其中 $i=1, 2, \cdots, N$。这个理论即为盖尔圆理论，圆盘 O_i 称为盖尔圆盘。

根据式(4.37)，观测数据 $\boldsymbol{x}$ 的协方差矩阵为

$$\boldsymbol{R} = E[\boldsymbol{x}\boldsymbol{x}^{\mathrm{H}}] = \boldsymbol{A}\boldsymbol{R}_s\boldsymbol{A}^{\mathrm{H}} + \sigma^2\boldsymbol{I} \tag{4.54}$$

协方差矩阵 $\boldsymbol{R}$ 的特征值会包含在 N 个盖尔圆盘的并区间内，由于 $\boldsymbol{R}$ 是对称矩阵，其特征值和盖尔圆心都是实数，因此可以在实轴上找到各个特征值的可能分布位置。在理想情况下，如果所有的盖尔圆盘能够形成如图 4.1 所示的两个不相交的并集，分别对应源信号的盖尔圆盘和噪声的盖尔圆盘。则半径较大的盖尔圆盘并集内包含 M 个源信号对应的特征值，半径较小的盖尔圆盘并集内包含噪声对应的特征值。

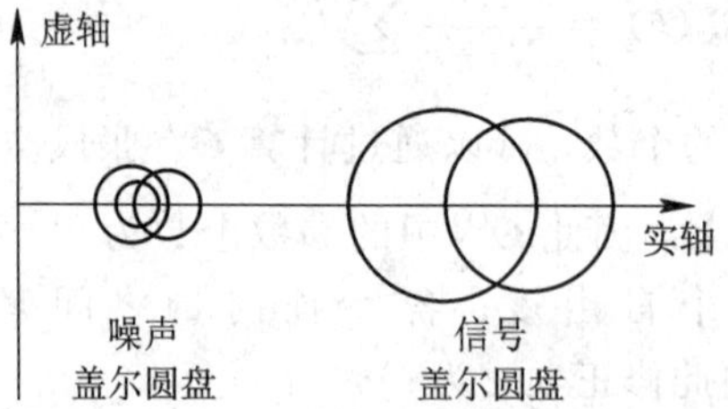

图 4.1　盖尔圆盘示意图

但在实际中，各个盖尔圆的半径都比较大，并不都能形成如图 4.1 所示的两个不相交的并集，因此一般需要对协方差矩阵进行相应的变换，使得噪声的盖尔圆盘尽量远离源信号的盖尔圆盘，且具有较小的半径。

观测数据的协方差矩阵 $\boldsymbol{R}$ 可重新表示为

$$\boldsymbol{R}=\begin{bmatrix} r_{11} & \cdots & r_{1N} \\ \vdots & \ddots & \vdots \\ r_{N1} & \cdots & r_{NN} \end{bmatrix}=\begin{bmatrix} \boldsymbol{R}_1 & \boldsymbol{r} \\ \boldsymbol{r}^{\mathrm{H}} & r_{NN} \end{bmatrix} \tag{4.55}$$

式中，$\boldsymbol{R}_1$ 为 $\boldsymbol{R}$ 的第$(N-1)$阶顺序主子矩阵。若记 $\boldsymbol{A}=[\boldsymbol{a}_1, \boldsymbol{a}_2, \cdots, \boldsymbol{a}_N]^{\mathrm{T}}$，则有

$$\boldsymbol{r}=[r_{1N}, r_{2N}, \cdots, r_{(N-1)N}]^{\mathrm{H}}=[\boldsymbol{a}_1, \boldsymbol{a}_2, \cdots, \boldsymbol{a}_{N-1}]^{\mathrm{T}}\boldsymbol{R}_s a_N^*=\boldsymbol{A}_1\boldsymbol{R}_s a_N^* \tag{4.56}$$

将 $\boldsymbol{R}_1$ 进行特征值分解得到

$$\boldsymbol{R}_1=\boldsymbol{U}_1\boldsymbol{D}_1\boldsymbol{U}_1^{\mathrm{H}} \tag{4.57}$$

其中，$\boldsymbol{U}_1=[\boldsymbol{u}_1', \boldsymbol{u}_2', \cdots, \boldsymbol{u}_{N-1}']$、$\boldsymbol{D}_1=\mathrm{diag}(\lambda_1', \lambda_2', \cdots, \lambda_{N-1}')$分别为 $\boldsymbol{R}_1$ 的特征向量和特征值。构造变换矩阵为

$$\boldsymbol{U}=\begin{bmatrix} \boldsymbol{U}_1 & 0 \\ 0^{\mathrm{T}} & 1 \end{bmatrix} \tag{4.58}$$

则根据变换矩阵 $\boldsymbol{U}$ 对协方差矩阵 $\boldsymbol{R}$ 作如下变换：

$$\boldsymbol{S}=\boldsymbol{U}^{\mathrm{H}}\boldsymbol{R}\boldsymbol{U}=\begin{bmatrix} \boldsymbol{U}_1^{\mathrm{H}}\boldsymbol{R}_1\boldsymbol{U}_1 & \boldsymbol{U}_1^{\mathrm{H}}\boldsymbol{r} \\ \boldsymbol{r}^{\mathrm{H}}\boldsymbol{U}_1 & r_{NN} \end{bmatrix}=\begin{bmatrix} \boldsymbol{D}_1 & \boldsymbol{\rho} \\ \boldsymbol{\rho}^{\mathrm{H}} & r_{NN} \end{bmatrix} \tag{4.59}$$

式中，$\boldsymbol{\rho}=[\rho_1, \rho_2, \cdots, \rho_{N-1}]^{\mathrm{T}}$，$\rho_i=\boldsymbol{u}_i'^{\mathrm{H}}r=\boldsymbol{u}_i'^{\mathrm{H}}\boldsymbol{A}_1\boldsymbol{R}_s a_N^*$ $(i=1, 2, \cdots, N-1)$。当 $i=M+1$，$\cdots$，$N-1$ 时，$\boldsymbol{u}_i'$ 此时为矩阵 $\boldsymbol{R}_1$ 中噪声对应的特征向量，有 $\boldsymbol{R}_1\boldsymbol{u}_i'=\sigma^2 u_i'=(\boldsymbol{A}_1\boldsymbol{R}_s\boldsymbol{A}_1^{\mathrm{H}}+\sigma^2\boldsymbol{I})u_i'$，因此 $\boldsymbol{A}_1\boldsymbol{R}_s\boldsymbol{A}_1^{\mathrm{H}}u_i'=0$，从而 $\boldsymbol{A}_1^{\mathrm{H}}u_i'=0$，因此在矩阵 $\boldsymbol{S}$ 中，有 $\rho_{M+1}=\cdots=\rho_{N-1}=0$ 和 $\rho_{M+1}^*=\cdots=\rho_{N-1}^*=0$，即

$$\boldsymbol{S}=\begin{bmatrix} \lambda_1' & 0 & \cdots & \cdots & 0 & \rho_1 \\ \vdots & \ddots & & & & \vdots \\ 0 & & \lambda_M' & & & \rho_M \\ 0 & & & \sigma^2 & 0 & 0 \\ \vdots & & & 0 & \ddots & \vdots \\ \rho_1^* & \cdots & \rho_M^* & 0 & \cdots & r_{NN} \end{bmatrix} \tag{4.60}$$

矩阵 $\boldsymbol{S}$ 和 $\boldsymbol{R}$ 具有相同的特征值，此时可以通过分析矩阵 $\boldsymbol{S}$ 的盖尔圆来得到源数目的估计。由矩阵 $\boldsymbol{S}$ 表达式可知，其前 M 个盖尔圆对应源信号，圆的半径 $\xi_i=|\rho_i|$，当 $i=M+1$，$\cdots$，$N-1$ 时，对应噪声的盖尔圆半径为 0，根据此特点可以进行源个数的估计。由上述分析可知，盖尔圆的半径满足：

$$\xi_i=|\rho_i|=|\boldsymbol{u}_i'^{\mathrm{H}}\boldsymbol{r}|=|\boldsymbol{u}_i'^{\mathrm{H}}\boldsymbol{A}_1\boldsymbol{R}_s a_N^*|=|\boldsymbol{u}_i'^{\mathrm{H}}\boldsymbol{A}_1||\boldsymbol{R}_s a_N^*|=\lambda|\boldsymbol{u}_i'^{\mathrm{H}}\boldsymbol{A}_1| \tag{4.61}$$

其中，λ 与 i 无关，因此只需要设置一个合适阈值，就能将噪声和源信号对应的盖尔圆分开，得到源信号数目的估计。ξ_i 由$\boldsymbol{u}_i'^{\mathrm{H}}\boldsymbol{A}_1$ 的幅度决定，与噪声类型和大小无关，因此基于盖尔圆的方法在非高斯噪声和小样本数据下仍然有效。

相应的判断方法可定义为

$$\xi_{\mathrm{GDE}}(k)=\xi_k-\frac{D(T)}{N-1}\sum_{i=1}^{N-1}\xi_i \tag{4.62}$$

$D(T)$是校正因子，由于噪声的盖尔圆半径会随着数据样本的增加而减小，因此 $D(T)$是数据样本 T 的非增函数。随着样本数的增加，对应的样本阈值减小，$D(T)$一般取值范围在 0～1 之间。k 的取值范围为 1，2，$\cdots$，$N-2$，当 $\xi_{\mathrm{GDE}}(k)$第一次取负数时停止，此时源数

目即为 $k-1$。

2. 基于盖尔圆方法和信息论准则联合估计的方法

基于盖尔圆方法的源数目估计方法的另一个思路是将盖尔圆定理和信息论准则联合起来进行估计。将式(4.47)中的 $\boldsymbol{R}^{(k)}$ 替换为 $\boldsymbol{S}^{(k)}$，即可得到基于盖尔圆的最大似然估计。其中盖尔圆似然估计的代价函数可表示为

$$\ln f(\boldsymbol{X} \mid \boldsymbol{\Theta}^{(k)}) = -T(N-1-k)\ln\left[\frac{\alpha'_N(k)}{\beta'_N(k)}\right] - T\ln\left(r_{NN} - \sum_{i=1}^{k}\frac{\xi_i^2}{\lambda'_i}\right) \tag{4.63}$$

其中，$\alpha'_N(k)$、$\beta'_N(k)$和式(4.50)中的 $\alpha_N(k)$、$\beta_N(k)$具有相同的形式。似然函数的自由度由矩阵 $\boldsymbol{S}$ 的 k 维子矩阵和相应的盖尔圆决定，其自由度 $\kappa=k^2+k$。将式(4.63)和 κ 分别代入式(4.41)、式(4.42)中的 AIC 准则和 MDL 准则，即可得到对应的基于盖尔圆的 AIC(GAIC)准则和基于盖尔圆的 MDL(GMDL)准则，从而进行源数目的估计。GAIC 准则和 GMDL 准则都是真实信号个数的渐进一致估计。

基于盖尔圆的方法需要的数据样本少，而且适用于非高斯噪声的情况。但同样地，接收通道数 N 必须大于源数目个数 M，且 $N-M>1$。

4.3 源信号个数估计算法仿真分析

仿真中采用两路 QPSK 信号和两路 BPSK 信号作为源信号 $s_1(t)$、$s_2(t)$、$s_3(t)$和 $s_4(t)$，其中第一路源信号 $s_1(t)$的载波频率设置为 60 MHz，其余信号的载频以固定的载频间隔依次递加(载频间隔可调整，以便进行后续实验)。码元速率为 0.25 Mb/s，采样速率设为 5 MHz，同时加入高斯白噪声 $\boldsymbol{v}(t)$。本次实验研究单通道接收信号和多通道接收信号两种情况，混合信号的接收模型为 $\boldsymbol{X}(t)=\sum_{m=1}^{M}\boldsymbol{a}_m s_m(t)+\boldsymbol{v}(t)$。

针对单通道接收信号和多路接收信号两种情况，各进行 1000 次 Monte Carlo 仿真实验，统计不同源信号数目估计方法的准确率，进而比较现有方法在不同条件下的源数估计性能，包括基于特征值分解的方法，基于 AIC 准则的方法、基于 MDL 准则的方法和基于 GDE 准则的方法。

4.3.1 单通道接收信号

用单一传感器接收混合的多路仿真信号，即使用间隔抽样法对单通道接收信号进行扩展后，可应用上述源信号数目估计方法直接进行源数估计，从而进行性能比较。

1. 载频间隔对源数目估计的影响

保持源信号的实际数目为 3，将单通道接收信号扩展为 10 路，源信号之间的载频间隔设置为 0.6 MHz，并以 0.1 MHz 为固定间隔不断缩小，图 4.2 给出了不同载频间隔时，各种源数估计方法的准确率。

通过图 4.2 可以看出，当源信号间的载频间隔逐渐减小时，各种源数估计方法的估计性能明显变差。其中，基于 AIC 准则的方法在载频间隔为 0.6 MHz 时，即使将信噪比提高至 0 dB 以上，也仅有 80%的估计准确率，并不是一致估计。基于 GDE 准则的方法在信号

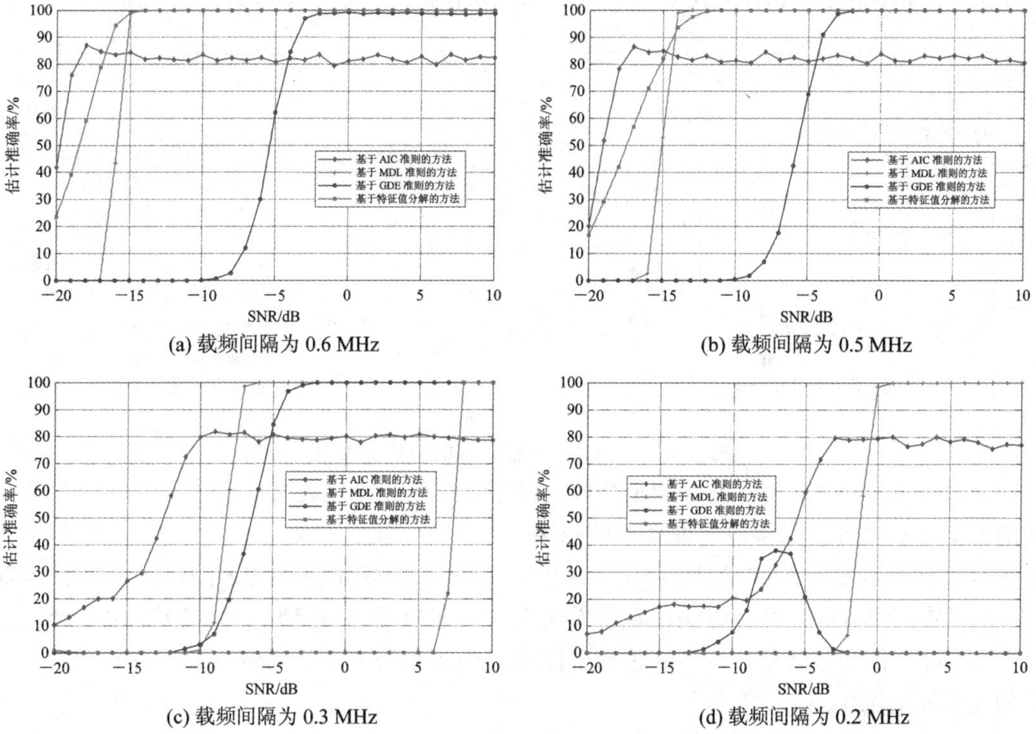

图 4.2　各种方法在源信号不同载频间隔下的估计准确率

载频间隔为 0.3 MHz 以上时，能够在信噪比为−2 dB 以上时达到 100%的估计准确率，但当载频间隔减小至 0.2 MHz 时该方法会失效，原因是当信号载频间隔较低时，信号的盖尔圆盘相距较近，无法形成合适的信号并集来与噪声盖尔圆盘区分。对于基于特征值分解的方法，其估计准确率随着载频间隔的减小下降得十分明显，当载频间隔减小至 0.2 MHz 时，即使信噪比提升至 10 dB，估计准确率也为 0，原因是基于特征值分解的方法要求对协方差计算十分准确，而信号载频间隔过小会给协方差的计算带来很大困难，所以此时该方法准确估计源信号数目需要较高的信噪比。基于 MDL 准则的估计方法在信号载频间隔较近时也能有良好的表现，它是源信号真实数目的渐进一致估计，即使载频间隔降低至 0.2 MHz 时，也能够在信噪比为 1 dB 以上时达到 100%的估计准确率。

综合来看，针对单通道接收信号的源数估计问题，基于信息论准则中的 MDL 准则估计方法和基于特征值分解的估计方法表现较好，相较于其他算法具有显著优势。进一步分析发现当载频间隔大于 0.5 MHz 时，也就是频谱未发生混叠时，基于特征值分解的方法表现最好；当载频间隔小于 0.5 MHz 时，基于 MDL 准则的估计方法性能最好，但考虑到实际盲源分离时，并不知道载频间隔大小，因此适合估计载频间隔更近的基于 MDL 准则的源数目估计方法更为实用。

2. 不同源数目下的源信号个数估计

鉴于以上的分析中，基于特征值分解的方法和基于 MDL 准则的估计方法在不同载频间隔下的性能表现最好，远优于其他方法，所以下面只对这两种方法的性能进行比较。保持源信号的载波间隔为 0.5 MHz，将单通道接收信号扩展为 10 路，改变源信号的实际数目，比较基于特征值分解的估计方法和基于 MDL 准则的估计方法的性能，如图 4.3 所示。

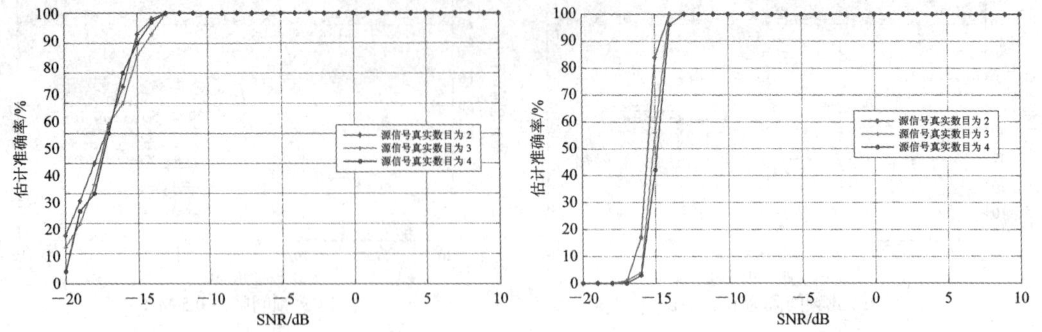

(a) 基于特征值分解的估计方法　　(b) 基于 MDL 准则的估计方法

图 4.3　不同源信号数目下的估计准确率

通过图 4.3 可以看出，在单通道接收情况下，两种源信号数目估计方法的性能基本呈现随源信号真实数目增多而逐渐变差的趋势，不过估计性能损失并不大。当源信号的数目增多至 4 路时，基于 MDL 准则的方法在信噪比为−13 dB 以上时达到 100％的估计准确率，基于特征值分解的估计方法也在信噪比为−13 dB 以上时达到 100％的估计准确率。所以，这两种源信号数目估计方法在估计不同数目的源信号时，均具有良好的估计效果，可应用于实际情况中。

3. 扩展通道数对源信号数目估计的影响

保持源信号的数目为 3，载频间隔为 0.5 MHz，改变单通道扩展的通道数(5 路，10 路和 20 路)，观察比较基于特征值分解的估计方法和基于 MDL 准则的估计方法的性能变化，如图 4.4 所示。

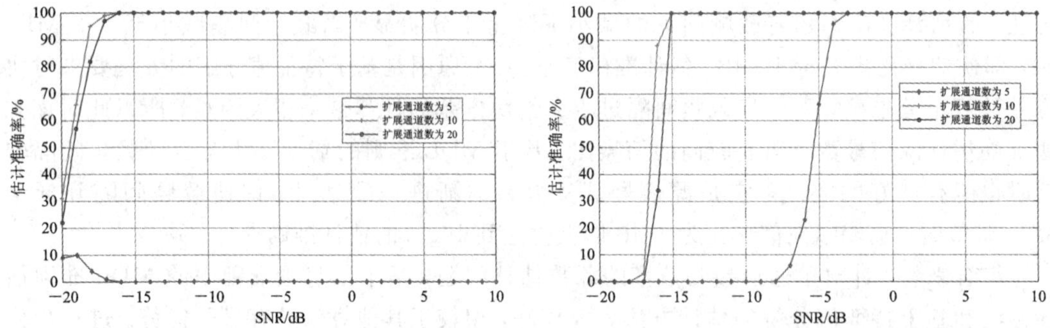

(a) 基于特征值分解的估计方法　　(b) 基于 MDL 准则的估计方法

图 4.4　不同信号扩展通道数下的估计准确率

由图 4.4 知，对于基于特征值分解的估计方法，当单通道接收信号的扩展数目为 5 路时，无法达到估计源信号数目的效果，原因是扩展通道数的减少给协方差矩阵的准确计算带来了较大困难，导致该方法失效。当单通道接收信号扩展数目为 10 路时，能够在信噪比为−15 dB 以上时准确估计源信号的数目；但当单通道接收信号的扩展数目为 20 路时，会有一定的性能损失，原因是每路扩展信号的采样点数变少，导致各路源信号的信息的保留不如原来完整。对于基于 MDL 准则的估计方法，当单通道接收信号的扩展数目为 10 路时，源信号数目的估计性能在三种扩展通道数中表现最好，扩展通道数较少不能构建准确的协方差矩阵，扩展通道数过多则不能保证每路扩展信号有足够多的采样点，导致部分信息损失，而且扩展通数多也会导致算法复杂度的提高。综合来看，在扩展通道数较多时，基于特征值分解的估计方法略好于基于 MDL 准则的估计方法，但基于 MDL 准则的估计方法在扩展通道数较少时也能估计出源信号的数目，所以其更为实用。另外，两种源数估计方法的性能都与扩展通道数关系密切，单通道接收信号的扩展通道数不宜过少也不应过多，一般来说，保证扩展通道数为源信号真实数目的 2～4 倍即可。

4.3.2 多通道接收信号

用多个传感器接收混合的多路仿真信号(应保证接收信号的数目大于源信号数目)，为保证源信号数目估计的准确率，仍需使用间隔抽样法对多路接收信号中的部分或全部信号进行扩展，然后再应用基于特征值分解的估计方法和基于 MDL 准则的估计方法估计源信号的数目。

1. 接收通道数对源信号数目估计的影响

保持源信号的实际数目为 3，载频间隔为 0.5 MHz，采用 4 路通道接收观测信号，改变用于构建观测信号矩阵的接收通道数目，每路接收信号扩展通道数为 10(采用其中的奇数路进行构建观测信号矩阵)，比较两种源信号数目估计方法的性能。图 4.5 给出了两种算法在不同接收通道数条件下，源信号数目估计的准确率与信噪比的关系曲线。

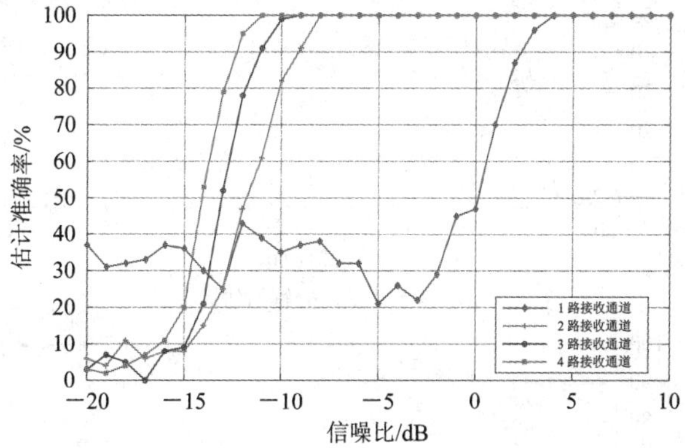

(a) 基于特征值分解的估计方法

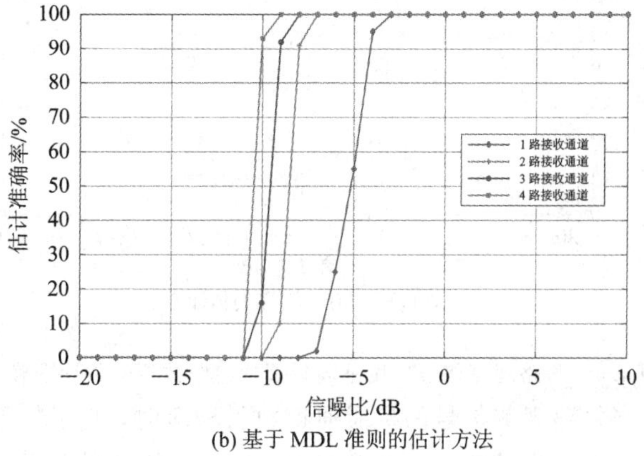

(b) 基于 MDL 准则的估计方法

图 4.5　采用不同数目接收通道的估计准确率

由图 4.5 可知，当采用 4 路通道接收观测信号时，随着用于构建观测信号矩阵的接收通道数目的增多(依次是 1 路，2 路，3 路和 4 路接收通道)，两种源信号数目估计方法的估计准确率均会逐渐提高，原因是用于构建观测信号矩阵的接收通道数越多，可以保留的源信号信息会更完整，源信号数目估计方法的性能会得到提升。当仅采用其中一路传感器接收信号时，基于特征值分解的方法的估计性能较差，需在较高信噪比下才能准确估计源信号的数目，而基于 MDL 准则的估计方法可以在信噪比为−3 dB 以上时准确估计源信号的数目。当构建观测信号矩阵的接收通道数目增多至 2 路时，基于特征值分解的方法的性能优于基于 MDL 准则的估计方法。因此，当载频间隔为 0.5 MHz 时，如果传感器所接收的信号中多数可利用时，采用基于特征值分解的方法来估计源信号数目更好。

2. 扩展通道数对源信号数目估计的影响

保持源信号的实际数目为 3，载频间隔为 0.5 MHz，采用 4 路通道接收观测信号，采用全部的接收信号来构建观测信号矩阵，改变每路接收信号扩展的通道数(取一半作为多通道观测信号矩阵)，比较两种源信号数目估计方法的性能，如图 4.6 所示。

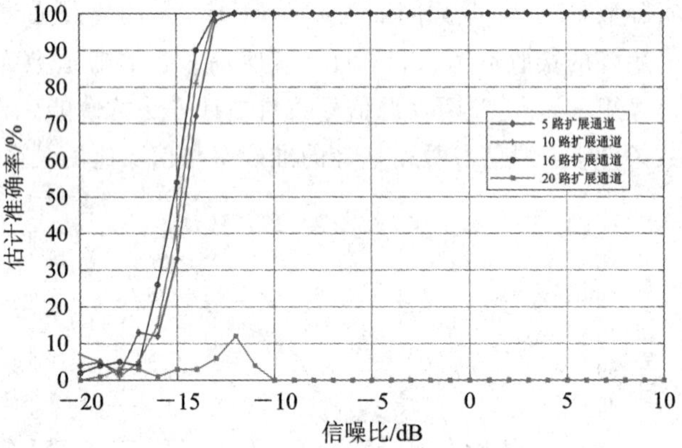

(a) 基于特征值分解的估计方法

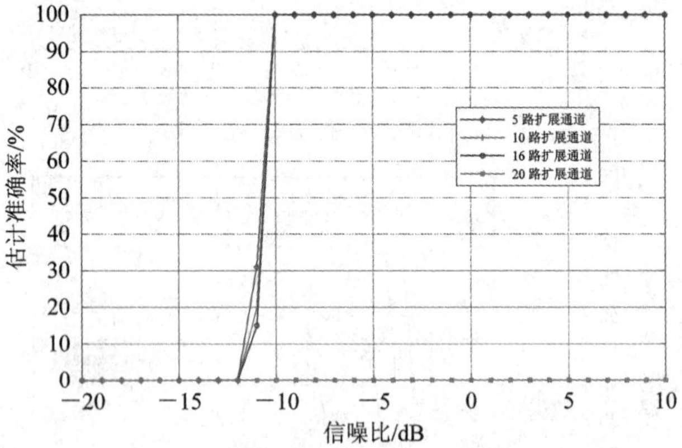

(b) 基于 MDL 准则的估计方法

图 4.6 每路观测信号采用不同扩展通道路数下的估计准确率

由图 4.6 可知，当每路观测信号的扩展通道数目增多时，基于特征值分解的估计方法的性能会逐渐提高，原因是当扩展通道数增多时，协方差矩阵的计算能够更为准确，从而使该方法的性能略有提高；而基于 MDL 准则的估计方法的估计性能并未产生明显的改变，说明只要每路观测信号的扩展数目多于源信号的真实数目，就可以达到良好的源数估计效果。不过，扩展路数为 20 时，基于特征值分解的估计方法和基于 MDL 准则的估计方法均会失效，原因是扩展通道数过多，会使每路扩展信号的采样点变少，不足以计算准确的协方差矩阵，致使特征值的计算出现差错。综上，每路观测信号扩展通道数不宜过少也不应过多，一般来说，结合复杂度方面的考虑，应将每路观测信号的扩展通道数设置为源信号真实数目的 2～4 倍。

综上所述，基于特征值分解的估计方法和基于 MDL 准则的估计方法性能最好，这两种方法的选择主要与信号载频间隔相关。当载频间隔较近甚至发生频谱混叠时，适合采用基于 MDL 准则的估计方法；当载频间隔较大时，适合采用基于特征值的估计方法；当载频间隔为 0.5MHz，即恰好为码元速率的二倍时，两种方法均有较好的估计效果。

本章小结

本章详细介绍了盲源分离中的预处理技术，首先研究了各种白化算法，这些算法可以达到降维和降低问题复杂度的目的，其中稳健白化算法能够在一定程度上消除噪声的影响，因此其比标准白化算法更常用；然后研究了三类现有的源信号数目估计方法，详细推导了算法原理和实现流程；最后针对单通道接收信号和多通道接收信号两种情况，对不同条件下现有源信号数目估计方法的性能进行了仿真评估，综合来看，基于信息论准则中的 MDL 准则的方法和基于特征值分解的方法估计性能表现较好，能够较为准确的估计源信号的个数。

第 5 章　基于梯度的超定/正定盲源分离算法

解决超定/正定盲源分离问题的方法有很多种，本章主要研究基于梯度的超定/正定盲源分离算法。首先分析推导了基于梯度的固定步长盲源分离算法，紧接着介绍了基于梯度的可变步长的盲源分离算法；然后对盲源分离算法的稳定性以及非线性函数的选择进行了分析证明；最后对本章所介绍的超定/正定盲源分离算法的分离性能进行了仿真和分析。

5.1　基于梯度的固定步长盲源分离算法

由第 2 章内容可知盲源分离的线性瞬时混合模型为 $\boldsymbol{x}(t)=\boldsymbol{A}\boldsymbol{s}(t)+\boldsymbol{v}(t)$，其中 $\boldsymbol{v}(t)$是噪声。盲源分离的任务就是根据观测到的信号矢量 $\boldsymbol{x}(t)$，寻找一个分离矩阵 $\boldsymbol{W}$，使得 $\boldsymbol{y}(t)=\boldsymbol{W}\boldsymbol{x}(t)$的各分量相互独立。要推导出盲源分离算法，关键任务之一就是要给出合适的独立性测度函数，由独立性的不同测度构造出不同的目标函数，对这些目标函数进行优化，就可以推导出不同的盲源分离算法。

由第 4 章内容还可知，在对观测信号进行分离之前，需要对其进行白化预处理，这里我们假设白化处理后的信号为 $\boldsymbol{z}=\boldsymbol{Q}\boldsymbol{x}$，其中 $\boldsymbol{Q}$ 是白化矩阵，白化预处理方法可参见 4.1 节，后面的处理则是对 $\boldsymbol{z}$ 进行的，此时总的混合矩阵为 $\boldsymbol{G}=\boldsymbol{Q}\times\boldsymbol{A}$。

在下面的推导中，为了简化问题，可假设无噪声或噪声很小，甚至可以忽略。

5.1.1　代价函数的选择

为了得到源信号 $\boldsymbol{s}$ 的估计 $\boldsymbol{y}=\boldsymbol{W}\boldsymbol{z}$(这里 $\boldsymbol{W}$ 被称为分离矩阵)，需要引入一个关于 $\boldsymbol{y}$ 和 $\boldsymbol{W}$ 的目标函数或损失函数 $\rho(\boldsymbol{y}, \boldsymbol{W})$，这个函数的期望值叫风险函数(代价函数)：

$$\boldsymbol{R}(\boldsymbol{W}) = E\{\rho(\boldsymbol{y}, \boldsymbol{W})\} \tag{5.1}$$

当 $\boldsymbol{y}$ 的各分量相互独立时，即当 $\boldsymbol{W}$ 是 $\boldsymbol{A}^{-1}$的伸缩和置换形式时，风险函数 $\boldsymbol{R}(\boldsymbol{W})$取最小值。

可以用 Kullback-Leibler 发散度作为独立性的测度，令 $p_y(\boldsymbol{y}, \boldsymbol{W})$是随机变量 $\boldsymbol{y}=\boldsymbol{W}\boldsymbol{z}$ 的概率密度函数，$q(\boldsymbol{y})$是我们设定(选择)的 $\boldsymbol{y}$ 的另一种概率密度函数，当 $\boldsymbol{y}$ 的各分量 y_i 统计独立时，$q(\boldsymbol{y})$可以分解成如下乘积形式：

$$q(\boldsymbol{y}) = \prod_{i=1}^{m} q_i(y_i) \tag{5.2}$$

这种独立性概率密度函数称为参考函数，则风险函数为

$$\begin{aligned}\boldsymbol{R}(\boldsymbol{W}) &= E\{\rho(\boldsymbol{y}, \boldsymbol{W})\} = K_{pq}(\boldsymbol{W}) = K[p_y(\boldsymbol{y}, \boldsymbol{W}) \parallel q(\boldsymbol{y})] \\ &= \int p_y(\boldsymbol{y}, \boldsymbol{W})\log\frac{p_y(\boldsymbol{y}, \boldsymbol{W})}{q(\boldsymbol{y})}\mathrm{d}\boldsymbol{y}\end{aligned} \tag{5.3}$$

Kullback-Leibler 发散度给出了两个概率分布差异的自然测度，$K[p_y(\boldsymbol{y}, \boldsymbol{W}) \parallel q(\boldsymbol{y})]\geqslant 0$，

当且仅当 $p_y(\boldsymbol{y}, \boldsymbol{W}) = q(\boldsymbol{y})$时，$K[p_y(\boldsymbol{y}, \boldsymbol{W}) \| q(\boldsymbol{y})] = 0$。

当 $q(\boldsymbol{y})$是源信号的真实分布 p_s时，如果$\boldsymbol{W} = (\boldsymbol{QA})^{-1}$，则 $\boldsymbol{y} = \boldsymbol{Wz} = \boldsymbol{W}(\boldsymbol{QA})\boldsymbol{s} = \boldsymbol{s}$，从而有 $p_y(\boldsymbol{y}, \boldsymbol{W}) = p_s(\boldsymbol{y})$，此时 $\boldsymbol{R}(\boldsymbol{W})$为最小值 0，所以 $K_{pq}(\boldsymbol{W})$是一个合适的代价函数。另外，即使 $q(\boldsymbol{y})$不等于 $p_s(\boldsymbol{y})$，$\boldsymbol{W} = (\boldsymbol{QA})^{-1}$仍是 $\boldsymbol{R}(\boldsymbol{W}) = K_{pq}(\boldsymbol{W})$的一个鞍点。

目前大多数启发式的算法都可以用上述的代价函数解释，唯一的差别是参考函数 $q(\boldsymbol{y})$的选择。如果我们选择 $q(\boldsymbol{y})$为源信号的真实分布，则有最大似然方法。但真实分布通常是未知的，因此对一般 $q(\boldsymbol{y})$有：

$$\boldsymbol{R}(\boldsymbol{W}) = \int p_y(\boldsymbol{y}, \boldsymbol{W}) \log \frac{p_y(\boldsymbol{y}, \boldsymbol{W})}{q(\boldsymbol{y})} \mathrm{d}\boldsymbol{y} = -H(\boldsymbol{y}) - \sum_{i=1}^{m} E\{\log(q_i(y_i))\} \tag{5.4}$$

其中，$H(\boldsymbol{y}) = -\int p_y(\boldsymbol{y}, \boldsymbol{W}) \log p_y(\boldsymbol{y}, \boldsymbol{W}) \mathrm{d}\boldsymbol{y}$ 表示 $\boldsymbol{y}$ 的微分熵。

因为 $\boldsymbol{y} = \boldsymbol{Wz}$，则 $p_y(\boldsymbol{y}) = |\det\boldsymbol{W}|^{-1} p_z(\boldsymbol{z})$，故

$$\begin{aligned} H(\boldsymbol{y}) &= -\int |\det\boldsymbol{W}|^{-1} p_z(\boldsymbol{z}) \cdot \log \frac{p_z(\boldsymbol{z})}{|\det\boldsymbol{W}|} \cdot |\det\boldsymbol{W}| \cdot \mathrm{d}\boldsymbol{z} \\ &= -\int p_z(\boldsymbol{z}) \cdot \log \frac{p_z(\boldsymbol{z})}{|\det\boldsymbol{W}|} \mathrm{d}\boldsymbol{z} = H(\boldsymbol{z}) + \int p_z(\boldsymbol{z}) \log |\det\boldsymbol{W}| \cdot \mathrm{d}\boldsymbol{z} \\ &= H(\boldsymbol{z}) + \log |\det\boldsymbol{W}| \end{aligned} \tag{5.5}$$

因为 $H(\boldsymbol{z})$与 $\boldsymbol{W}$ 无关，可略去，所以最终代价函数为

$$\boldsymbol{R} = K_{pq} = E\{\rho(\boldsymbol{y}, \boldsymbol{W})\} = -\log |\det(\boldsymbol{W})| - \sum_{i=1}^{m} E\{\log(q_i(y_i))\} \tag{5.6}$$

5.1.2 随机梯度盲源分离算法

由上节可知，为了正确地分离出源信号，则应该使目标函数 $\rho(\boldsymbol{y}, \boldsymbol{W})$的期望值最小。为此，首先采用随机梯度优化算法，则

$$\Delta\boldsymbol{W}(k) = \boldsymbol{W}(k+1) - \boldsymbol{W}(k) = -\eta \cdot \frac{\partial \rho(\boldsymbol{y}, \boldsymbol{W})}{\partial \boldsymbol{W}} \tag{5.7}$$

其中，η 为步长。由式(5.6)和式(5.7)可知

$$\Delta\boldsymbol{W}(k) = \eta \cdot \left[\frac{\partial \log |\det\boldsymbol{W}(k)|}{\partial \boldsymbol{W}(k)} + \sum_{i=1}^{m} \left(\frac{\partial \log(q_i(y_i(k)))}{\partial y_i(k)} \cdot \frac{\partial y_i(k)}{\partial \boldsymbol{W}(k)}\right)\right] \tag{5.8}$$

由 $\boldsymbol{y}(k) = \boldsymbol{W}(k) \cdot \boldsymbol{z}(k)$，则有

$$\Delta\boldsymbol{W}(k) = \eta \cdot [\boldsymbol{W}(k)^{-\mathrm{T}} - \sum_{i=1}^{m} (f_i(y_i(k)) \cdot [\tilde{\boldsymbol{X}}]_i)] \tag{5.9}$$

其中，

$$f_i(y_i) = -\frac{\mathrm{d}\log q_i(y_i)}{\mathrm{d}y_i} = -\frac{\mathrm{d}q_i(y_i)/\mathrm{d}y_i}{y_i} = -\frac{q_i'(y_i)}{q_i(y_i)} \tag{5.10}$$

$[\tilde{\boldsymbol{X}}]_i$ 则表示除了第 i 行为$[z_1, z_2, \cdots, z_m]$外，其余元素为 0 的矩阵。对上式进一步简化可得

$$\Delta\boldsymbol{W}(k) = \eta \cdot \{\boldsymbol{W}^{-\mathrm{T}}(k) - \boldsymbol{f}[\boldsymbol{y}(k)]\boldsymbol{z}^{\mathrm{T}}(k)\} \tag{5.11}$$

其中，$\boldsymbol{f}[\boldsymbol{y}(k)] = [f_1(y_1), f_2(y_2), \cdots, f_m(y_m)]^{\mathrm{T}}$，即分离矩阵实时迭代公式为

$$\boldsymbol{W}(k+1) = \boldsymbol{W}(k) + \eta \cdot \{\boldsymbol{W}^{-\mathrm{T}}(k) - \boldsymbol{f}[\boldsymbol{y}(k)]\boldsymbol{z}^{\mathrm{T}}(k)\} \tag{5.12}$$

用信号时间平均值代替瞬时值，则可得到分离算法的批处理形式为

$$\boldsymbol{W}(k+1)=\boldsymbol{W}(k)+\eta\cdot\{\boldsymbol{W}^{-\mathrm{T}}(k)-\langle \boldsymbol{f}[\boldsymbol{y}(k)]\cdot\boldsymbol{z}^{\mathrm{T}}(k)\rangle\} \tag{5.13}$$

其中，$\langle\cdot\rangle$表示对变量求时间平均。式(5.12)、式(5.13)构成了随机梯度盲源分离算法的迭代公式。

5.1.3 自然梯度盲源分离算法

为改善盲源分离算法的性能，Amari 提出自然梯度的概念，因为独立分量分析(ICA)中各参数存在的空间不是欧氏空间，而是黎曼(Riemann)空间。在黎曼空间中，通常的随机梯度的方向不再是目标函数下降最陡的方向，自然梯度方向才是。

下面推导基于自然梯度的盲源分离算法迭代公式。目标函数 $\rho(\boldsymbol{y},\boldsymbol{W})$的自然梯度定义为$\dfrac{\partial\rho(\boldsymbol{y},\boldsymbol{W})}{\partial\boldsymbol{W}}\boldsymbol{W}^{\mathrm{T}}\boldsymbol{W}$，则

$$\Delta\boldsymbol{W}(k)=\boldsymbol{W}(k+1)-\boldsymbol{W}(k)=-\eta\cdot\frac{\partial\rho(\boldsymbol{y},\boldsymbol{W})}{\partial\boldsymbol{W}}\boldsymbol{W}^{\mathrm{T}}\boldsymbol{W} \tag{5.14}$$

由式(5.6)、(5.14)有

$$\Delta\boldsymbol{W}(k)=\eta\cdot\left[\frac{\partial\log|\det\boldsymbol{W}(k)|}{\partial\boldsymbol{W}(k)}+\sum_{i=1}^{m}\left(\frac{\partial\log(q_i(y_i(k)))}{\partial y_i(k)}\cdot\frac{\partial y_i(k)}{\partial\boldsymbol{W}(k)}\right)\right]\boldsymbol{W}^{\mathrm{T}}\boldsymbol{W} \tag{5.15}$$

同样，由 $\boldsymbol{y}(k)=\boldsymbol{W}(k)\cdot\boldsymbol{z}(k)$有

$$\Delta\boldsymbol{W}(k)=\eta\cdot\left[\boldsymbol{W}(k)^{-\mathrm{T}}-\sum_{i=1}^{m}(f_i(y_i(k))\cdot[\tilde{\boldsymbol{X}}]_i)\right]\cdot\boldsymbol{W}(k)^{\mathrm{T}}\boldsymbol{W}(k) \tag{5.16}$$

对上式进一步简化可得

$$\Delta\boldsymbol{W}(k)=\eta(\boldsymbol{I}-\boldsymbol{f}[\boldsymbol{y}(k)]\boldsymbol{y}^{\mathrm{T}}(k))\boldsymbol{W}(k) \tag{5.17}$$

即此时分离矩阵实时迭代公式为

$$\boldsymbol{W}(k+1)=\boldsymbol{W}(k)+\eta\{\boldsymbol{I}-\boldsymbol{f}[\boldsymbol{y}(k)]\boldsymbol{y}^{\mathrm{T}}(k)\}\boldsymbol{W}(k) \tag{5.18}$$

同样可用信号时间平均值代替瞬时值，得到分离算法的批处理形式为

$$\boldsymbol{W}(k+1)=\boldsymbol{W}(k)+\eta\{\boldsymbol{I}-\langle\boldsymbol{f}[\boldsymbol{y}(k)]\boldsymbol{y}^{\mathrm{T}}(k)\rangle\}\boldsymbol{W}(k) \tag{5.19}$$

式(5.19)就是基于自然梯度的盲源分离算法，比较式(5.13)和式(5.19)可知，自然梯度盲源分离算法相对随机梯度盲源分离算法来说，减少了矩阵求逆运算，而且该算法具有等变化性，因此该算法相对随机梯度盲源分离算法更实用。

5.1.4 EASI 盲源分离算法

正如前文所述，在对信号进行盲源分离之前，对观测信号 $\boldsymbol{x}$ 采用白化矩阵 $\boldsymbol{Q}$ 进行了白化预处理后，这时的混合矩阵 $\boldsymbol{G}=\boldsymbol{QA}$ 是一正交矩阵。

因为当系统无噪声时，则 $\boldsymbol{x}=\boldsymbol{As}$，白化后的信号为 $\boldsymbol{z}=\boldsymbol{Qx}=\boldsymbol{QAs}=\boldsymbol{Gs}$，因为此时 $\boldsymbol{z}$ 是白化的，即 $E(\boldsymbol{zz}^{\mathrm{T}})=\boldsymbol{I}$，则

$$\boldsymbol{E}(\boldsymbol{zz}^{\mathrm{T}})=E\{\boldsymbol{Gss}^{\mathrm{T}}\boldsymbol{G}^{\mathrm{T}}\}=\boldsymbol{G}E\{\boldsymbol{ss}^{\mathrm{T}}\}\boldsymbol{G}^{\mathrm{T}}=\boldsymbol{I} \tag{5.20}$$

由假设条件可知 $E\{\boldsymbol{ss}^{\mathrm{T}}\}=\boldsymbol{I}$，所以有

$$\boldsymbol{GG}^{\mathrm{T}}=\boldsymbol{I} \tag{5.21}$$

当系统中存在噪声时，由第 4 章定理 4.1 可知，此时仍有 $\boldsymbol{GG}^{\mathrm{T}}=\boldsymbol{I}$。

式(5.19)表示的是对 $\boldsymbol{W}$ 没有任何限制时分离矩阵迭代公式，我们知道对观测信号白化处理后，混合矩阵是一个正交矩阵，因此希望在整个迭代过程中，都尽量保持 $\boldsymbol{W}$ 的正交

性。假设 $\boldsymbol{W}(k)$ 已经正交（$k=0$ 时可以通过设定 $\boldsymbol{W}(0)=\boldsymbol{I}$ 来满足），由 $\Delta\boldsymbol{W}=\boldsymbol{\varepsilon}\cdot\boldsymbol{W}(k)$，其中 $\boldsymbol{\varepsilon}$ 是一个很小的变化矩阵，则

$$\boldsymbol{W}(k+1)=\boldsymbol{W}(k)+\boldsymbol{\varepsilon}\boldsymbol{W}(k) \tag{5.22}$$

从而有

$$\begin{aligned}\boldsymbol{W}(k+1)\boldsymbol{W}(k+1)^{\mathrm{T}}&=\boldsymbol{W}(k)\boldsymbol{W}^{\mathrm{T}}(k)+\boldsymbol{\varepsilon}\boldsymbol{W}(k)\boldsymbol{W}^{\mathrm{T}}(k)+\boldsymbol{W}(k)\boldsymbol{W}^{\mathrm{T}}(k)\boldsymbol{\varepsilon}^{\mathrm{T}}+O(\boldsymbol{\varepsilon})\\&=\boldsymbol{I}+\boldsymbol{\varepsilon}+\boldsymbol{\varepsilon}^{\mathrm{T}}+O(\boldsymbol{\varepsilon})=\boldsymbol{I}\end{aligned} \tag{5.23}$$

则有

$$\boldsymbol{\varepsilon}=-\boldsymbol{\varepsilon}^{\mathrm{T}} \tag{5.24}$$

因此要保持 $\boldsymbol{W}$ 的正交性，则要求 $\boldsymbol{\varepsilon}$ 斜对称。结合式(5.19)，可以取

$$\begin{aligned}\boldsymbol{\varepsilon}&=\eta\cdot\{[\boldsymbol{I}-\boldsymbol{f}[\boldsymbol{y}(k)]\boldsymbol{y}^{\mathrm{T}}(k)]-[\boldsymbol{I}-\boldsymbol{f}[\boldsymbol{y}(k)]\boldsymbol{y}^{\mathrm{T}}(k)]^{\mathrm{T}}\}\\&=\eta\cdot\{\boldsymbol{y}(k)\boldsymbol{f}^{\mathrm{T}}[\boldsymbol{y}(k)]-\boldsymbol{f}[\boldsymbol{y}(k)]\boldsymbol{y}^{\mathrm{T}}(k)\}\end{aligned} \tag{5.25}$$

所以正交分离矩阵 $\boldsymbol{W}$ 的迭代公式为

$$\begin{cases}\boldsymbol{W}(k+1)=\boldsymbol{W}(k)+\eta\cdot[\boldsymbol{y}(k)\boldsymbol{f}^{\mathrm{T}}[\boldsymbol{y}(k)]-\boldsymbol{f}[\boldsymbol{y}(k)]\boldsymbol{y}^{\mathrm{T}}(k)]\boldsymbol{W}(k)\\\boldsymbol{y}(k)=\boldsymbol{W}(k)\cdot\boldsymbol{z}(k)\end{cases} \tag{5.26}$$

同样用时间平均值来代替瞬时值，从而得到分离算法的批处理形式为

$$\begin{cases}\boldsymbol{W}(k+1)=\boldsymbol{W}(k)+\eta\cdot[\langle\boldsymbol{y}(k)\boldsymbol{f}^{\mathrm{T}}[\boldsymbol{y}(k)]\rangle-\langle\boldsymbol{f}[\boldsymbol{y}(k)]\boldsymbol{y}^{\mathrm{T}}(k)\rangle]\boldsymbol{W}(k)\\\boldsymbol{y}(k)=\boldsymbol{W}(k)\cdot\boldsymbol{z}(k)\end{cases} \tag{5.27}$$

由于信号在盲源分离之前，都需要进行白化预处理，由第 4 章式(4.26)可知，白化矩阵的迭代公式为

$$\boldsymbol{Q}(k+1)=\boldsymbol{Q}(k)+\eta(\boldsymbol{I}-\langle\boldsymbol{y}\boldsymbol{y}^{\mathrm{T}}\rangle)\boldsymbol{Q}(k) \tag{5.28}$$

如果将白化和分离过程合并，此时总的分离矩阵 $\widetilde{\boldsymbol{W}}(k+1)=\boldsymbol{G}(k+1)\boldsymbol{Q}(k+1)$，化简后得到分离矩阵的迭代公式为

$$\begin{cases}\widetilde{\boldsymbol{W}}(k+1)=\widetilde{\boldsymbol{W}}(k)+\eta\cdot[\boldsymbol{I}-\langle\boldsymbol{y}\boldsymbol{y}^{\mathrm{T}}\rangle+\langle\boldsymbol{y}(k)\boldsymbol{f}^{\mathrm{T}}[\boldsymbol{y}(k)]\rangle-\langle\boldsymbol{f}[\boldsymbol{y}(k)]\boldsymbol{y}^{\mathrm{T}}(k)\rangle]\widetilde{\boldsymbol{W}}(k)\\\boldsymbol{y}(k)=\widetilde{\boldsymbol{W}}(k)\cdot\boldsymbol{z}(k)\end{cases} \tag{5.29}$$

式(5.29)构成 EASI 盲源分离算法。

5.2　基于梯度的可变步长盲源分离算法

5.1.3 小节和 5.1.4 小节中给出的两种盲源分离算法，其迭代步长为一恒定值。如果步长太小，则算法收敛很慢，而如果步长太大，则分离算法有可能出现发散而不收敛的现象。为了解决收敛速度与算法稳定性之间的矛盾，对上述 BSS 算法进行一定的改进，可以得到基于步长自适应的盲源分离算法。这种算法对步长进行自适应调节，既可以提高收敛速度，又不会导致算法的发散。

5.2.1　可变步长的自然梯度盲源分离算法

正如前文所述，迭代步长 η 的选取对算法的收敛速度以及系统的稳定性都有很大的影响。为了解决这一问题，有人提出了一种步长自适应的盲源分离算法，该算法(该算法称为

"算法 1")步长迭代公式为

$$\eta(k+1)=\eta(k)+\gamma\times\mathrm{trace}(\boldsymbol{A}^{\mathrm{T}}(k)\cdot\boldsymbol{A}(k-1)) \tag{5.30}$$

$$\boldsymbol{A}(k)=\{\boldsymbol{I}-\boldsymbol{f}(\boldsymbol{y}(k))\boldsymbol{y}^{\mathrm{T}}(k)\}\boldsymbol{W}(k) \tag{5.31}$$

其中，γ 是一个很小的常数，也称为步长的步长。进一步在不影响算法稳定性的基础上，改善算法的收敛速度，可以采用最优步长的思想提出一种步长迭代算法，它能够极大地提高盲源分离算法的收敛速度，而且相对式(5.30)、式(5.31)给出的算法，基于最优步长思想的步长迭代算法收敛速度更快。

设算法在第 $k+1$ 次迭代时的步长为

$$\eta(k+1)=\eta(k)+\gamma\times\Delta\eta(k) \tag{5.32}$$

其中，$\Delta\eta(k)$是步长 $\eta(k)$的偏移量。该偏移量的选取应该使得步长 $\eta(k+1)$最优，即使得在下一次迭代时的目标函数最小，故

$$\Delta\eta(k)=\frac{\partial\rho(\boldsymbol{W}(k+1))}{\partial\eta(k)}=\mathrm{trace}\left\{\left[\frac{\partial\rho(\boldsymbol{W}(k+1))}{\partial\boldsymbol{W}(k+1)}\right]^{\mathrm{T}}\cdot\frac{\partial\boldsymbol{W}(k+1)}{\partial\eta(k)}\right\} \tag{5.33}$$

其中，trace(·)表示求矩阵的迹。由式(5.6)可知

$$\rho(\boldsymbol{W}(k+1))=-\log|\det(\boldsymbol{W}(k+1))|-\sum_{i=1}^{m}E\{\log(q_i(y_i))\} \tag{5.34}$$

可以看出在第$(k+1)$次迭代时，$\rho(\boldsymbol{W}(k+1))$只与式(5.34)右边的第一项有关(因为在求步长的最优值时，可以认为 y_i 固定)，因此有

$$\frac{\partial\rho(\boldsymbol{W}(k+1))}{\partial(\boldsymbol{W}(k+1))}=-\boldsymbol{W}^{-\mathrm{T}}(k+1) \tag{5.35}$$

由式(5.13)知 $\boldsymbol{W}(k+1)=\boldsymbol{W}(k)+\eta(k)\times\{\boldsymbol{W}^{-\mathrm{T}}(k)-E[\boldsymbol{f}(\boldsymbol{y})\boldsymbol{z}^{\mathrm{T}}]\}$ ，所以

$$\frac{\partial\boldsymbol{W}(k+1)}{\partial\eta(k)}=\boldsymbol{W}^{-\mathrm{T}}(k)-E[\boldsymbol{f}(\boldsymbol{y})\boldsymbol{z}^{\mathrm{T}}] \tag{5.36}$$

由式(5.33)、式(5.35)、式(5.36)可知：

$$\Delta\eta(k)=\mathrm{trace}\{-\boldsymbol{W}(k+1)^{-1}\times\{\boldsymbol{W}^{-\mathrm{T}}(k)-E[\boldsymbol{f}(\boldsymbol{y})\boldsymbol{z}^{\mathrm{T}}]\}\} \tag{5.37}$$

因此结合式(5.13)、式(5.32)、式(5.37)就得到一种可变步长的自然梯度分离算法，称为 SABNG-1 (Step-size Adaptive Based on Natural Gradient-1)。

另外由式(5.19)得：

$$\frac{\partial\boldsymbol{W}(k+1)}{\partial\eta(k)}=\{\boldsymbol{I}-\langle f[\boldsymbol{y}(k)]\boldsymbol{y}^{\mathrm{T}}(k)\rangle\}\boldsymbol{W}(k) \tag{5.38}$$

同理由式(5.33)、式(5.35)、式(5.38)可知

$$\Delta\eta(k)=\mathrm{trace}\{-\boldsymbol{W}(k+1)^{-1}\times[\boldsymbol{I}-\langle\boldsymbol{f}[\boldsymbol{y}(k)]\boldsymbol{y}^{\mathrm{T}}(k)\rangle]\boldsymbol{W}(k)\} \tag{5.39}$$

则式(5.19)、式(5.32)、式(5.39)构成另一种可变步长的自然梯度盲源分离算法，称为 SABNG-2。

5.2.2　可变步长的 EASI 盲源分离算法

1. 步长自适应 EASI 盲源分离算法

虽然 EASI 盲源分离算法可以有效地从线性混合的观测信号中分离出独立的源信号，但是为了进一步改善系统收敛速度，基于参数自适应的优化思想，将迭代步长 η 也自适应地进行迭代，从而提出了一种新的基于步长自适应的 EASI 分离算法——EASIBSA。

由式(5.29)可知，EASI 算法的迭代公式为

$$\boldsymbol{W}(k+1)=\boldsymbol{W}(k)+\eta(k)\cdot\boldsymbol{W}_d(k) \tag{5.40}$$

其中，

$$\boldsymbol{W}_d(k)=\boldsymbol{I}-\langle\boldsymbol{y}\cdot\boldsymbol{y}^{\mathrm{T}}\rangle-\langle\boldsymbol{f}(\boldsymbol{y})\cdot\boldsymbol{y}^{\mathrm{T}}\rangle+\langle\boldsymbol{y}\cdot\boldsymbol{f}^{\mathrm{T}}(\boldsymbol{y})\rangle \tag{5.41}$$

由上节内容可知，进行 k 次迭代后，目标函数为

$$\rho(\boldsymbol{W}(k))=-\log\mid\det(\boldsymbol{W}(k))\mid-\sum_{i=1}^{m}\log(q_i(y_i(k))) \tag{5.42}$$

由式(5.40)、式(5.42)可知，$\rho(\boldsymbol{W}(k))$相对 $\eta(k-1)$的导数为

$$\frac{\partial\rho(\boldsymbol{W}(k))}{\partial\eta(k-1)}=\frac{\partial\rho(\boldsymbol{W}(k))}{\partial\boldsymbol{W}(k)}\odot\frac{\partial\boldsymbol{W}(k)}{\partial\eta(k-1)}=\boldsymbol{W}_g(k)\odot\boldsymbol{W}_d(k-1) \tag{5.43}$$

其中，$\boldsymbol{W}_g(k)=-\boldsymbol{W}(k)^{-\mathrm{T}}+\langle\boldsymbol{f}(\boldsymbol{y})\cdot\boldsymbol{x}^{\mathrm{T}}\rangle$，而$\odot$表示向量或矩阵之间的内积。则步长迭代公式为

$$\eta(k)=\eta(k-1)-K(k)\cdot\frac{\partial\rho(\boldsymbol{W}(k))}{\partial\eta(k-1)}=\eta(k-1)-K(k)\cdot\boldsymbol{W}_g(k)\odot\boldsymbol{W}_d(k-1) \tag{5.44}$$

这里 $\eta(k)$可以为标量或对角矩阵，下面我们分情况进行讨论。

(1) $\eta(k)$为标量时的情形。

由式(5.44)可得

$$\begin{aligned}\eta(k)&=\eta(k-1)-K(k)\cdot\boldsymbol{W}_g(k)\odot\boldsymbol{W}_d(k-1)\\&=\eta(k-1)-K(k)\cdot\sum_i\sum_j[\boldsymbol{W}_g(k)]_{i,j}\cdot[\boldsymbol{W}_d(k-1)]_{i,j}\end{aligned} \tag{5.45}$$

$K(k)$可取为

$$K(k)=\frac{r\cdot\eta(k-1)}{v(k)} \tag{5.46}$$

这里 r 是一个小于 0 的常数，而 $v(k)$是 $\boldsymbol{W}_g(k)\odot\boldsymbol{W}_d(k)$的指数平均，即

$$v(k)=\gamma\cdot v(k-1)+(1-\gamma)\cdot\boldsymbol{W}_g(k)\odot\boldsymbol{W}_d(k) \tag{5.47}$$

故由式(5.45)、式(5.46)可得

$$\eta(k)=\eta(k-1)\left[1-r\frac{\boldsymbol{W}_g(k)\odot\boldsymbol{W}_d(k-1)}{v(k)}\right] \tag{5.48}$$

将式(5.47)、式(5.48)、式(5.40)结合起来就构成了步长自适应的 EASI 盲源分离算法——EASIBSA-1 算法。

(2) $\eta(k)$为对角矩阵时的情形。

设 $\eta_i(k)$为 $\eta(k)$的第 i 个对角元素，则其迭代公式为

$$\begin{aligned}\eta_i(k)&=\eta_i(k-1)-K_i(k)\cdot[\boldsymbol{W}_g(k)]_i\odot[\boldsymbol{W}_d(k-1)]_i\\&=\eta_i(k-1)-K_i(k)\cdot\sum_j[\boldsymbol{W}_g(k)]_{ij}\cdot[\boldsymbol{W}_d(k-1)]_{ij}\end{aligned} \tag{5.49}$$

其中，$[\cdot]_i$ 表示某一矩阵的第 i 行，$[\cdot]_{ij}$ 则表示矩阵的第 i 行第 j 列的元素。类似的，$K_i(k)$取为

$$K_i(k)=r\cdot\frac{\eta_i(k-1)}{v_i(k)} \tag{5.50}$$

$$v_i(k)=\gamma\cdot v_i(k-1)+(1-\gamma)\cdot[\boldsymbol{W}_g(k)]_i\odot[\boldsymbol{W}_d(k)]_i \tag{5.51}$$

由式(5.49)、式(5.50)可得

$$\eta_i(k)=\eta_i(k-1)\left[1-r\frac{[\boldsymbol{W}_g(k)]_i\odot[\boldsymbol{W}_d(k-1)]_i}{v_i(k)}\right] \tag{5.52}$$

将式(5.51)、式(5.52)、式(5.40)结合起来构成了另一种步长自适应 EASI 盲源分离算法——EASIBSA-2 算法。

2. 步长最优化 EASI 盲源分离算法

基于步长最优化的思想，对 EASI 迭代算法中的步长同样可以采用式(5.32)和式(5.37)进行迭代，即

$$\eta(k+1)=\eta(k)-\gamma\cdot\mathrm{trace}[\boldsymbol{W}^{-1}(k+1)\cdot(\boldsymbol{W}^{-\mathrm{T}}(k)-\boldsymbol{f}(\boldsymbol{y})\boldsymbol{z}^{\mathrm{T}})] \tag{5.53}$$

结合式(5.53)和 EASI 迭代式(5.29)就可以构成步长最优化 EASI 算法 1，简称 SO-EASI-1。

另外，由于在 EASI 算法中

$$\boldsymbol{W}(k+1)=\boldsymbol{W}(k)+\eta(k)\cdot\{\boldsymbol{I}-\langle\boldsymbol{y}\boldsymbol{y}^{\mathrm{T}}\rangle+\langle\boldsymbol{y}(k)\,\boldsymbol{f}^{\mathrm{T}}[\boldsymbol{y}(k)]\rangle-\langle\boldsymbol{f}[\boldsymbol{y}(k)]\boldsymbol{y}^{\mathrm{T}}(k)\rangle\}\boldsymbol{W}(k) \tag{5.54}$$

又设步长迭代式为

$$\eta(k+1)=\eta(k)+\gamma\cdot\Delta\eta(k) \tag{5.55}$$

这里 $\Delta\eta(k)$也是步长 $\eta(k)$的偏移量。该偏移量的选取应该使得步长 $\eta(k+1)$最优，即使得在下一次迭代时的目标函数最小，故

$$\Delta\eta(k)=\frac{\partial\rho(\boldsymbol{W}(k+1))}{\partial\eta(k)}=\mathrm{trace}\left\{\left[\frac{\partial\rho(\boldsymbol{W}(k+1))}{\partial\boldsymbol{W}(k+1)}\right]^{\mathrm{T}}\cdot\frac{\partial\boldsymbol{W}(k+1)}{\partial\eta(k)}\right\} \tag{5.56}$$

由式(5.6)可知

$$\rho(\boldsymbol{y},\boldsymbol{W}(k))=-\log|\det(\boldsymbol{W}(k))|-\sum_{i=1}^{m}E\{\log(q_i(y_i(k)))\} \tag{5.57}$$

则

$$\frac{\partial\rho(\boldsymbol{W}(k+1))}{\partial\boldsymbol{W}(k+1)}=-\boldsymbol{W}^{-\mathrm{T}}(k+1)+E\{\boldsymbol{f}(y(k))\boldsymbol{z}^{\mathrm{T}}\} \tag{5.58}$$

又由式(5.54)可知

$$\frac{\partial\boldsymbol{W}(k+1)}{\partial\eta(k)}=[\boldsymbol{I}-\langle\boldsymbol{y}\boldsymbol{y}^{\mathrm{T}}(k)\rangle+\langle\boldsymbol{y}(k)\boldsymbol{f}^{\mathrm{T}}[\boldsymbol{y}(k)]\rangle-\langle\boldsymbol{f}[\boldsymbol{y}(k)]\boldsymbol{y}^{\mathrm{T}}(k)\rangle]\boldsymbol{W}(k) \tag{5.59}$$

故由式(5.56)、式(5.58)、式(5.59)可知

$$\begin{aligned}\Delta\eta(k)=&\ \mathrm{trace}\{[-\boldsymbol{W}^{-\mathrm{T}}(k+1)+E\{\boldsymbol{f}(\boldsymbol{y}(k))\boldsymbol{z}^{\mathrm{T}}\}]^{\mathrm{T}}\cdot\\&[\boldsymbol{I}-\langle\boldsymbol{y}\boldsymbol{y}^{\mathrm{T}}(k)\rangle+\langle\boldsymbol{y}(k)\boldsymbol{f}^{\mathrm{T}}[\boldsymbol{y}(k)]\rangle-\langle\boldsymbol{f}[\boldsymbol{y}(k)]\boldsymbol{y}^{\mathrm{T}}(k)\rangle]\ W(k)\}\end{aligned} \tag{5.60}$$

则式(5.54)、式(5.60)构成步长最优化 EASI 算法 2，简称 SO-EASI-2。

5.3 盲源分离算法的稳定性分析及非线性函数的选择

5.3.1 自然梯度算法的稳定性分析

算法稳定的含义是一个学习算法收敛到合适的平稳点，该点对应于独立源的正确分离，这里我们讨论自然梯度盲源分离算法的局部稳定性条件。由自然梯度盲源分离算法的

迭代方程(5.19)可知，

$$\Delta \boldsymbol{W}(k) = \eta\{\boldsymbol{I} - \langle \boldsymbol{f}[\boldsymbol{y}(k)]\boldsymbol{y}^{\mathrm{T}}(k)\rangle\}\boldsymbol{W}(k) \tag{5.61}$$

为了分析它的行为，考虑如下的连续微分方程：

$$\frac{\mathrm{d}\boldsymbol{W}}{\mathrm{d}t} = \eta\{\boldsymbol{I} - E[\boldsymbol{f}[\boldsymbol{y}(t)]\boldsymbol{y}^{\mathrm{T}}(t)]\}\boldsymbol{W}(t) \tag{5.62}$$

当盲源分离算法达到平衡点时，有$\frac{\mathrm{d}\boldsymbol{W}}{\mathrm{d}t}=0$，即 $\boldsymbol{I}-\boldsymbol{E}[\boldsymbol{f}[\boldsymbol{y}(t)]\boldsymbol{y}^{\mathrm{T}}(t)]=0$，则有

$$E\{f_i(y_i)y_j\} = 0, \quad i \neq j \tag{5.63}$$

$$E\{f_i(y_i)y_i\} = 1, \quad i = j \tag{5.64}$$

当分离信号 y_i，$y_j(i \neq j)$相互独立时，式(5.63)成立。因此自然梯度算法的平衡点能正确分离独立源信号。式(5.64)则确定了恢复信号的尺度。

下面分析自然梯度算法平衡点的局部稳定性条件。我们知道自然梯度算法是根据代价函数

$$\rho(\boldsymbol{W}) = -\log|\det(\boldsymbol{W})| - \sum_{i=1}^{m} E\{\log(q_i(y_i))\} \tag{5.65}$$

推导出来的，因此当且仅当代价函数的 Hessian 矩阵

$$\mathrm{d}^2\rho = \sum \frac{\partial^2 \rho(\boldsymbol{W})}{\partial \omega_{ij}\partial \omega_{kl}}\mathrm{d}\omega_{ij}\mathrm{d}\omega_{kl} \tag{5.66}$$

的期望是正定时，算法的平衡点才是稳定的平衡点。

当分离矩阵从 $\boldsymbol{W}$ 变化到 $\boldsymbol{W}+\mathrm{d}\boldsymbol{W}$ 时，代价函数 $\rho(\boldsymbol{W})$的一阶微分为

$$\mathrm{d}\rho = \rho(\boldsymbol{W} + \mathrm{d}\boldsymbol{W}) - \rho(\boldsymbol{W}) = \sum_{i,j} \frac{\partial \rho(\boldsymbol{W})}{\partial \omega_{i,j}}\mathrm{d}\omega \tag{5.67}$$

由式(5.65)可知，代价函数的第一项的一阶微分为

$$\begin{aligned}
-\log|\det(\boldsymbol{W}+\mathrm{d}\boldsymbol{W})| + \log|\det(\boldsymbol{W})| &= -\log\left|\frac{\det(\boldsymbol{W}+\mathrm{d}\boldsymbol{W})}{\det(\boldsymbol{W})}\right| \\
&= -\log|\det[(\boldsymbol{W}+\mathrm{d}\boldsymbol{W})\boldsymbol{W}^{-1}]| \\
&= \log|\det(\boldsymbol{I}+\mathrm{d}\boldsymbol{W}\boldsymbol{W}^{-1})| \\
&= -\log|1+\mathrm{trace}(\mathrm{d}\boldsymbol{W}\boldsymbol{W}^{-1})+O(\mathrm{d}\boldsymbol{W}\boldsymbol{W}^{-1})| \\
&\approx -\mathrm{trace}(\mathrm{d}\boldsymbol{W}\boldsymbol{W}^{-1})
\end{aligned} \tag{5.68}$$

代价函数的第二项的一阶微分为

$$\begin{aligned}
\sum_k\sum_l \frac{\partial\left\{-\sum_{i=1}^{m}E[\log(q_i(y_i))]\right\}}{\partial \omega_{k,l}}\mathrm{d}\omega_{k,l} &= -\sum_k\sum_l\sum_{i=1}^{m}\frac{q_i'(y_i)}{q_i(y_i)}\cdot\frac{\partial y_i}{\partial \omega_{k,l}}\mathrm{d}\omega_{k,l} \\
&= -\sum_k\sum_l \frac{q_k'(y_k)}{q_k(y_k)}\cdot x_k\mathrm{d}\omega_{k,l} \\
&= -\sum_k \frac{q_k'(y_k)}{q_k(y_k)}\cdot\sum_l x_k\mathrm{d}\omega_{k,l} \\
&= -\sum_k \frac{q_k'(y_k)}{q_k(y_k)}\cdot\mathrm{d}y_k = \boldsymbol{f}^{\mathrm{T}}(\boldsymbol{y})\mathrm{d}\boldsymbol{y}
\end{aligned} \tag{5.69}$$

令 $\mathrm{d}\boldsymbol{C}=\mathrm{d}\boldsymbol{W}\boldsymbol{W}^{-1}$，则由式(5.65)以及式(5.67)、式(5.68)可知

$$\mathrm{d}\rho = -\mathrm{trace}(\mathrm{d}\boldsymbol{C}) + \boldsymbol{f}^{\mathrm{T}}(\boldsymbol{y})\mathrm{d}\boldsymbol{y} \tag{5.70}$$

因为 $\boldsymbol{y}=\boldsymbol{W}\boldsymbol{x}$，故

$$\mathrm{d}y = \mathrm{d}\boldsymbol{W}\boldsymbol{x} = \mathrm{d}\boldsymbol{W}\boldsymbol{W}^{-1}\boldsymbol{y} = \mathrm{d}\boldsymbol{C}\boldsymbol{y} \tag{5.71}$$

则

$$\mathrm{d}\rho = -\operatorname{trace}(\mathrm{d}\boldsymbol{C}) + \boldsymbol{f}^{\mathrm{T}}(\boldsymbol{y})\mathrm{d}\boldsymbol{C}\boldsymbol{y} \tag{5.72}$$

由式(5.72)可知，代价函数的二阶微分为

$$\mathrm{d}^2\rho = \boldsymbol{y}^{\mathrm{T}}\mathrm{d}\boldsymbol{C}^{\mathrm{T}}\boldsymbol{f}'(\boldsymbol{y})\mathrm{d}\boldsymbol{y} + \boldsymbol{f}^{\mathrm{T}}(\boldsymbol{y})\mathrm{d}\boldsymbol{C}\mathrm{d}\boldsymbol{y} = \boldsymbol{y}^{\mathrm{T}}\mathrm{d}\boldsymbol{C}^{\mathrm{T}}\boldsymbol{f}'(y)\mathrm{d}\boldsymbol{C}\boldsymbol{y} + \boldsymbol{f}^{\mathrm{T}}(\boldsymbol{y})\mathrm{d}\boldsymbol{C}\mathrm{d}\boldsymbol{C}\boldsymbol{y} \tag{5.73}$$

上式第一项的期望为

$$\begin{aligned} E\{\boldsymbol{y}^{\mathrm{T}}\mathrm{d}\boldsymbol{C}^{\mathrm{T}}\boldsymbol{f}'(\boldsymbol{y})\mathrm{d}\boldsymbol{C}\boldsymbol{y}\} &= \sum_{k,j,i} E\{y_i \mathrm{d}c_{ji} f_j'(y_j)\mathrm{d}c_{jk} y_k\} \\ &= \sum_{i,j,j\neq i} E\{y_i^2\}E\{f_j'(y_j)\}\mathrm{d}c_{ji}^2 + \sum_i E\{y_i^2 f_i'(y_i)\}\mathrm{d}c_{ii}^2 \end{aligned} \tag{5.74}$$

令

$$\begin{cases} \alpha_i^2 = E\{y_i^2\} \\ k_i = E\{f_i{}'(y_i)\} \\ m_i = E\{y_i^2 f_i{}'(y_i)\} \end{cases} \tag{5.75}$$

则有

$$E\{\boldsymbol{y}^{\mathrm{T}}\mathrm{d}\boldsymbol{C}^{\mathrm{T}}\boldsymbol{f}'(\boldsymbol{y})\mathrm{d}\boldsymbol{C}\boldsymbol{y}\} = \sum_{i,j,i\neq j} \alpha_i^2 k_j (\mathrm{d}c_{ji})^2 + \sum_i m_i (\mathrm{d}c_{ii})^2 \tag{5.76}$$

同理，

$$E\{\boldsymbol{f}^{\mathrm{T}}(\boldsymbol{y})\mathrm{d}\boldsymbol{C}\mathrm{d}\boldsymbol{C}\boldsymbol{y}\} = \sum_{i,j,k} E\{f_i(y_i)\mathrm{d}c_{ij}\mathrm{d}c_{jk}y_k\} = \sum_{i,j} E\{f_i(y_i)y_i\}\mathrm{d}c_{ij}\mathrm{d}c_{ji} = \sum_{i,j}\mathrm{d}c_{ij}\mathrm{d}c_{ji} \tag{5.77}$$

上式最后一步的得出利用了归一化条件 $E\{f_i(y_i)y_i\}=1$。由式(5.73)，以及式(5.74)、式(5.75)可知

$$E\{\mathrm{d}^2\rho\} = \sum_{i,j,j\neq i} \{\alpha_i^2 k_j (\mathrm{d}c_{ji})^2 + \mathrm{d}c_{ji}\mathrm{d}c_{ij}\} + \sum_i (m_i+1)(\mathrm{d}c_{ii})^2 \tag{5.78}$$

对任意一对(i, j)，$i\neq j$，式(5.78)中的第一项改写为

$$k_{ij} = \alpha_i^2 k_j (\mathrm{d}c_{ji})^2 + \alpha_j^2 k_i (\mathrm{d}c_{ij})^2 + 2\mathrm{d}c_{ji}\mathrm{d}c_{ij} \tag{5.79}$$

k_{ij}是 $\mathrm{d}c_{ij}$、$\mathrm{d}c_{ji}$的二次型，且

$$E\{\mathrm{d}^2\rho\} = \sum_{i,j,i>j} k_{ij} + \sum_i (m_i+1)(\mathrm{d}c_{ii})^2 \tag{5.80}$$

由式(5.80)可知，若要 $E\{\mathrm{d}^2\rho\}$正定，则必须满足如下条件：

$$\begin{cases} (m_i+1) > 0 \\ k_i > 0 \\ \gamma_{ij} = \alpha_i^2\alpha_j^2 k_i k_j > 1，\text{对所有的 } 1 \leqslant i < j \leqslant m \end{cases} \tag{5.81}$$

即当式(5.80)的条件满足时，自然梯度盲源分离算法的解是稳定平衡点。由式(5.75)和式(5.81)可知，自然梯度的盲源分离算法的稳定条件与源信号的统计特性和选择的非线性函数 $f_i(y_i)$有关。

5.3.2 自然梯度算法中非线性函数的选择

由自然梯度盲源分离算法的推导过程可知，$f_i(y_i)$只与所选参考概率密度函数 $q(\boldsymbol{y})$有关。$q(\boldsymbol{y})$的最佳选择是源信号 $\boldsymbol{s}$ 的真实概率密度，但这是无法获得的，一般可选用某个非线性函

数来近似。对于超高斯源信号，$f_i(y_i)=\tanh(\alpha y_i)(\alpha\geqslant 0)$；对于亚高斯信号，$f_i(y_i)=y_i^2+\alpha y_i$ $(\alpha\geqslant 0)$。由于数字通信信号一般都是亚高斯信号，因此在通信信号盲源分离中，$f_i(y_i)$为

$$f_i(y_i)=y_i^2+\alpha y_i \quad \alpha\geqslant 0 \tag{5.82}$$

下面证明在分离通信信号中，式(5.82)的非线性函数满足算法的稳定性条件。

当算法收敛后，分离信号 y_i 是某一个源信号 s_j 的估计。因为 $f'(y_i)=3y_i^2+\alpha$，则

$$m_i+1=E\{y_i^2(3y_i^2+\alpha)\}+1>0 \tag{5.83}$$

$$k_i=E\{3y_i^2+\alpha\}>0 \tag{5.84}$$

$$\alpha_i^2\alpha_j^2k_ik_j=E(y_i^2)E(y_j^2)E\{3y_i^2+\alpha\}E\{3y_j^2+\alpha\} \tag{5.85}$$

由归一化条件 $E\{f_i(y_i)y_i\}=1$ 可知

$$E\{(y_i^3+\alpha y_i)y_i\}=1 \tag{5.86}$$

则

$$E\{y_i^4\}=1-\alpha E\{y_i^2\} \tag{5.87}$$

又由源信号是亚高斯信号的假设条件可知

$$E\{y_i^4\}-3E^2\{y_i^2\}<0 \tag{5.88}$$

由式(5.87)、式(5.88)可知

$$E\{y_i^2\}>\frac{\sqrt{\alpha^2+12}-\alpha}{6} \tag{5.89}$$

当 $\alpha=0$ 时有 $E\{y_i^2\}>\dfrac{1}{\sqrt{3}}$，则

$$\alpha_i^2\alpha_j^2k_ik_j=E(y_i^2)E(y_j^2)E\{3y_i^2\}E\{3y_j^2\}>1 \tag{5.90}$$

当 $\alpha>0$ 时，可以证明上式同样成立。

因此当分离亚高斯的通信信号时，非线性函数 $f_i(y_i)=y_i^3+\alpha y_i(\alpha\geqslant 0)$满足自然梯度算法的稳定性条件。

5.3.3 EASI 算法的稳定性分析

由 EASI 算法的推导过程可知，该算法在自然梯度算法的基础上，利用分离矩阵 $\boldsymbol{W}$ 的正交性约束条件而得到。分离矩阵 $\boldsymbol{W}$ 正交，即 $\boldsymbol{W}^{\mathrm{T}}=\boldsymbol{W}^{-1}$，则

$$\boldsymbol{W}\boldsymbol{W}^{\mathrm{T}}=\boldsymbol{I}$$

可推出

$$\mathrm{d}\boldsymbol{W}\boldsymbol{W}^{\mathrm{T}}+\boldsymbol{W}\mathrm{d}\boldsymbol{W}^{\mathrm{T}}=0 \tag{5.91}$$

由定义 $\mathrm{d}\boldsymbol{C}=\mathrm{d}\boldsymbol{W}\boldsymbol{W}^{-1}$有

$$\mathrm{d}\boldsymbol{C}=\mathrm{d}\boldsymbol{W}\boldsymbol{W}^{\mathrm{T}} \tag{5.92}$$

由式(5.91)、式(5.92)可知

$$\mathrm{d}\boldsymbol{C}=-\mathrm{d}\boldsymbol{C}^{\mathrm{T}} \tag{5.93}$$

即 $\mathrm{d}\boldsymbol{C}$ 斜对称，故有 $\mathrm{trace}(\mathrm{d}\boldsymbol{C})=0$，因此由式(5.73)可知

$$\mathrm{d}\rho=\boldsymbol{f}^{\mathrm{T}}(\boldsymbol{y})\mathrm{d}\boldsymbol{y}=\boldsymbol{f}^{\mathrm{T}}(\boldsymbol{y})\mathrm{d}\boldsymbol{C}\boldsymbol{y} \tag{5.94}$$

同样要使 EASI 算法具有局部稳定性，则要求 Hessian 矩阵 $\mathrm{d}^2\rho$ 具有正定性。

首先我们来看 EASI 算法的平衡点是否是正确的解，即它是否能正确分离独立源信号。由式(5.29)可知

$$\Delta \boldsymbol{W}(k) = \eta \cdot [\boldsymbol{I} - \langle \boldsymbol{y}\boldsymbol{y}^{\mathrm{T}} \rangle + \langle \boldsymbol{y}(k)\boldsymbol{f}^{\mathrm{T}}[\boldsymbol{y}(k)] \rangle - \langle \boldsymbol{f}[\boldsymbol{y}(k)]\boldsymbol{y}^{\mathrm{T}}(k) \rangle] \tag{5.95}$$

同样我们考虑如下的连续微分方程：

$$\frac{\mathrm{d}\boldsymbol{W}}{\mathrm{d}t} = \eta \cdot [\boldsymbol{I} - E\{\boldsymbol{y}(t)\boldsymbol{y}^{\mathrm{T}}(t)\} + E\{\boldsymbol{y}(t)\boldsymbol{f}^{\mathrm{T}}[\boldsymbol{y}(t)]\} - E\{\boldsymbol{f}[\boldsymbol{y}(t)]\boldsymbol{y}^{\mathrm{T}}(t)\}] \tag{5.96}$$

当分离系统达到平衡时，有$\frac{\mathrm{d}\boldsymbol{W}}{\mathrm{d}t}=0$，即

$$E\{y_i^2\} = 1 \tag{5.97}$$

且

$$-E\{y_i y_j\} + E\{y_i f(y_j)\} - E\{y_j f(y_i)\} = 0,\ i \neq j \tag{5.98}$$

式(5.97)决定了分离信号的幅度(功率)。而当分离信号 y_i、y_j 相互独立时，有

$$\begin{cases} E\{y_i y_j\} = 0, & i \neq j \\ E\{y_i f(y_j)\} = 0, & i \neq j \end{cases} \tag{5.99}$$

即式(5.98)成立。因此分离系统的平衡点能分离出独立的源信号。

下面讨论系统的平衡点是否具有局部稳定性。由式(5.94)可知

$$\mathrm{d}\rho = f^{\mathrm{T}}(\boldsymbol{y})\mathrm{d}\boldsymbol{C}\boldsymbol{y} = \sum_{i,\,j} f_i(y_i)\mathrm{d}c_{ij}y_j = \sum_{i,\,j,\,i>j}[f_i(y_i)y_j - f_j(y_j)y_i]\mathrm{d}c_{ij} \tag{5.100}$$

上式最后一步的得出利用了 $\mathrm{d}\boldsymbol{C}$ 斜对称的条件，即 $\mathrm{d}c_{ii}=0$，$\mathrm{d}c_{ij}=-\mathrm{d}c_{ji}$。

$$\begin{aligned} \mathrm{d}^2\rho &= \sum_{i,\,j,\,i>j}[f_i'(y_i)y_j\sum_k \mathrm{d}c_{ik}y_k - f_j'(y_j)y_i\sum_k \mathrm{d}c_{jk}y_k + f_i(y_i)\sum_k \mathrm{d}c_{jk}y_k - f_j(y_j)\sum_k \mathrm{d}c_{ik}y_k]\mathrm{d}c_{ij} \\ &= \sum_{i,\,j,\,i>j}\sum_k[f_i'(y_i)y_jy_k\mathrm{d}c_{ik} - f_j(y_j)y_k\mathrm{d}c_{ik} - f_j'(y_j)y_iy_k\mathrm{d}c_{jk} + f_i(y_i)y_k\mathrm{d}c_{jk}]\mathrm{d}c_{ij} \end{aligned} \tag{5.101}$$

由式(5.97)所示的归一化约束条件和 $\mathrm{d}\boldsymbol{C}$ 的斜对称性条件，则在希望的解 $\boldsymbol{W}$ 处的 Hessian 矩阵 $\mathrm{d}^2\rho$ 为

$$\begin{aligned} E[\mathrm{d}^2\rho] &= \sum_{i,\,j,\,i>j}[E\{f_i'(y_i)y_j^2\}\mathrm{d}c_{ij} - E\{f_j(y_j)y_j\}\mathrm{d}c_{ij} - E\{f_j'(y_j)y_i^2\}\mathrm{d}c_{ji} + E\{f_i(y_i)y_i\}\mathrm{d}c_{ji}]\mathrm{d}c_{ij} \\ &= \sum_{i,\,j,\,i>j}[E\{f_i'(y_i)y_j^2\} - E\{f_j(y_j)y_j\} + E\{f_j'(y_j)y_i^2\} - E\{f_i(y_i)y_i\}](\mathrm{d}c_{ij})^2 \end{aligned} \tag{5.102}$$

上式的得出利用了 $E(y_iy_j)=0$ 这一条件，因为在希望的解 $\boldsymbol{W}$ 处，分离信号 y_i、y_j 相互独立。又由 $E\{y_i^2\}=1$ 可知

$$E\{\mathrm{d}^2\rho\} = \sum_{i,\,j,\,i>j}[E\{f_i'(y_i)\} - E\{f_j(y_j)y_j\} + E\{f_j'(y_j)\} - E\{f_i(y_i)y_i\}](\mathrm{d}c_{ij})^2 \tag{5.103}$$

令 $\chi_i=E\{f'_i(y_i)\}-E\{f_i(y_i)y_i\}$，则当 $\chi_i+\chi_j>0$ 时，$E\{\mathrm{d}^2\rho\}$正定，因此 EASI 算法的稳定性条件是

$$\chi_i + \chi_j > 0 \tag{5.104}$$

对每一个 y_i，条件

$$\chi_i > 0 \tag{5.105}$$

是 EASI 算法稳定的充分条件。

5.3.4 EASI 算法中非线性函数的选择

对于通信信号的盲源分离算法，EASI 算法中我们同样选择非线性函数

$$f_i(y_i) = y_i^3 + \alpha y_i \quad \alpha \geqslant 0 \tag{5.106}$$

下面证明该非线性函数满足式(5.105)的稳定性条件。

因为

$$f_i'(y_i) = 3y_i^2 + \alpha \tag{5.107}$$

故

$$E\{f_i'(y_i)\} = 3E\{y_i^2\} + \alpha \tag{5.108}$$

而

$$E\{f_i(y_i)y_i\} = E\{(y_i^3 + \alpha y_i)y_i\} = E\{y_i^4\} + \alpha E\{y_i^2\} \tag{5.109}$$

则由 $E\{y_i^2\}=1$ 知

$$\chi_i = E\{f_i'(y_i)\} - E\{f_i(y_i)y_i\} = 3 - E\{y_i^4\} \tag{5.110}$$

假设 y_i 是源信号 s_j 的估计，则由通信信号的亚高斯特性知

$$E\{y_i^4\} - 3E^2\{y_i^2\} < 0 \tag{5.111}$$

即 $E\{y_i^4\}-3<0$，故 $\chi_i>0$，因此该函数满足稳定性条件。

需要说明的是，上面给出的各种算法都是在假设信号为实信号的前提下得出的，如果信号为复信号，则需要将上述算法中的转置运算改成共轭转置，非线性函数则选择为 $f_i(y_i)=|y_i|^2 \cdot y_i+\alpha y_i(\alpha\geqslant 0)$，同样可以证明，该非线性函数满足稳定性条件。

5.4　算法性能仿真和分析

5.4.1　自然梯度盲源分离算法仿真

1. 仿真一

假设 3 个源信号分别是载频为 610 kHz 的 2ASK 信号，载频为 650 kHz 的 2FSK 信号，以及载频为 710 kHz 的 2PSK 信号。符号速率为 70 kB/s，采样频率为 560 kHz。假设有 4 个观测信号，混合矩阵是随机产生的 4×3 的矩阵，即

$$\boldsymbol{H} = \begin{bmatrix} 0.3545 & 0.2621 & 0.7297 \\ 0.9493 & 0.6866 & 0.9682 \\ 0.4358 & 0.1027 & 0.5110 \\ 0.6496 & 0.6580 & 0.9287 \end{bmatrix} \tag{5.112}$$

假设观测信号中无噪声，对观测信号采用第 4 章的白化预处理算法处理后，分别采用算法 1、SABNG-1 算法、SABNG-2 算法以及固定步长自然梯度算法(简称 FSNG 算法)进行仿真。图 5.1 给出了四种自然梯度算法迭代次数与干信比的关系曲线。仿真时步长初始值均设为 0.08，而 $\gamma=0.01$。

从图 5.1 中可以看出，本章给出的两种可变步长算法收敛速度有很大提高，当干信比达到－30 dB 时，SABNG-1 和 SABNG-2 算法只需迭代约 440 次，而算法 1 需要迭代 950 次，固定步长的 FSNG 则需要 1820 次才能达到－30 dB。因此本章提出的算法，其收敛速度比 FSNG 算法要快一倍，而相对固定步长自然梯度算法，收敛速度提高 3 倍多。

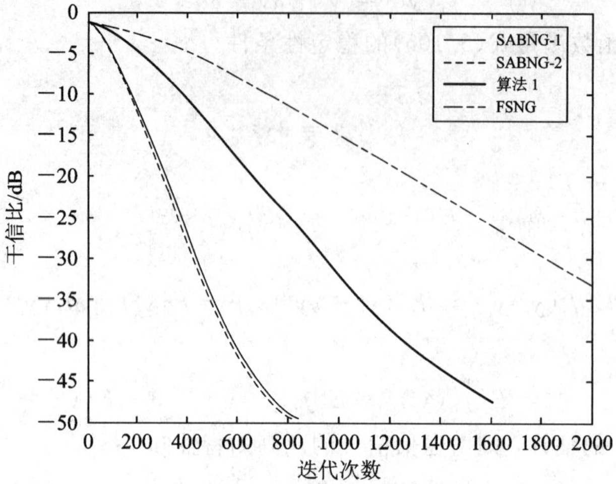

图 5.1 自然梯度算法性能比较(无噪声)

2. 仿真二

源信号同仿真一，混合矩阵随机产生为

$$H=\begin{bmatrix}0.0461 & 0.2707 & 0.2710\\ 0.4787 & 0.8321 & 0.5437\\ 0.3919 & 0.8258 & 0.4173\\ 0.5669 & 0.0494 & 0.2615\end{bmatrix} \tag{5.113}$$

所加噪声是高斯白噪声，信噪比为 20 dB。同样对观测信号采用第 4 章的白化预处理算法处理后，分别采用算法 1、SABNG-1 算法、SABNG-2 算法以及固定步长自然梯度算法进行仿真。仿真其他条件同仿真一。图 5.2 给出了四种自然梯度算法迭代次数与干信比的关系曲线。从图 5.2 中可以看出三种自适应算法均比固定步长算法收敛速度要快，本章提出的两种算法与算法 1 相比，其收敛速度更快，而收敛后的分离效果并没有变差多少。

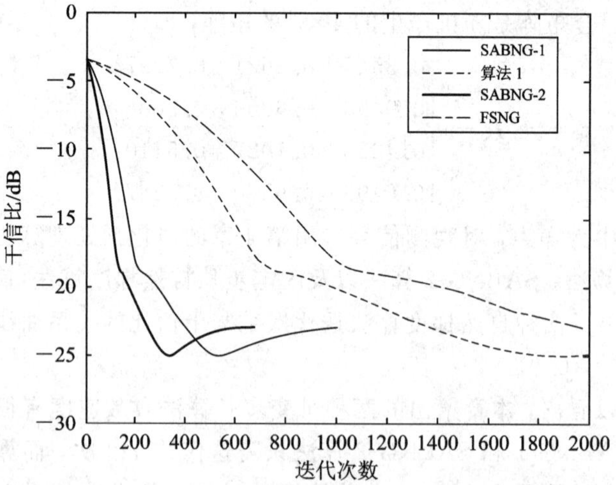

图 5.2 自然梯度算法性能比较(信噪比 20 dB)

3. 仿真三

前面两个仿真都是在混合矩阵随机产生的情况下进行的，在通信侦察中，接收到的多个信号往往是通过天线阵列接收的，因此这里我们给出采用天线阵列接收时的性能比较。

假设源信号是载频为 630 kHz 的 8QAM 信号，载频为 650 kHz 的 2FSK 信号，载频为 690 kHz 的 2PSK 信号以及载频为 710 kHz 的 QPSK 信号。采用 6 阵元的均匀圆阵接收，阵元半径是中频波长的一半，入射角度分别为 20°、50°、80°、100°，此时混合矩阵为

$$\boldsymbol{H}=\begin{bmatrix} 0.4050-0.9143\mathrm{i} & -0.9471-0.3208\mathrm{i} & 0.9421+0.3352\mathrm{i} & -0.9234-0.3837\mathrm{i} \\ -0.9463-0.3233\mathrm{i} & 0.7353-0.6777\mathrm{i} & -0.9538+0.3005\mathrm{i} & 0.9997+0.0235\mathrm{i} \\ -0.0876-0.9962\mathrm{i} & -0.4790+0.8778\mathrm{i} & -0.7979+0.6029\mathrm{i} & -0.9322+0.3620\mathrm{i} \\ 0.4050+0.9143\mathrm{i} & -0.9471+0.3208\mathrm{i} & 0.9421-0.3352\mathrm{i} & -0.9234+0.3837\mathrm{i} \\ -0.9463+0.3233\mathrm{i} & 0.7353+0.6777\mathrm{i} & -0.9538-0.3005\mathrm{i} & 0.9997-0.0235\mathrm{i} \\ -0.0876+0.9962\mathrm{i} & -0.4790-0.8778\mathrm{i} & -0.7979-0.6029\mathrm{i} & -0.9322-0.3620\mathrm{i} \end{bmatrix} \tag{5.114}$$

可以看出此时信号为复信号，前面给出的各种算法只要将其中的转置运算改为共轭转置运算，就能对复信号进行盲源分离。图 5.3 给出了信噪比为 20 dB 时几种算法的性能曲线。仿真时步长初值均为 0.08，$\gamma=0.01$，非线性函数 $f(y)=|y|^2\cdot y+2y$。

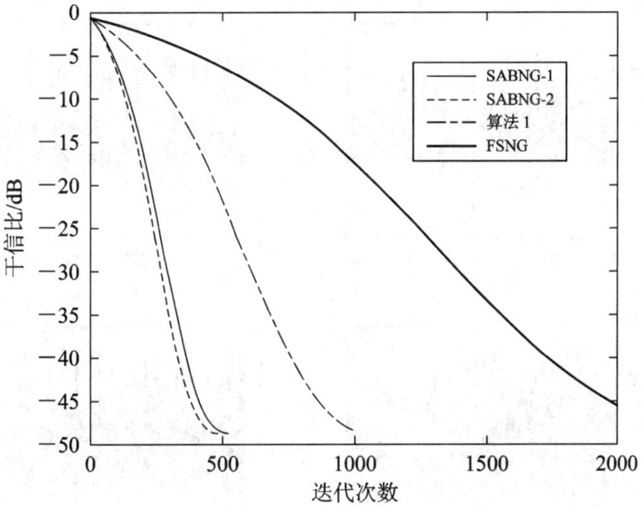

图 5.3　阵列天线接收，信噪比为 20 dB 时的性能比较

从图中可以看出，在采用阵列天线接收时，两种改进的可变步长自然梯度算算法(SABNG-1 和 SABNG-2)相对固定步长的自然梯度算法，收敛速度有很大改善。在信噪比为 20 dB 时，当干信比达到−45 dB 时，本章给出的两种算法只需约 400 次迭代即可，而算法 1 则需要约 800 次迭代，固定步长需要的迭代步长则更长，需要近 2000 次迭代。

为了更直观地看出本章算法分离通信信号的效果，图 5.4～图 5.6 分别给出了算法 SABNG-2 收敛时源信号、前 4 个观测信号以及分离信号的时域波形图。

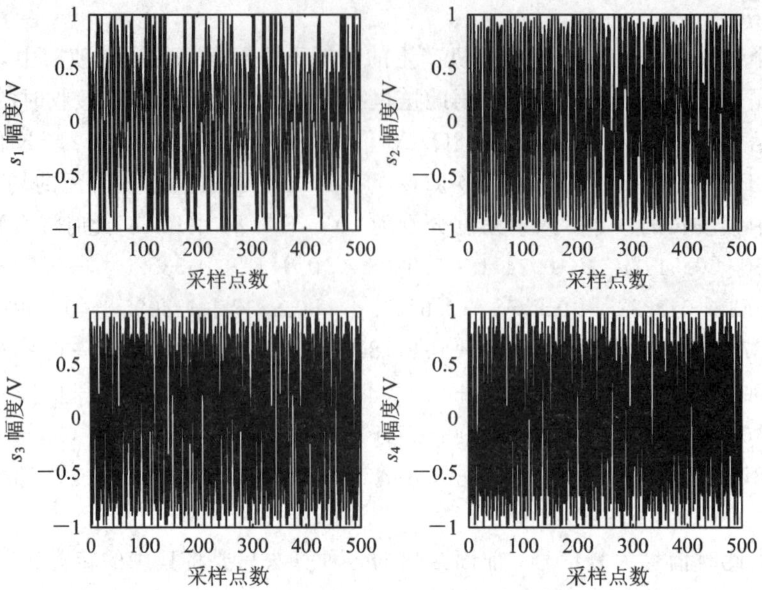

图 5.4　源信号时域波形图(前 500 个样点)

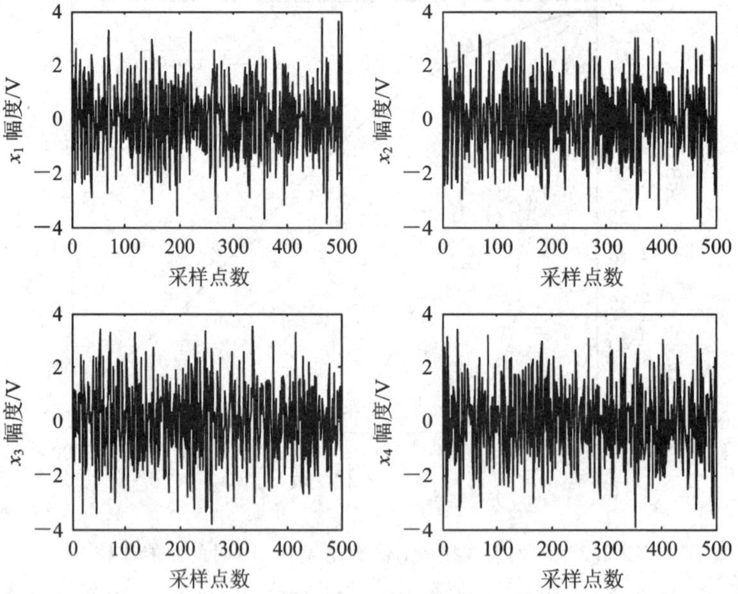

图 5.5　前 4 个观测信号时域波形图(前 500 个样点)

另外，根据收敛时获得的全局矩阵 $\boldsymbol{G}=\boldsymbol{W}\times\boldsymbol{Q}\times\boldsymbol{H}$，即

$$\boldsymbol{G}=\begin{bmatrix} -0.0002-0.0002\mathrm{i} & -0.0010+0.0014\mathrm{i} & -0.0005-0.0008\mathrm{i} & 0.4830+0.0409\mathrm{i} \\ 0.0003+0.0003\mathrm{i} & -0.0022+0.0018\mathrm{i} & -0.2667-0.4056\mathrm{i} & 0.0006+0.0003\mathrm{i} \\ -0.0049-0.4754\mathrm{i} & -0.0001+0.0003\mathrm{i} & 0.0001+0.0001\mathrm{i} & -0.0000-0.0002\mathrm{i} \\ -0.0004+0.0002\mathrm{i} & 0.3089+0.3733\mathrm{i} & -0.0030+0.0019\mathrm{i} & 0.0002-0.0020\mathrm{i} \end{bmatrix} \tag{5.115}$$

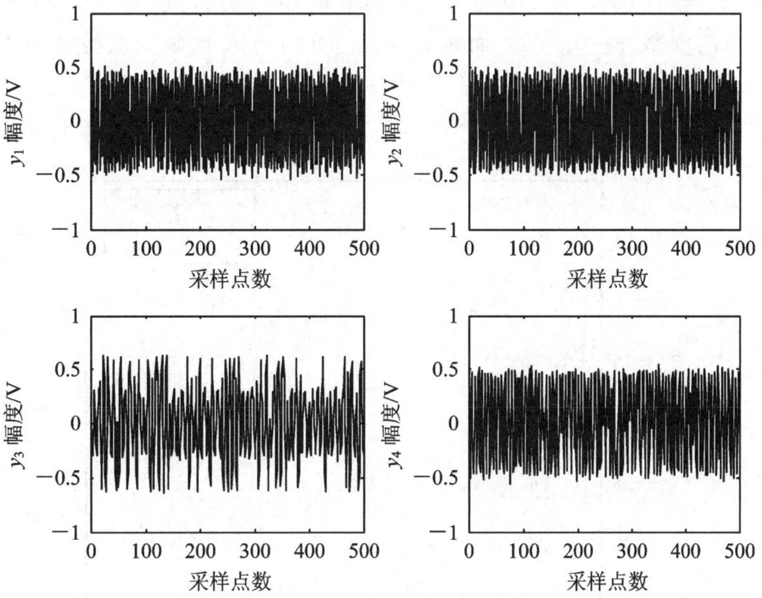

图 5.6　分离信号时域波形图(前 500 个样点)

对 $\boldsymbol{G}$ 取模后得到，

$$
|\boldsymbol{G}| = \begin{bmatrix} 0.0003 & 0.0017 & 0.0009 & 0.4847 \\ 0.0004 & 0.0028 & 0.4854 & 0.0007 \\ 0.4754 & 0.0003 & 0.0001 & 0.0002 \\ 0.0004 & 0.4845 & 0.0036 & 0.0020 \end{bmatrix} \tag{5.116}
$$

可以计算出分离后的干信比为 ISR＝−48.7 dB。从图 5.6 以及分离后的干信比都可以看出，本章给出的 SABNG-2 算法收敛时能很好地恢复出源信号波形。

5.4.2　EASI 分离算法仿真

1. 任意混合矩阵时的性能仿真

假设 4 个源信号分别是载频为 780 kHz 的 2FSK 信号，载频为 740 kHz 的 QPSK 信号，载频为 730 kHz 的 4ASK 信号，以及载频为 760 kHz 的 8QAM 信号。假设有 6 个观测信号，混合矩阵随机产生为

$$
\boldsymbol{H} = \begin{bmatrix} 0.6942 & 0.1538 & 0.8144 & 0.4794 \\ 0.3740 & 0.8648 & 0.0535 & 0.7178 \\ 0.3072 & 0.8085 & 0.7549 & 0.4065 \\ 0.4540 & 0.6350 & 0.0617 & 0.1907 \\ 0.1686 & 0.6132 & 0.8917 & 0.5881 \\ 0.6012 & 0.8324 & 0.7381 & 0.0050 \end{bmatrix} \tag{5.117}
$$

所加噪声为高斯白噪声，信噪比为 20 dB。对观测信号进行白化预处理后，分别采用固定步长的 EASI 算法(FS-EASI)，以及本章在 5.2.2 小节给出的步长自适应 EASI 分离算法(EASIBSA-1、EASIBSA-2 算法)和步长最优化的 EASI 盲源分离算法(SO-EASI-1、

SO-EASI-2 算法)进行分离。为了比较方便，仿真时步长初始值均为 0.02，两个步长最优化 EASI 算法中的参数 $\gamma=0.001$，而步长自适应的 EASI 盲源分离算法中的参数选取为 $\gamma=0.9$，$r=0.01$。仿真时的非线性函数均选择为 $f(y)=y^3+2y$。

图 5.7 给出了两种步长最优化的 EASI 算法与固定步长 EASI 算法的性能比较。

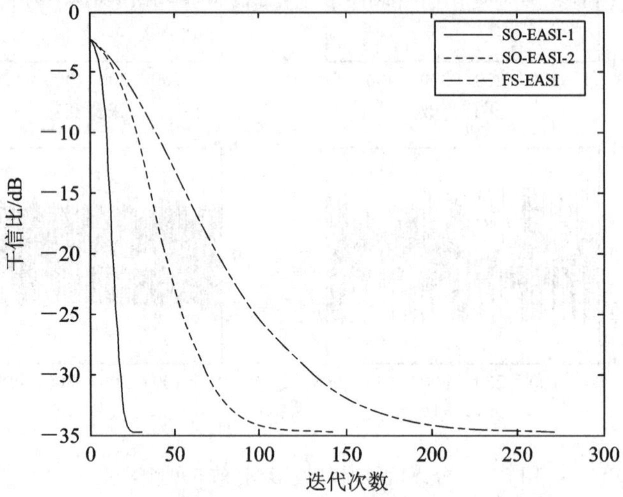

图 5.7 步长最优化 EASI 算法与固定步长 EASI 算法的性能比较

从图中可以看出，SO-EASI-1 算法收敛速度最快，收敛时只需 30 次，SO-EASI-2 算法需要 130 次迭代可达到收敛，而固定步长则收敛速度最慢，需要高达 250 次迭代才能收敛。三种算法收敛后，其干信比几乎一样，因此步长最优化的 EASI 算法可在不改变算法分离效果的基础上，将收敛速度提高 7 倍多。

图 5.8 图给出了两种步长自适应的 EASI 算法与固定步长 EASI 算法的性能比较。从图中可以看出，EASIBSA-1/2 算法迭代 150 次左右就可收敛，相对固定步长的 EASI 算法，收敛速度提高约 70%左右，而收敛后的分离效果没有改变。

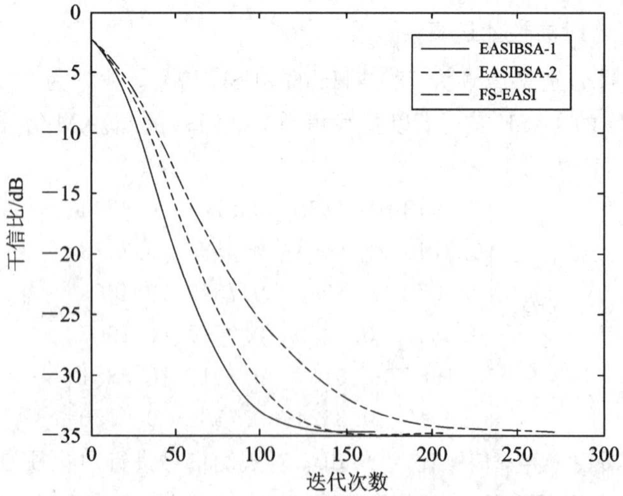

图 5.8 步长自适应 EASI 算法与固定步长 EASI 算法的性能比较

2. 阵列天线接收时的性能仿真

4 个源信号分别是载频为 610 kHz 的 8QAM 信号，载频为 630 kHz 的 2FSK 信号，载频为 750 kHz 的 QPSK 信号，以及起始频率为 710 kHz、频率变换速率为 560 kHz/s 的 chirp 信号，它们的入射角度分别为 30°、50°、100°、70°。采用 6 阵元的均匀圆阵接收。所加噪声为高斯白噪声，信噪比 SNR＝20 dB。对观测信号进行白化预处理后，分别采用固定步长的 EASI 算法(FS-EASI)，以及本章在 5.2.2 小节给出的步长自适应 EASI 分离算法(EASIBSA-1、EASIBSA-2 算法)和步长最优化的 EASI 盲源分离算法(SO-EASI-1、SO-EASI-2 算法)进行分离。为了比较方便，仿真时步长初始值均为 0.02，两个步长最优化 EASI 算法中的参数 $\gamma=0.001$，而步长自适应的 EASI 盲源分离算法中的参数选取为 $\gamma=0.9$，$r=0.01$。仿真时的非线性函数均选择为 $f(y)=|y|^2\cdot y+2y$。

图 5.9 给出了阵列天线接收时两种步长最优化的 EASI 算法与固定步长 EASI 算法的性能比较。

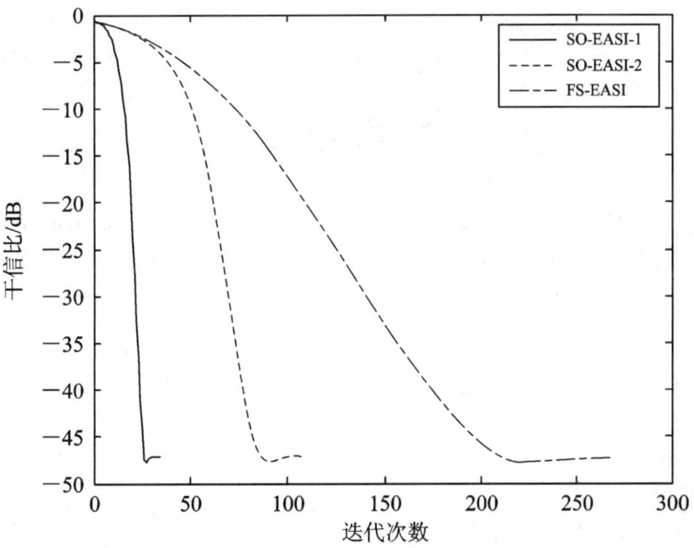

图 5.9　阵列天线接收时，步长最优化 EASI 算法与固定步长 EASI 算法的性能比较

从图中可以看出，SO-EASI-1 算法收敛速度最快，收敛只需约 35 次迭代，SO-EASI-2 算法需要约 100 次迭代可达到收敛，而固定步长则收敛速度最慢，需要高达约 240 次迭代才能收敛。三种算法收敛后，其干信比几乎一样，因此步长最优化的 EASI 算法可在不改变算法分离效果的基础上，将收敛速度提高 7 倍多。

图 5.10 给出了两种步长自适应的 EASI 算法与固定步长 EASI 算法的性能比较。从图中可以看出，EASIBSA-1/2 算法迭代 120 次左右就可收敛，相对固定步长的 EASI 算法，收敛速度提高一倍左右，而收敛后的分离效果没有改变。

从上面两个仿真可以看到，步长最优化的 EASI(SO-EASI-1)算法其收敛速度比步长自适应的 EASI 算法的要快很多。

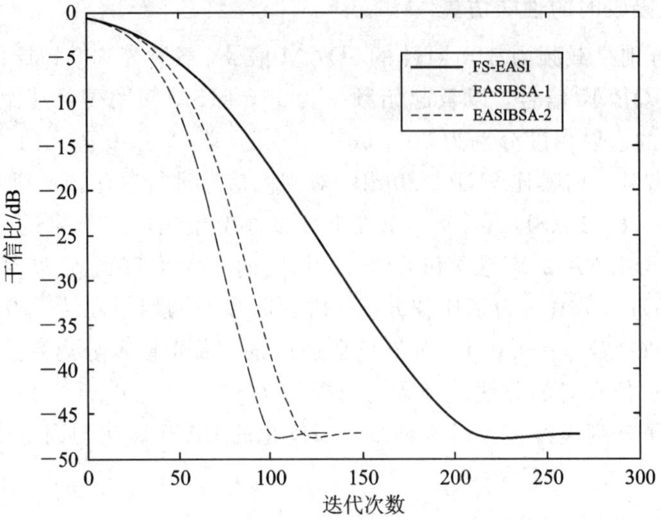

图 5.10　阵列天线接收时，步长自适应 EASI 算法与固定步长 EASI 算法的性能比较

本章小结

本章对基于梯度的超定/正定盲源分离算法进行了研究，首先详细介绍了固定步长的随机梯度盲源分离算法、自然梯度盲源分离算法以及 EASI 盲源分离算法的原理，在此基础上，研究了可变步长的盲源分离算法，包括可变步长的自然梯度盲源分离算法和可变步长的 EASI 盲源分离算法，然后详细推导了上述算法的稳定性条件以及对应的非线性函数的选择，最后对本章介绍的算法性能进行了仿真分析。

第 6 章　超定/正定盲源分离的快速定点(FastICA)算法

固定点迭代算法是由芬兰赫尔辛基大学 Hyvärinen 等人提出来的，是一种快速寻优迭代算法，与普通的神经网络算法不同的是这种算法采用了批处理的方式，即在每一步迭代中有大量的样本数据参与运算。相比较其他 ICA 算法而言，固定点迭代算法拥有更快的收敛速度，因此又被称作快速 ICA 算法 (FastICA)。FastICA 算法是一种高效的批处理算法，通过把维数较高的数据投影到维数较低的空间上来研究数据的结构，并将投影后的结果从原始数据中去除，再将剩余数据进行投影提取，通过重复上述步骤，可依次估计出混合信号中的多个独立成分。

本章首先分析了基于峭度的快速定点算法的原理，给出了算法迭代公式。其次分析了基于负熵的快速定点算法的原理和迭代公式。这两种快速定点算法一次只能分离出一个源信号，为了能分离出多个源信号，接着在第三节介绍了多元的快速定点算法，并针对复信号的盲源分离问题，介绍了一种适用于复信号的快速定点算法。最后对算法性能进行了仿真和分析。

6.1　基于峭度的快速定点算法

6.1.1　峭度的定义和特性

峭度(kurtosis)是反应信号分布特性的统计量，它是一个四阶累积量。峭度同时作为判断信号概率密度函数的度量，反映了随机信号与具有同等方差的随机高斯信号之间的距离。峭度可用来衡量一个随机信号的非高斯性，对于一个随机变量 y，其峭度用 $\mathrm{kurt}(y)$ 表示，$\mathrm{kurt}(y)$ 定义为

$$\mathrm{kurt}(y) = E\{y^4\} - 3\,(E\{y^2\})^2 \tag{6.1}$$

经过前面第 4 章介绍的预处理之后，我们假设所有源信号都是零均值、单位方差的随机变量。因此有 $E\{y^2\}=1$，式(6.1)右边可简化为 $E\{y^4\}-3$，这说明峭度是随机变量四阶矩 $E\{y^4\}$ 的归一化值。对于一个高斯随机变量 y，四阶矩为 $3\,(E\{y^2\})^2$，因此高斯随机变量

的峭度为 0，大多数(但不是全部)的非高斯随机变量，其峭度是非 0 的。

峭度可正可负，具有负峭度的随机变量，我们称之为亚高斯信号，而具有正峭度的随机变量，则称之为超高斯信号。在统计学中，峭度也称为尖峰值或宽峰值。超高斯随机变量有一个典型的尖峰概率密度函数，即概率密度在变量 0 值处很大，而在变量取较大值时，则很小。一个典型的例子是 laplacian 分布，其概率密度函数为

$$p(y) = \frac{1}{\sqrt{2}}\exp(-\sqrt{2}\mid y\mid) \tag{6.2}$$

另一方面，亚高斯随机变量则具有平坦的概率密度函数，一个典型的例子是均匀分布，其概率密度函数为

$$p(y) = \begin{cases} \dfrac{1}{2\sqrt{3}}, & \mid y\mid \leqslant \sqrt{3} \\ 0, & \text{其他} \end{cases} \tag{6.3}$$

图 6.1 画出了三种变量的概率密度分布，从图中也可看出超高斯、亚高斯和高斯随机变量概率密度分布的差别。

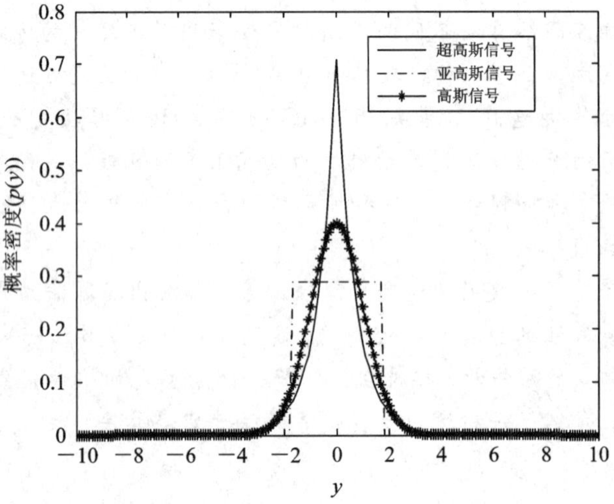

图 6.1　超高斯、亚高斯、高斯随机变量概率密度分布图

在盲源分离技术中，峭度被人们用来测度信号的非高斯性，主要原因是简单，不论是数学计算方面还是理论方面。从数学计算上面来说，我们只需要估计采样信号的四阶矩就可以估计出信号的峭度，又因为峭度具有以下特性：如果 x_1，x_2 是两个独立的随机变量，则有

$$\text{kurt}(x_1 + x_2) = \text{kurt}(x_1) + \text{kurt}(x_2) \tag{6.4}$$

$$\text{kurt}(\alpha \cdot x_1) = \alpha^4 \cdot \text{kurt}(x_1) \tag{6.5}$$

这里 α 是一常数，kurt(·)表示变量的峭度。

6.1.2　利用峭度的梯度算法

实际上，要最大化信号峭度的绝对值，首先需要从某个向量 $\boldsymbol{w}$ 开始，利用白化后的混合信号向量 $\boldsymbol{z}$ 的样本 $z(1)$，$z(2)$，…，$z(T)$ 计算信号 $\boldsymbol{y}=\boldsymbol{w}^{\mathrm{T}}\boldsymbol{z}$ 的峭度绝对值增长最快的方

向，然后将向量 $\boldsymbol{w}$ 沿着该方向移动。信号 $\boldsymbol{y}=\boldsymbol{w}^{\mathrm{T}}\boldsymbol{z}$ 的峭度绝对值的梯度为

$$\frac{\partial \mid \mathrm{kurt}(\boldsymbol{w}^{\mathrm{T}}\boldsymbol{z}) \mid}{\partial \boldsymbol{w}} = 4\mathrm{sign}(\mathrm{kurt}(\boldsymbol{w}^{\mathrm{T}}\boldsymbol{z}))[E\{\boldsymbol{z}(\boldsymbol{w}^{\mathrm{T}}\boldsymbol{z})^3\} - 3\boldsymbol{w}\|\boldsymbol{w}\|^2] \tag{6.6}$$

对于白化后的观测数据有

$$E\{(\boldsymbol{w}^{\mathrm{T}}\boldsymbol{z})^2\} = \|\boldsymbol{w}\|^2$$

根据原信号单位方差的约束条件，则有

$$E\{(\boldsymbol{w}^{\mathrm{T}}\boldsymbol{z})^2\} = \|\boldsymbol{w}\|^2 = 1$$

为了保证 $\|\boldsymbol{w}\|^2=1$，梯度算法在迭代过程中，每迭代一步，都要将 $\boldsymbol{w}$ 投影到单位球面上，这一过程只需用 $\boldsymbol{w}$ 除以它的范数即可完成。

为了进一步简化算法，我们注意到式(6.6)右边括弧里的第二项只改变向量 $\boldsymbol{w}$ 的范数而不改变其方向，而我们要求 $\|\boldsymbol{w}\|^2=1$，所以该项可以删去，因此可获得如下梯度算法：

$$\Delta\boldsymbol{w}(k) \propto \mathrm{sign}(\mathrm{kurt}(\boldsymbol{w}(k)^{\mathrm{T}}\boldsymbol{z}))E\{\boldsymbol{z}(\boldsymbol{w}(k)^{\mathrm{T}}\boldsymbol{z})^3\} \tag{6.7}$$

$$\boldsymbol{w}(k+1) = \boldsymbol{w}(k) + \eta\Delta\boldsymbol{w}(k) \tag{6.8}$$

$$\boldsymbol{w}(k+1) := \frac{\boldsymbol{w}(k+1)}{\|\boldsymbol{w}(k+1)\|} \tag{6.9}$$

其中，$\boldsymbol{w}(k)$表示第 k 次迭代的分离矩阵向量，η 是迭代步长，$\boldsymbol{z}$ 是白化后的观测信号，$E\{\cdot\}$表示求期望，当上述迭代过程收敛后，得到的 $\boldsymbol{w}(k)$即为最终的分离向量 $\boldsymbol{w}^*$，此时分离信号则为 $\boldsymbol{y}=(\boldsymbol{w}^*)^{\mathrm{T}}\boldsymbol{z}$。上述算法是批处理的，该算法的在线迭代版本是将式(6.7)用式(6.10)代替，其他不变。

$$\Delta\boldsymbol{w}(k) \propto \mathrm{sign}(\mathrm{kurt}(\boldsymbol{w}(k)^{\mathrm{T}}\boldsymbol{z}))\cdot\{\boldsymbol{z}(\boldsymbol{w}(k)^{\mathrm{T}}\boldsymbol{z}(k))^3\} \tag{6.10}$$

在线迭代版本中的分离信号 $\boldsymbol{y}(k)=(\boldsymbol{w}(k))^{\mathrm{T}}\boldsymbol{z}(k)$，这里 $\boldsymbol{y}(k)$是分离信号的第 k 个采样点，$\boldsymbol{z}(k)$是白化后观测信号的第 k 个采样点。

6.1.3　利用峭度的快速定点算法

上一节推导了利用峭度来衡量信号非高斯性的最大化盲源分离的梯度算法，该算法的优点是它与神经网络学习算法紧密相连，在非平稳环境中能够快速自适应。但同时，其收敛速度很慢，而且收敛速度还依赖于学习速率的选择，学习速率选择不好，会破坏算法的收敛。因此有必要设计一种可靠的、快速收敛的算法，定点迭代算法就是这样一种算法。

要推导更有效的定点迭代算法，我们注意到在梯度算法的平稳点，梯度必须指向 $\boldsymbol{w}$ 的方向，也就是说梯度必须等于 $\boldsymbol{w}$ 乘以一个常数，只有这样 $\boldsymbol{w}$ 加上梯度才不会改变它的方向，算法也才可以收敛。这意味着在 $\boldsymbol{w}$ 归一化后，除了可能改变 $\boldsymbol{w}$ 的符号外，它的值不会变。即

$$\boldsymbol{w} \propto E\{\boldsymbol{z}(\boldsymbol{w}^{\mathrm{T}}\boldsymbol{z})^3\} - 3\boldsymbol{w}\|\boldsymbol{w}\|^2 \tag{6.11}$$

该方程给出了一个定点的算法，首先计算式(6.11)的右边，然后令它等于新的 $\boldsymbol{w}$，即

$$\boldsymbol{w}(k+1) = E\{\boldsymbol{z}(\boldsymbol{w}(k)^{\mathrm{T}}\boldsymbol{z})^3\} - 3\boldsymbol{w}(k) \tag{6.12}$$

每进行一次定点迭代后，将 $\boldsymbol{w}$ 除以它的范数，从而保持 $\|\boldsymbol{w}\|^2=1$，即

$$\boldsymbol{w}(k+1) = \frac{\boldsymbol{w}(k+1)}{\|\boldsymbol{w}(k+1)\|} \tag{6.13}$$

这也是为什么在式(6.12)中省略了 $\|\boldsymbol{w}\|^2$。最后获得的向量 $\boldsymbol{w}$ 就可以估计出原信号中的一

个独立分量，即

$$y = w^{T} z \tag{6.14}$$

式(6.12)、式(6.13)、式(6.14)就是基于峭度的快速定点算法(也称为峭度 FastICA)的迭代公式。峭度快速定点算法的收敛意味着新旧 w 的值指向相同的方向，即它们的内积趋近于1。

综上所述，基于峭度的 FastICA 算法步骤如下：

步骤1 将观测信号 x 经过去均值和白化预处理过程得到信号 z；

步骤2 令 $k=0$，选取初始向量 $w(0)$，使得 $w(0)\neq 0$；

步骤3 按照式(6.12)进行迭代；

步骤4 按照式(6.13)对 $w(k+1)$ 进行归一化；

步骤5 若不收敛，即 $w(k+1)^{T}w(k)$ 不接近于1，则 $k=k+1$，返回步骤3继续迭代，否则执行步骤6；

步骤6 若得到符合要求的 $w(k+1)$，则停止迭代，提取独立成分 $y=w(k+1)^{T}z$。

6.2 基于负熵的快速定点算法

前面给出了基于峭度的快速定点算法，但是当峭度的值由测试的样本点来估计时，在实际应用中有一些缺陷。最主要的问题是峭度对外部扰动(Outliers)非常敏感。比如，假设一个均值为0、方差为1的随机变量的1000个样本点中包含一个等于10的值，则该随机变量的峭度至少为 $(10^4/1000)-3=7$。这就意味着一个值就可能使峭度很大，也就是说峭度不是非高斯性的鲁棒的测度方法。

因此在某些条件下，非高斯性的其他测量方法可能比峭度法更好，下面我们讨论非高斯性测度的另一种重要方法——负熵法。其特性在很多方面与峭度法恰恰相反，负熵法鲁棒性强但是计算复杂。为了解决计算复杂的问题，引入了计算简单的负熵的近似计算法，这样就能将两种测度方法的优点结合起来。

由于负熵总是大于等于0的，只有当信号是高斯信号时负熵才等于0，而对于方差相同的信号，服从高斯分布的信号的熵是最大的，根据负熵为最大值的方向来进行迭代搜索，可以分离混合的观测信号中的各个独立的分量，该算法借用了传统的投影追踪算法，由于这种算法是固定点迭代算法，所以使得迭代结果比较稳定，而 Fast ICA 的批处理方法又使得迭代过程比其他的算法迭代步数更少，这些优点使得该算法在研究和应用上都是盲信号处理的热点。

6.2.1 非高斯性的负熵度量法

除峭度外，熵(entropy)和负熵(negentropy)也是随机信号非高斯性的一种度量。熵指的是物质处于某种状态的一种度量或者处于该状态的程度。一个随机变量的熵与随机变量观察值提供的信息相关，随机性越强，即随机变量越不可预测或越不可构造，则熵越大。一个概率密度为 $p_y(\eta)$ 的随机变量 y 的微熵 $H(y)$ 定义为

$$H(y) = -\int p_y(\eta)\log p_y(\eta)\,\mathrm{d}\eta \tag{6.15}$$

信息论的一个基本结论是在所有具有等方差的随机变量中，高斯随机变量的熵最大，这就是说式(6.15)可以作为非高斯性的度量。这也说明在所有分布中，高斯分布是最随机的分布，对那些很明显的集中在某些值上的分布，其熵很小。

为了获得对于高斯随机变量取值为 0，并且总是非负的这样一个非高斯性的测度，人们常用微熵的归一化值，也称负熵。负熵 J 定义如下：

$$J(\boldsymbol{y}) = H(\boldsymbol{y}_{\text{gauss}}) - H(\boldsymbol{y}) \tag{6.16}$$

这里 $\boldsymbol{y}_{\text{gauss}}$ 是与 $\boldsymbol{y}$ 具有相同协方差矩阵 $\boldsymbol{\Sigma}$ 的高斯随机变量。基于以上特性，负熵总是非负的，当且仅当 $\boldsymbol{y}$ 是高斯分布时，负熵为 0。根据熵的定义有

$$H(\boldsymbol{y}_{\text{gauss}}) = \frac{1}{2}\log|\det\boldsymbol{\Sigma}| + \frac{n}{2}(1+\log 2\pi) \tag{6.17}$$

其中，n 是 $\boldsymbol{y}$ 的维数。

负熵对于可逆线形变换具有不变性。因为对于 $\boldsymbol{y}=\boldsymbol{Mx}$，有

$$E\{\boldsymbol{y}\boldsymbol{y}^{\mathrm{T}}\} = \boldsymbol{M\Sigma M}^{\mathrm{T}} \tag{6.18}$$

则

$$\begin{aligned} J(\boldsymbol{Mx}) &= \frac{1}{2}\log|\det(\boldsymbol{M\Sigma M}^{\mathrm{T}})| + \frac{n}{2}[1+\log 2\pi] - (H(\boldsymbol{x}) + \log|\det\boldsymbol{M}|) \\ &= \frac{1}{2}\log|\det\boldsymbol{\Sigma}| + 2\times\frac{1}{2}\log|\det\boldsymbol{M}| + \frac{n}{2}[1+\log 2\pi] - H(\boldsymbol{x}) - \log|\det\boldsymbol{M}| \\ &= \frac{1}{2}\log|\det\boldsymbol{\Sigma}| + \frac{n}{2}[1+\log 2\pi] - H(\boldsymbol{x}) \\ &= H(\boldsymbol{x}_{\text{gauss}}) - H(\boldsymbol{x}) \\ &= J(\boldsymbol{x}) \end{aligned} \tag{6.19}$$

负熵作为非高斯性测度的优点是能用统计理论很好地证明它是合理的。实际上，在某种意义上来说，负熵是非高斯性的最佳估计。然而利用负熵来度量非高斯性的缺点是计算非常复杂，利用定义来计算负熵将需要估计信号的概率密度，因此负熵的简单近似计算非常有用，下面给出负熵的近似计算方法。

6.2.2 负熵的近似计算

负熵近似计算的典型方法是利用高阶累积量以及概率密度的多项式扩展来获得。即

$$J(\boldsymbol{y}) \approx \frac{1}{2}E\{\boldsymbol{y}^3\}^2 + \frac{1}{48}\text{kurt}(\boldsymbol{y})^2 \tag{6.20}$$

随机变量 $\boldsymbol{y}$ 假设是零均值、单位方差的。当 $\boldsymbol{y}$ 是服从对称分布的零均值随机变量时，式(6.20)右边第一项为 0，此时等效为峭度的平方，最大化峭度的平方与最大化峭度的绝对值是等价的。这种近似会导致算法的鲁棒性变差，就像前面峭度法所面临的问题一样，因此需要提出一种更成熟的负熵近似计算。

一种有用的近似方法是将高阶累积量近似推广以便使用一般的非二次型函数或非多项式矩的期望。一般地，我们将 $\boldsymbol{y}^3$，$\boldsymbol{y}^4$ 用其他函数 $G_i(i\geqslant 2)$代替。作为一种最简单的特殊情形，可以取 G_1 和 G_2 为任意的非二次型函数，使得 G_1 为奇函数，G_2 为偶函数，则有

$$J(\boldsymbol{y}) \approx k_1(E\{G_1(\boldsymbol{y})\})^2 + k_2(E\{G_2(\boldsymbol{y})\} - E\{G_2(\boldsymbol{v})\})^2 \tag{6.21}$$

其中，k_1，k_2 是正常数，$\boldsymbol{v}$ 是零均值单位方差的高斯随机变量，变量 $\boldsymbol{y}$ 假设具有零均值单位

方差。我们要注意即使在以上这些条件下，这种近似也不是最准确的。式(6.21)能用来构造一个在“取值总是非负，且只有当 $\boldsymbol{y}$ 为高斯分布时为0”这个意义上一致的非高斯性测度。当我们只用一个非二次型函数 G 时，负熵可近似为

$$J(\boldsymbol{y}) \propto [E\{G(\boldsymbol{y})\} - E\{G(\boldsymbol{v})\}]^2 \tag{6.22}$$

式(6.22)是当 $\boldsymbol{y}$ 具有对称分布时式(6.20)的一个推广，因为这时式(6.20)中的第一项为0。此时取 $G=\boldsymbol{y}^4$ 则得到基于峭度的近似。

这里的关键点是可以通过广泛地选择 G，获得负熵相对式(6.20)的更好的近似。尤其是选择一个增长不是太快的函数 G，我们可以获得更加鲁棒的估计器。以下的选择已经证明是有用的：

$$G_1(\boldsymbol{y}) = \frac{1}{a_1}\log\cosh(a_1\boldsymbol{y}) \tag{6.23}$$

$$G_2 = -\mathrm{e}^{(-y^2/2)} \tag{6.24}$$

其中，$1 \leqslant a_1 \leqslant 2$ 是适当选择的常数，一般取为1。

6.2.3　基于负熵的梯度算法

当式(6.22)中的信号 $\boldsymbol{y}$ 是分离信号时，则 $\boldsymbol{y}=\boldsymbol{w}^{\mathrm{T}}\boldsymbol{z}$。此时对式(6.22)所示的负熵近似求梯度，并且利用源信号单位方差的假设条件 $E\{(\boldsymbol{w}^{\mathrm{T}}\boldsymbol{z})\} = \|\boldsymbol{w}\|^2 = 1$，得到分离向量 $\boldsymbol{w}$ 的迭代公式如下：

$$\boldsymbol{w}(k+1) = \boldsymbol{w}(k) + \Delta\boldsymbol{w}(k) = \boldsymbol{w}(k) + \gamma E\{\boldsymbol{z}g(\boldsymbol{w}(k)^{\mathrm{T}}\boldsymbol{z})\} \tag{6.25}$$

$$\boldsymbol{w}(k+1) := \frac{\boldsymbol{w}(k+1)}{\|\boldsymbol{w}(k+1)\|} \tag{6.26}$$

$$\gamma = E\{G(\boldsymbol{w}(k)^{\mathrm{T}}\boldsymbol{z})\} - E\{G(\boldsymbol{v})\} \tag{6.27}$$

其中，$\boldsymbol{w}(k)$是第 k 次迭代时的分离矩阵列向量，$\boldsymbol{v}$ 是标准(零均值，单位方差)高斯随机变量，$\boldsymbol{z}$ 是白化后的观测信号。

式(6.26)所示的归一化是为了将 $\boldsymbol{w}$ 投影到单位球面上，从而保持 $\boldsymbol{w}^{\mathrm{T}}\boldsymbol{z}$ 的方差为常数。函数 $g(\cdot)$是用来近似负熵的函数 $G(\cdot)$的导数，在在线(自适应)随机梯度算法中期望符号可省略。式(6.25)、式(6.26)、式(6.27)即为负熵梯度算法的迭代公式。

对于函数 $g(\cdot)$，可使用式(6.23)与式(6.24)所示的负熵近似函数求导来获得，同时也可以使用表示峭度的四次方函数求导，即

$$g_1(y) = \tanh(a_1 y) \tag{6.28}$$

$$g_2(y) = y \cdot \exp\left(-\frac{y^2}{2}\right) \tag{6.29}$$

$$g_3(y) = y^3 \tag{6.30}$$

其中，$1 \leqslant a_1 \leqslant 2$ 是适当选择的常数，一般取为1。

6.2.4　基于负熵的快速定点算法

同峭度 FastICA 算法一样，可利用定点算法获得一个比梯度算法更快的最大化负熵算法。得到的 FastICA 算法也就是找到一个方向，即单位向量 $\boldsymbol{w}$，使得投影 $\boldsymbol{w}^{\mathrm{T}}\boldsymbol{z}$ 的非高斯性最大。这里的非高斯性用式(6.22)的近似负熵 $J(\boldsymbol{w}^{\mathrm{T}}\boldsymbol{z})$来测度。注意 $\boldsymbol{w}^{\mathrm{T}}\boldsymbol{z}$ 的方差必须限定为

1，对于白化的数据，也就相当于 $\boldsymbol{w}$ 的范数限定为 1。

FastICA 算法是基于定点迭代机制来找到 $\boldsymbol{w}^{\mathrm{T}}\boldsymbol{z}$ 的，是用式(6.22)测量的非高斯性的最大值。它可以利用近似牛顿法来推导。使用负熵的 FastICA 算法将定点迭代机制的优越的算法特性与负熵产生的优良的统计特性相结合。下面给出算法推导过程。

根据式(6.25)中的梯度方法，可得到如下定点迭代算法

$$\boldsymbol{w}(k+1)=E\{\boldsymbol{z}g(\boldsymbol{w}(k)^{\mathrm{T}}\boldsymbol{z})\} \tag{6.31}$$

$$\boldsymbol{w}(k+1):=\frac{\boldsymbol{w}(k+1)}{\|\boldsymbol{w}(k+1)\|} \tag{6.32}$$

其中，$\boldsymbol{w}(k)$表示第 k 次迭代时的分离矩阵列向量，这里 γ 可以省略的原因是式(6.32)的归一化能将其抵消。当然，式(6.31)的迭代算法没有像峭度 FastICA 算法那样好的收敛特性，这是因为非多项式矩没有像峭度这样的实累积量那样好的代数特性。因此有必要对式(6.31)的迭代算法进行修改，因此提出了一种近似牛顿法的迭代算法。

要推导近似牛顿法，首先注意到 $\boldsymbol{w}^{\mathrm{T}}\boldsymbol{z}$ 的近似负熵的最大值在 $E\{G(\boldsymbol{w}^{\mathrm{T}}\boldsymbol{z})\}$的极值点处。又根据 Kuhn-Tucker 条件可知，$E\{G(\boldsymbol{w}^{\mathrm{T}}\boldsymbol{z})\}$在 $E\{(\boldsymbol{w}^{\mathrm{T}}\boldsymbol{z})^2\}=\|\boldsymbol{w}\|^2=1$ 的限制条件下的极值点是在满足式(6.33)的点上获得的，即

$$E\{\boldsymbol{z}g(\boldsymbol{w}^{\mathrm{T}}\boldsymbol{z})\}+\beta\boldsymbol{w}=0 \tag{6.33}$$

这里 $\beta=E\{\boldsymbol{w}^{*\mathrm{T}}\boldsymbol{z}g(\boldsymbol{w}^{*\mathrm{T}}\boldsymbol{z})\}$，$\boldsymbol{w}^*$ 是优化后得到的分离矩阵列向量，函数 $g(\cdot)$是 $G(\cdot)$的导数。利用牛顿法来求解式(6.33)，它等效于利用牛顿法来找到拉格朗日的最优点。若定义式(6.33)左边表达式为 F，则其梯度为

$$\frac{\partial F}{\partial \boldsymbol{w}}=E\{\boldsymbol{z}\boldsymbol{z}^{\mathrm{T}}\boldsymbol{g}'(\boldsymbol{w}^{\mathrm{T}}\boldsymbol{z})\}+\beta\boldsymbol{I} \tag{6.34}$$

为了简化矩阵求逆运算，可对式(6.34)右边第一项做近似，即

$$E\{\boldsymbol{z}\boldsymbol{z}^{\mathrm{T}}g'(\boldsymbol{w}^{\mathrm{T}}\boldsymbol{z})\}=E\{\boldsymbol{z}\boldsymbol{z}^{\mathrm{T}}\}E\{g'(\boldsymbol{w}^{\mathrm{T}}\boldsymbol{z})\}=E\{g'(\boldsymbol{w}^{\mathrm{T}}\boldsymbol{z})\}\boldsymbol{I} \tag{6.35}$$

则式(6.34)表示的梯度变成了对角矩阵，很容易求逆。从而获得近似牛顿迭代公式，即

$$\boldsymbol{w}(k+1)=\boldsymbol{w}(k)-\frac{E\{\boldsymbol{z}g(\boldsymbol{w}(k)^{\mathrm{T}}\boldsymbol{z})\}+\beta\boldsymbol{w}(k)}{E\{g'(\boldsymbol{w}(k)^{\mathrm{T}}\boldsymbol{z})\}+\beta} \tag{6.36}$$

为了进一步简化算法，对上式两边同时乘以 $E\{g'(\boldsymbol{w}(k)^{\mathrm{T}}\boldsymbol{z})\}+\beta$，则有

$$\begin{aligned}[E\{g'(\boldsymbol{w}(k)^{\mathrm{T}}\boldsymbol{z})\}+\beta]\boldsymbol{w}(k+1)&=[E\{g'(\boldsymbol{w}(k)^{\mathrm{T}}\boldsymbol{z})\}+\beta]\boldsymbol{w}(k)-[E\{\boldsymbol{z}g(\boldsymbol{w}(k)^{\mathrm{T}}\boldsymbol{z})\}+\beta\boldsymbol{w}(k)]\\&=E\{g'(\boldsymbol{w}(k)^{\mathrm{T}}\boldsymbol{z})\}\boldsymbol{w}(k)-E\{\boldsymbol{z}g(\boldsymbol{w}(k)^{\mathrm{T}}\boldsymbol{z})\}\end{aligned} \tag{6.37}$$

为了限制分离向量 $\boldsymbol{w}$ 为单位范数，每迭代一次都要进行一次归一化处理，因此式(6.37)中等号左边第一项中的系数 $E\{g'(\boldsymbol{w}(k)^{\mathrm{T}}\boldsymbol{z})\}+\beta$可以省略，又因为盲源分离固有的模糊性，$\boldsymbol{w}$ 取正、负号不会影响算法的分离效果，所以有

$$\boldsymbol{w}(k+1)=E\{\boldsymbol{z}g(\boldsymbol{w}(k)^{\mathrm{T}}\boldsymbol{z})\}-E\{g'(\boldsymbol{w}(k)^{\mathrm{T}}\boldsymbol{z})\}\boldsymbol{w}(k) \tag{6.38}$$

式(6.38)、式(6.32)就是基于负熵的 FASTICA 算法迭代公式。其中 $g(\cdot)$是非线性函数，$g'(\cdot)$则是 $g(\cdot)$的导函数，$g(\cdot)$一般有三种选择，如式(6.28)～式(6.30)所示。

综上，基于负熵的 FASTICA 算法步骤如下：

步骤 1　首先将观测信号矩阵 $\boldsymbol{x}(t)=[x_1(t), x_2(t), \cdots, x_M(t)]^{\mathrm{T}}$ 去均值，得到均值为 0 的观测信号 $\bar{\boldsymbol{x}}(t)=[\bar{x}_1(t), \bar{x}_2(t), \cdots, \bar{x}_M(t)]^{\mathrm{T}}$，$\bar{x}_m(t)=x_m(t)-E(x_m(t))(m=1, 2, \cdots, M)$。

步骤 2　然后利用第 4 章中介绍的白化预处理算法进行白化，得到白化后的观测信号

向量 $\boldsymbol{z}(t)$。

步骤 3　令 $k=0$，选择一个单位初始向量 $\boldsymbol{w}(0)$。

步骤 4　更新 $\boldsymbol{w}(k+1)=E\{\boldsymbol{z}g(\boldsymbol{w}(k)^{\mathrm{T}}\boldsymbol{z}(t))\}-E\{g'(\boldsymbol{w}(k)^{\mathrm{T}}\boldsymbol{z}(t))\}\boldsymbol{w}(k)$。

步骤 5　标准化 $\boldsymbol{w}(k+1):=\boldsymbol{w}(k+1)/\|\boldsymbol{w}(k+1)\|$。

步骤 6　若未收敛，即 $\|\boldsymbol{w}(k+1)-\boldsymbol{w}(k)\|>\varepsilon$，返回步骤 4；若收敛，则得到分离信号 $\boldsymbol{y}(t)=\boldsymbol{w}(k)^{\mathrm{T}}\boldsymbol{z}(t)$。

6.3　多元快速定点算法

上面章节推导的快速定点算法只能分离出一个独立分量，我们称之为一元算法。为了提取出多个独立分量，可将上述一元算法重复执行多次，同时为了避免第 n 次提取出的独立分量与前 $n-1$ 次提取的独立分量相同，在每进行一次迭代运算后，需要对向量 $\boldsymbol{w}_1$，$\boldsymbol{w}_2$，…，$\boldsymbol{w}_n$ 做正交化处理，下面给出两种正交化方法。

6.3.1　Gram-Schmidt 正交化

下面给出构造标准正交向量组的 Gram-Schmidt 正交化方法的一个定理。

定理　设 $\boldsymbol{\alpha}_1$，$\boldsymbol{\alpha}_2$，…，$\boldsymbol{\alpha}_m$ 是 $\mathbf{R}^m$ 中的一个线性无关向量组，若令

$$\begin{cases}\boldsymbol{\beta}_1=\boldsymbol{\alpha}_1\\ \boldsymbol{\beta}_2=\boldsymbol{\alpha}_2-\dfrac{\langle\boldsymbol{\alpha}_2,\boldsymbol{\beta}_1\rangle}{\langle\boldsymbol{\beta}_1,\boldsymbol{\beta}_1\rangle}\boldsymbol{\beta}_1\\ \vdots\\ \boldsymbol{\beta}_m=\boldsymbol{\alpha}_m-\dfrac{\langle\boldsymbol{\alpha}_m,\boldsymbol{\beta}_1\rangle}{\langle\boldsymbol{\beta}_1,\boldsymbol{\beta}_1\rangle}\boldsymbol{\beta}_1-\dfrac{\langle\boldsymbol{\alpha}_m,\boldsymbol{\beta}_2\rangle}{\langle\boldsymbol{\beta}_2,\boldsymbol{\beta}_2\rangle}\boldsymbol{\beta}_2-\cdots-\dfrac{\langle\boldsymbol{\alpha}_m,\boldsymbol{\beta}_{m-1}\rangle}{\langle\boldsymbol{\beta}_{m-1},\boldsymbol{\beta}_{m-1}\rangle}\boldsymbol{\beta}_{m-1}\end{cases}\tag{6.39}$$

则 $\boldsymbol{\beta}_1$，$\boldsymbol{\beta}_2$，…，$\boldsymbol{\beta}_m$ 就是一个正交向量组，若再令

$$\boldsymbol{e}_i=\frac{\boldsymbol{\beta}_i}{\|\boldsymbol{\beta}_i\|}\quad(i=1,2,\cdots,m)\tag{6.40}$$

就得到一个标准正交向量组 $\boldsymbol{e}_1$，$\boldsymbol{e}_2$，…，$\boldsymbol{e}_m$，且该向量组与 $\boldsymbol{\alpha}_1$，$\boldsymbol{\alpha}_2$，…，$\boldsymbol{\alpha}_m$ 等价。

上面是利用线性无关向量组，构造出标准正交向量组的方法，就是施密特正交化方法。

下面以 $m=3$ 为例，证明上述定理的正确性。

设向量组 $\boldsymbol{\alpha}_1$，$\boldsymbol{\alpha}_2$，$\boldsymbol{\alpha}_3$ 线性无关，我们先来构造正交向量组 $\boldsymbol{\beta}_1$，$\boldsymbol{\beta}_2$，$\boldsymbol{\beta}_3$，并且使向量组 $\boldsymbol{\alpha}_1$，$\boldsymbol{\alpha}_2$，…，$\boldsymbol{\alpha}_r$ 与向量组 $\boldsymbol{\beta}_1$，$\boldsymbol{\beta}_2$，…，$\boldsymbol{\beta}_r$ 等价（$r=1,2,\cdots,m$）。按所要求的条件，$\boldsymbol{\beta}_1$ 是 $\boldsymbol{\alpha}_1$ 的线性组合，$\boldsymbol{\beta}_2$ 是 $\boldsymbol{\alpha}_1$，$\boldsymbol{\alpha}_2$ 的线性组合，为方便起见，不妨设

$$\boldsymbol{\beta}_1=\boldsymbol{\alpha}_1,\ \boldsymbol{\beta}_2=\boldsymbol{\alpha}_2-k\boldsymbol{\beta}_1\tag{6.41}$$

其中，数值 k 的选取应满足 $\boldsymbol{\beta}_1$ 与 $\boldsymbol{\beta}_2$ 垂直，即

$$\langle\boldsymbol{\beta}_2,\boldsymbol{\beta}_1\rangle=\langle\boldsymbol{\alpha}_2,\boldsymbol{\beta}_1\rangle-k\langle\boldsymbol{\beta}_1,\boldsymbol{\beta}_1\rangle=0\tag{6.42}$$

注意到 $\langle\boldsymbol{\beta}_1,\boldsymbol{\beta}_1\rangle>0$，于是得 $k=\dfrac{\langle\boldsymbol{\alpha}_2,\boldsymbol{\beta}_1\rangle}{\langle\boldsymbol{\beta}_1,\boldsymbol{\beta}_1\rangle}$，从而得

$$\boldsymbol{\beta}_1=\boldsymbol{\alpha}_1,\ \boldsymbol{\beta}_2=\boldsymbol{\alpha}_2-\frac{\langle\boldsymbol{\alpha}_2,\boldsymbol{\beta}_1\rangle}{\langle\boldsymbol{\beta}_1,\boldsymbol{\beta}_1\rangle}\boldsymbol{\beta}_1\tag{6.43}$$

对于上面已经构造的向量$\boldsymbol{\beta}_1$与$\boldsymbol{\beta}_2$，再来构造向量$\boldsymbol{\beta}_3$，为满足要求，可令

$$\boldsymbol{\beta}_3=\boldsymbol{\alpha}_3-k_1\boldsymbol{\beta}_1-k_2\boldsymbol{\beta}_2 \tag{6.44}$$

其中，k_1，k_2 的选取应满足$\boldsymbol{\beta}_3$分别与向量$\boldsymbol{\beta}_1$与$\boldsymbol{\beta}_2$垂直，即

$$\langle\boldsymbol{\alpha}_3,\boldsymbol{\beta}_1\rangle-k_1\langle\boldsymbol{\beta}_1,\boldsymbol{\beta}_1\rangle=0,\ \langle\boldsymbol{\alpha}_3,\boldsymbol{\beta}_2\rangle-k_2\langle\boldsymbol{\beta}_2,\boldsymbol{\beta}_2\rangle=0 \tag{6.45}$$

由此解得

$$k_1=\frac{\langle\boldsymbol{\alpha}_3,\boldsymbol{\beta}_1\rangle}{\langle\boldsymbol{\beta}_1,\boldsymbol{\beta}_1\rangle},\ k_2=\frac{\langle\boldsymbol{\alpha}_3,\boldsymbol{\beta}_2\rangle}{\langle\boldsymbol{\beta}_2,\boldsymbol{\beta}_2\rangle} \tag{6.46}$$

于是得

$$\boldsymbol{\beta}_3=\boldsymbol{\alpha}_3-\frac{\langle\boldsymbol{\alpha}_3,\boldsymbol{\beta}_1\rangle}{\langle\boldsymbol{\beta}_1,\boldsymbol{\beta}_1\rangle}\boldsymbol{\beta}_1-\frac{\langle\boldsymbol{\alpha}_3,\boldsymbol{\beta}_2\rangle}{\langle\boldsymbol{\beta}_2,\boldsymbol{\beta}_2\rangle}\boldsymbol{\beta}_2 \tag{6.47}$$

容易验证，向量组$\boldsymbol{\beta}_1$，$\boldsymbol{\beta}_2$，…，$\boldsymbol{\beta}_r$ 是与$\boldsymbol{\alpha}_1$，$\boldsymbol{\alpha}_2$，…，$\boldsymbol{\alpha}_r$ 等价的正交向量，若再将$\boldsymbol{\beta}_1$，$\boldsymbol{\beta}_2$，$\boldsymbol{\beta}_3$ 单位化，即令

$$\boldsymbol{e}_i=\frac{\boldsymbol{\beta}_i}{\|\boldsymbol{\beta}_i\|}\quad(i=1,\ 2,\ 3) \tag{6.48}$$

则 $\boldsymbol{e}_1$，$\boldsymbol{e}_2$，$\boldsymbol{e}_3$ 就是满足要求的标准正交向量组。

基于上述定理，我们得到基于 Gram-Schmidt 正交化的多元快速定点算法。当我们已经估计了 p 个独立分量或者 p 个向量 $\boldsymbol{w}_1$，$\boldsymbol{w}_2$，…，$\boldsymbol{w}_p$，我们对 $\boldsymbol{w}_{p+1}$ 运行任意一个一元算法，并且每迭代一次，就从 $\boldsymbol{w}_{p+1}$ 中抽取出前面估计的 p 个向量的投影$(\boldsymbol{w}_{p+1}^{\mathrm{T}}\boldsymbol{w}_j)\boldsymbol{w}_j$，$j=1$，2，…，$p$，然后重新归一化，Gram-Schmidt 正交化算法具体过程如下：

步骤 1　选择要估计的独立分量个数 m，令 $p=1$。

步骤 2　初始化 $\boldsymbol{w}_p$(如随机选择)。

步骤 3　对 $\boldsymbol{w}_p$ 做一次一元算法迭代。

步骤 4　执行如下正交化过程

$$\boldsymbol{w}_p=\boldsymbol{w}_p-\sum_{j=1}^{p-1}(\boldsymbol{w}_p^{\mathrm{T}}\boldsymbol{w}_j)\boldsymbol{w}_j \tag{6.49}$$

步骤 5　归一化 $\boldsymbol{w}_p$，使 $\boldsymbol{w}_p=\boldsymbol{w}_p/\|\boldsymbol{w}_p\|$。

步骤 6　如果 $\boldsymbol{w}_p$ 没有收敛，回到步骤 3，否则执行步骤 7。

步骤 7　令 $p=p+1$，如果 $p\leqslant m$，回到步骤 2，否则算法结束。

6.3.2　对称正交化

Gram-Schmidt 正交化方法有累积误差的缺点，在某些应用中，需要使用对称解相关的方法，这种方法使得所有向量平等。这也就是说向量 $\boldsymbol{w}_i$ 不是一个一个地估计，而是同时估计出来的，对称正交化方法可以并行地计算多个独立分量。对称正交化方法首先对每一个向量 $\boldsymbol{w}_i$ 并行地执行一元迭代，然后通过特殊的对称方法正交化所有的 $\boldsymbol{w}_i$。具体的步骤如下：

步骤 1　选择要估计的独立分量个数 m。

步骤 2　初始化 $\boldsymbol{w}_i$，$i=1$，2，…，m(如随机产生)。

步骤 3　对所有的 $\boldsymbol{w}_i$ 同时执行一次一元迭代。

步骤 4　对矩阵 $\boldsymbol{W}=(\boldsymbol{w}_1,\ \boldsymbol{w}_2,\ \cdots,\ \boldsymbol{w}_m)^{\mathrm{T}}$ 做一次对称正交化。

步骤 5 如果没有收敛，回到第 3 步。

对称正交化可通过下式完成：

$$\boldsymbol{W} := (\boldsymbol{W}\boldsymbol{W}^{\mathrm{T}})^{-1/2}\boldsymbol{W} \tag{6.50}$$

$(\boldsymbol{W}\boldsymbol{W}^{\mathrm{T}})^{-1/2}$可根据$\boldsymbol{W}\boldsymbol{W}^{\mathrm{T}}$的特征值分解来获得，即$\boldsymbol{W}\boldsymbol{W}^{\mathrm{T}}=\boldsymbol{E}\mathrm{diag}(d_1, d_2, \cdots, d_m)\boldsymbol{E}^{\mathrm{T}}$，故

$$(\boldsymbol{W}\boldsymbol{W}^{\mathrm{T}})^{-1/2} = \boldsymbol{E}\mathrm{diag}(d_1^{-1/2}, d_2^{-1/2}, \cdots, d_m^{-1/2})\boldsymbol{E}^{\mathrm{T}} \tag{6.51}$$

其中，$d_1, d_2, \cdots, d_m$ 是 $\boldsymbol{W}\boldsymbol{W}^{\mathrm{T}}$ 的特征值，$\boldsymbol{E}$ 则是 $\boldsymbol{W}\boldsymbol{W}^{\mathrm{T}}$ 的特征向量矩阵，且 $\boldsymbol{E}$ 是正交矩阵。

6.3.3 多元快速定点算法

如果要利用快速定点算法同时分离出多个源信号，一方面可以将一元快速定点算法运行多次。为了避免重复恢复出同一个信号，在分离第 p 个信号时，每迭代一次，就采用 Gram-Schmidt 算法正交化一次，即对第 p 个分离信号，迭代公式如下：

$$\boldsymbol{w}_p := \boldsymbol{w}_p - \sum_{j=1}^{p-1}(\boldsymbol{w}_p^{\mathrm{T}}\boldsymbol{w}_j)\boldsymbol{w}_j \tag{6.52}$$

$$\boldsymbol{w}_p := \frac{\boldsymbol{w}_p}{\|\boldsymbol{w}_p\|} \tag{6.53}$$

其中，$\boldsymbol{w}_1, \boldsymbol{w}_2, \cdots, \boldsymbol{w}_{p-1}$ 是已经得到的前 $p-1$ 个分离向量。利用式(6.38)、式(6.52)、式(6.53)可以一个一个地分离出所有的源信号。

另一方面，也可以对由多个分离向量组成的分离矩阵 $\boldsymbol{W}$ 进行迭代，从而同时分离出所有的信号，只是在迭代时，同样需要进行正交化处理，具体算法迭代过程如下：

$$\boldsymbol{W}_{k+1} = E\{g(\boldsymbol{W}_k\boldsymbol{z})\boldsymbol{z}^{\mathrm{T}}\} - \mathrm{diag}\{E[g'(\boldsymbol{W}_k\boldsymbol{z})]\}\boldsymbol{W}_k \tag{6.54}$$

$$\boldsymbol{W}_{k+1} := (\boldsymbol{W}_{k+1}\boldsymbol{W}_{k+1}^{\mathrm{T}})^{-1/2}\boldsymbol{W}_{k+1} \tag{6.55}$$

重复执行式(6.54)、式(6.55)直至收敛，就可以同时分离出多个源信号，即 $\boldsymbol{y}=\boldsymbol{W}_k\boldsymbol{z}$ 是源信号向量的估计。

6.4 适用于复信号的快速定点算法

上面推导的快速定点算法只能适用于实信号的情形，但是在通信信号的盲源分离问题中，系统混合模型往往是复混合矩阵，原信号也是复的。这里将给出一种适用于复信号的 FastICA 算法。假设独立分量和混合矩阵都是复的，同时假设独立分量的个数等于观测信号个数(即使不相等，只要观测信号个数大于独立分量个数，我们也可以利用白化预处理技术来对观测信号降维，使得白化后的观测信号个数等于独立分量个数)，混合矩阵 **A** 列满秩，另外还假设源信号相互独立，并且每个源信号的实部和虚部不相关，且方差相同。

6.4.1 复随机变量的基本概念

一个复随机变量 y 可表示为 $y=u+i\cdot v$，其中 u，v 是实值的随机变量，y 的概率密度为 $f(y)=f(u, v)$，y 的期望是 $E\{y\}=E\{u\}+i\cdot E\{v\}$。如果两个随机变量 y_1、y_2 满足 $E\{y_1y_2^*\}=E\{y_1\}E\{y_2^*\}$，则它们不相关，其中 $y^*=u-i\cdot v$ 表示 y 的复共轭。零均值复随机向量 $\boldsymbol{y}=(y_1, y_2, \cdots, y_n)$的协方差矩阵为

$$E\{\boldsymbol{y}\boldsymbol{y}^{\mathrm{H}}\}=\begin{bmatrix}C_{11} & C_{12} & \cdots & C_{1n}\\ \vdots & \ddots & & \vdots\\ C_{n1} & C_{n2} & \cdots & C_{nn}\end{bmatrix} \tag{6.56}$$

其中，$C_{jk}=E\{y_jy_k^*\}$，而 $\boldsymbol{y}^{\mathrm{H}}$ 表示 $\boldsymbol{y}$ 的共轭转置矩阵。

在复独立分量分析模型中，要求所有的独立分量 s_i 具有零均值和单位方差，并且其实部和虚部不相关且具有相同的方差，即 $E\{\boldsymbol{s}\boldsymbol{s}^{\mathrm{H}}\}=\boldsymbol{I}$，$E\{\boldsymbol{s}\boldsymbol{s}^{\mathrm{T}}\}=\boldsymbol{0}$，这些假设意味着源信号 s_i 是严格的复信号，其虚部不能为 0。

对于峭度的定义则很容易推广，如对一个零均值复随机变量 y 其峭度可定义为

$$\mathrm{kurt}(y)=E\{|y|^4\}-E\{yy^*\}\cdot E\{yy^*\}-E\{yy\}E\{y^*y^*\}-E\{yy^*\}\cdot E\{y^*y\} \tag{6.57}$$

当然该定义随共轭符号(＊)的位置的变化而不同，即有 16 种定义方法，这里我们选择如下定义：

$$\mathrm{kurt}(y)=E\{|y|^4\}-2E\{|y|^2\}^2-|E\{y^2\}|^2=E\{|y|^4\}-2 \tag{6.58}$$

式(6.58)中的最后一个等式当 y 是“白”的时成立，即此时 $E\{y^2\}=0$，$E\{|y|^2\}=1$。

6.4.2　非高斯性测量的选择

在复值情况下，复随机变量的分布往往是球形对称分布，因此只对其模值感兴趣。这样我们就可以利用基于模值的非高斯性测量，在上节式(6.22)非高斯性测量的基础上，可以定义如下测量函数：

$$J_G(\boldsymbol{w})=E\{G(|\boldsymbol{w}^{\mathrm{H}}\boldsymbol{z}|^2)\} \tag{6.59}$$

其中，$G(\cdot)$是一个平滑的偶函数，$\boldsymbol{w}$ 是一个 n 维的复向量，并且 $E\{|\boldsymbol{w}^{\mathrm{H}}\boldsymbol{z}|^2\}=\|\boldsymbol{w}\|^2=1$，$\boldsymbol{z}$ 是白化后的观测数据。与式(6.58)的峭度相比，如果选择 $G(y)=y^2$，则

$$J_G(\boldsymbol{w})=E\{|\boldsymbol{w}^{\mathrm{H}}\boldsymbol{z}|^4\} \tag{6.60}$$

此时 $J_G(\boldsymbol{w})$实际上是测量 $\boldsymbol{w}^{\mathrm{H}}\boldsymbol{z}$ 的峭度。

最大化 $J_G(\boldsymbol{w})$就可以估计出一个独立分量，要估计出多个独立分量，可以最大化 n 个非高斯性测量之和，同时加上正交化的限制条件，即获得下面的最优化问题。

对所有的 $\boldsymbol{w}_j(j=1, 2, \cdots, n)$，在约束条件 $E\{\boldsymbol{w}_k^{\mathrm{H}}\boldsymbol{w}_j\}=\delta_{j,k}$下，最大化

$$\sum_{j=1}^{n}J_G(\boldsymbol{w}_j) \tag{6.61}$$

其中，

$$\delta_{j,k}=\begin{cases}1, & j=k\\ 0, & j\neq k\end{cases} \tag{6.62}$$

函数 $G(\cdot)$随输入参数的增加，其增长速度越慢，算法对外界干扰的鲁棒性越强。下面给出了 $G(\cdot)$的三种选择，同时给出了对应的导函数 $g(\cdot)$。

$$G_1(y)=\sqrt{a_1+y},\quad g_1(y)=\frac{1}{2\sqrt{a_1+y}} \tag{6.63}$$

$$G_2(y)=\log(a_2+y),\quad g_2(y)=\frac{1}{a_2+y} \tag{6.64}$$

$$G_3(y)=\frac{1}{2}y^2,\quad g_3(y)=y \tag{6.65}$$

其中，a_1、a_2 是任意的常数(如 $a_1 \approx 0.1$，$a_2 \approx 0.1$ 是一个合适的选择)，G_1、G_2 比 G_3 增长更慢，因此它们给出了独立分量的更加鲁棒的估计算法。G_3 的选取来源于式(6.58)的峭度。

6.4.3 定点算法的推导

我们首先推导一元的定点算法。令 $w = w_r + i \cdot w_i$，$x = x_r + i \cdot x_i$。为了简化推导，算法分别更新 $\boldsymbol{w}$ 的实部和虚部。由前面对源信号的假设有 $E\{\boldsymbol{s}\boldsymbol{s}^{\mathrm{H}}\} = \boldsymbol{I}$，$E\{\boldsymbol{s}\boldsymbol{s}^{\mathrm{T}}\} = \boldsymbol{0}$。同时白化后的观测信号向量有 $E\{\boldsymbol{z}\boldsymbol{z}^{\mathrm{H}}\} = \boldsymbol{I}$。

根据库恩-塔克尔(Kuhn-Tucker)条件知，在 $E\{|\boldsymbol{w}^{\mathrm{H}}\boldsymbol{z}|^2\} = \|\boldsymbol{w}\|^2 = 1$ 的约束条件下，$E\{G(|\boldsymbol{w}^{\mathrm{H}}\boldsymbol{z}|^2)\}$ 的极值点在

$$\nabla E\{G(|\boldsymbol{w}^{\mathrm{H}}\boldsymbol{z}|^2)\} - \beta \nabla E\{|\boldsymbol{w}^{\mathrm{H}}\boldsymbol{z}|^2\} = 0 \tag{6.66}$$

处。其中 β 是实数，梯度相对于 $\boldsymbol{w}$ 的实部和虚部分别计算，则式(6.66)的第一项为

$$\begin{aligned}
\nabla E\{G(|\boldsymbol{w}^{\mathrm{H}}\boldsymbol{z}|^2)\} &= \begin{bmatrix} \dfrac{\partial}{\partial w_{1r}} \\ \dfrac{\partial}{\partial w_{1i}} \\ \vdots \\ \dfrac{\partial}{\partial w_{nr}} \\ \dfrac{\partial}{\partial w_{ni}} \end{bmatrix} E\{G(|\boldsymbol{w}^{\mathrm{H}}\boldsymbol{x}|^2)\} \\
&= 2\begin{pmatrix} E\{\mathrm{Re}\{z_1(\boldsymbol{w}^{\mathrm{H}}\boldsymbol{z})^*\}g(|\boldsymbol{w}^{\mathrm{H}}\boldsymbol{z}|^2)\} \\ E\{\mathrm{Im}\{z_1(\boldsymbol{w}^{\mathrm{H}}\boldsymbol{z})^*\}g(|\boldsymbol{w}^{\mathrm{H}}\boldsymbol{z}|^2)\} \\ \vdots \\ E\{\mathrm{Re}\{z_n(\boldsymbol{w}^{\mathrm{H}}\boldsymbol{z})^*\}g(|\boldsymbol{w}^{\mathrm{H}}\boldsymbol{z}|^2)\} \\ E\{\mathrm{Im}\{z_n(\boldsymbol{w}^{\mathrm{H}}\boldsymbol{z})^*\}g(|\boldsymbol{w}^{\mathrm{H}}\boldsymbol{z}|^2)\} \end{pmatrix}
\end{aligned} \tag{6.67}$$

式(6.66)中的第二项为

$$\nabla E\{|\boldsymbol{w}^{\mathrm{H}}\boldsymbol{z}|^2\} = 2\begin{pmatrix} \mathrm{Re}(w_1) \\ \mathrm{Im}(w_1) \\ \vdots \\ \mathrm{Re}(w_n) \\ \mathrm{Im}(w_n) \end{pmatrix} = 2\boldsymbol{w} \tag{6.68}$$

这里利用了 $E\{\boldsymbol{z}\boldsymbol{z}^{\mathrm{H}}\} = \boldsymbol{I}$。

可以利用牛顿法来求解式(6.66)。式(6.67)中的 $\nabla E\{G(|\boldsymbol{w}^{\mathrm{H}}\boldsymbol{z}|^2)\}$ 的雅可比矩阵可近似为

$$\begin{aligned}
\nabla^2 E\{G(|\boldsymbol{w}^{\mathrm{H}}\boldsymbol{z}|^2)\} &= E\{\nabla^2 |\boldsymbol{w}^{\mathrm{H}}\boldsymbol{z}|^2 g(|\boldsymbol{w}^{\mathrm{H}}\boldsymbol{z}|^2) + \\
&\quad (\nabla |\boldsymbol{w}^{\mathrm{H}}\boldsymbol{z}|^2)(\nabla |\boldsymbol{w}^{\mathrm{H}}\boldsymbol{z}|^2)^{\mathrm{T}} g'(|\boldsymbol{w}^{\mathrm{H}}\boldsymbol{z}|^2)\} \\
&\approx 2E\{g(|\boldsymbol{w}^{\mathrm{H}}\boldsymbol{z}|^2) + |\boldsymbol{w}^{\mathrm{H}}\boldsymbol{z}|^2 g'(|\boldsymbol{w}^{\mathrm{H}}\boldsymbol{z}|^2)\}\boldsymbol{I}
\end{aligned} \tag{6.69}$$

其中上述近似是通过分别求期望获得的，同时利用了 $E\{\boldsymbol{z}\boldsymbol{z}^{\mathrm{T}}\} = \boldsymbol{0}$(它可由 $E\{\boldsymbol{s}\boldsymbol{s}^{\mathrm{T}}\} = 0$ 直接获得)。另外，利用式(6.68)可知 $\beta \nabla E\{|\boldsymbol{w}^{\mathrm{H}}\boldsymbol{z}|^2\}$ 的雅可比矩阵为

$$\beta \nabla^2 \boldsymbol{E}\{|\boldsymbol{w}^{\mathrm{H}}\boldsymbol{z}|^2\} = 2\beta \boldsymbol{I} \tag{6.70}$$

式(6.66)总的雅可比矩阵为

$$J = 2(E\{g(|\boldsymbol{w}^{\mathrm{H}}\boldsymbol{z}|^2) + |\boldsymbol{w}^{\mathrm{H}}\boldsymbol{z}|\,2g'(|\boldsymbol{w}^{\mathrm{H}}\boldsymbol{z}|^2)\} - \beta)\boldsymbol{I} \tag{6.71}$$

它是对角矩阵，因而容易求逆。因此盲源分离算法的近似牛顿迭代式为

$$\boldsymbol{w}^{+} = \boldsymbol{w} - \frac{E\{\boldsymbol{z}\,(\boldsymbol{w}^{\mathrm{H}}\boldsymbol{z})^{*}\,g(|\boldsymbol{w}^{\mathrm{H}}\boldsymbol{z}|^2)\} - \beta \boldsymbol{I}}{E\{g(|\boldsymbol{w}^{\mathrm{H}}\boldsymbol{z}|^2) + |\boldsymbol{w}^{\mathrm{H}}\boldsymbol{z}|^2 g'(|\boldsymbol{w}^{\mathrm{H}}\boldsymbol{z}|^2)\} - \beta} \tag{6.72}$$

$$\boldsymbol{w}_{\mathrm{new}} = \frac{\boldsymbol{w}^{+}}{\|\boldsymbol{w}^{+}\|} \tag{6.73}$$

将式(6.72)两边同时乘以 $\beta - E\{g(|\boldsymbol{w}^{\mathrm{H}}\boldsymbol{z}|^2) + |\boldsymbol{w}^{\mathrm{H}}\boldsymbol{z}|^2 g'(|\boldsymbol{w}^{\mathrm{H}}\boldsymbol{z}|^2)\}$，则可获得定点算法：

$$\boldsymbol{w}^{+} = E\{\boldsymbol{z}\,(\boldsymbol{w}^{\mathrm{H}}\boldsymbol{z})^{*}\,g(|\boldsymbol{w}^{\mathrm{H}}\boldsymbol{z}|^2)\} - E\{g(|\boldsymbol{w}^{\mathrm{H}}\boldsymbol{z}|^2) + |\boldsymbol{w}^{\mathrm{H}}\boldsymbol{z}|^2 g'(|\boldsymbol{w}^{\mathrm{H}}\boldsymbol{z}|^2)\}\boldsymbol{w} \tag{6.74}$$

式(6.73)和式(6.74)构成了可适用于复数的快速定点算法。

6.5　计算机仿真分析

6.5.1　实信号的快速定点算法仿真

参数设置：采用 4 路语音信号作为源信号，经随机产生的实矩阵进行混合，接收通道个数为 4、6 和 8，分别仿真基于峭度的快速定点算法和基于负熵的快速定点算法在不同接收通道路数下的分离性能。进行 200 次 Monte Carlo 实验，计算平均输出干信比(ISR)。

图 6.2 是基于峭度的快速定点算法在不同接收通道个数条件下，分离后信号干信比随信噪比变化情况，可以看到，接收通道个数越多，算法分离后干信比越低。在接收通道个数为 8 时，干信比最低能达到−32 dB。

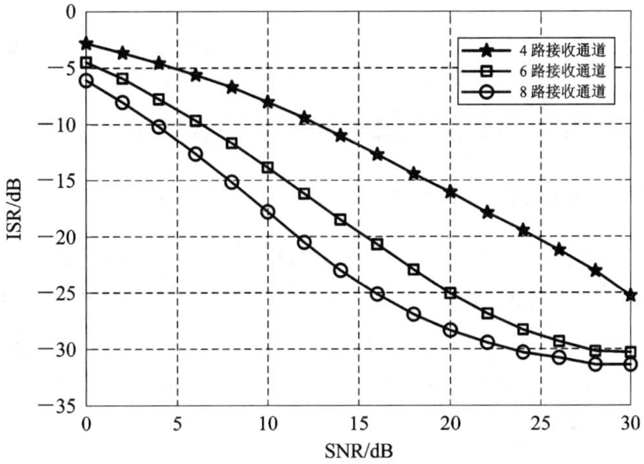

图 6.2　基于峭度的快速定点算法分离性能

图 6.3、图 6.4 是基于负熵的快速定点算法在不同接收通道个数条件下，分离后信号干信比随信噪比变化情况。可以看到，基于负熵的快速定点算法性能变化趋势与基于峭度的快速定点算法类似，在接收天线个数为 8 时，分离后信号的干信比最低也是−32 dB 左右。因此，两种快速定点算法都能较好地分离出多路语音信号。

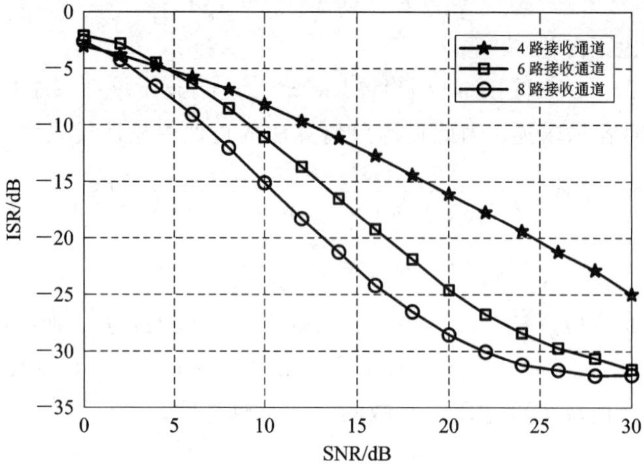

图 6.3　基于负熵的快速定点算法分离性能(非线性函数 $g(y)=y\cdot\exp(-y^2/2)$)

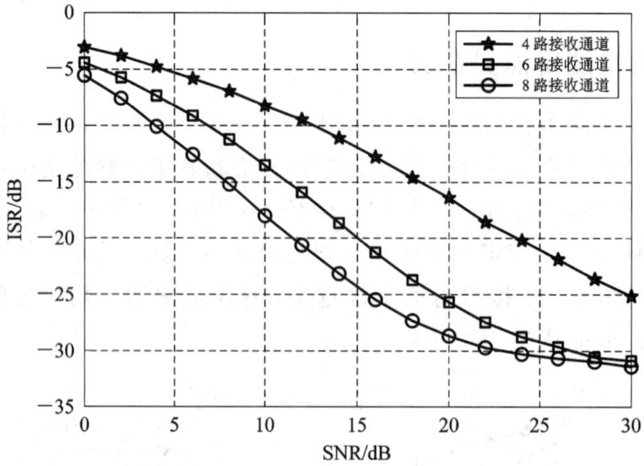

图 6.4　基于负熵的快速定点算法分离性能(非线性函数 $g(y)=y^3$)

6.5.2　复信号的快速定点算法仿真

设 4 路源信号(这 4 路信号位于中频 70 MHz 的 20 MHz 带宽内)分别为：2 个载频为 65 MHz 的 QPSK 信号，1 个载频为 65 MHz 的 8PSK 信号，以及 1 个载频为 75 MHz 的 16QAM 信号，其入射角度分别为 40°、60°、80°、100°，接收端采用阵元数分别为 4，6，8 的均匀线阵进行接收，阵元间隔为中频载波波长的一半。适用于复信号的快速定点算法可以选取以下三种非线性函数：

(1) 非线性函数 $G_1(y)=\frac{1}{2}y^2$ 和它的导函数 $g_1(y)=y$；

(2) 非线性函数 $G_2(y)=\sqrt{a_1+y}$ 和它的导函数 $g_2(y)=\frac{1}{2\sqrt{a_1+y}}$；

(3) 非线性函数 $G_3(y)=\log(a_2+y)$ 和它的导函数 $g_3(y)=\frac{1}{a_2+y}$。

进行 200 次 Monte Carlo 实验，比较复信号的快速定点算法在取不同的非线性函数时的分离性能，计算其在不同接收阵元数下的平均输出干信比(ISR)，如图 6.5 所示。

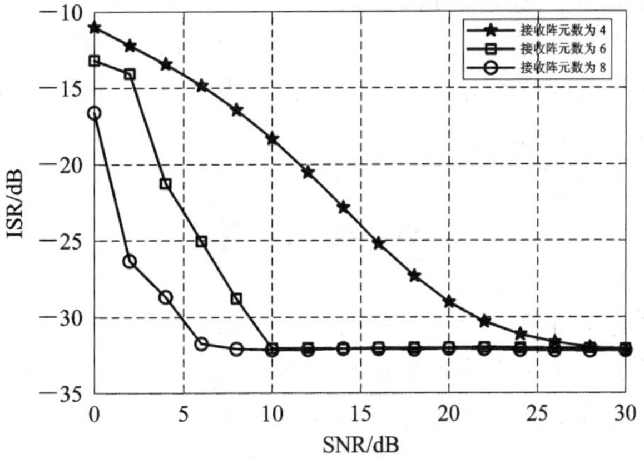

(a) 非线性函数 $G_1(y)=\frac{1}{2}y^2$ 和它的导函数 $g_1(y)=y$

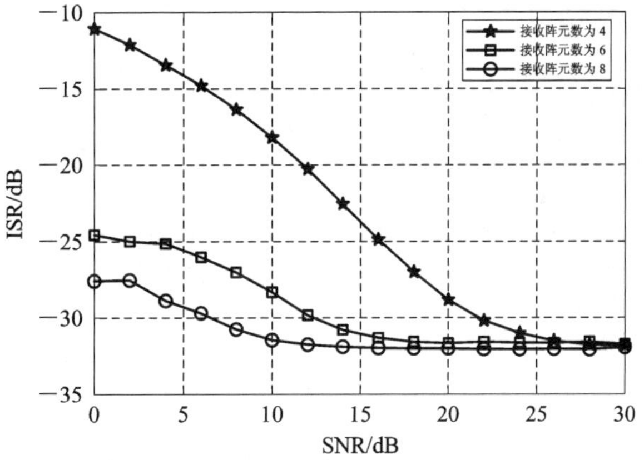

(b) 非线性函数 $G_2(y)=\sqrt{a_1+y}$ 和它的导函数 $g_2(y)=\frac{1}{2\sqrt{a_1+y}}$

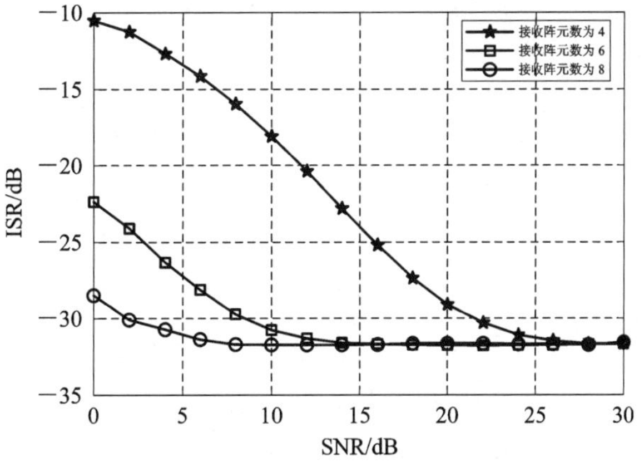

(c) 非线性函数 $G_3(y)=\log(a_2+y)$ 和它的导函数 $g_3(y)=\frac{1}{a_2+y}$

图 6.5　复信号快速定点算法在不同接收阵元数下的干信比

由图 6.5 可以看出，复信号快速定点算法可以很好地分离 4 路源信号，既可以分离出不同调制方式的通信信号，也可以分离相同调制方式的通信信号；既可以分离不同载频的信号，也可以分离相同载频的信号。当接收阵元数增加时，算法的分离效果会提升，即算法达到干信比收敛值所需的信噪比会减小。另外，当算法采用三种不同的非线性函数时，最终收敛的干信比均为－32 dB 左右。

本章小结

本章详细介绍了超定盲源分离中的快速定点算法，包括基于峭度的快速定点算法和基于负熵的快速定点算法，详细推导了算法原理和实现流程，然后介绍了多元的快速定点算法以及复信号的快速定点算法。最后针对语音信号和通信信号两种情况，分别对适用于实信号和复信号的快速定点算法的性能进行了仿真评估，实验结果表明基于峭度的快速定点算法和基于负熵的快速定点算法分离效果均较好。

第 7 章　基于联合对角化的超定/正定盲源分离算法

基于联合对角化的盲源分离算法最初研究内容主要集中在对正交联合对角化方法的研究。此类算法的首要特点是要求待估计的混叠矩阵或是分离矩阵为(酉)正交矩阵。这就需要首先对观测信号进行预白化处理，再从白化处理后的观测数据中估计酉正交的对角化因子矩阵，并实现源信号的分离。预白化处理是基于正交联合对角化的盲源分离算法的关键技术。通过白化处理不仅可以减少待估计的混叠矩阵的维数，还可以加强算法的稳定性。白化处理的原理和方法参见第 4 章内容。本章主要介绍基于二阶累积量和四阶累积量的联合对角化算法。

7.1　基于二阶累积量的联合对角化盲源分离原理

最早的基于二阶统计量的盲源分离方法是由 L. Tong 提出的 AMUS(Algorithm for Multiple Unknown Source)算法，该算法是使用特征值分解来求得源信号。后来又出现了一种叫做 SOBI(Second Order Blind Identification)的算法，该算法利用时延相关矩阵的联合对角化来求分离矩阵，再得到源信号。

二阶统计量包括二阶累积量和二阶矩，在零均值的情况下，二者是相等的。信号的二阶矩表达式为 $E(\boldsymbol{x}\boldsymbol{x}^{\mathrm{T}})$，也就是协方差矩阵，包括时延协方差矩阵。通过对其进行线性变换，使其成为对角阵，该变换矩阵 $\boldsymbol{W}$ 的逆矩阵可以视为混合矩阵 $\boldsymbol{A}$，$\boldsymbol{W}$ 就是所求的解混矩阵。求对角矩阵的方法很多，AMUS 算法是采用特征值分解(EVD)法，但是该算法结果不稳定。更好的方式是采用联合对角化的思想，将所有的时延协方差矩阵组合为一组矩阵，同时让各个协方差矩阵对角化。当然不可能将所有的时延矩阵全部完全实现对角化，一般只能近似的实现对角化。设定一个阈值，只要非对角元素的平方和小于这一阈值，就可以认为时延矩阵实现了对角化，大量仿真证明这种算法运行稳定且能得到比较精准的源信号。

在基于二阶统计量的盲源分离算法中，要求源信号是空间域以及时间域上都不相关的，噪声信号与源信号是不相关的，噪声方差远小于源信号的方差且噪声的方差是相等的，源信号是二阶平稳信号。

假设观测信号 $\boldsymbol{x}(t)$ 为

$$\boldsymbol{x}(t)=\boldsymbol{A}\boldsymbol{s}(t)+\boldsymbol{v}(t) \tag{7.1}$$

首先对观察信号采用白化算法进行白化预处理，白化矩阵为 $\boldsymbol{B}$，此时的等效混合矩阵 $\boldsymbol{U}=\boldsymbol{B}\boldsymbol{A}$ 是一正交矩阵。白化后的信号 $\boldsymbol{z}(t)$ 为

$$\boldsymbol{z}(t)=\boldsymbol{B}\boldsymbol{A}s(t)+\widetilde{\boldsymbol{v}}(t)=\boldsymbol{U}\boldsymbol{s}(t)+\widetilde{\boldsymbol{v}}(t) \tag{7.2}$$

对 $\boldsymbol{z}(t)$ 取延迟为 $\tau\neq 0$ 的相关矩阵有

$$\begin{aligned}\boldsymbol{R}_{zz}(\tau)&=E\{\boldsymbol{z}(t)\boldsymbol{z}^{\mathrm{H}}(t+\tau)\}=E\{\boldsymbol{U}\boldsymbol{s}(t)\boldsymbol{s}^{\mathrm{H}}(t+\tau)\boldsymbol{U}^{\mathrm{H}}\}+E\{\widetilde{\boldsymbol{v}}(t)\,\widetilde{\boldsymbol{v}}^{\mathrm{H}}(t+\tau)\}\\&=\boldsymbol{U}\boldsymbol{R}_{ss}(\tau)\boldsymbol{U}^{\mathrm{H}}+\boldsymbol{R}_{\widetilde{v}\widetilde{v}}(\tau)\end{aligned} \tag{7.3}$$

当观测信号是实信号时，$\boldsymbol{R}_{zz}(\tau)$是一组实对称矩阵；当观测信号是复信号时，$\boldsymbol{R}_{zz}(\tau)$是一组复共轭对称矩阵，也叫 Hermitian 矩阵。实对称矩阵是 Hermitian 矩阵的一种特例。因为噪声假设是相互独立的高斯白噪声，所以当 $\tau\neq 0$ 时有 $\boldsymbol{R}_{\widetilde{v}\widetilde{v}}(\tau)=\boldsymbol{0}$。又因为假设源信号之间相互独立，所以对任意的 $\tau\neq 0$，$\boldsymbol{R}_{ss}(\tau)$都是一个对角矩阵。由式(7.3)可得

$$\boldsymbol{R}_{ss}(\tau)=\boldsymbol{U}^{\mathrm{H}}\boldsymbol{R}_{zz}(\tau)\boldsymbol{U} \tag{7.4}$$

由式(7.4)可知，$\boldsymbol{U}$ 是使白化后的信号 $\boldsymbol{z}(t)$的一组延迟相关矩阵 $\boldsymbol{R}_{zz}(\tau_i)$（$i=1, 2, \cdots, L$）对角化的正交矩阵。因此，如果我们能找到这样一个正交矩阵 $\hat{\boldsymbol{U}}$，则 $\hat{\boldsymbol{U}}$ 就是 $\boldsymbol{U}$ 的估计，这一过程我们称之为联合对角化。估计出正交矩阵 $\boldsymbol{U}$ 之后，则解混矩阵(也可称为分离矩阵)为

$$\boldsymbol{W}=\boldsymbol{U}^{\mathrm{H}}\boldsymbol{B} \tag{7.5}$$

我们知道对于一个和两个 Hermitian 矩阵，可以对它们进行精确对角化，而对于多个矩阵的同时精确对角化是不可能的，本章说的联合对角化一般都是指近似联合对角化。

7.2　基于四阶累积量的联合对角化盲源分离原理

信号矢量 $\boldsymbol{z}$ 的四阶累积量定义为

$$\boldsymbol{Q}_z(i, j, k, l)=\mathrm{cum}(z_i, z_j^*, z_k, z_l^*)\quad (i, j=1, 2, \cdots, n) \tag{7.6}$$

其中，

$$\begin{aligned}\mathrm{cum}(z_i, z_j^*, z_k, z_l^*)&=E(z_i z_j^* z_k z_l^*)-E(z_i z_j^*)E(z_k z_l^*)\\&\quad -E(z_i z_k)E(z_j^* z_l^*)-E(z_i z_l^*)E(z_j^* z_k)\end{aligned} \tag{7.7}$$

另外，对于任意一个 $n\times n$ 的矩阵 $\boldsymbol{M}$，定义一个与之相关的累积量矩阵 $\boldsymbol{C}$

$$\boldsymbol{C}=\boldsymbol{Q}_z(\boldsymbol{M}) \tag{7.8}$$

矩阵 $\boldsymbol{C}$ 中第 i 行第 j 列元素 c_{ij} 为

$$c_{ij}=\sum_{k, l=1}^{n}\boldsymbol{Q}_z(i, j, k, l)\boldsymbol{M}_{lk}$$

如果 $\boldsymbol{z}$ 是经过稳健的白化算法处理后的观测信号，则由式(7.2)可知

$$\boldsymbol{z}=\widetilde{\boldsymbol{z}}+\widetilde{\boldsymbol{v}}=\boldsymbol{U}\boldsymbol{s}+\widetilde{\boldsymbol{v}} \tag{7.9}$$

其中，$\boldsymbol{U}$ 是正交矩阵，$\widetilde{\boldsymbol{v}}$ 是高斯白噪声，则

$$\begin{aligned}\mathrm{cum}(z_i, z_j^*, z_k, z_l^*)=\mathrm{cum}\Big(&\sum_{p=1}^{n}\boldsymbol{U}_{i,p}\boldsymbol{s}_p+\widetilde{v}_i,\ \sum_{p=1}^{n}\boldsymbol{U}_{j,p}^*\boldsymbol{s}_p^*+\widetilde{v}_j^*,\\&\sum_{p=1}^{n}\boldsymbol{U}_{k,p}\boldsymbol{s}_p+\widetilde{v}_k,\ \sum_{p=1}^{n}\boldsymbol{U}_{l,p}^*\boldsymbol{s}_p^*+\widetilde{v}_l^*\Big)\end{aligned} \tag{7.10}$$

根据累积量的性质及高斯白噪声的四阶累积量为 0 这一特性，有

$$\begin{aligned}\mathrm{cum}(z_i, z_j^*, z_k, z_l^*) &= \sum_{p=1}^{n}\mathrm{cum}(\boldsymbol{U}_{i,p}\boldsymbol{s}_p, \boldsymbol{U}_{j,p}^*\boldsymbol{s}_p^*, \boldsymbol{U}_{k,p}\boldsymbol{s}_p, \boldsymbol{U}_{l,p}^*\boldsymbol{s}_p^*)+\\ &\quad \mathrm{cum}(\tilde{v}_i, \tilde{v}_j^*, \tilde{v}_k, \tilde{v}_l^*)\\ &= \sum_{p=1}^{n}\boldsymbol{U}_{i,p}\boldsymbol{U}_{j,p}^*\boldsymbol{U}_{k,p}\boldsymbol{U}_{l,p}^*\cdot\mathrm{cum}(\boldsymbol{s}_p, \boldsymbol{s}_p^*, \boldsymbol{s}_p, \boldsymbol{s}_p^*)\end{aligned} \tag{7.11}$$

令 $k_p=\mathrm{cum}(\boldsymbol{s}_p, \boldsymbol{s}_p^*, \boldsymbol{s}_p, \boldsymbol{s}_p^*)$，则由式(7.11)可知

$$c_{ij} = \sum_{k,l=1}^{n}\left\{\sum_{p=1}^{n}k_p\boldsymbol{U}_{i,p}\boldsymbol{U}_{j,p}^*\boldsymbol{U}_{k,p}\boldsymbol{U}_{l,p}^*\right\}\boldsymbol{M}_{lk} = \sum_{p=1}^{n}\left\{k_p\cdot\sum_{k,l=1}^{n}[\boldsymbol{U}_{k,p}\boldsymbol{U}_{l,p}^*m_{lk}]\cdot\boldsymbol{U}_{i,p}\boldsymbol{U}_{j,p}^*\right\} \tag{7.12}$$

故

$$\boldsymbol{Q}_z(\boldsymbol{M}) = \sum_{p=1}^{n}k_p(\boldsymbol{u}_p^{\mathrm{H}}\boldsymbol{M}\boldsymbol{u}_p)\cdot\boldsymbol{u}_p\boldsymbol{u}_p^{\mathrm{H}} = \boldsymbol{U}\boldsymbol{\Lambda}_{\boldsymbol{M}}\boldsymbol{U}^{\mathrm{H}},\ \forall\boldsymbol{M} \tag{7.13}$$

其中，$\boldsymbol{u}_p$ 是正交矩阵 $\boldsymbol{U}$ 的第 p 列，$\boldsymbol{\Lambda}_{\boldsymbol{M}}=\mathrm{diag}(k_1\boldsymbol{u}_1^{\mathrm{H}}\boldsymbol{M}\boldsymbol{u}_1, k_2\boldsymbol{u}_2^{\mathrm{H}}\boldsymbol{M}\boldsymbol{u}_2, \cdots, k_n\boldsymbol{u}_n^{\mathrm{H}}\boldsymbol{M}\boldsymbol{u}_n)$。由式(7.13)可知，只要找到一个正交矩阵 $\hat{\boldsymbol{U}}$，使得矩阵$\hat{\boldsymbol{U}}^{\mathrm{H}}\boldsymbol{Q}_z(\boldsymbol{M})\hat{\boldsymbol{U}}$ 对任意的 $\boldsymbol{M}$ 都为对角矩阵，则这时 $\hat{\boldsymbol{U}}$ 就是 $\boldsymbol{U}$ 的估计。到此正交矩阵 $\hat{\boldsymbol{U}}$ 的估计问题就转换为对矩阵集合 $\boldsymbol{Q}_z(\boldsymbol{M}_i)$ $(i=1, 2, \cdots, n)$的联合对角化问题，这里$\boldsymbol{M}_i(i=1, 2, \cdots, n)$是选取的多个矩阵。同样地，要对多个矩阵同时进行精确地对角化是一个超定问题，所以一般都采用近似联合对角化的方法来处理。

定理　对存在四阶累积量的 n 维的复随机向量 $\boldsymbol{z}$，存在 n^2 个实数 $\lambda_1, \lambda_2, \cdots, \lambda_{n^2}$ 和 n^2 个矩阵$\boldsymbol{M}_1, \boldsymbol{M}_2, \cdots\boldsymbol{M}_{n^2}$，满足$\boldsymbol{Q}_z(\boldsymbol{M}_i)=\lambda_i\boldsymbol{M}_i$。

证明　设

$$(\tilde{\boldsymbol{Q}})_{ab} = \mathrm{cum}(z_i, z_j^*, z_k, z_l^*) \tag{7.14}$$

其中，$a=i+(j-1)\cdot n$，$b=l+(k-1)\cdot n$，同时定义两个操作符 $\mathrm{vec}(\cdot)$和 $\mathrm{vec}^{-1}(\cdot)$，即 $\tilde{\boldsymbol{m}}_i=\mathrm{vec}(\boldsymbol{M}_i)$表示将矩阵$\boldsymbol{M}_i\in C^{n\times n}$ 按列排成的 $n^2\times 1$ 的列向量，而 $\mathrm{vec}^{-1}(\cdot)$则表示 $\mathrm{vec}(\cdot)$的逆操作。

由上述定义以及累积量矩阵的定义式(7.8)可知，如果$\tilde{\boldsymbol{q}}_z(\boldsymbol{M}_i)=\mathrm{vec}[\boldsymbol{Q}_z(\boldsymbol{M}_i)]$，$\tilde{\boldsymbol{m}}_i=\mathrm{vec}(\boldsymbol{M}_i)$，则$\tilde{\boldsymbol{q}}_z(\boldsymbol{M}_i)=\tilde{\boldsymbol{Q}}\tilde{\boldsymbol{m}}_i$。由式(7.13)可知 $\tilde{\boldsymbol{Q}}$ 是 $n^2\times n^2$ 的 Hermitian 矩阵，因此对 $\tilde{\boldsymbol{Q}}$ 进行特征值分解有 $\tilde{\boldsymbol{Q}}=\tilde{\boldsymbol{U}}\tilde{\boldsymbol{D}}\tilde{\boldsymbol{U}}^{\mathrm{H}}$，其中 $\tilde{\boldsymbol{U}}=[\tilde{\boldsymbol{u}}_1, \tilde{\boldsymbol{u}}_2, \cdots, \tilde{\boldsymbol{u}}_{n^2}]$是由 $\tilde{\boldsymbol{Q}}$ 的特征向量组成的矩阵，$\tilde{\boldsymbol{D}}=\mathrm{diag}(\lambda_1, \lambda_2, \cdots, \lambda_{n^2})$是由其特征值组成的实对角矩阵。则有

$$\tilde{\boldsymbol{Q}}\tilde{\boldsymbol{u}}_i = \lambda_i\tilde{u}_i\quad(i=1, 2, \cdots, n^2) \tag{7.15}$$

如果$\tilde{\boldsymbol{m}}_i=\tilde{\boldsymbol{u}}_i$，即$\boldsymbol{M}_i=\mathrm{vec}^{-1}(\tilde{\boldsymbol{m}}_i)=\mathrm{vec}^{-1}(\tilde{\boldsymbol{u}}_i)$，则$\tilde{\boldsymbol{q}}_z(\boldsymbol{M}_i)=\tilde{\boldsymbol{Q}}\tilde{\boldsymbol{m}}_i=\lambda_i\tilde{\boldsymbol{u}}_i$，即

$$\boldsymbol{Q}_z(\boldsymbol{M}_i) = \mathrm{vec}^{-1}(\tilde{\boldsymbol{q}}_z(\boldsymbol{M}_i)) = \mathrm{vec}^{-1}(\lambda_i\tilde{\boldsymbol{u}}_i) = \lambda_i\mathrm{vec}^{-1}(\tilde{\boldsymbol{u}}_i) = \lambda_i\boldsymbol{M}_i \tag{7.16}$$

定理得证。

由定理可知，可以选矩阵 $\tilde{\boldsymbol{Q}}$ 的 n 个最大特征值 λ_i 对应的 n 个特征向量 $\tilde{\boldsymbol{u}}_i(i=1, 2, \cdots, n)$ 对应的矩阵 $\mathrm{vec}^{-1}(\tilde{\boldsymbol{u}}_i)$作为$\boldsymbol{M}_i$，则只要对 n 个矩阵$\lambda_i\mathrm{vec}^{-1}(\tilde{\boldsymbol{u}}_i)$ $(i=1, 2, \cdots, n)$做近似联合

对角化，就可以求得 $\boldsymbol{U}$ 的估计 $\hat{\boldsymbol{U}}$。

7.3　近似联合对角化方法

考虑 K 个矩阵组成的目标矩阵集合：$\{\boldsymbol{R}_k | \boldsymbol{R}_k \in \boldsymbol{C}^{N\times N}, k=1, \cdots, K\}$，联合对角化的目的是估计出非奇异的矩阵 $\boldsymbol{A}\in\boldsymbol{C}^{N\times N}$，$\boldsymbol{B}\in\boldsymbol{C}^{M\times N}$，使得以下两个等式之一成立，即

$$\boldsymbol{B}\boldsymbol{R}_k\boldsymbol{B}^{\mathrm{H}} = \boldsymbol{\Lambda}_k,\ k = 1, \cdots, K \tag{7.17}$$

$$\boldsymbol{R}_k = \boldsymbol{A}\boldsymbol{D}_k\boldsymbol{A}^{\mathrm{H}},\ k = 1, \cdots, K \tag{7.18}$$

式中，$\boldsymbol{D}_k\in\boldsymbol{C}^{N\times N}$ 和 $\boldsymbol{\Lambda}_k\in\boldsymbol{C}^{N\times N}$ 为对角矩阵，$\boldsymbol{A}$ 称为混合矩阵，$\boldsymbol{B}$ 称为解混矩阵。当混合矩阵 $\boldsymbol{A}$ 和解混矩阵 $\boldsymbol{B}$ 是正交(酉)矩阵时，联合对角化盲源分离算法叫做正交联合对角化；当不对矩阵 $\boldsymbol{A}$ 和 $\boldsymbol{B}$ 做正交限定时，联合对角化盲源分离算法叫做非正交联合对角化。

对于多个矩阵的联合对角化并不是精确的完全对角化，而是在一定的标准下尽可能的达到对角化，所谓的尽可能是指在目标函数达到最小的情况下，被视为是对角化。

针对式(7.17)和式(7.18)，对应的目标函数有以下两种。

1. 基于最小二乘拟合的目标函数

由式(7.18)可知，在精确化联合对角化算法中，既需要估计混合矩阵 $\boldsymbol{A}$，也需要求解每个目标矩阵对应的对角矩阵 $\boldsymbol{D}_k$，此时基于最小二乘拟合的目标函数为

$$J_2(\boldsymbol{A}, \boldsymbol{D}_k) = \sum_{k=1}^{K} \| \boldsymbol{R}_k - \boldsymbol{A}\boldsymbol{D}_k\boldsymbol{A}^{\mathrm{H}} \|_{\mathrm{F}}^2 \tag{7.19}$$

应该注意到最小化步骤不仅在矩阵 $\boldsymbol{A}$ 上进行，还必须对一组对角阵 $\boldsymbol{D}_i$ 进行，因为它们也是未知的。因此，这个问题可以用交替最小二乘(ALS)技术求解，即交替地最小化分量集合中的一个，保持另外的分量集合固定。特别地，假定在第 i 步迭代时，得到一个估计 $\boldsymbol{A}$，下一步最小化 $J_2(\boldsymbol{A}, \boldsymbol{D}_k)$就对 $\boldsymbol{D}_k$ 进行。

2. 基于非对角误差准则的目标函数

由式(7.17)可以提出基于非对角误差准则的目标函数，它是矩阵联合对角化中最常见的一种目标函数。具体描述如下：

$$J_1(\boldsymbol{B}) = \sum_{k=1}^{K} \mathrm{off}(\boldsymbol{B}\boldsymbol{R}_k\boldsymbol{B}^{\mathrm{H}}) \tag{7.20}$$

$$\mathrm{off}(\boldsymbol{B}\boldsymbol{R}_k\boldsymbol{B}^{\mathrm{H}}) = \sum_{i=1}^{N} \sum_{\substack{j=1 \\ i\neq j}}^{M} (\boldsymbol{B}\boldsymbol{R}_k\boldsymbol{B}^{\mathrm{H}})_{ij}^2 \tag{7.21}$$

很显然 $\boldsymbol{B}=0$ 是它的一个极小解，但这并不是所期望的解，所以需要对这一准则进行约束，从而避免陷入退化解的情况。

JADE 和 SOBI 算法是为了避免退化解，将解混矩阵 $\boldsymbol{B}$ 约束为正交矩阵。它们首先对观测信号进行预白化处理，然后将解混矩阵设定为 Givens 矩阵或 Jacobi 矩阵的乘积，通过 Givens 旋转或 Jacobi 旋转的方式去求正交矩阵 $\boldsymbol{B}$。此时令 $\boldsymbol{U}=\boldsymbol{B}$，则估计正交矩阵 $\boldsymbol{U}$ 的问题可以转换成代价函数的最小化问题，即

$$\widetilde{J}(\boldsymbol{U}) = \sum_{k=1}^{K} \mathrm{off}\{\boldsymbol{U}^{\mathrm{T}}\boldsymbol{R}_k\boldsymbol{U}\} \tag{7.22}$$

其中，$\mathrm{off}\{\boldsymbol{M}\} = \sum_{i\neq j} |m_{ij}|^2$。

下面就介绍一种常用的方法——Givens 旋转。

Givens 旋转是 Jacobi 算法的基础，它是一种通过迭代步骤，按照一定优化要求达到对一个随机矢量进行正交归一变换的方法，通过反复进行一系列坐标平面旋转来达到正交归一变换目的。下面介绍使用连续 Givens 旋转的联合对角化算法。

考虑 K 个 2×2 子矩阵

$$\boldsymbol{H}_k = \begin{pmatrix} a_k & b_k \\ c_k & d_k \end{pmatrix} \quad (k = 1, \cdots, K) \tag{7.23}$$

的联合对角化，我们的目的是寻找一个酉矩阵 $\boldsymbol{U}$，使 $\boldsymbol{H}_k' = \boldsymbol{U}^{\mathrm{T}}\boldsymbol{H}_k\boldsymbol{U}(k=1, \cdots, K)$可以最小化式(7.22)定义的代价函数。

酉变换 $\boldsymbol{U}$ 用复 Givens 旋转参数化：

$$\boldsymbol{U} = \begin{pmatrix} \cos(\theta) & \mathrm{e}^{\mathrm{j}\phi}\sin(\theta) \\ -\mathrm{e}^{-\mathrm{j}\phi}\sin(\theta) & \cos(\theta) \end{pmatrix} \tag{7.24}$$

将矩阵 $\boldsymbol{H}_k'$ 的系数记做 a_k'，b_k'，c_k'，d_k'，则式(7.22)最小化即是求 θ 和 ϕ 使得 $\sum_{k=1}^{K}(|a_k'|^2 + |d_k'|^2)$ 最大化。注意 $2(|a_k'|^2 + |d_k'|^2) = |a_k' - d_k'|^2 + |a_k' + d_k'|^2$，而且迹 $a'_k + d'_k$ 在酉变换中是不变的，所以式(7.22)代价函数的最小化等价于在每个 Givens 旋转时取 Q 的最大值，

$$Q = \sum_{k=1}^{K} |a_k' - d_k'|^2 \tag{7.25}$$

容易验证：

$$\begin{aligned} a_k' - d_k' = &(a_k - d_k)\cos(2\theta) - (b_k + c_k)\sin(2\theta)\cos(\phi) \\ &- j(c_k - b_k)\sin(2\theta)\sin(\phi) \quad (k = 1, \cdots, K) \end{aligned} \tag{7.26}$$

若定义

$$\boldsymbol{v}^{\mathrm{T}} = [a_1' - d_1', \cdots, a_K' - d_K'] \tag{7.27}$$

$$\boldsymbol{u}^{\mathrm{T}} = [\cos(2\theta), -\sin(2\theta)\cos(\phi), -\sin(2\theta)\sin(\phi)] \tag{7.28}$$

$$\boldsymbol{g}_k^{\mathrm{T}} = [a_k - d_k, b_k + c_k, j(c_k - b_k)] \tag{7.29}$$

则式(7.26)中的 K 个方程可以写作 $\boldsymbol{v}=\boldsymbol{G}\boldsymbol{u}$，其中

$$\boldsymbol{G}^{\mathrm{T}} = [\boldsymbol{g}_1, \cdots, \boldsymbol{g}_K] \tag{7.30}$$

故式(7.25)可改写为

$$Q = \boldsymbol{v}^{\mathrm{H}}\boldsymbol{v} = \boldsymbol{u}^{\mathrm{T}}\boldsymbol{G}^{\mathrm{H}}\boldsymbol{G}\boldsymbol{u} = \boldsymbol{u}^{\mathrm{T}}\mathrm{Re}(\boldsymbol{G}^{\mathrm{H}}\boldsymbol{G})\boldsymbol{u} \tag{7.31}$$

式中使用了下面的事实：根据构造知 $\boldsymbol{G}^{\mathrm{H}}\boldsymbol{G}$ 是 Hermitian 矩阵，其虚部是反对称的，因而对上述二次型没有任何贡献。

由式(7.28)的结构容易看出：$\boldsymbol{u}^{\mathrm{T}}\boldsymbol{u}=1$，所以使式(7.31)的 Q 最大化，也就是取 $\boldsymbol{u}$ 是对称矩阵 $\mathrm{Re}(\boldsymbol{G}^{\mathrm{H}}\boldsymbol{G})$的最大特征值所对应的特征向量。由于 $\mathrm{Re}(\boldsymbol{G}^{\mathrm{H}}\boldsymbol{G})$是一个实的 3×3 对称矩阵，故 Givens 旋转参数的解析表示可直接从该特征向量的坐标值导出。

假设对称矩阵 $\mathrm{Re}(\boldsymbol{G}^{\mathrm{H}}\boldsymbol{G})$ 的最大特征值对应的特征向量为 $\boldsymbol{u}$，则由式(7.27)有

$$\cos(\theta)=\sqrt{\frac{1+\boldsymbol{u}(1)}{2}},\ \mathrm{e}^{\mathrm{j}\phi}\sin(\theta)=0.5\times\frac{-\boldsymbol{u}(2)-j\cdot\boldsymbol{u}(3)}{\cos(\theta)} \tag{7.32}$$

上面分析了 2×2 矩阵的联合对角化方法，当需要对角化的矩阵维数大于 2 时，可以多次迭代进行，即每次取出一个 2×2 的子矩阵，根据上述方法计算出对应的 Givens 旋转矩阵，对需要对角化的矩阵进行旋转，得到新的待对角化的矩阵组，然后再取出一个 2×2 的子矩阵，重复上述过程。

子矩阵的选取原则：先计算待对角化的矩阵组 $\boldsymbol{R}_k(k=1,2,\cdots,K)$ 所有非对角元素的和，然后找到最大的非对角元素对应的行 i 和列 j，则 2×2 的子矩阵 $\boldsymbol{H}_k$ 取值为

$$\boldsymbol{H}_k=\begin{bmatrix}\boldsymbol{R}_k(i,i) & \boldsymbol{R}_k(i,j)\\ \boldsymbol{R}_k(j,i) & \boldsymbol{R}_k(j,j)\end{bmatrix}\quad(k=1,2,\cdots,K) \tag{7.33}$$

其中，$\boldsymbol{R}_k(i,j)$ 表示矩阵 $\boldsymbol{R}_k$ 中的第 i 行第 j 列元素值。

得到子矩阵组 $\boldsymbol{H}_k$ 之后，根据式(7.23)、式(7.29)、式(7.30)计算出 $\mathrm{Re}(\boldsymbol{G}^{\mathrm{H}}\boldsymbol{G})$，然后对 $\mathrm{Re}(\boldsymbol{G}^{\mathrm{H}}\boldsymbol{G})$ 做特征值分解，找到 $\mathrm{Re}(\boldsymbol{G}^{\mathrm{H}}\boldsymbol{G})$ 的最大值对应的特征向量 $\boldsymbol{u}$，然后根据式(7.32)计算出 $\cos(\theta)$ 和 $\mathrm{e}^{\mathrm{j}\phi}\sin(\theta)$，最后根据式(7.24)得到 2×2 的 Givens 旋转矩阵 $\boldsymbol{U}$。

设第一次迭代对应的旋转矩阵为 $\boldsymbol{P}_{(1)}$，则

$$\boldsymbol{P}_{(1)}=\begin{bmatrix}
1 & 0 & \cdots & \cdots & \cdots & \cdots & \cdots & \cdots & \cdots & \cdots & 0\\
0 & 1 & 0 & \cdots & \cdots & \cdots & \cdots & \cdots & \cdots & \cdots & 0\\
\vdots & \vdots & 1 & \cdots & \vdots & \cdots & \cdots & \cdots & \cdots & \cdots & 0\\
0 & \cdots & \cos(\theta) & & 0 & \cdots & 1 & \cdots & \mathrm{e}^{\mathrm{j}\phi}\sin(\theta) & \cdots & 0\\
\vdots & \cdots & \vdots & \vdots & \cdots & \vdots & \cdots & \vdots & \cdots & \cdots & \vdots\\
0 & \cdots & \mathrm{e}^{\mathrm{j}\phi}\sin(\theta) & 0 & \cdots & 1 & \cdots & \cos(\theta) & \vdots & \cdots & 0\\
\vdots & \cdots & \vdots & \vdots & \cdots & \vdots & \cdots & \vdots & \vdots & \cdots & \vdots\\
0 & \cdots & \vdots & \vdots & \cdots & \vdots & \cdots & \vdots & \vdots & \cdots & 1
\end{bmatrix} \tag{7.34}$$

即 $\boldsymbol{P}_{(1)}$ 是将一个 M 维的单位阵 $\boldsymbol{I}$ 中的第 (i,i)、(i,j)、(j,i)、(j,j) 个元素用 $\boldsymbol{U}$ 中的四个元素替换后得到的矩阵。

用旋转矩阵 $\boldsymbol{P}_{(1)}$ 对矩阵组 $\boldsymbol{R}_k(k=1,2,\cdots,K)$ 进行旋转，得到新的矩阵组 $\boldsymbol{R}'_k(k=1,2,\cdots,K)$ 为

$$\boldsymbol{R}'_k=\boldsymbol{P}_{(1)}^{\mathrm{T}}\boldsymbol{R}_k\boldsymbol{P}_{(1)}\quad(k=1,2,\cdots,K) \tag{7.35}$$

重复上述过程，直到矩阵组非对角元素之和小于一定的阈值，就停止迭代，此时得到的矩阵组就是联合近似对角化后的矩阵组。求得的联合对角化正交矩阵 $\boldsymbol{G}$ 为

$$\hat{\boldsymbol{G}}=\boldsymbol{P}_{(1)}\boldsymbol{P}_{(2)}\cdots\boldsymbol{P}_{(L)} \tag{7.36}$$

其中，$\boldsymbol{P}_{(l)}(l=1,2,\cdots,L)$ 是第 l 次迭代时的旋转矩阵。

7.4　基于联合对角化的盲源分离算法步骤

1. 基于二阶累积量矩阵的联合对角化盲源分离算法步骤

基于二阶累积量矩阵联合对角化盲源分离算法总结如下：

步骤 1　对观测信号 $\boldsymbol{x}$ 按第 4 章介绍的方法作稳健的预白化处理，白化矩阵为 $\boldsymbol{B}$，白化后的信号 $\boldsymbol{z}=\boldsymbol{B}\boldsymbol{x}$。

步骤 2　对 $\boldsymbol{z}$ 求一组延迟相关矩阵 $\boldsymbol{R}_{zz}(\tau_i)$ ($i=1, 2, \cdots, L$)。

步骤 3　对 L 个延迟相关矩阵利用 7.3 节给出的 Givens 旋转法进行联合对角化，求得正交矩阵 $\hat{\boldsymbol{G}}$。

步骤 4　估计源信号 $\hat{\boldsymbol{s}}=\hat{\boldsymbol{G}}^{-1}\boldsymbol{z}=\hat{\boldsymbol{G}}^{\mathrm{H}}\boldsymbol{B}\boldsymbol{x}$，即分离矩阵 $\boldsymbol{W}=\hat{\boldsymbol{G}}^{\mathrm{H}}\boldsymbol{B}$。

2. 基于四阶累积量矩阵的联合对角化盲源分离算法步骤

基于四阶累积量矩阵联合对角化盲源分离算法总结如下：

步骤 1　对观测信号 $\boldsymbol{x}$ 按第 4 章介绍的方法作稳健预白化处理，白化矩阵为 $\boldsymbol{B}$，白化后的信号 $\boldsymbol{z}=\boldsymbol{B}\boldsymbol{x}$。

步骤 2　对 $\boldsymbol{z}$ 求四阶累积量，并按照式(7.14)的规则映射为 $n^2\times n^2$ 的矩阵 $\widetilde{\boldsymbol{Q}}$。

步骤 3　对 $\widetilde{\boldsymbol{Q}}$ 作特征值分解，获得 $\widetilde{\boldsymbol{Q}}$ 的 n 个最大的特征值 $\tilde{d}_i$ 以及对应的特征向量 $\tilde{\boldsymbol{u}}_i$ ($i=1, 2, \cdots, n$)。

步骤 4　根据式(7.16)求得 n 个矩阵 $\boldsymbol{Q}_z(\boldsymbol{M}_i)$ ($i=1, 2, \cdots, n$)，然后对这 n 个矩阵利用 7.3 节给出的 Givens 旋转法进行联合对角化，求得正交矩阵 $\hat{\boldsymbol{G}}$。

步骤 5　估计源信号 $\hat{\boldsymbol{s}}=\hat{\boldsymbol{G}}^{-1}\boldsymbol{z}=\hat{\boldsymbol{G}}^{\mathrm{H}}\boldsymbol{B}\boldsymbol{x}$，即分离矩阵 $\boldsymbol{W}=\hat{\boldsymbol{G}}^{\mathrm{H}}\boldsymbol{B}$。

7.5　计算机仿真结果

7.5.1　二阶累积量联合对角化算法仿真

假设有 4 个源信号，分别是载频为 650 kHz 的 BPSK 信号，载频为 710 kHz 的 QPSK 信号，载频为 770 kHz 的 8PSK 信号，以及载频为 610 kHz 的 2ASK 信号。入射角分别为 40°、60°、80°、100°。接收天线阵采用 6 阵元的均匀圆阵，阵元半径是中频波长的一半。假设噪声是高斯白噪声，信噪比 SNR=20 dB。对 6 个观测信号进行白化预处理后，求出白化后观测信号的一组延迟相关矩阵，然后采用 Givens 旋转法对这一组矩阵进行近似联合对角化，从而估计出分离矩阵。设全局矩阵 $\boldsymbol{G}=\boldsymbol{U}\boldsymbol{B}\boldsymbol{A}=\boldsymbol{W}\boldsymbol{A}$，这里 $\boldsymbol{W}=\boldsymbol{U}\boldsymbol{B}$ 是总的分离矩阵。

若矩阵个数 $L=20$，延迟 $\tau_i=i$ ($i=1, 2, \cdots, L$)，单位是采样点，则仿真后获得的全局矩阵为

$$\boldsymbol{G}=\begin{bmatrix}-0.0016+0.0050\mathrm{i} & 0.8740+0.4842\mathrm{i} & 0.0009+0.0014\mathrm{i} & -0.0003-0.0015\mathrm{i}\\ 0.0063+0.0034\mathrm{i} & 0.0021+0.0045\mathrm{i} & -0.4573+0.8903\mathrm{i} & -0.0014+0.0012\mathrm{i}\\ -0.9987+0.0335\mathrm{i} & -0.0019-0.0042\mathrm{i} & -0.0010+0.0042\mathrm{i} & 0.0142+0.0002\mathrm{i}\\ -0.0086-0.0096\mathrm{i} & 0.0012-0.0072\mathrm{i} & 0.0010-0.0009\mathrm{i} & -0.4914+0.8442\mathrm{i}\end{bmatrix}$$

对 $\boldsymbol{G}$ 取模之后有

$$
|\boldsymbol{G}|=\begin{bmatrix}0.0053 & 0.9992 & 0.0017 & 0.0015\\ 0.0072 & 0.0050 & 1.0009 & 0.0018\\ 0.9993 & 0.0046 & 0.0043 & 0.0142\\ 0.0129 & 0.0073 & 0.0013 & 0.9768\end{bmatrix}
$$

SOBI 分离算法迭代次数与干信比之间的关系曲线图如图 7.1 所示。从图中可以看出收敛后干信比可达到－38 dB。另外，从收敛后的全局矩阵中也可以看出该算法收敛后，全局矩阵非常接近于各行各列只有一个非零元素的准单位阵，因而能够很好地分离出源信号。

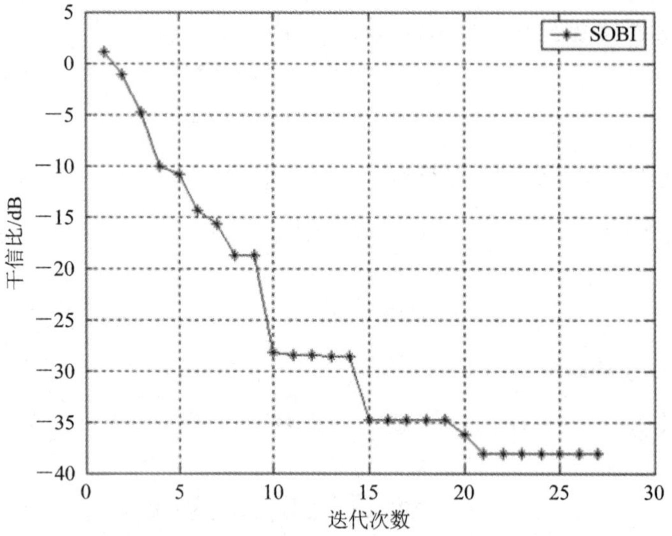

图 7.1　SOBI 分离算法迭代次数与干信比(ISR)之间的关系曲线图(矩阵个数 $L=20$)

为了直观地看出分离效果，图 7.2～图 7.4 分别画出了源信号、分离信号以及观测信号的波形图，从图中可以直观地看出该算法的有效性。

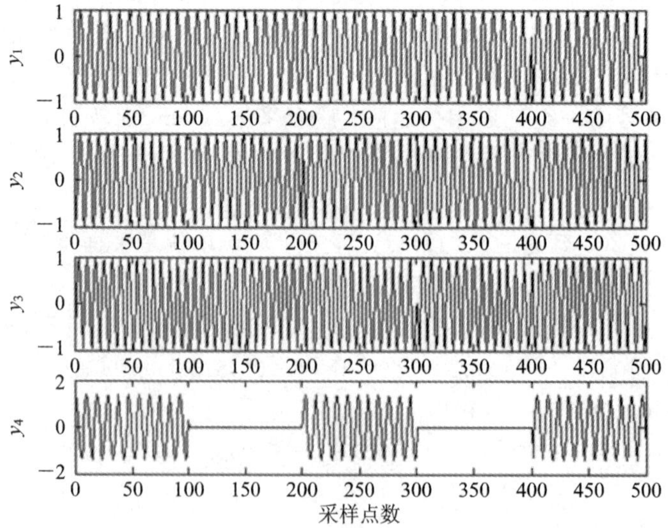

图 7.2　源信号波形图

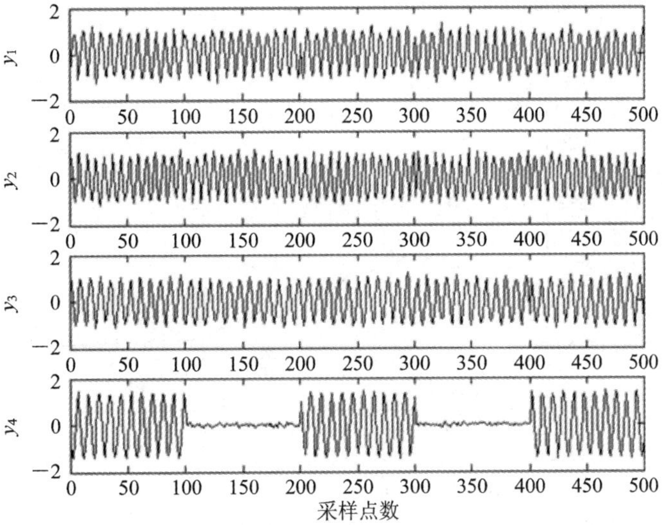

图 7.3　分离信号波形图

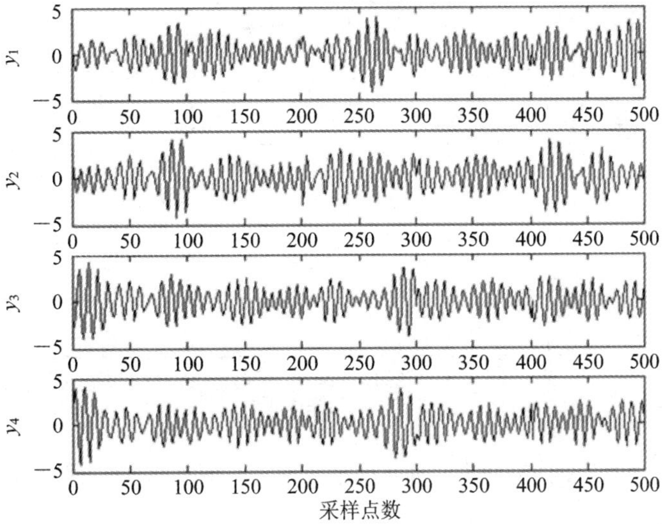

图 7.4　前 4 个混合信号波形图

在不同信噪比条件下，SOBI 算法的收敛效果如图 7.5 所示。从图中可以看出，在信噪比为 6 dB 时，干信比就达到－30 dB。需要注意的是，SOBI 算法在对观测信号进行白化时，只能用准正交白化算法(或者稳健白化算法)。如果使用标准白化算法，则在有噪声环境下，白化后的矩阵不满足正交的条件，算法性能也会变差。

图 7.6 给出了采用两种白化算法时，SOBI 算法的分离性能。从图中仿真结果可以看出，当采用稳健白化算法时，其分离性能好，在信噪比为 4 dB 时，干信比达到－25 dB。而采用标准白化算法时，分离效果则差很多。

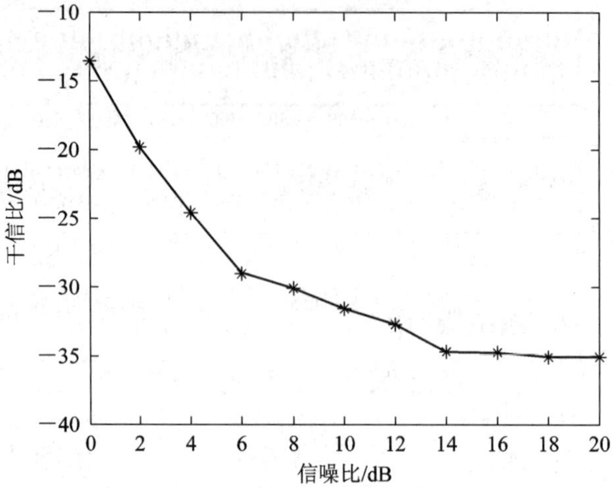

图 7.5 SOBI 算法在不同信噪比条件下，收敛时的干信比

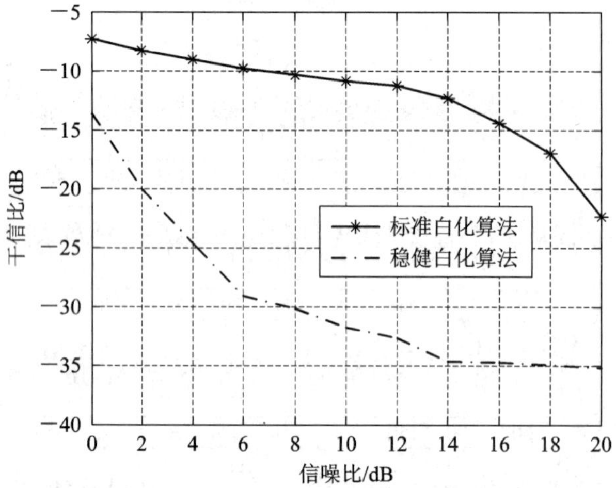

图 7.6 SOBI 算法采用不同的白化算法时，在不同信噪比条件下，收敛时的干信比

7.5.2 四阶累积量联合对角化算法仿真

假设 4 个源信号(位于中频为 70 MHz 的 20 MHz 带宽内)分别为：载频为 65 MHz 的方形 4QAM 信号，载频为 61 MHz 的 QPSK 信号，载频为 67 MHz 的 8PSK 信号，以及载频为 69 MHz 的方形 16QAM 信号，接收端采用 6 阵元的均匀圆阵接收，阵元间隔为中频波长的一半。所加噪声为高斯白噪声，信噪比为 25 dB。采用本章介绍的四阶累积量联合对角化算法对观察信号进行分离。算法收敛后，得到干信比为−41 dB，此时的全局混合矩阵为

$$\boldsymbol{G}=\begin{bmatrix} -0.0000+0.0005\mathrm{i} & 0.0048-0.0025\mathrm{i} & -0.0067-0.0005\mathrm{i} & -0.5320+0.8410\mathrm{i} \\ 0.0128-0.0126\mathrm{i} & 0.8181-0.5777\mathrm{i} & 0.0000+0.0002\mathrm{i} & 0.0012-0.0031\mathrm{i} \\ -0.7405+0.6728\mathrm{i} & 0.0150-0.0105\mathrm{i} & -0.0009-0.0021\mathrm{i} & 0.0000+0.0006\mathrm{i} \\ 0.0007-0.0009\mathrm{i} & 0.0005-0.0010\mathrm{i} & -0.6399+0.7691\mathrm{i} & -0.0009-0.0011\mathrm{i} \end{bmatrix}$$

由全局矩阵 $\boldsymbol{G}$ 可以看出，该算法有效地分离了源信号。图 7.7～图 7.9 分别给出了前 4 个观测信号、4 个源信号以及 4 个分离信号的时域波形图，从图中可以更加直观地看出该算法有效地分离出了 4 个数字通信信号。

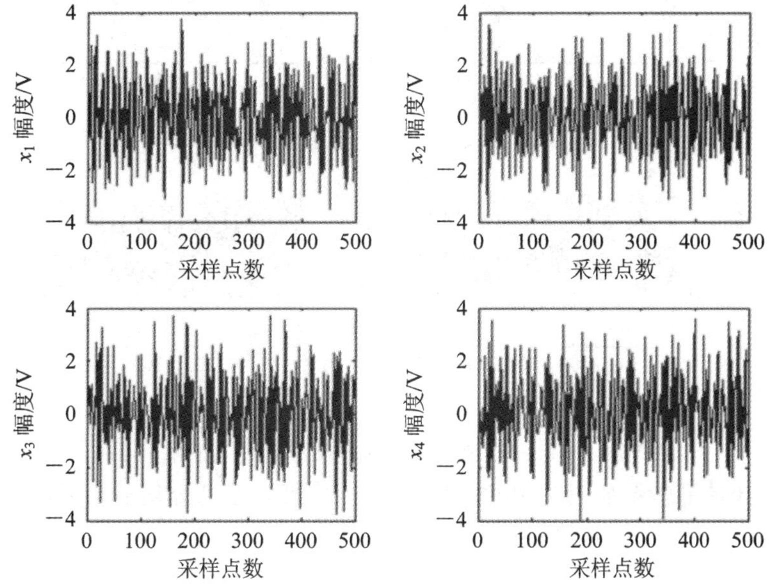

图 7.7　前 4 个观测信号的时域波形图(前 500 个样点)

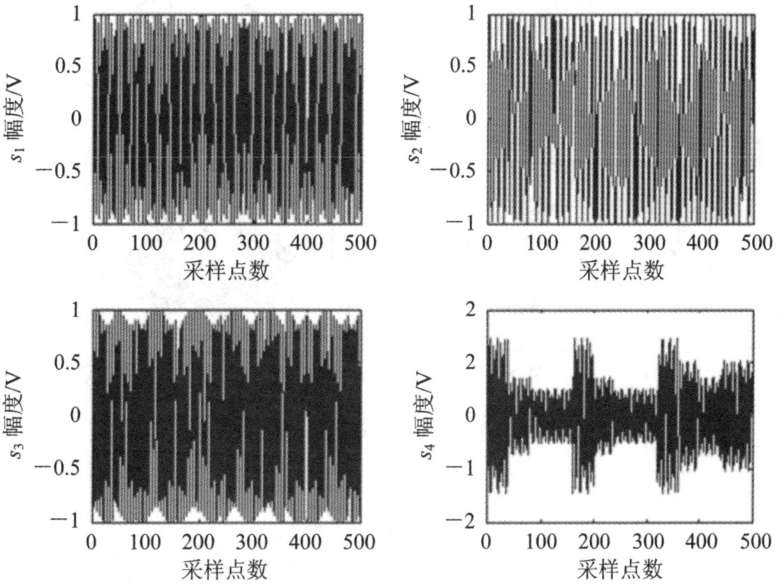

图 7.8　4 个源信号的时域波形图(前 500 个样点)

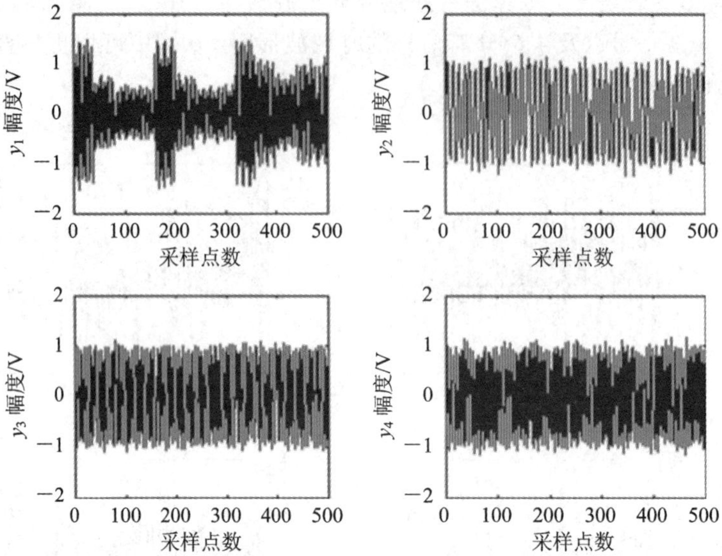

图 7.9　4 个分离信号的时域波形图(前 500 个样点)

分离信号基带星座图如图 7.10 所示，从图中也可以看到分离后信号的星座图得到了恢复。

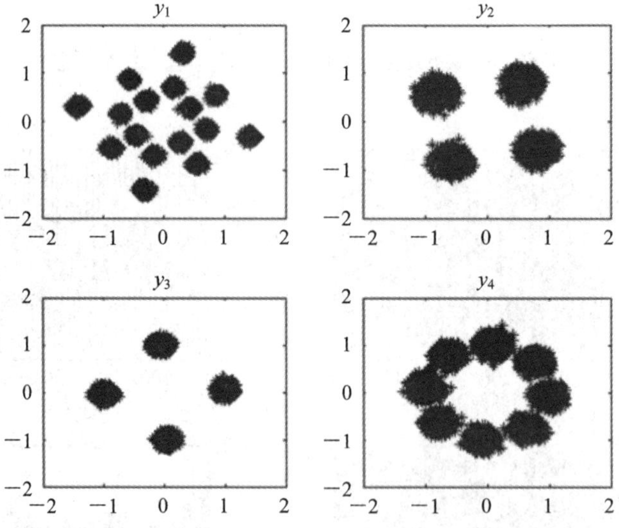

图 7.10　分离信号基带星座图

本章小结

本章重点研究了基于联合对角化的盲源分离算法，首先介绍了基于二阶累积量和四阶累积量的联合对角化盲源分离算法原理，然后给出了具体的联合对角化方法，最后总结了基于二阶累积量联合对角化盲源分离算法和基于四阶累积量联合对角化盲源分离算法的步骤，并给出了两种算法的仿真结果。

第 8 章　超定卷积混合盲源分离技术

卷积混合盲源分离与瞬时盲源分离过程类似，不同之处在于卷积模型下需要得到的是一个分离滤波器矩阵，而瞬时混合模型只需要恢复出解混矩阵，再得到分离信号即可。

现阶段，卷积混合盲源分离的方法大致分为时域方法和频域方法两种。

时域方法的基本思想是：在时域计算并估计出一个与混合滤波器阶数一致或更大的分离滤波器。当混合滤波器阶数较小时，对应的分离滤波器阶数也较小，分离系数也较少，计算量相对比较小。但在真实环境中混合滤波器往往阶数很大，例如模拟一个小空间内的语音信号卷积混合，其混合滤波器阶数就已达到几百阶。此时若想获得较好的分离效果，其分离滤波器也要较大的阶数，这使得需要参与运算的系数太多，计算代价较为沉重，且分离滤波器的系数也难以收敛。

相较于时域方法而言，频域方法将接收到的混合信号变换到频域后再进行处理，其基本思想是：将时域上的卷积混合形式转换成频域上的线性瞬时混合形式。频域方法的优势在于：转换到频域后的混合信号可以利用各种成熟的瞬时盲源分离算法进行分离；同时，在滤波器阶数较大的情况下，频域盲源分离算法的计算量相比时域算法大大降低。

本章分别介绍时域卷积盲源分离算法和频域卷积盲源分离算法。

8.1　时域卷积混合盲源分离算法

卷积混合盲源分离的时域算法有两种。一种是不进行模型变换，直接对接收信号进行分离。其主要思想：把得到的观测信号通过一个 FIR 滤波器对卷积混合信号进行解卷积，进而得到分离信号。该分离系统的数学模型如下：

$$\boldsymbol{Y}(t) = \sum_{p=0}^{P-1} \boldsymbol{W}_p(p)\boldsymbol{X}(t-p) \quad (P > L) \tag{8.1}$$

其中，矩阵 $\boldsymbol{W}_p$ 的每个元素为冲击响应滤波器，P 为解混滤波器长度。若 $P=1$，则每一个 t 时刻的观测信号只与同一时刻的源信号有关，此时卷积混合问题就退化为瞬时混合盲源分离问题。该类算法随着信道阶数的增大，信号建模难度加大，算法变得不稳定，分离效果变差。

卷积混合时域盲源分离方法当中很重要的另外一类方法：利用滑窗 W 在时域将源信号向量、观测信号向量以及噪声信号向量进行如下变换：

$$\widetilde{\boldsymbol{X}}(t) = [\widetilde{\boldsymbol{x}}_1(t),\ \widetilde{\boldsymbol{x}}_2(t),\ \cdots,\ \widetilde{\boldsymbol{x}}_M(t)]^{\mathrm{T}} \tag{8.2}$$

$$\widetilde{\boldsymbol{V}}(t) = [\widetilde{\boldsymbol{v}}_1(t),\ \widetilde{\boldsymbol{v}}_2(t),\ \cdots,\ \widetilde{\boldsymbol{v}}_M(t)]^{\mathrm{T}} \tag{8.3}$$

$$\widetilde{\boldsymbol{S}}(t)=[\widetilde{\boldsymbol{s}}_1(t),\ \widetilde{\boldsymbol{s}}_2(t),\ \cdots,\ \widetilde{\boldsymbol{s}}_N(t)]^{\mathrm{T}} \tag{8.4}$$

其中，

$$\widetilde{\boldsymbol{x}}_j(t)=[\boldsymbol{x}_j(t),\ \boldsymbol{x}_j(t-1),\ \cdots,\ \boldsymbol{x}_j(t-W+1)]^{\mathrm{T}}\quad (j=1,\ 2,\ \cdots,\ M) \tag{8.5}$$

$$\widetilde{\boldsymbol{v}}_j(t)=[\boldsymbol{v}_j(t),\ \boldsymbol{v}_j(t-1),\ \cdots,\ \boldsymbol{v}_j(t-W+1)]^{\mathrm{T}}\quad (j=1,\ 2,\ \cdots,\ M) \tag{8.6}$$

$$\widetilde{\boldsymbol{s}}_i(t)=[\boldsymbol{s}_i(t),\ \boldsymbol{s}_i(t-1),\ \cdots,\ \boldsymbol{s}_i(t-(L+W)+1)]^{\mathrm{T}}\quad (i=1,\ 2,\ \cdots,\ N) \tag{8.7}$$

此时卷积混合模型转化为瞬时混合模型

$$\widetilde{\boldsymbol{X}}(t)=\widetilde{\boldsymbol{A}}\widetilde{\boldsymbol{S}}(t) \tag{8.8}$$

其中，$\widetilde{\boldsymbol{A}}\in\mathbf{R}^{MW\times N(L+W)}$为等效混合矩阵，定义为

$$\widetilde{\boldsymbol{A}}=\begin{bmatrix}\boldsymbol{A}_{11} & \cdots & \boldsymbol{A}_{1N}\\ \vdots & \ddots & \vdots\\ \boldsymbol{A}_{M1} & \cdots & \boldsymbol{A}_{MN}\end{bmatrix},\ \boldsymbol{A}_{ji}=\begin{bmatrix}a_{ji}(0) & \cdots & a_{ji}(L) & \cdots & 0\\ \vdots & & \ddots & & \vdots\\ 0 & \cdots & a_{ji}(0) & \cdots & a_{ji}(L)\end{bmatrix} \tag{8.9}$$

为了实现卷积盲源分离的时域算法，还需要满足如下假设条件：

(1) 观测信号个数大于或等于源信号个数，对于卷积混合模型来说，即要求等效混合矩阵$\widetilde{\boldsymbol{A}}$为列满秩，满足$MW\geqslant N(L+W)$；

(2) 信道冲击响应是因果有限长滤波器，保证卷积系统可辨识。

常见的卷积混合盲源分离时域算法为联合块对角化算法，其基本原理是将观测信号的时延自相关矩阵变为块对角元素占优矩阵。

假设增广后的源信号向量$\widetilde{\boldsymbol{S}}(t)$的时延自相关矩阵在时延$\tau$时可以写为

$$\begin{aligned}\boldsymbol{R}_{\widetilde{\boldsymbol{S}}}(t,\ \tau)&=E\{\widetilde{\boldsymbol{S}}(t)\ \widetilde{\boldsymbol{S}}^{\mathrm{H}}(t+\tau)\}\\ &=E\{[\widetilde{\boldsymbol{s}}_1(t),\ \widetilde{\boldsymbol{s}}_2(t),\ \cdots,\ \widetilde{\boldsymbol{s}}_N(t)]^{\mathrm{H}}[\widetilde{\boldsymbol{s}}_1(t+\tau),\ \widetilde{\boldsymbol{s}}_2(t+\tau),\ \cdots,\ \widetilde{\boldsymbol{s}}_N(t+\tau)]\}\\ &=\begin{bmatrix}\boldsymbol{R}_{\widetilde{s}_{11}}(t,\ \tau) & \boldsymbol{R}_{\widetilde{s}_{12}}(t,\ \tau) & \cdots & \boldsymbol{R}_{\widetilde{s}_{1N}}(t,\ \tau)\\ \boldsymbol{R}_{\widetilde{s}_{21}}(t,\ \tau) & \boldsymbol{R}_{\widetilde{s}_{22}}(t,\ \tau) & \cdots & \boldsymbol{R}_{\widetilde{s}_{2N}}(t,\ \tau)\\ \vdots & \vdots & \ddots & \vdots\\ \boldsymbol{R}_{\widetilde{s}_{N1}}(t,\ \tau) & \boldsymbol{R}_{\widetilde{s}_{N2}}(t,\ \tau) & \cdots & \boldsymbol{R}_{\widetilde{s}_{NN}}(t,\ \tau)\end{bmatrix}\end{aligned} \tag{8.10}$$

其中，$\boldsymbol{R}_{\widetilde{s}_{ij}}(t,\ \tau)$表示$\widetilde{\boldsymbol{s}}_i$与$\widetilde{\boldsymbol{s}}_j$的时延相关矩阵，假设源信号相互统计独立，则有

$$\boldsymbol{R}_{\widetilde{s}_{ij}}(t,\ \tau)\begin{cases}\neq\boldsymbol{0}, & i=j\\ =\boldsymbol{0}, & i\neq j\end{cases} \tag{8.11}$$

根据式(8.11)可知，$\boldsymbol{R}_{\widetilde{\boldsymbol{S}}}(t,\ \tau)$是一个块对角矩阵。

对观测信号$\widetilde{\boldsymbol{X}}(t)$求取时延自相关矩阵，得到$\boldsymbol{R}_{\widetilde{\boldsymbol{X}}}(t,\ \tau)$。忽略噪声的影响，观测信号自相关矩阵与源信号自相关矩阵之间的关系如下所示

$$\boldsymbol{R}_{\widetilde{\boldsymbol{X}}}(t,\ \tau)=E\{\widetilde{\boldsymbol{X}}(t)\ \widetilde{\boldsymbol{X}}^{\mathrm{H}}(t+\tau)\}=\widetilde{\boldsymbol{A}}\boldsymbol{R}_{\widetilde{\boldsymbol{S}}}(t,\ \tau)\ \widetilde{\boldsymbol{A}}^{\mathrm{H}} \tag{8.12}$$

取k个不同时延τ_1，τ_2，…，τ_k，得到一组观测信号时延自相关矩阵的集合$\{\boldsymbol{R}_{\widetilde{\boldsymbol{X}}_1},\ \boldsymbol{R}_{\widetilde{\boldsymbol{X}}_2},\ \cdots,\ \boldsymbol{R}_{\widetilde{\boldsymbol{X}}_k}\}$，其中$\boldsymbol{R}_{\widetilde{\boldsymbol{X}}_k}=\boldsymbol{R}_{\widetilde{\boldsymbol{X}}}(t,\ \tau_k)$。联合块对角化算法的思想为：找到一个分离矩阵$\boldsymbol{B}\in\mathbf{R}^{MW\times N(L+W)}$，使得对任意时延$\tau$都满足如下表达式

$$\boldsymbol{B}^{\mathrm{H}}\boldsymbol{R}_{\widetilde{\boldsymbol{X}}_k}\boldsymbol{B} = \boldsymbol{D}_k \tag{8.13}$$

则认为信号分离成功。其中，$\boldsymbol{D}_k$ 表示包含 N 个对角块的块对角矩阵，对角块维数均为 $(L+W)\times(L+W)$，非对角块元素为 0 或接近于 0 的数，式(8.13)也可表示为$\boldsymbol{B}^{\mathrm{H}}\boldsymbol{R}_{\widetilde{\boldsymbol{X}}_k}(t, \tau)\boldsymbol{B}=\boldsymbol{R}_{\widetilde{\boldsymbol{S}}}(t, \tau)$。由于存在分离信号与源信号之间排列顺序模糊性，$\boldsymbol{B}^{\mathrm{H}}$ 为 $\boldsymbol{P}\widetilde{\boldsymbol{A}}$的逆，$\boldsymbol{P}$ 为单位交换矩阵，则源信号可由下式得到

$$\hat{\boldsymbol{S}}(t) = \boldsymbol{B}^{\mathrm{H}}\widetilde{\boldsymbol{X}}(t) \tag{8.14}$$

8.1.1 JBDun 算法

上面提到卷积盲源分离的关键是要找到分离矩阵，能使自相关矩阵 $\boldsymbol{R}_{\widetilde{\boldsymbol{X}}_k}$（下面简写为 $\boldsymbol{R}_k$）集合变换成块对角矩阵。Ghennioui 基于最小均方准则提出联合块对角化的非对角块误差代价函数：

$$\min_{\boldsymbol{B}} J_1(\boldsymbol{B}) = \sum_{k=1}^{K} \| \mathrm{offB}(\boldsymbol{B}^{\mathrm{H}}\boldsymbol{R}_k\boldsymbol{B}) \|_{\mathrm{F}}^2 \tag{8.15}$$

其中，$\boldsymbol{R}_k(k=1, 2, \cdots, K)$是需要对角化的 $MW\times MW$ 的观测信号自相关矩阵，符号 $\mathrm{offB}(\cdot)$是$\mathrm{off}(\cdot)$到块矩阵的推广，是将非对角块部分置 0。将矩阵 $\boldsymbol{B}$ 的列向量相应地分割成 N 个组，即 $\boldsymbol{B}=[\boldsymbol{B}_1, \boldsymbol{B}_2, \cdots, \boldsymbol{B}_N]$，其中$\boldsymbol{B}_i=[\boldsymbol{b}_i^1, \boldsymbol{b}_i^2, \cdots, \boldsymbol{b}_i^{n_i}](i=1, 2, \cdots, N)$表示 N 个 $MW\times(L+W)$的矩阵块，则代价函数为

$$\begin{aligned}
J_1(\boldsymbol{B}) &= \sum_{k=1}^{K}\sum_{i=1}^{N}\sum_{j=1, j\neq i}^{N} \| \boldsymbol{B}_i^{\mathrm{H}}\boldsymbol{R}_k\boldsymbol{B}_j \|_{\mathrm{F}}^2 \\
&= \sum_{k=1}^{K}\sum_{i=1}^{N}\sum_{j=1, j\neq i}^{N} \mathrm{tr}(\boldsymbol{B}_i^{\mathrm{H}}\boldsymbol{R}_k\boldsymbol{B}_j\boldsymbol{B}_j^{\mathrm{H}}\boldsymbol{R}_k^{\mathrm{H}}\boldsymbol{B}_i) \\
&= \sum_{i=1}^{N}\mathrm{tr}\left\{\boldsymbol{B}_i^{\mathrm{H}}\left[\sum_{k=1}^{K}\boldsymbol{R}_k\left(\sum_{j=1, j\neq i}^{N}\boldsymbol{B}_j\boldsymbol{B}_j^{\mathrm{H}}\right)\boldsymbol{R}_k^{\mathrm{H}}\right]\boldsymbol{B}_i\right\}
\end{aligned} \tag{8.16}$$

令$\boldsymbol{B}_{(i)}=[\boldsymbol{B}_1, \cdots, \boldsymbol{B}_{i-1}, \boldsymbol{B}_{i+1}, \cdots, \boldsymbol{B}_N]$为从矩阵 $\boldsymbol{B}$ 中删除第 i 个分组后得到的 $MW\times(N-1)(L+W)$维矩阵。于是有

$$\sum_{j=1, j\neq i}^{N}\boldsymbol{B}_j\boldsymbol{B}_j^{\mathrm{H}} = \boldsymbol{B}\boldsymbol{B}^{\mathrm{H}} - \boldsymbol{B}_i\boldsymbol{B}_i^{\mathrm{H}} = \boldsymbol{B}_{(i)}\boldsymbol{B}_{(i)}^{\mathrm{H}} \tag{8.17}$$

将式(8.17)带入式(8.16)有

$$\begin{aligned}
J_1(\boldsymbol{B}) &= \sum_{s=1}^{n_i}\sum_{i=1}^{N}\boldsymbol{b}_i^{s\mathrm{H}}\left[\sum_{k=1}^{K}\boldsymbol{R}_k\boldsymbol{B}_{(i)}\boldsymbol{B}_{(i)}^{\mathrm{H}}\boldsymbol{R}_k^{\mathrm{H}}\right]\boldsymbol{b}_i^s \\
&= \sum_{s=1}^{n_i}\sum_{i=1}^{N}\boldsymbol{b}_i^{s\mathrm{H}}\boldsymbol{Q}_i\boldsymbol{b}_i^s
\end{aligned} \tag{8.18}$$

其中，$n_i=L+W$ 是矩阵$\boldsymbol{B}_i$ 的列数，

$$\boldsymbol{Q}_i = \sum_{k=1}^{K}\boldsymbol{R}_k\boldsymbol{B}_{(i)}\boldsymbol{B}_{(i)}^{\mathrm{H}}\boldsymbol{R}_k^{\mathrm{H}} \tag{8.19}$$

是半正定的 Hermitian 矩阵。

JBDun 算法直接取 $\boldsymbol{Q}_i$ 的 n_i 个最小的特征值对应的特征向量作为分组矩阵 $\boldsymbol{B}_i$ 的最优解。然后交替更新各组中的列向量来实现代价函数的最小化，最后利用式(8.14)分离信号。

综上所述，JBDun算法步骤如下：

步骤1 对任意的 $i=\{1, 2, \cdots, N\}$，初始化 $\boldsymbol{B}_i=\boldsymbol{I}\in\mathbf{R}^{(L+W)\times MW}$，$\boldsymbol{I}$ 表示单位矩阵；

步骤2 令 $l=1$；

步骤3 根据式(8.17)、式(8.19)计算 $\boldsymbol{Q}_i(i=1, 2, \cdots, N)$；

步骤4 求 $\boldsymbol{Q}_i$ 的 n_i 个最小的特征值 $\lambda_i^m(l)(m=1, 2, \cdots n_i)$ 以及对应的特征向量 $\boldsymbol{b}_i^m(l)$，则由 $\boldsymbol{b}_i^m(l)$ 组成的矩阵即为新的 $\boldsymbol{B}_i(i=1, 2, \cdots, N)$；

步骤5 更新 $l:=l+1$，$(\lambda_i^{m(l)}-\lambda_i^{m(l-1)})<\varepsilon$ 停止迭代，执行步骤6，否则回到步骤3；

步骤6 得到分离矩阵 $\boldsymbol{B}$，根据式(8.14)得到分离信号。

8.1.2 F-JBDun算法

经典JBDun算法的代价函数不能满足 $\boldsymbol{B}$ 的满秩特性，不能保证 $\boldsymbol{B}$ 的列向量之间不相关，容易收敛到奇异解。F-JBDun算法在非对角误差代价函数中加入一个约束项，从而避免出现奇异解，代价函数如下：

$$\begin{aligned}\min_{\boldsymbol{B}} J(\boldsymbol{B}) &= J_1(\boldsymbol{B}) - J_2(\boldsymbol{B}) \\ &= \sum_{k=1}^{K} \| \text{offB}(\boldsymbol{B}^{\mathrm{H}}\boldsymbol{R}_k\boldsymbol{B}) \|_{\mathrm{F}}^2 - \log|\det(\boldsymbol{B})| \end{aligned} \tag{8.20}$$

其中，第一部分保证块对角化，第二部分能够起到使 $\boldsymbol{B}$ 的所有列向量不相关的作用，$|\cdot|$ 表示取绝对值。

根据循环最小化的方法，更新矩阵 $\boldsymbol{B}$ 的一个指定的分组，比如说 $\boldsymbol{B}_l$，并保持其他分组的值不变。将式(8.16)写成 $\boldsymbol{B}_l$ 的函数为

$$\begin{aligned} J_1(\boldsymbol{B}_l) &= \sum_{j=1,\, j\neq l}^{N} \sum_{k=1}^{K} \| \boldsymbol{B}_l^{\mathrm{H}}\boldsymbol{R}_k\boldsymbol{B}_j \|_{\mathrm{F}}^2 + \sum_{i=1,\, i\neq l}^{N} \sum_{k=1}^{K} \| \boldsymbol{B}_i^{\mathrm{H}}\boldsymbol{R}_k\boldsymbol{B}_l \|_{\mathrm{F}}^2 \\ &= \sum_{j=1,\, j\neq l}^{N} \sum_{k=1}^{K} \mathrm{tr}(\boldsymbol{B}_l^{\mathrm{H}}\boldsymbol{R}_k\boldsymbol{B}_j\boldsymbol{B}_j^{\mathrm{H}}\boldsymbol{R}_k^{\mathrm{H}}\boldsymbol{B}_l) + \sum_{i=1,\, i\neq l}^{N} \sum_{k=1}^{K} \mathrm{tr}(\boldsymbol{B}_l^{\mathrm{H}}\boldsymbol{R}_k^{\mathrm{H}}\boldsymbol{B}_i\boldsymbol{B}_i^{\mathrm{H}}\boldsymbol{R}_k\boldsymbol{B}_l) \\ &= \mathrm{tr}\left\{\boldsymbol{B}_l^{\mathrm{H}}\left[\sum_{k=1}^{K}\boldsymbol{R}_k\boldsymbol{B}_{(l)}\boldsymbol{B}_{(l)}^{\mathrm{H}}\boldsymbol{R}_k^{\mathrm{H}} + \boldsymbol{R}_k^{\mathrm{H}}\boldsymbol{B}_{(l)}\boldsymbol{B}_{(l)}^{\mathrm{H}}\boldsymbol{R}_k\right]\boldsymbol{B}_l\right\} \\ &= \sum_{i=1}^{n_i} \boldsymbol{b}_l^{i\mathrm{H}}\boldsymbol{P}_l\boldsymbol{b}_l^i \end{aligned} \tag{8.21}$$

$$\boldsymbol{P}_l = \sum_{k=1}^{K}\boldsymbol{R}_k\boldsymbol{B}_{(l)}\boldsymbol{B}_{(l)}^{\mathrm{H}}\boldsymbol{R}_k^{\mathrm{H}} + \boldsymbol{R}_k^{\mathrm{H}}\boldsymbol{B}_{(l)}\boldsymbol{B}_{(l)}^{\mathrm{H}}\boldsymbol{R}_k \tag{8.22}$$

其中，$\mathrm{tr}(\cdot)$ 表示矩阵的迹，$\boldsymbol{b}_l^i$ 表示矩阵 $\boldsymbol{B}_l$ 的第 i 列，$\boldsymbol{B}^{(l)}$ 表示从矩阵 $\boldsymbol{B}$ 中去掉第 l 个分组后得到的矩阵。利用行列式展开约束项，矩阵 $\boldsymbol{B}_l$ 的第 s 列表示为 $\boldsymbol{b}_l^s=[b_l^s(1), \cdots, b_l^s(M)]^{\mathrm{T}}$，得到：

$$\det(\boldsymbol{B}) = \boldsymbol{w}_l^{s\mathrm{T}}\boldsymbol{b}_l^s \tag{8.23}$$

其中，$\boldsymbol{w}_l^s=[w_l^s(1), \cdots, w_l^s(M)]^{\mathrm{T}}$ 是由向量 $\boldsymbol{b}_l^s$ 中元素的代数余子式组成的列向量，即

$$w_l^s(m) = (-1)^p\det(\boldsymbol{B}_{lsm}) \tag{8.24}$$

其中，$p=\sum_{q=1}^{l-1}n_q+s+m$，$\boldsymbol{B}_{lsm}$ 是从矩阵 $\boldsymbol{B}$ 中删除第 m 行和第 $\left(\sum_{q=1}^{l-1}n_q+s\right)$ 列得到的 $(MW-1)\times$

$(MW-1)$ 维子矩阵，$\boldsymbol{w}_l^s$ 与 $\boldsymbol{b}_l^s$ 是不相关的。于是，得到约束项的式子：

$$J_2(\boldsymbol{B}_l)=\log|\boldsymbol{w}_l^{sH}\boldsymbol{b}_l^s|=\frac{1}{2}\log(\boldsymbol{b}_l^{sH}\boldsymbol{w}_l^s\boldsymbol{w}_l^{sH}\boldsymbol{b}_l^s) \tag{8.25}$$

结合推导出的两项公式，最终得到：

$$J(\boldsymbol{B}_l)=\sum_{i=1}^{n_i}\boldsymbol{b}_l^{iH}\boldsymbol{P}_l\boldsymbol{b}_l^i-\frac{1}{2}\log(\boldsymbol{b}_l^{sH}\boldsymbol{w}_l^s\boldsymbol{w}_l^{sH}gb_l^s) \tag{8.26}$$

为了最小化上式，再次利用循环最小化技术，保持$\boldsymbol{B}_l$ 中其他列向量不变，调整列向量 $\boldsymbol{b}_l^s$ 使上式最小化，然后使用同样的方法更新完矩阵$\boldsymbol{B}_l$ 的所有列。

将式(8.26)写成向量 $\boldsymbol{b}_l^s$ 的显示函数：

$$J(\boldsymbol{b}_l^s)=\boldsymbol{b}_l^{sH}\boldsymbol{P}_l\boldsymbol{b}_l^s-\frac{1}{2}\log(\boldsymbol{b}_l^{sH}\boldsymbol{w}_l^s\boldsymbol{w}_l^{sH}\boldsymbol{b}_l^s) \tag{8.27}$$

计算 $J(\boldsymbol{b}_l^s)$关于 $\boldsymbol{b}_l^s$ 的共轭梯度为

$$\frac{\partial J(\boldsymbol{b}_l^s)}{\partial\boldsymbol{b}_l^s}=\boldsymbol{P}_l\boldsymbol{b}_l^s-\frac{\boldsymbol{w}_l^s}{2\boldsymbol{b}_l^{sH}\boldsymbol{w}_l^s} \tag{8.28}$$

由于相应的 Hessian 矩阵为$\dfrac{\partial J(\boldsymbol{b}_l^s)}{\partial\boldsymbol{b}_l^{sH}\partial\boldsymbol{b}_l^s}=\boldsymbol{P}_l$，它总是半正定的，因此令共轭梯度为 0，我们得到最优解满足条件

$$\boldsymbol{P}_l\boldsymbol{b}_l^s=\frac{\boldsymbol{w}_l^s}{2\boldsymbol{b}_l^{sH}\boldsymbol{w}_l^s} \tag{8.29}$$

令 $\beta=2\boldsymbol{b}_l^{sH}\boldsymbol{w}_l^s$，那么最优解为

$$\boldsymbol{b}_l^s=\frac{1}{2\beta}\boldsymbol{P}_l^{-1}\boldsymbol{w}_l^s \tag{8.30}$$

将式(8.30)带入 β 的定义式，并考虑到$\boldsymbol{P}_l$ 是 Hermitian 矩阵，于是 β 表示为 $\beta=\sqrt{\boldsymbol{w}_l^{sH}\boldsymbol{P}_l^{-1}\boldsymbol{w}_l^s/2}$，那么最优解为

$$\boldsymbol{b}_l^s=\frac{\boldsymbol{P}_l^{-1}\boldsymbol{w}_l^s}{\sqrt{2\boldsymbol{w}_l^{sH}\boldsymbol{P}_l^{-1}\boldsymbol{w}_l^s}},\quad \boldsymbol{s}\in\boldsymbol{I} \tag{8.31}$$

综上所述，F-JBDun 算法步骤如下。

输入：待对角化的矩阵集合$\{\boldsymbol{R}_1,\cdots,\boldsymbol{R}_K\}$，源信号个数 N，每个矩阵的维数 n_i。

输出：分离矩阵 $\boldsymbol{B}$，分离信号 $\boldsymbol{Y}$。

步骤 1　初始化 $\boldsymbol{B}(0)=\boldsymbol{I}$，$\boldsymbol{B}(0)=[\boldsymbol{B}_1(0),\cdots,\boldsymbol{B}_N(0)]$。

步骤 2　for $l=1:N$

　　步骤 2.1　根据式(8.22)计算$\boldsymbol{P}_l$；

　　步骤 2.2　按如下步骤更新$\boldsymbol{B}_l$。

　　　　for $s=1:n_i$

　　　　　　根据式(8.24)计算 $\boldsymbol{w}_l^s$

　　　　　　根据式(8.31)计算 $\boldsymbol{b}_l^s$

　　　　end

　　end

步骤 3　得到分离矩阵 $\boldsymbol{B}$，根据式(8.14)分离信号 $\boldsymbol{Y}$。

F-JBDun 算法由两个循环组成，内循环是为了顺序更新某一个列分组矩阵的所有列，

而外循环是为了顺序更新所有分组，最终完成算法的一次完整迭代。

8.1.3 JBDns算法

F-JBDun算法改善了经典JBDun算法成功率低的问题，引入的约束项对分离矩阵 $\boldsymbol{B}$ 求取行列式，使得该算法局限于等效混合矩阵为方阵的应用场景。为消除方阵局限，JBDns算法将代价函数进行改进，利用多准则优化将代价函数表示为两部分(前者保证块对角化，后者保证 $\boldsymbol{B}$ 适定，等效混合矩阵可为非方阵)：

$$\min_{\boldsymbol{B}} J_1(\boldsymbol{B}),\quad \max_{\boldsymbol{B}} \det(\boldsymbol{B}^{\mathrm{H}}\boldsymbol{B})$$
$$\text{s.t.}\quad \boldsymbol{b}_i^{\mathrm{H}}\boldsymbol{b}_i = 1\quad (i=1,2,\cdots,N) \tag{8.32}$$

第一部分利用循环优化算法进行推导，其基本思想是首先将待优化的参数划分为多个组，然后在其他参数固定的情况下对某一组参数进行优化。通过对所有分组参数进行交替优化的方式，实现了整体的优化。对于第 l 个分组 $\boldsymbol{B}_l$，经过一些矩阵运算，我们有

$$J_1(\boldsymbol{B}_l) = \mathrm{tr}\{\boldsymbol{B}_l^{\mathrm{H}}\boldsymbol{P}_l\boldsymbol{B}_l\} = \sum_{i=1}^{n_i}\boldsymbol{b}_l^{i\mathrm{H}}\boldsymbol{P}_l\boldsymbol{b}_l^i \tag{8.33}$$

其中，

$$\boldsymbol{P}_l = \sum_{k=1}^{K}\boldsymbol{R}_k\boldsymbol{B}_{(l)}\boldsymbol{B}_{(l)}^{\mathrm{H}}\boldsymbol{R}_k^{\mathrm{H}} + \boldsymbol{R}_k^{\mathrm{H}}\boldsymbol{B}_{(l)}\boldsymbol{B}_{(l)}^{\mathrm{H}}\boldsymbol{R}_k \tag{8.34}$$

令 $\bar{\boldsymbol{B}}_l=[\boldsymbol{b}_{lm},\boldsymbol{B}_{(lm)}]$，其中 $\boldsymbol{b}_{lm}$ 表示 $\boldsymbol{B}_l$ 的第 l 列，$\boldsymbol{B}_{(lm)}$ 表示从 $\boldsymbol{B}$ 中去掉 $\boldsymbol{b}_{lm}$ 后得到的矩阵，则第二部分公式如下：

$$\begin{aligned}\det(\boldsymbol{B}^{\mathrm{H}}\boldsymbol{B}) &= \det(\bar{\boldsymbol{B}}^{\mathrm{H}}\bar{\boldsymbol{B}})\\ &= \det\begin{bmatrix}\boldsymbol{b}_{lm}^{\mathrm{H}}\boldsymbol{b}_{lm} & \boldsymbol{b}_{lm}^{\mathrm{H}}\boldsymbol{B}_{(lm)}\\ \boldsymbol{B}_{(lm)}^{\mathrm{H}}\boldsymbol{b}_{lm} & \boldsymbol{B}_{(lm)}^{\mathrm{H}}\boldsymbol{B}_{(lm)}\end{bmatrix}\\ &= \det(\boldsymbol{B}_{(lm)}^{\mathrm{H}}\boldsymbol{B}_{(lm)})\boldsymbol{b}_{lm}^{\mathrm{H}}\boldsymbol{P}_{lm}^{\perp}\boldsymbol{b}_{lm}\end{aligned} \tag{8.35}$$

$$\boldsymbol{P}_{lm}^{\perp} = \boldsymbol{I} - \boldsymbol{B}_{(lm)}[\boldsymbol{B}_{(lm)}^{\mathrm{H}}\boldsymbol{B}_{(lm)}]^{-1}\boldsymbol{B}_{(lm)}^{\mathrm{H}} \tag{8.36}$$

因为 $\boldsymbol{b}_{lm}$ 与 $\boldsymbol{B}_{(lm)}$ 无关，因此得到新的代价函数如下式所示：

$$\min_{\boldsymbol{b}_{lm}}\boldsymbol{b}_{lm}^{\mathrm{H}}\boldsymbol{P}_l\boldsymbol{b}_{lm},\quad \max_{\boldsymbol{b}_{lm}}\boldsymbol{b}_{lm}^{\mathrm{H}}\boldsymbol{P}_{lm}^{\perp}\boldsymbol{b}_{lm}$$
$$\text{s.t.}\quad \boldsymbol{b}_{lm}^{\mathrm{H}}\boldsymbol{b}_{lm} = 1\quad (l=1,2,\cdots,N;\ m=1,2,\cdots,n_l) \tag{8.37}$$

式(8.32)的优化问题可以分成两阶段来进行。在初始化阶段，矩阵 $\boldsymbol{P}_l$ 是可逆的，取 $\boldsymbol{b}_{lm}=\boldsymbol{v}_{\max}$，其中 $\boldsymbol{v}_{\max}$ 表示 $(\boldsymbol{P}_{lm}^{\perp},\boldsymbol{P}_l)$ 的最大广义特征值对应的广义特征向量。在第二阶段，当算法逐渐收敛，矩阵 $\boldsymbol{P}_l$ 是秩为 $N-n_l$(n_l 是 $\boldsymbol{B}_l$ 的列数)的奇异矩阵，此时算法会出现不稳定的情况，用 $\boldsymbol{U}_0$ 表示由 $\boldsymbol{P}_l$ 的 $M-N+n_l$ 个最小特征值对应的特征向量组成的矩阵。令

$$\boldsymbol{b}_{lm} = \boldsymbol{U}_0\boldsymbol{w} \tag{8.38}$$

其中，$\boldsymbol{w}$ 表示 $M-N+n_l$ 个权重系数，将式(8.38)带入式(8.37)中的第二个优化准则，则最优向量为

$$\boldsymbol{w}_{\mathrm{opt}} = \arg\max_{\boldsymbol{w}}\boldsymbol{w}^{\mathrm{H}}\boldsymbol{U}_0^{\mathrm{H}}\boldsymbol{P}_{lm}^{\perp}\boldsymbol{U}_0\boldsymbol{w} \tag{8.39}$$

综上所述，JBDns算法步骤如下：

步骤1　给定对角块个数 r，初始化 $\boldsymbol{B}=\boldsymbol{I}\in\mathbf{R}^{N(L+W)\times MW}$；

步骤 2　for $l=1:r$

根据式(8.34)计算$\boldsymbol{P}_l$

按如下步骤更新$\boldsymbol{B}_l$

for $m=1:n_l$

根据式(8.36)计算$\boldsymbol{P}_{lm}^{\perp}$

若$\boldsymbol{P}_l$ 是可逆的，$\boldsymbol{b}_{lm}=\boldsymbol{v}_{\max}$，否则 $\boldsymbol{b}_{lm}$ 由式(8.38)、式(8.39)来求解

更新 m：$m\rightarrow m+1$

end

更新 l：$l\rightarrow l+1$

end

步骤 3　得到分离矩阵 $\boldsymbol{B}$，根据式(8.14)分离信号。

由于时域方法的计算量，计算代价较为沉重，并且随着卷积信道长度的增加，算法也会变得越来越不稳定，效果也不理想，因此，我们往往采用频域方法来解决卷积混合盲源分离问题。

8.2　频域卷积混合盲源分离算法

8.2.1　频域方法的思想及流程

首先，将混合信号通过短时傅里叶变换(Short-Time Fourier Transform，STFT)转换到时频域。STFT 的表达式为

$$X(\tau, f)=\sum_{n=0}^{L-1}\text{win}(n)x(n+\tau l)\exp\left(-\frac{\text{j}2\pi fn}{L}\right) \tag{8.40}$$

其中，τ 代表时频域上的时间索引，$f=0, 1, \cdots, L-1$ 是频率索引，L 和 l 分别表示傅里叶变换的帧长(nfft)和滑动长度，n 代表信号采样后的时间变量，win(n)为窗函数。对式(8.8)等号两侧做 STFT，便能得到信号的时频域混合形式为

$$\boldsymbol{X}(\tau, f)=\boldsymbol{A}(f)\boldsymbol{S}(\tau, f) \tag{8.41}$$

其中，$\boldsymbol{S}(\tau, f)=[S_1(\tau, f), S_2(\tau, f), \cdots, S_n(\tau, f)]^{\mathrm{T}}$，表示源信号的时频域形式，$\boldsymbol{X}(\tau, f)=[X_1(\tau, f), X_2(\tau, f), \cdots, X_n(\tau, f)]^{\mathrm{T}}$，表示混合信号的时频域形式。如果短时傅里叶帧长 L 远大于卷积混合滤波器的阶数 P，便可以近似认为式(8.8)表示的时域卷积混合形式在各频率点 f 上具有式(8.41)所表示的瞬时混合形式。至此，时域上的卷积混合便转换成为频域各个频率点上的瞬时混合。

之后在各频点上便可以使用瞬时盲源分离算法进行分离。但由于各频点上的分离过程各自独立，且盲源分离算法本身存在幅度和排序两种模糊性，这会导致各频点分离信号的幅度和顺序无法统一，从而无法正确还原出时域分离信号。因此，在将频域分离信号进行短时傅里叶逆变换(Inverse Short-Time Fourier Transform，ISTFT)之前，只有解决这两种模糊性，才能得到正确的估计信号。

接下来以双输入双输出的语音信号盲源分离系统为例，总结一下频域方法的流程。接收到语音信号的卷积混合频域模型具有如下形式：

$$X_1(\tau, f) = A_{11}(f)S_1(\tau, f) + A_{12}(f)S_2(\tau, f) \tag{8.42}$$

$$X_2(\tau, f) = A_{21}(f)S_1(\tau, f) + A_{22}(f)S_2(\tau, f) \tag{8.43}$$

其中，$S_i(\tau, f)$表示源语音信号$s_i(n)$在第τ个数据帧时，在频率点f上的时频点系数，$A_{ji}(f)$表示从源语音信号$s_i(t)$到麦克风$x_j(t)$的混合滤波器h_{ji}的频率函数，$X_j(\tau, f)$是接收的混合信号$x_j(t)$的频域表示。

如图8.1所示，可以清晰地表示整个频域语音盲源分离系统的具体流程。源语音信号经过卷积得到混合信号，接收到的卷积混合语音信号通过STFT转换到时频域，在每个频率点上卷积混合形式变为瞬时混合形式，然后利用瞬时混合盲源分离算法得到频域的盲源分离矩阵$\boldsymbol{W}(f)$和分离后的信号$Y_i(\tau, f)$，此时需要进一步解决幅度和排序模糊性问题，使得整个频域上各频点的输出统一为单个源信号的频域分量$\hat{Y}_i(\tau, f)$，最后将分离出的频域信号进行ISTFT转换到时域信号，就得到了最终的源信号估计。

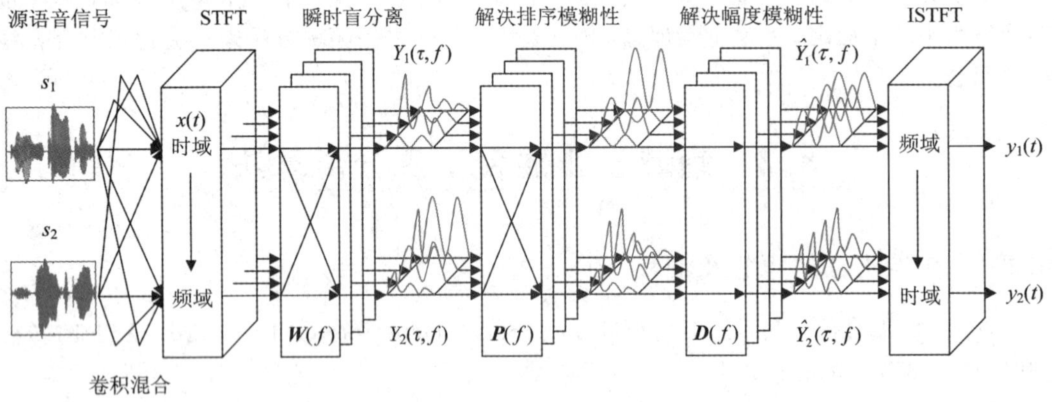

图 8.1　语音信号频域盲源分离系统结构流程图

8.2.2　幅度模糊性的解决方法

对卷积混合信号进行STFT后，在时频域上，单个频率点的混合过程可以表示为$\boldsymbol{X}(\tau, f)=\boldsymbol{A}(f)\boldsymbol{S}(\tau, f)$。在某个频率点上使用瞬时盲源分离算法进行分离的数学过程可表示为

$$\boldsymbol{Y}(\tau, f) = \boldsymbol{W}(f)\boldsymbol{X}(\tau, f) = \boldsymbol{W}(f)\boldsymbol{A}(f)\boldsymbol{S}(\tau, f) \tag{8.44}$$

但当我们使用的瞬时混合盲源分离算法得到各频率点处的解混矩阵及分离信号后，并不能直接经过ISTFT变换得到时域分离信号。这是因为先验信息缺失，会出现幅度模糊性和排序模糊性，使得各频率点的解混矩阵和混合矩阵之间并不是简单地求逆过程，分离矩阵$\boldsymbol{W}(f)$满足下式：

$$\boldsymbol{W}(f) = \boldsymbol{D}(f)\boldsymbol{P}(f)\boldsymbol{A}^{-1}(f) \tag{8.45}$$

其中，$\boldsymbol{D}(f)$为对角矩阵，反映着幅度模糊性；$\boldsymbol{P}(f)$为置换矩阵，反映着排序模糊性。此时分离信号可表示为

$$\boldsymbol{Y}(\tau, f) = \boldsymbol{D}(f)\boldsymbol{P}(f)\boldsymbol{S}(\tau, f) \tag{8.46}$$

通过上式可以看出，各频点输出信号存在幅度模糊性$\boldsymbol{D}(f)$和排序模糊性$\boldsymbol{P}(f)$。相比于排序模糊性问题，幅度模糊性带来的后果相对较轻，仅仅是信号失真，并不影响各频点

分离信号的信源正确性。由 K. Matsuoka 提出的以最小失真准则(Minimal Distortion Principle, MDP)为依据的算法可以较好地解决幅度模糊性问题，其主要思想是在每个频率点上对解混矩阵进行归一化。

幅度模糊性的解决原理为，使各个频点上的分离信号幅值与源信号统一，或者相对于源信号其尺度变换是等比例的，当各频点分离信号都满足该条件后就认为满足了 MDP 准则。假设排序模糊性问题已经解决(即在所有的频率点上有 $\boldsymbol{P}(f)=\boldsymbol{I}$)，根据最小失真准则的描述，尽管很难保证各频点上有 $Y_i(\tau, f)=S_i(\tau, f)(i=1, 2\cdots N)$，但是可以允许 $Y_i(\tau, f)=H_{ii}(f)S_i(\tau, f)$，即分离矩阵与混合矩阵的乘积为对角阵，也就是满足 $\boldsymbol{W}(f)\boldsymbol{A}(f)=\boldsymbol{D}(f)$，此时由式(8.45)可得

$$\boldsymbol{W}(f)=\boldsymbol{D}(f)\boldsymbol{A}^{-1}(f)=\mathrm{diag}(\boldsymbol{A}(f))\boldsymbol{A}^{-1}(f) \tag{8.47}$$

式中，diag(•)表示矩阵对角化。又可知 $\boldsymbol{A}(f)=\boldsymbol{D}(f)\boldsymbol{W}^{-1}(f)$，代入式(8.47)推导出符合最小失真准则的分离矩阵 $\boldsymbol{W}_{\mathrm{MDP}}(f)$：

$$\begin{aligned}\boldsymbol{W}_{\mathrm{MDP}}(f)&=\mathrm{diag}(\boldsymbol{A}(f))\boldsymbol{A}^{-1}(f)\\&=\mathrm{diag}(\boldsymbol{W}^{-1}(f)\boldsymbol{D}(f))\boldsymbol{D}^{-1}(f)\boldsymbol{W}(f)\\&=\mathrm{diag}(\boldsymbol{W}^{-1}(f))\boldsymbol{W}(f)\end{aligned} \tag{8.48}$$

由此，各频率点上通过瞬时盲源分离算法得出的分离矩阵经过式(8.48)的运算过程转换成满足最小失真准则的分离矩阵，即认为解决了幅度模糊性问题。

8.2.3　排序模糊性的解决方法

对于幅度模糊性问题，利用最小失真准则可以得到较好解决，目前频域卷积盲源分离领域的难点与研究重点就在于如何能有效地消除信号的排序模糊性。

在目前的卷积盲源分离频域算法中，解决排序模糊性的传统方法大体可分为两类。一类为互参数方法，该类方法基于源信号内在特性的一致性，如幅度相关性排序算法。另一类是几何方法，其中最具代表性的为波达方向排序算法，其通过提取分离矩阵中的方位信息来进行排序。这两种算法思想不同，具有各自的优缺点。除此之外，还有一种由独立分量分析推广而来的算法——独立向量分析算法，可以从原理上避免排序模糊性的出现。

1. 波达方向排序算法

波达方向(DOA)排序法通过估计源信号方向信息来解决排序模糊性问题。波束形成理论常用于信号的方向估计领域，依据该理论，在每个频率点上以分离矩阵 $\boldsymbol{W}(f)$的每一行系数为权向量可以构造一个波束形成表达式，由该表达式画出的波束图会在干扰信号方向形成零点方位，并在目标信号方向上得到较大值。当通过该方式估计出各分离信号的方位信息时，便可以调整各频率点上分离信号的输出顺序以消除排序模糊性。算法具体理论的数学描述如下：

根据波束形成理论，时域信号混合过程中源信号 s_k 对阵元 x_j 的冲击响应 $a_{jk}(t)$的频域形式可以近似表示为

$$A_{jk}(f)=\mathrm{e}^{\mathrm{j}2\pi fc^{-1}d_j\cos\theta_k} \tag{8.49}$$

其中，c 指信号传播速度(若源信号为语音信号，此处 c 代表声速；若源信号为通信信号，此处 c 代表光速)，d_j 是线阵阵元 x_j 的相对位置，θ_k 是源信号 s_k 的方向。在这个近似的公

式中，假设到达波为平面波且无混响效应，此时整个混合与分离过程的总体的频率响应函数为$\boldsymbol{G}(f)=\boldsymbol{W}(f)\boldsymbol{A}(f)$，从源信号 s_k 到输出信号 y_i 的冲击响应函数的频域形式为

$$G_{ik}(f)=\sum_{j=1}^{M}W_{ij}(f)A_{jk}(f)=\sum_{j=1}^{M}W_{ij}(f)\mathrm{e}^{\mathrm{j}2\pi fc^{-1}d_j\cos\theta_k} \tag{8.50}$$

如果把 θ_k 替换为一个变量θ，上式则变为

$$G_i(f,\theta)=\sum_{j=1}^{M}W_{ij}(f)\mathrm{e}^{\mathrm{j}2\pi fc^{-1}d_j\cos\theta} \tag{8.51}$$

由上式可知频率响应会随着方位角 θ 的改变而改变，式(8.51)可以看作是以分离矩阵的每一行元素为权向量构成的常规波束形成公式。根据上式画出的波束图如图 8.2 所示。

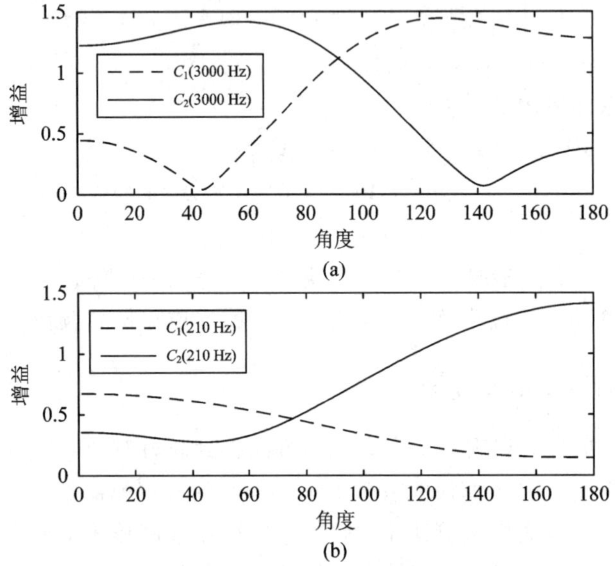

图 8.2　两个源信号的波束图

图 8.2 表示两个源信号(分别位于 135°和 45°方向)在模拟室内卷积混合情况下波束形成的增益 $C_i(f,\theta)=|G_i(f,\theta)|$。图 8.2(a)表示频率为 3000 Hz 时的波束形成增益图，可以看到，$C_1(3000,\theta)$在 45°左右形成零点抑制干扰信号，$C_2(3000,\theta)$在 140°左右形成零点抑制干扰信号。根据上述零点可以获得分离矩阵所含的源信号方位信息，之后便可以利用该方位信息进行排序。

以双输入、双输出系统为例，DOA 排序法的基本步骤如下。

(1) 在各频点上分别找到 $C_1(f,\theta)$与 $C_2(f,\theta)$的最小值来获得零点方向 $\theta_1(f)$和 $\theta_2(f)$；

(2) 通过式(8.52)分别求出两个源的方位估计 $\hat{\theta}_1$ 和 $\hat{\theta}_2$，即

$$\begin{aligned}\hat{\theta}_1&=\frac{1}{F}\sum_{i=1}^{F}\min[\theta_1(f_i),\theta_2(f_i)]\\ \hat{\theta}_2&=\frac{1}{F}\sum_{i=1}^{F}\min[\theta_1(f_i),\theta_2(f_i)]\end{aligned} \tag{8.52}$$

其中，F 等于短时傅里叶变换的帧长，代表频点总数。

(3) 判断排序是否正确：如果 $\theta_1(f)$ 在 $\hat{\theta}_1$ 附近且 $\theta_2(f)$ 在 $\hat{\theta}_2$ 附近，即有 $|\theta_1(f)-\hat{\theta}_1|+|\theta_2(f)-\hat{\theta}_2|<|\theta_1(f)-\hat{\theta}_2|+|\theta_2(f)-\hat{\theta}_1|$，就认为在频率 f 上分离信号排序正确；反之，若 $|\theta_1(f)-\hat{\theta}_1|+|\theta_2(f)-\hat{\theta}_2|>|\theta_1(f)-\hat{\theta}_2|+|\theta_2(f)-\hat{\theta}_1|$，就认为在频率 f 上分离信号排序错误，即交换分离信号顺序以解决排序模糊性问题。

值得注意的是，图 8.2(b)显示了一个频率为 210 Hz 处的低频点波束图，可以看出，在该频率上其波束图并没有显示出方向信息，$C_2(210, \theta)$的零点方向很模糊，而 $C_1(210, \theta)$基本没有零点出现，无法获取该频点上信号的方向信息。因此，DOA 法在低频处往往会无效，这是该方法的一个缺点。除此之外，使用 DOA 排序方法有较多限制。其中一个限制为，接收阵列阵元之间的距离需要小于采样频率对应的半波长。当阵元间隔大于半波长，波束增益图中将会不只有一个零点。另一个限制为，当存在两个以上的源信号时，波束增益图中也将出现多个零点，这也会导致无法有效获得源信号的方位信息。

2. 幅度相关性排序算法

1) Anemuller 算法

学者 Anemuller 指出，同一个声源所发出的信号其自身拥有一定的连续性且调制方式也具有相似性，因此，同源信号在相邻频点间的幅度相关性远大于异源信号。

通过仿真图可以明显地观察出上述特征，以两路混合信号为例，经过瞬时混合盲源分离算法分离得到的两路分离信号在不同频点处的幅度包络曲线如图 8.3 所示。观察在 1500 Hz 和 1531 Hz 上的分离信号的幅度包络曲线，不难发现属于相同来源的分离信号在相邻频点上的信号包络曲线相似程度非常高，即 $|Y_1(1500\ \text{Hz})|$ 与 $|Y_1(1531\ \text{Hz})|$、$|Y_2(1500\ \text{Hz})|$ 与 $|Y_2(1531\ \text{Hz})|$ 的幅度包络基本类似，而来自不同源信号的分离信号在相邻频点上信号包络却不相似。同时，通过观察 1500 Hz 处与 3000 Hz 处的信号包络图或者 1531 Hz 处与 3000 Hz 处的信号包络图可以发现，如果两个频点相距较远，那么无论其是否来自于同一源信号，幅度包络都无相似性。

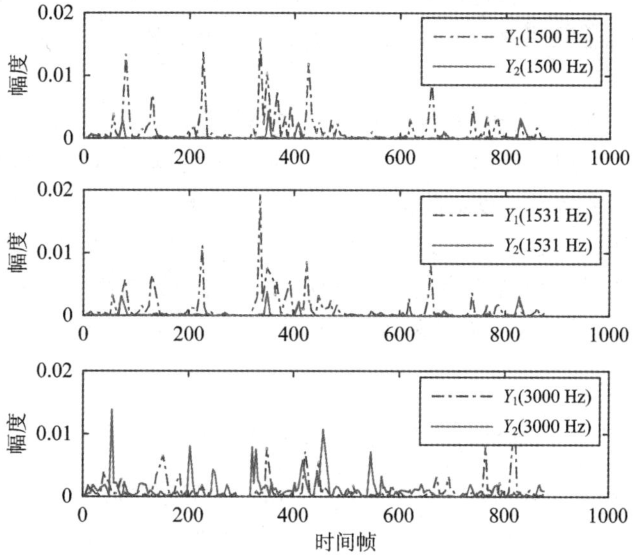

图 8.3　不同频点处分离信号的幅度包络图

Anemuller 幅度相关排序算法(Anemuller 算法)便基于上述特性，它是一种直观且便捷的排序算法。该算法的原理是：每次对当前频点上的信号排序时，都参照当前频点处的前一个频点上的信号顺序，通过计算并比较信号幅度相关系数的大小，默认幅度相关系数大的两路信号具有较强的相关性，即来自同一个信号源，通过调整当前频点处的信号顺序，使得相关性强的两路信号位于同一路。该方法的数学描述如下：

首先计算分离信号幅值的相关系数 ρ_{ij}，用来对信号的相关性进行合理度量。以分离信号 $Y(f)$在频点 i、j 处的幅度包络$|Y_i(f)|$、$|Y_j(f)|$为例，其具体计算公式为

$$\rho_{ij} = \mathrm{cor}(|Y_i(f)|, |Y_j(f)|) = \frac{C(|Y_i(f)|, |Y_j(f)|)}{\sqrt{C(|Y_i(f)|, |Y_i(f)|)\cdot C(|Y_j(f)|, |Y_j(f)|)}} \tag{8.53}$$

其中，$C(\cdot)$是协方差函数：

$$\begin{aligned} C(|Y_i(f)|, |Y_j(f)|) = \sum_{\tau}\{[|Y_i(\tau, f)| - E(|Y_i(f)|)] \\ \times [|Y_j(\tau, f)| - E(|Y_j(f)|)]\} \end{aligned} \tag{8.54}$$

下面以两路源信号为例，运用 Anemuller 算法解决排序模糊性问题需要计算如下相关系数：

$$\begin{cases} \rho_{11} = \mathrm{cor}(|Y_1(f)|, |Y_1(f+1)|) \\ \rho_{12} = \mathrm{cor}(|Y_1(f)|, |Y_2(f+1)|) \\ \rho_{21} = \mathrm{cor}(|Y_2(f)|, |Y_1(f+1)|) \\ \rho_{22} = \mathrm{cor}(|Y_2(f)|, |Y_2(f+1)|) \end{cases} \tag{8.55}$$

接下来便可以利用相关系数值的大小来对信号顺序进行纠正，即：若满足 $\rho_{11}+\rho_{22} < \rho_{12}+\rho_{21}$，则认为当前频点 f 处的信号排序出现了问题，需要将这两路分离信号的顺序进行调换，否则就保持不变，当对最后一个频点也完成了上述操作后，所有排序工作便已完成。

2) Murata 算法

使用 Anemuller 算法进行排序时，倘若某个频点发生了分离信号排序错误，势必会造成接下来的一个频点上也发生排序错误，在此之后的全部频点的排序均会出现问题，如同多米诺骨牌坍塌一般。

为了避免由于对单一频点依赖性过强而造成的错误传递现象，学者 Murata 所提出的算法(Murata 算法)通过计算待排序频点与一定邻域内的频点间的幅度相关系数之和，对分离信号进行顺序调整操作，以消除信号排序的不确定性。即当要对频点 f 上信号顺序排序时，我们以某个邻域($|g-f|\leqslant L$)内的信号为参考，以幅度相关系数之和为排列依据，通过计算选择一个能使该数值达到最大的排列，这种排列即为频点 f 处的最佳排列。

已知在已排序频点 g 处分离信号的排列是 Π_g，那么频点 f 处的排序 Π_f 可通过下式获得：

$$\Pi_f = \arg\max_{\Pi} \sum_{|g-f|\leqslant L} \sum_{i=1}^{N} \mathrm{cor}(|Y_i^{\Pi}(f)|, |Y_i^{\Pi_g}(g)|) \tag{8.56}$$

其中，$Y_i^{\Pi}(f)=[Y_i^{\Pi}(f, 1), \cdots, Y_i^{\Pi}(f, \tau), \cdots, Y_i^{\Pi}(f, T)]$为频点 f 处的第 i 路分离信号，Π 即频点 f 上的某种排序方式，τ 为时间索引，T 为时间长度，$Y_i^{\Pi_g}(g)=[Y_i^{\Pi_g}(g, 1), \cdots, Y_i^{\Pi_g}(g, \tau), \cdots, Y_i^{\Pi_g}(g, T)]$为已排序频点 g 处的第 i 路分离信号，$\mathrm{cor}(\cdot)$代表求相关系

数，具体公式如式(8.53)所示，$|\cdot|$表示获取信号的幅度。由式(8.56)可以得到在频点 f 处信号的正确排列。

当对所有频点完成上述操作后便认为排序模糊性得到了解决。

3. 基于频点矫正的能量相关排序算法

幅度相关性排序算法虽然有着计算工作量小且复杂度比较低等优势，但是该算法在处理排序模糊性问题时，由于在先后频点上排序的相关性很强，可能会发生“一步错，步步错”的情形，因此如何改善该算法的鲁棒性是一个亟待解决的问题。在此基础上，提出了一种基于频点矫正的能量相关排序算法。

相邻频点上的信号具有较强的相关性，即信号的相关性随着频点间距离的增加而逐渐减弱。图 8.4 是同一信号频点间的幅度相关图，图中颜色越浅的地方代表着频点间信号的幅度相关系数值越大，由图可以看出，幅度相关系数可以很好地反映出同源信号在邻近频点处的相关性显著大于远距离频点间的相关性。然而，在一定的邻域内，幅度相关系数都保持在相对较高的水平上，几乎没有差别，在这个范围内，幅度相关图并不能很好地反映出相关性与距离的关系，这一缺陷势必会对利用信号相关性进行排序的算法的性能造成一定影响。

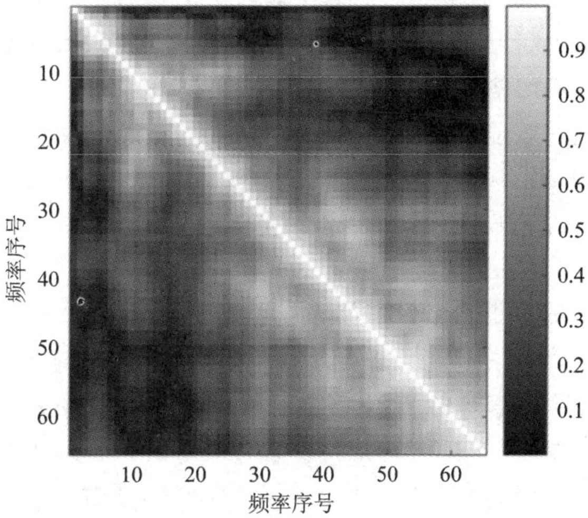

图 8.4　同一信号相邻频点间幅度相关图

图 8.5 所示为同一信号频点间的能量相关图。通过比较图 8.4 与图 8.5，我们可以发现利用信号的能量相关系数可以有效地弥补这一缺点。图 8.5 更清楚地反映出信号在相邻频率点间的相关性随距离的增大而减小这一趋势。因为频点间距越大，其可靠性越差，所以使用信号的能量相关性可以在一定程度上降低这些可靠性较差的频点对算法性能的影响。因此，当采用相邻频点间信号的能量相关性进行排序时，不同可靠性的相邻频点被合理地分配了不同的参考权重，从而可以获得更准确的排序结果。假定已排序频点 g 处分离信号的排列是 Π_g，那么频点 f 处的排序 Π_f 可由式(8.57)得到。

$$\Pi_f = \arg\max_{\Pi} \sum_{|g-f|\leqslant L} \sum_{i=1}^{N} \operatorname{cor}(|Y_i^{\Pi}(f)|^2, |Y_i^{\Pi_g}(g)|^2) \tag{8.57}$$

由于噪声的存在以及频域盲源分离算法精度不足等问题，会影响到相邻频点间信号的能量相关性，因此在排序过程中还是会出现错误的情况。由于每个频点上信号的排序都会

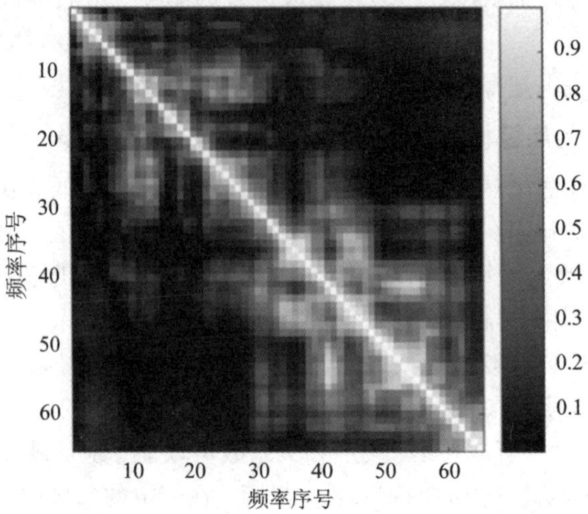

图 8.5　同一信号相邻频点间能量相关图

作为它后续频点上排序的参考，因此，若某个频点上的信号顺序出现了错误，这势必会影响后续频点排序的准确性。为了有效防止错误向后延续，我们引入矫正的步骤，即判断频点的排序是否可靠，对不可靠的频点及时进行纠正。具体来讲，需要计算得到某频点与参考邻域范围内频点间的平均能量相关系数，将其与所设阈值 U_{th} 进行比较。若平均能量相关系数大于或等于所设阈值，则认为该频点处的排序可靠，顺延至下一个频点进行排序；若平均能量相关系数小于所设阈值，判定该频点处的排序不可靠，用前一个排序得到的频点上的信号替代当前频点上信号。

阈值的选择对判断排序正确与否起着至关重要的作用，当平均能量相关系数大于阈值 U_{th} 时，即可认为该频点处信号排序正确，否则就要对该频点上的信号进行矫正。我们可以选用常量和自适应变量相结合的方法来确定阈值，以便做出更可靠的判断，即 $U_{th}=\min(u_1, u_2)$，其中 u_1 为一个在(0，1)之间所选择的常量，u_2 为已排序频点中平均能量相关系数最大值的百分比，记 $u_2=\beta\% * \rho_{max}$，$\beta\in[0, 100]$。通过仿真实验可知，当阈值选取 $U_{th}=\min(0.6, 70\% * \rho_{max})$ 时算法会得到较好性能。

综上所述，基于频点矫正的能量相关排序算法的具体步骤为：

步骤 1　分别对观测信号 $x_1(t)$，…，$x_N(t)$ 做 STFT，得到频域上的瞬时混合信号 $X_1(m, f)$，…，$X_N(m, f)$；

步骤 2　对频域混合信号 $X_1(m, f)$，…，$X_N(m, f)$ 进行瞬时盲源分离，得到各频点处的分离信号 $Y_1(m, f)$，…，$Y_N(m, f)$，利用 8.2.2 小节所述的最小失真准则在各个频点上消除幅度模糊性；

步骤 3　给定最合适的邻域长度 L_{max}（通过仿真实验可知邻域长度为 6 时一般能较好地兼顾计算复杂度与性能），以首个频点 f_1 上的信号顺序为依据，后续频点上信号顺序都依此进行调整，以第二个频点为起始位置依次进行排序操作，设待排序的频点为 f_k，当待排频点与第一个频点间距未达到最合适的邻域长度 L_{max}，即 $|f_k-f_1|<L_{max}$ 时，那么此时邻域长度就取 $L=|f_k-f_1|$，除此之外的邻域长度即为 $L=L_{max}$，依据式(8.57)对频点进行排序；

步骤 4　通过计算得到当前频点与邻域内各频点上信号的能量相关系数 ρ_{ij}（$\rho_{ij}=\text{cor}(|Y_i(f)|^2, |Y_j(g)|^2)$），将其求平均得到平均能量相关系数 C，并与阈值 U_{th} 进行比较，若平均能量相关系数 C 小于所设阈值 U_{th}，则用上一个能量相关排序算法获得的频点上信号代替当前频点上信号，若平均能量相关系数 C 大于等于阈值 U_{th}，则继续对下一个频点进行排序；

步骤 5　重复上述过程直至最后一个频点，通过 ISTFT 将信号恢复到时域，得到最终估计信号 $y_1(t)$，…，$y_N(t)$。

在之后的仿真中，本节算法将称为 Rectify-E-Murata 算法。

基于频点矫正的能量相关排序算法流程图如图 8.6 所示。

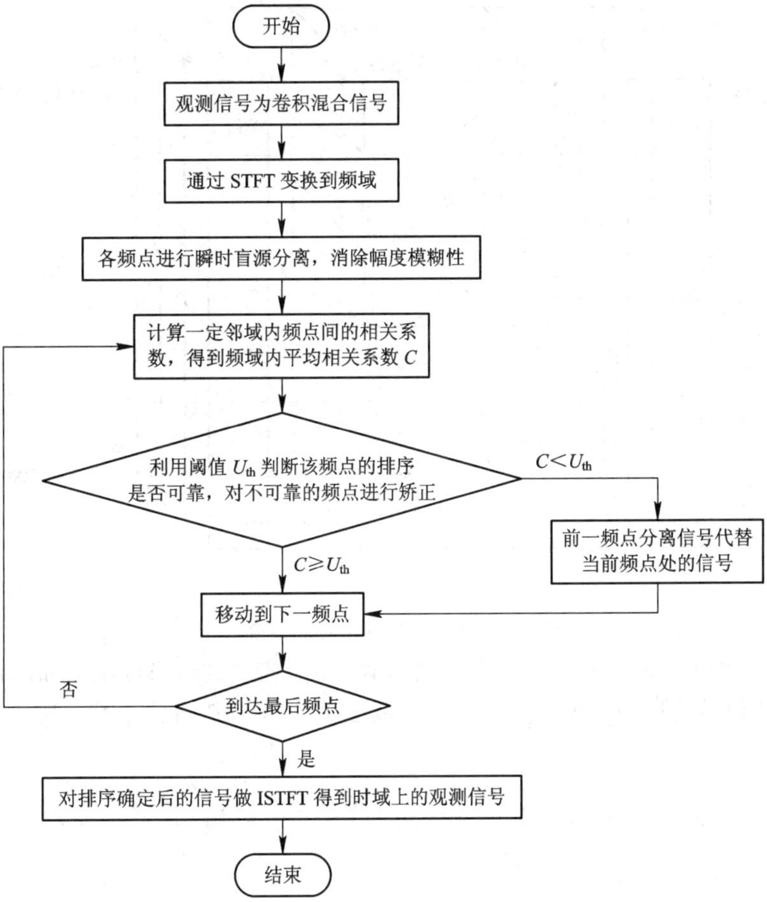

图 8.6　基于频点矫正的能量相关排序算法流程图

4. 独立向量分析算法

独立向量分析(IVA)算法是独立分量分析(ICA)算法的一种推广算法，该算法将 ICA 算法中的一维单变量成分推广到多维向量的情况。传统的频域方法思想是利用 ICA 算法在每个频率点上分离出排序不确定的信号，而 IVA 算法利用多维向量成分中各元素之间的内在联系，从整个频域分离出所有频点的独立成分，进而避免了排序模糊性问题的出现。这也使 IVA 算法变成最有效的排序模糊性解决方法之一。下面将介绍 IVA 的模型及数学原理。

IVA 的模型由若干个频域 ICA 模型叠加构成。由于不同频率点上源信号分量为同一信号在频域上的映射，因此同源的各频点信号间具有内在联系，IVA 算法利用这种联系将所有频率分量汇总成一个多维频域向量。在分离时将这一多维频域向量整体分离出来，而该向量中的每一个分量即代表每一个频点上的分离信号。

图 8.7 表示一个双输入双输出的 IVA 混合模型。图中可以看出，该模型中的各层都代表一个由式(8.41)所表示的单频点瞬时混合模型(此处省去时间索引 τ，方便后面的公式推导)。因此，IVA 的混合模型在形式上与卷积盲源分离在时频域上的混合模型十分匹配。由于 IVA 算法在分离时各个频点的分离过程并不相互独立，而是统一分离，所以该算法从理论上避免了排序模糊性的出现。

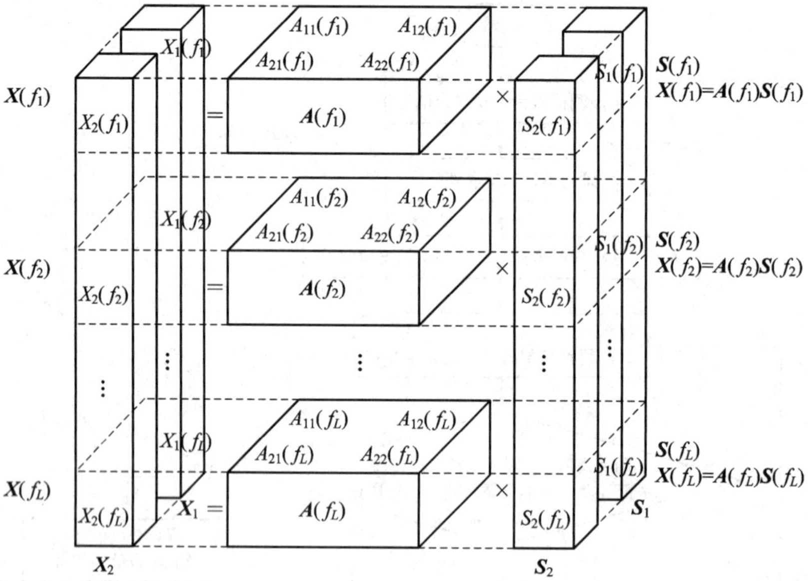

图 8.7　独立向量分析算法混合模型

IVA 算法和传统 ICA 算法在原理上是相似的，也需要选取目标函数和优化过程，目标函数的选取要以独立性为判据，可以以 KL 散度为度量来判断独立性，如式(8.58)所示，信号间的 KL 散度为

$$\begin{aligned}\Phi(\boldsymbol{Y}) &= \mathrm{KL}\Big(p(\boldsymbol{Y}),\ \prod_{i=1}^{N} q(\boldsymbol{Y}_i)\Big) = \int p(\boldsymbol{Y}) \ln \frac{p(\boldsymbol{Y})}{\prod_{i=1}^{N} q(\boldsymbol{Y}_i)} \mathrm{d}\boldsymbol{Y} \\ &= \int p(\boldsymbol{Y}) \ln p(\boldsymbol{Y}) \mathrm{d}\boldsymbol{Y} - \sum_{i=1}^{N} \int p(\boldsymbol{Y}) \ln q(\boldsymbol{Y}_i) \mathrm{d}\boldsymbol{Y}\end{aligned} \tag{8.58}$$

其中，$\boldsymbol{Y}_i = [Y_i(f_1),\ Y_i(f_2),\ \cdots,\ Y_i(f_L)]^{\mathrm{T}}$；$p(\boldsymbol{Y}) = p(\boldsymbol{Y}_1,\ \boldsymbol{Y}_2,\ \cdots,\ \boldsymbol{Y}_i,\ \cdots,\ \boldsymbol{Y}_N)$为联合概率密度函数；$\prod_{i=1}^{N} q(\boldsymbol{Y}_i)$ 表示求各个信号概率密度函数之积。

式(8.58)等号右边的第一项具有微分熵 $H(\cdot)$的形式，将其替换后为

$$\Phi(\boldsymbol{Y}) = -H(\boldsymbol{Y}) - \sum_{i=1}^{N} \int p(\boldsymbol{Y}) \ln q(\boldsymbol{Y}_i) \mathrm{d}\boldsymbol{Y} \tag{8.59}$$

又因为 $\boldsymbol{Y}(f) = \boldsymbol{W}(f)\boldsymbol{X}(f)$，则微分熵可以推出如下形式：

$$H(\boldsymbol{Y}) = H(\boldsymbol{X}) + \sum_{f} \ln|\det(\boldsymbol{W}(f))| \tag{8.60}$$

由于信号已经过白化和去均值，所以式(8.60)中 $H(\boldsymbol{X})$ 必然为常量。

对于式(8.58)等号右边第二项，有：

$$\begin{aligned}\int p(\boldsymbol{Y})\ln q(\boldsymbol{Y}_i)\mathrm{d}\boldsymbol{Y} &= \int \ln q(\boldsymbol{Y}_i)\int p(\boldsymbol{Y})\mathrm{d}\breve{\boldsymbol{Y}}^i\mathrm{d}\boldsymbol{Y}_i \\ &= \int p(\boldsymbol{Y}_i)\ln q(\boldsymbol{Y}_i)\mathrm{d}\boldsymbol{Y}_i \\ &= E(\ln q(\boldsymbol{Y}_i))\end{aligned} \tag{8.61}$$

其中，$\breve{\boldsymbol{Y}}^i$ 代表 $\boldsymbol{Y}$ 中去除 $\boldsymbol{Y}_i$ 之后的向量组。

因此，目标函数便可写成下面的形式：

$$\Phi(\boldsymbol{W}, \boldsymbol{Y}) = -\sum_{f} \ln|\det(\boldsymbol{W}(f))| - \sum_{i=1}^{N} E\ln q(\boldsymbol{Y}_i) \tag{8.62}$$

其中，$q(\boldsymbol{Y}_i)$ 为概率密度函数，它的选取跟源信号类型有关，当源信号为通信信号时，可以将其设为

$$q(\boldsymbol{Y}_i) = \mathrm{e}^{-\|\boldsymbol{Y}_i\|_2} \tag{8.63}$$

由此可得目标函数的最终形式：

$$\Phi(\boldsymbol{W}) = -\sum_{f} \ln|\det(\boldsymbol{W}(f))| + \sum_{i} E\left[G\left(\sum_{f} |Y_i(f)|^2\right)\right] \tag{8.64}$$

其中，$G(z)=\sqrt{z}$，表示与 $-\ln q(\boldsymbol{Y}_i)$ 相对应的非线性函数。

选取自然梯度法为优化过程来优化目标函数，最终可推出分离矩阵迭代公式为

$$\boldsymbol{w}_{i,k+1}(f) = \boldsymbol{w}_{i,k}(f) + \eta_k \cdot \left\{\boldsymbol{I} - E\left[G'\left(\sum_{f} |Y_{i,k}(f)|^2\right)Y_{i,k}(f)^T\right]\right\}\boldsymbol{w}_{i,k}(f) \tag{8.65}$$

其中，k 表示迭代的次数，$\boldsymbol{w}_{i,k}(f)$ 代表分离矩阵 $\boldsymbol{W}(f)$ 的第 i 行，η_k 表示步长参数，$G'(\cdot)$ 表示 $G(\cdot)$ 的一阶导数。

实际上，IVA 算法与 ICA 算法分离原理类似，依然是在各频点上分别求解分离矩阵，但是其迭代与优化的过程是在所有频点上进行的，由此得出的各频点分离矩阵是相互联系的，其包含的顺序信息也是统一的。

5. 基于步长自适应的 IVA 卷积盲源分离算法

IVA 算法是解决排序模糊性问题最有效的方法之一，但是该算法依旧有不足之处。

(1) 由于 IVA 算法的每次迭代需要对所有频点的分离矩阵汇总求目标函数值，因此不可避免地会造成算法的单次优化运算量较大，再加上分离矩阵的初始化没有任何针对性，导致迭代次数多，运算耗时长，且初值的不合理会在少数情况下导致算法局部收敛，降低分离效果。

(2) 算法的优化过程主要采用梯度类方法，需要选取步长，步长增大，收敛速度加快，但同时可能会引起系统的不稳定，使收敛精度下降；反之，步长减小，系统的稳定性增强，但是收敛速度也会相对减小，使运算耗时进一步增大。

针对以上缺点，提出一种基于步长自适应的 IVA 卷积盲源分离算法。该算法利用 JADE 算法进行分离矩阵初始化，使得分离矩阵能够针对混合信号获得合理的初值，进而有效避免局部收敛的情况出现；且该算法对迭代时的步长参数进行了自适应优化，相比使

用固定步长的传统 IVA 算法能够在显著提升收敛速度的同时保持收敛精度。

在瞬时盲源分离算法中，JADE 算法高效且稳健，能较好地分离复数域的线性混合信号，因此广泛应用于频域信号的盲源分离中。通过 JADE 算法产生的初值更接近最终结果，可以减少迭代次数，缩短运算时间。当卷积阶数变大时，IVA 算法需要对更多频点的分离矩阵进行运算，求解情况将更复杂，此时将单位矩阵作为初值往往会变得不合理，使算法容易陷入局部收敛。如果通过 JADE 算法针对混合信号做初始化，分离矩阵初值会更为合理，可以避免局部收敛的出现进而获得全局最优值。

在 IVA 算法中，分离矩阵 $\boldsymbol{W}$ 优化的速度由步长参数 η 决定。选定步长对算法的性能影响较大。通常情况下，算法使用固定步长很难平衡收敛速度和收敛稳定性的关系。为了加速收敛并且保持收敛时的精度，利用步长最优化的思想可以得到步长自适应 IVA 算法。

不妨设当第 $k+1$ 次迭代时，步长为

$$\eta_{k+1}=\eta_k+\gamma\times\Delta\eta_k \tag{8.66}$$

其中，$\Delta\eta_k$ 表示步长 η_k 的每次迭代的更新量，γ 为一个较小的常数。更新量的意义在于使步长 η_{k+1} 趋于最优值，即使得目标函数 Φ 能够在下一次迭代时达到最小，由此可推出

$$\Delta\eta_k=\frac{\partial\Phi_{k+1}}{\partial\eta_k} \tag{8.67}$$

对于每个频率上的步长，有

$$\begin{aligned}\Delta\eta_{k,f}&=\frac{\partial\Phi(\boldsymbol{W}_{k+1}(f))}{\partial\eta_k}=\left\langle\frac{\partial\Phi(\boldsymbol{W}_{k+1}(f))}{\partial\boldsymbol{W}_{k+1}(f)}\cdot\frac{\partial\boldsymbol{W}_{k+1}(f)}{\partial\eta_k}\right\rangle\\&=\operatorname{trace}\left\{\left[\frac{\partial\Phi(\boldsymbol{W}_{k+1}(f))}{\partial\boldsymbol{W}_{k+1}(f)}\right]^{\mathrm{T}}\cdot\frac{\partial\boldsymbol{W}_{k+1}(f)}{\partial\eta_k}\right\}\end{aligned} \tag{8.68}$$

其中，$\langle\cdot\rangle$ 为求矩阵内积，$\operatorname{trace}(\cdot)$ 为求矩阵的迹。

一方面，由 IVA 算法的分离矩阵的迭代式(8.65)可得

$$\frac{\partial\boldsymbol{W}_{k+1}(f)}{\partial\eta_k}=[\boldsymbol{I}-g(\boldsymbol{Y}_k)\cdot\boldsymbol{Y}_k^{\mathrm{H}}(f)]\boldsymbol{W}_k(\omega)\triangleq\Delta\boldsymbol{W}_k(f) \tag{8.69}$$

其中，非线性函数 $g(\boldsymbol{Y}_k)=G'\left(\sum_f|\boldsymbol{Y}_k(f)|^2\right)$。另一方面，$\Phi(\boldsymbol{W})$ 为基于自然梯度的目标函数瞬时估计，由此可得

$$\frac{\partial\Phi(\boldsymbol{W}_{k+1}(f))}{\partial\boldsymbol{W}_{k+1}(f)}=[\boldsymbol{I}-g(\boldsymbol{Y}_{k+1})\cdot\boldsymbol{Y}_{k+1}^{\mathrm{H}}(f)]\boldsymbol{W}_{k+1}(f)\triangleq\Delta\boldsymbol{W}_{k+1}(f) \tag{8.70}$$

将式(8.69)、式(8.70)代入式(8.68)可得

$$\Delta\eta_{k,f}=\operatorname{trace}(\Delta\boldsymbol{W}_{k+1}^{\mathrm{H}}(f)\cdot\Delta\boldsymbol{W}_k(f)) \tag{8.71}$$

最后把所有频点的更新迭代步长统一，得到

$$\Delta\eta_k=\frac{1}{N}\sum_{f=1}^{N}\Delta\eta_{k,f} \tag{8.72}$$

综上，可得最终的步长更新公式为

$$\eta_{k+1}=\eta_k+\gamma\cdot\frac{1}{N}\sum_{f=1}^{N}\operatorname{trace}(\Delta\boldsymbol{W}_{k+1}^{\mathrm{H}}(f)\cdot\Delta\boldsymbol{W}_k(f)) \tag{8.73}$$

此外，对于 η 值应设置一个上限和一个小的正下限，来避免步长出现极端值。

综上，基于步长自适应的 IVA 卷积盲源分离算法具体步骤如下：

步骤 1　使用 STFT 将卷积混合信号转换为各个频率点的瞬时混合信号；

步骤 2　将各个频率点的混合信号进行预白化；

步骤 3　通过 JADE 算法对各频点分离矩阵 $\boldsymbol{W}_0(f)$ 初始化，并设置初始迭代步长 η_0；

步骤 4　依据 $\boldsymbol{Y}(f)=\boldsymbol{W}(f)\boldsymbol{X}(f)$ 来分离每一个频点上的信号；

步骤 5　依据分离信号求出目标函数值和非线性函数值，并判断是否收敛，若收敛，执行步骤 9；

步骤 6　依据式(8.65)来更新各频点分离矩阵；

步骤 7　依据式(8.73)来更新迭代步长；

步骤 8　若达到最大迭代次数，执行步骤 9，否则返回步骤 4；

步骤 9　使用 ISTFT 将各频点分离信号转换为时域分离信号，获得估计源信号。

在之后的仿真中，本节算法将称为 JS-IVA 算法(JADE initialization & Step-size adaptive IVA)。

8.2.4　算法性能仿真分析

1. 幅度相关和能量相关排序算法性能对比

选用两路语音信号为源信号，分别在不同阶数的滤波器卷积混合模型及模拟室内卷积混合模型下对改进算法的性能进行测试，其中模拟室内环境房间大小为 4 m×4 m×2.5 m，生成的混合滤波器的脉冲响应函数阶数超过 400 阶。同时，不同信噪比(SNR)大小的高斯白噪声会混杂在盲源分离过程中可以测试在不同的信噪比下的算法性能。

10 阶与 20 阶卷积混合模型下各进行 100 次实验，在模拟室内混合模型下进行 500 次实验，计算所有分离信号信干比(SIR)的平均值，将其作为最终结果。

图 8.8、图 8.9 和图 8.10 分别展示了 Rectify-E-Murata 算法、Murata 算法以及 Anemuller 算法在 10 阶、20 阶滤波器卷积混合及模拟室内卷积混合环境下对语音信号分离性能的比较结果。

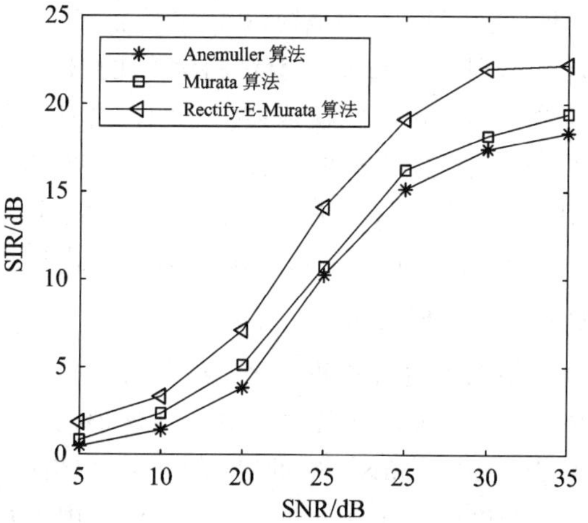

图 8.8　10 阶卷积混合模型下算法性能比较图

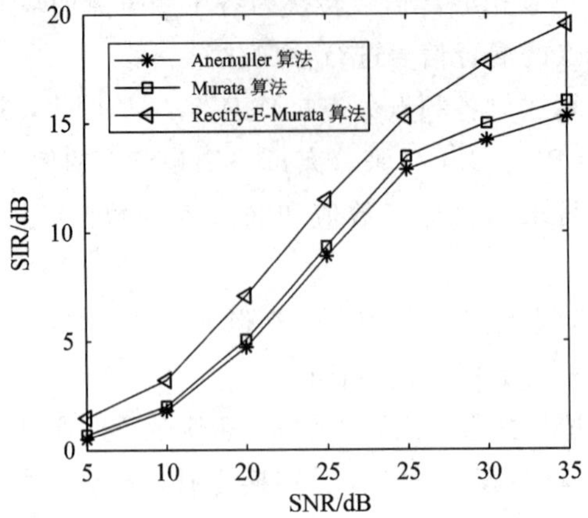

图 8.9　20 阶卷积混合模型下算法性能比较图

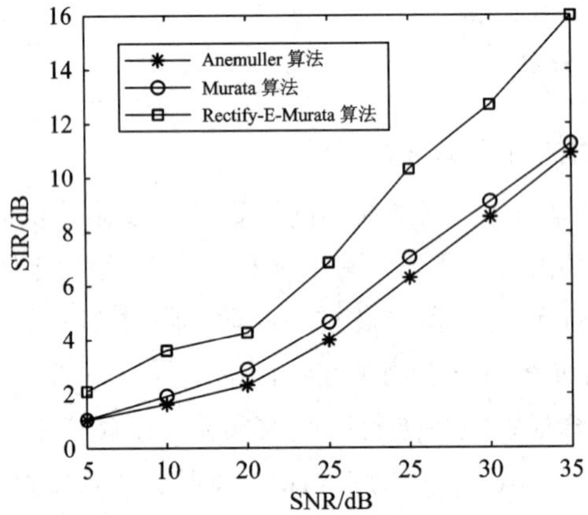

图 8.10　模拟室内卷积混合模型下算法性能比较图

对比以上仿真结果中的信干比数值我们可以看出，Rectify-E-Murata 排序法相比较于 Murata 算法和 Anemuller 算法，其分离性能明显更好。在 10 阶卷积混合模型下，Rectify-E-Murata 排序算法的性能比 Murata 算法约高出 3 dB，相较于 Anemuller 算法高出约 4 dB。在 20 阶卷积混合模型下，Rectify-E-Murata 排序算法的信干比相较于 Murata 算法高出约 2 dB，对比 Anemuller 排序算法高出约 3 dB。在模拟室内卷积混合环境下，Rectify-E-Murata 排序算法相较于其他两种算法，其性能优势更为明显，这也表明在高阶卷积混合模型下其他两种算法性能会受到更明显的影响。从图中可以看出，Rectify-E-Murata 排序算法的性能比 Anemuller 排序算法高出约 2～5 dB，比 Murata 排序算法高出约 2～4 dB。

2. IVA 算法与 JS-IVA 算法性能对比

使用两路语音信号作为源信号进行卷积混合。采用信干比作为性能衡量指标。设置 3 组仿真，卷积混合环境分别设置为 5 阶滤波器，20 阶滤波器以及模拟室内混合的滤波器。其中模拟室内混合的参数为 5 m×5 m×5 m 的房间，麦克风间隔为 20 cm，生成的混合滤波器阶数约为 450 左右。实验以信噪比为变量，在观测信号中添加高斯白噪声进行仿真。两种算法作如下设置。

(1) IVA 算法。步长参数固定为 $\eta=0.1$，分离矩阵初值为单位阵，最大迭代次数为 1000 次。

(2) JS-IVA 算法。步长参数初始值 $\eta_0=0.1$，步长更新参数 $\gamma=0.001$，JADE 初始化各频点分离矩阵，最大迭代次数为 1000 次。

分离性能即平均 SIR 如图 8.11～图 8.13 所示。

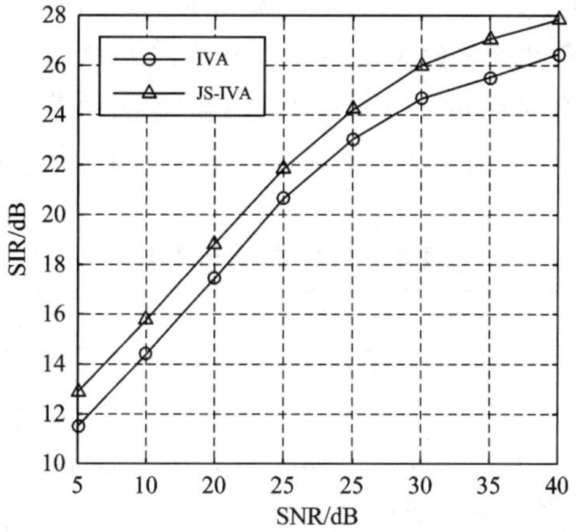

图 8.11　分离性能对比(5 阶卷积混合，nfft=128)

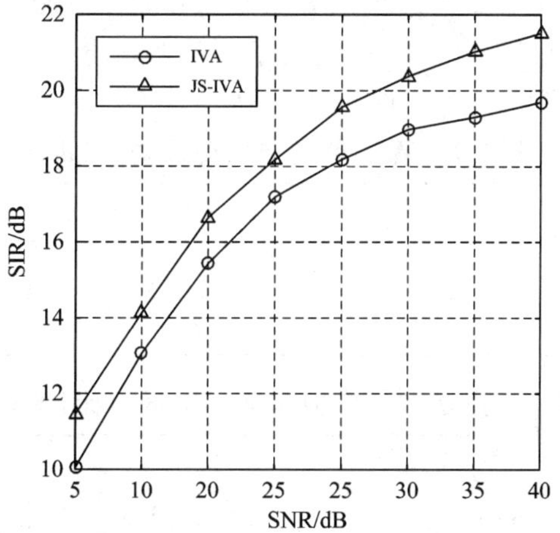

图 8.12　分离性能对比(20 阶卷积混合，nfft=256)

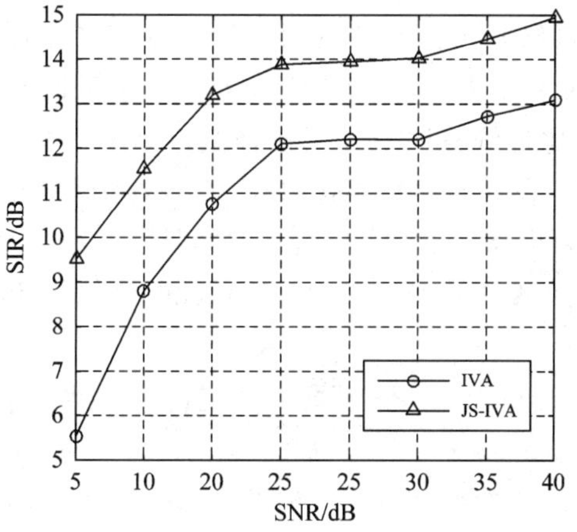

图 8.13　分离性能对比(模拟室内混合，nfft=2048)

从图 8.11、图 8.12 和图 8.13 中可见：在阶数较低的 5 阶和 20 阶卷积混合的情况中，JS-IVA 算法的性能相比 IVA 算法有 1～2 dB 的提高；在混合阶数为 400 阶左右的模拟室内混合情况，JS-IVA 算法分离信号的 SIR 提升较为明显，约为 2～4 dB。

IVA 算法单次迭代运算中，目标函数的计算过程要对所有频点上的分离信号进行矩阵运算，耗时较长，所以要提升效率的关键在于减少迭代次数。JS-IVA 算法在迭代开始前加入了 JADE 初始化过程，在每次迭代过程中加入了步长更新的过程，虽然不可避免地会增加初始化和单次迭代的计算量，但迭代次数也会显著减少，所以 JS-IVA 算法的耗时会显著缩短。

表 8.1　仿真运行时间

算法	运行次数	运行总时间/s
IVA	1840	23 803.8
JS-IVA	1840	12 283.4

表 8.1 为仿真实验中算法运行的总时间数值。由表 8.1 可见，在运行次数相同的情况下，JS-IVA 算法的运行效率比 IVA 算法提升了约 48.4%。

为方便进一步对比，表 8.2 列出了两算法在每组仿真实验中单次迭代的平均时间数值；表 8.3 列出了两算法在每组仿真实验中进行一次盲源分离过程的平均迭代次数和平均运行时间。

表 8.2　算法单次迭代时间对比(ms)

算法	5 阶混合	20 阶混合	模拟室内混合
IVA	27.81	34.73	51.18
JS - IVA	28.70	38.31	63.10

表 8.3　算法迭代次数和运行时间对比(次数/s)

算法	5 阶混合	20 阶混合	模拟室内混合
IVA	114/3.17	167/5.80	658/33.68
JS-IVA	62/1.78	89/3.41	174/10.98

从表 8.2、表 8.3 中可以看出，JS-IVA 算法由于加入了步长更新的过程，单次迭代的平均时间要略高于传统 IVA 算法。但是 JS-IVA 算法由于步长更新和 JADE 初始化带来的优化作用，其迭代次数相比传统算法有了明显降低，所以总体上 JS-IVA 算法的运算效率相比传统算法有显著提升。在 5 阶卷积混合以及 20 阶卷积混合的条件下，JS-IVA 算法相比 IVA 算法迭代次数减少了 45%以上，运行耗时降低了 40% 以上；在较复杂的模拟室内卷积混合条件下，迭代次数减少了 73%以上，运行耗时降低了 65% 以上。

本 章 小 结

本章针对多径信道环境下的卷积混合盲源分离问题展开研究，分析了卷积混合盲源分离问题的数学模型，指出目前解决这些问题的基本思路有两种，即时域方法和频域方法。

在此基础上，分别介绍了时域的卷积盲源分离算法和频域的卷积盲源分离算法。针对时域方法，分别介绍了 JBDun 算法、F-JBDun 算法以及 JBDus 算法，详细分析了算法的原理，总结了算法步骤。针对频域卷积盲源分离算法，首先介绍了算法的基本思想，分析发现频域盲源分离算法最关键的问题是排序模糊性问题的解决，因此，本章重点介绍了几种排序算法，包括幅度相关排序算法、能量相关排序算法以及独立向量分析算法等，最后对不同算法的分离性能进行了仿真和分析对比。

第9章　充分稀疏欠定混合矩阵估计技术

在利用稀疏分量分析思想解决欠定盲源分离问题时，“两步法”是最常用的欠定盲源分离方法，即第一步先进行混合矩阵估计，第二步再恢复出各个源信号。因此，混合矩阵的估计准确度将直接影响到第二步中源信号的恢复效果。混合矩阵的估计方法与源信号是否具有充分稀疏的特性有关。源信号充分稀疏指的是在任一时刻，非0源信号(或者取值较大的源信号)的个数最多只有1个。

本章主要研究源信号充分稀疏条件下的欠定混合矩阵估计技术，具体包括基于聚类的充分稀疏欠定混合矩阵估计技术、基于相似度检测的欠定混合矩阵估计技术以及基于靶心检索的欠定混合矩阵估计技术。

9.1　基于聚类的充分稀疏欠定混合矩阵估计

9.1.1　基于k均值聚类的充分稀疏欠定混合矩阵估计

聚类分析是数据分析中的一个重要方法，是知识发现与数据挖掘中的一项主要任务，也是模式识别领域中非监督(无导师)模式分类的一个重要分支。聚类的实质就是对没有标记任何类别的某个数据集进行分组或分类的过程，在这一过程中仅以数据间的某种相异度(或相似度)作为度量依据，将数据集划分成若干个子集，使得同一子集数据之间的相似度尽可能大，不同子集数据之间的相似度尽可能小。

k均值聚类算法是聚类算法中的一种经典算法，在很多领域都具有广泛的应用。k均值聚类算法属于划分方法的一种，这种方法的思想是将数据集自动划分为k组。

假设有T个观测数据，$\boldsymbol{X}=[\boldsymbol{x}_1, \boldsymbol{x}_2, \cdots, \boldsymbol{x}_T]$，$\boldsymbol{x}_i$为$m$维列矢量。采用欧氏距离作为衡量两个观测数据是否属于同一类的评价标准。即两个观测数据间的欧氏距离越小，则两观测数据属于同一类的可能性越大。欧氏距离的计算规则如式(9.1)。

$$d(\boldsymbol{x}_i, \boldsymbol{x}_j)=\sqrt{(\boldsymbol{x}_i-\boldsymbol{x}_j)^T(\boldsymbol{x}_i-\boldsymbol{x}_j)} \tag{9.1}$$

设观测数据可分为k组。在所有的观测数据当中，随机选择k个观测数据作为初始聚类中心，按照式(9.1)可以得到每个观测数据与k个聚类中心之间的欧氏距离，如果观测数据到某个聚类中心的距离小于设定的阈值，就将这个观测数据划分到该类中。然后在每一类中利用求均值的方法计算新的聚类中心，再按照欧氏距离原则更新归类，直到聚类中心不发生改变。

对于欠定情况下的盲源分离，如果源信号是充分稀疏的，那么观测数据呈现出线聚类的特性，观测数据分布在混合矩阵 **A** 的列向量所确定的直线方向上。图 9.1 所示为在无噪背景下，源信号数 $n=3$、观测信号数 $m=2$ 时的观测信号。若将观测信号进行归一化，则观测信号聚集在以归一化的混合矩阵列向量决定的各个点上，如图 9.2 所示。

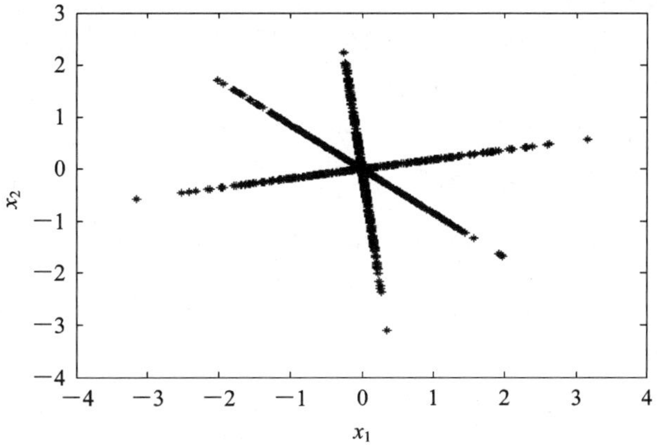

图 9.1　$n=3$、$m=2$ 时的观测信号

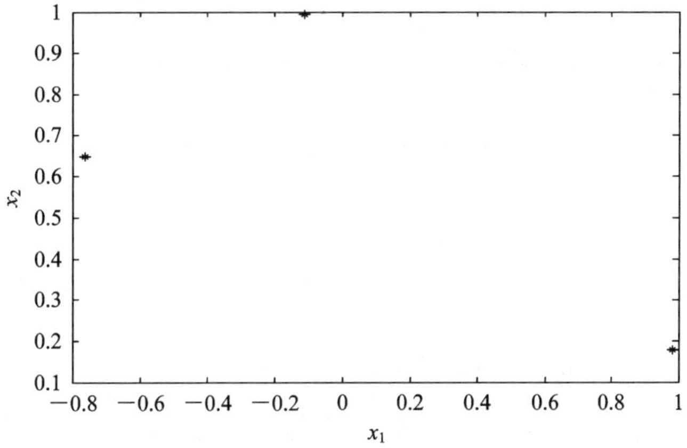

图 9.2　$n=3$、$m=2$ 时归一化后的观测信号

欠定盲源分离问题中，观测信号的这种聚类特性恰好可以利用 k 均值的方法来进行求解。从图 9.2 可以看出，归一化后的观测信号清晰地分为三类。处于同一类中的观测信号，它们之间的欧氏距离很小，远小于与其他类中观测信号间的欧氏距离。在没有噪声的情况下，同一类中的观测信号之间的欧氏距离为 0。

基于 k 均值聚类的混合矩阵估计的步骤如下：

步骤 1　将观测信号进行归一化。

步骤 2　确定 k 个聚类中心。

步骤 3　分别计算每个观测信号到 k 个聚类中心的距离，如式(9.1)。

步骤 4　将每个观测信号归类到离它最近的类中，并将每一类中的观测信号求均值得到新的聚类中心。

步骤 5　若两次迭代得到的聚类中心相同，则该聚类中心即为混合矩阵 **A** 的估计，否则回到步骤 3。

9.1.2 基于模糊C均值聚类(FCM)的充分稀疏欠定混合矩阵估计

模糊C均值(Fuzzy C-means，FCM)聚类方法，属于基于目标函数的模糊聚类算法的范畴。模糊C均值聚类方法是基于目标函数的模糊聚类算法理论中最为完善、应用最为广泛的一种算法。为了借助目标函数法求解聚类问题，人们利用均方逼近理论构造了带约束的非线性规划函数，以此来求解聚类问题。

FCM把T个观测向量$\boldsymbol{x}(j)(j=1, 2, \cdots, T)$分为$C$个模糊组，并求每组的聚类中心，使得非相似性指标的代价函数达到最小。FCM的代价函数(或目标函数)的一般化形式为

$$J(\boldsymbol{U}, \boldsymbol{Z}) = \sum_{i=1}^{C} J_i = \sum_{i=1}^{C}\sum_{j=1}^{T} u_{ij}^{p} d^2(\boldsymbol{x}(j), \boldsymbol{z}(i)) \tag{9.2}$$

式中：T代表样本数目，C代表聚类数目，$u_{ij} \subseteq \boldsymbol{U}$是观测向量$\boldsymbol{x}(j)$隶属于第$i$类的隶属度函数，满足$u_{ij} \in [0, 1]$，且

$$\sum_{i=1}^{C} u_{ij} = 1, \ \forall j = 1, \cdots, T \tag{9.3}$$

$\boldsymbol{U}$是一个$C \times T$的隶属矩阵。每一个观测向量$\boldsymbol{x}(j)$的维数为m，即

$$\boldsymbol{x}(j) = [x_1(j), x_2(j), \cdots, x_m(j)]^{\mathrm{T}} \tag{9.4}$$

则

$$\boldsymbol{X} = [\boldsymbol{x}(1), \boldsymbol{x}(2), \cdots, \boldsymbol{x}(T)] \tag{9.5}$$

是一个$m \times T$的矩阵。聚类中心

$$\boldsymbol{Z} = [\boldsymbol{z}(1), \boldsymbol{z}(2), \cdots, \boldsymbol{z}(C)] \tag{9.6}$$

是$m \times C$的矩阵。

$$d^2(\boldsymbol{x}(j), \boldsymbol{z}(i)) = \| \boldsymbol{x}(j) - \boldsymbol{z}(i) \|^2 \tag{9.7}$$

为第i个聚类中心与第j个数据点间的欧氏距离，且$p \in [1, \infty)$是一个加权指数(p通常取2～5之间的值)。

根据式(9.2)构造如下新的目标函数，即

$$\begin{aligned}\bar{J}(\boldsymbol{U}, \boldsymbol{Z}, \lambda_1, \cdots, \lambda_T) &= J(\boldsymbol{U}, \boldsymbol{Z}) + \sum_{j=1}^{T} \lambda_j \left(\sum_{i=1}^{C} u_{ij} - 1 \right) \\ &= \sum_{i=1}^{C}\sum_{j}^{T} u_{ij}^{p} d^2(\boldsymbol{x}(j), \boldsymbol{z}(i)) + \sum_{j=1}^{T} \lambda_j \left(\sum_{i=1}^{C} u_{ij} - 1 \right)\end{aligned} \tag{9.8}$$

这里$\lambda_j \in [0, 1]$是

$$\sum_{i=1}^{C} u_{ij} = 1, \ \forall j = 1, \cdots, T \tag{9.9}$$

这T个约束式的拉格朗日乘子。对所有输入参量求导，使式(9.8)达到最小的必要条件为

$$\boldsymbol{z}(i) = \frac{\sum_{j=1}^{T} u_{ij}^{p} \boldsymbol{x}(j)}{\sum_{j=1}^{T} u_{ij}^{p}} \tag{9.10}$$

和

$$u_{ij} = \frac{1}{\sum_{k=1}^{C} \left(\frac{d(\boldsymbol{x}(j), \boldsymbol{z}(i))}{d(\boldsymbol{x}(j), \boldsymbol{z}(k))} \right)^{2/(p-1)}} \tag{9.11}$$

根据式(9.10)和式(9.11)，对观测数据进行聚类分析，经过多次迭代计算，当算法收敛时，可估计得到一组聚类中心以及相应的隶属矩阵 $\boldsymbol{U}$。根据计算出的隶属矩阵 $\boldsymbol{U}$，可以进一步求出 $\boldsymbol{U}$ 的平均信息熵指标(Mean Entropy，ME)。首先定义 ME 指标的计算公式为

$$I(k')=-\sum_{i=1}^{k'}\sum_{t=1}^{T}\left\{\frac{u_{it}\times\log_2(u_{it})+(1-u_{it})\times\log_2(1-u_{it})}{T}\right\} \tag{9.12}$$

其中，k'表示假设的聚类数目，$I(k')$表示在聚类数目为 k'的情况下的 ME 指标值。当聚类的划分越合理时，即观测信号采样点属于某一聚类的概率越大时，该聚类的 ME 指标值越小。因此，当给定一组聚类数目$[C_{\min}, C_{\max}]$时，$C_{\min}$和 $C_{\max}$分别表示假设的最小聚类数目和最大聚类数目，利用 FCM 聚类和给定的聚类数目分别对观测信号采样点进行聚类分析，同时利用每个聚类数目下得到的隶属矩阵计算出 ME 指标值，作为评判观测数据最终聚类数目的标准，从而得出最合适的聚类数目以及对应的聚类中心 $\boldsymbol{Z}$，将 $\boldsymbol{Z}$ 作为混合矩阵的估计。

综上所述，基于 FCM 聚类的混合矩阵估计方法具体步骤如下：

步骤 1　设定算法循环次数 $N_{k'}$，$N_{k'}=C_{\max}-C_{\min}+1$，并设置初始值 $k'=C_{\min}$。$C_{\min}$和 $C_{\max}$分别表示假设的最小聚类数目和最大聚类数目。

步骤 2　随机产生一组 $M\times k'$的初始聚类中心$\widetilde{\boldsymbol{Z}}_{k'}$。

步骤 3　根据初始聚类中心$\widetilde{\boldsymbol{Z}}_{k'}$，利用 FCM 聚类对观测数据进行迭代计算，当算法收敛时，得到一组新的聚类中心$\boldsymbol{Z}_{k'}$，以及该聚类中心所对应的隶属矩阵 $\boldsymbol{U}_{k'}$。

步骤 4　计算出隶属矩阵 $\boldsymbol{U}_{k'}$的 ME 指标 $I(k')$。

步骤 5　令 $k':=k'+1$，再执行步骤 2，得到另一组聚类中心以及对应的 ME 指标 $I(k')$，直到 $k'=C_{\max}$，此时分别得到 $N_{k'}$个 ME 指标值。

步骤 6　搜索出 $N_k{}'$个 $I(k)$中的最小值，将该最小值所对应的聚类中心$\boldsymbol{Z}_{k'}$作为混合矩阵的估计。

由上述步骤可知，FCM 聚类的性能依赖于初始聚类中心的选取。因此，在对接收到的观测数据进行 FCM 聚类前，如果能采取一定的措施选择一个较好的初始聚类中心，然后利用聚类算法进行聚类，将会提高混合矩阵估计的精度。

9.1.3　基于改进的 k 均值聚类充分稀疏欠定混合矩阵估计

针对原始 k 均值聚类算法需给定聚类个数 k，聚类效果依赖于初始聚类中心选取的问题，有人提出基于密度和距离优化的思想选取初始聚类中心，减小算法对初始聚类中心的敏感性。此外为解决欠定盲源分离中源信号个数未知时的混合矩阵估计问题，提出一种改进的 k 均值聚类算法，该算法对数据对象的邻域半径进行重新定义，然后基于密度和距离选取初始聚类中心，并采用 Davies-Bouldin Index(以下简称 DBI 指标)确定最佳聚类数目。

1. 基于密度和距离选取初始聚类中心

设待聚类的数据集合为 $\widetilde{\boldsymbol{X}}$，$\widetilde{\boldsymbol{X}}=\{\widetilde{\boldsymbol{x}}_i\,|\,\widetilde{\boldsymbol{x}}_i\in\mathbf{R}^M, i=1, 2, \cdots, T\}$，给出如下定义。

定义 1　数据对象的邻域半径

数据对象的邻域半径 r 为所有对象之间最小距离的平均值，具体计算公式为

$$r=\frac{1}{T}\times\sum_{i=1}^{T}\min(d(\tilde{\boldsymbol{x}}_i,\ \tilde{\boldsymbol{x}}_j))\quad(j=1,\ 2\cdots,\ T,\ j\neq i)\tag{9.13}$$

定义 2 数据对象的密度参数

以任意数据对象$\tilde{\boldsymbol{x}}_i$ 为中心，r 为半径的邻域内数据对象的个数称为$\tilde{\boldsymbol{x}}_i$ 基于距离 r 的密度参数 $B_r(\tilde{\boldsymbol{x}}_i)$，具体计算公式为

$$\begin{cases}B_r(\tilde{\boldsymbol{x}}_i)=\sum\limits_{j=1}^{n}u(r-\mathrm{d}(\tilde{\boldsymbol{x}}_i,\ \tilde{\boldsymbol{x}}_j))\\ u(x)=\begin{cases}1 & x\geqslant 0\\ 0 & x<0\end{cases}\quad i,\ j=1,\ \cdots,\ n\end{cases}\tag{9.14}$$

其中，$d(\tilde{\boldsymbol{x}}_i,\ \tilde{\boldsymbol{x}}_j)=\|\tilde{\boldsymbol{x}}_i-\tilde{\boldsymbol{x}}_j\|$ 为集合 $\tilde{\boldsymbol{X}}$ 中任意两个数据对象之间的欧氏距离，$\|\cdot\|$ 表示范数。

设源信号个数 $n=5$，观测信号个数 $m=3$，在源信号充分稀疏条件下，观测信号如图 9.3 所示，可以看出观测信号具有线性聚类特征，直线的条数为源信号的个数，直线的方向由混合矩阵各列矢量决定。

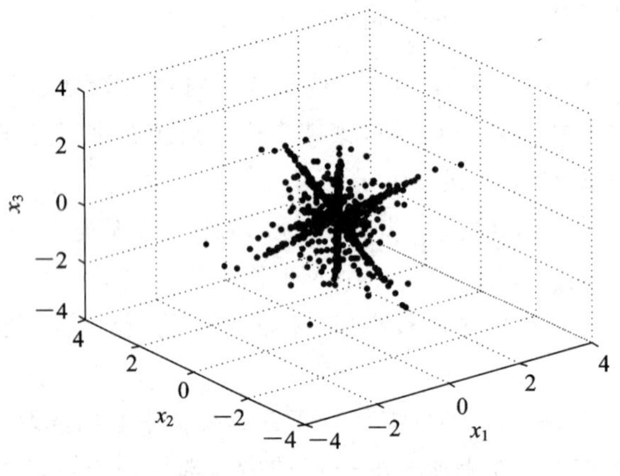

图 9.3 $n=5$，$m=3$ 时观测信号散点图

将观测信号投影到单位超球面上，如图 9.4 所示，可以看出采样数据的投影点也具有聚类特征，混合矩阵列矢量对应的投影点即为聚类中心，而采样数据的投影点分布在聚类中心的周围，聚类的数目即为源信号个数。

因为实际中源信号不可能在任何时刻都只有一个取值不为零，加上噪声的影响，会有一些异常值的出现，异常值和噪声对应的投影点远离聚类中心。在源信号充分稀疏的条件下，有用信号采样点个数远多于异常值的个数。根据定义 2 可知，在相同的半径内，与有用信号采样点相比，异常值对应投影点的密度参数较小，根据这一特点，可以采用式(9.13)计算每个投影点的密度参数，删除密度参数较小的投影点，以减小噪声和异常值对聚类结果的影响。从密度参数较大的投影点中选取初始聚类中心，同时为防止选择的初始聚类中心聚集在采样数据密度最高的区域，第一个初始聚类中心选择密度参数最大的点，剩余聚类中心基于最大、最小距离选取，减小聚类结果对初始聚类中心选取的敏感性。去掉低密度投影点后，采样数据在单位超球面上的分布情况如图 9.5 所示，可以很清楚地

看出有 5 个聚类，去掉了大部分异常值。

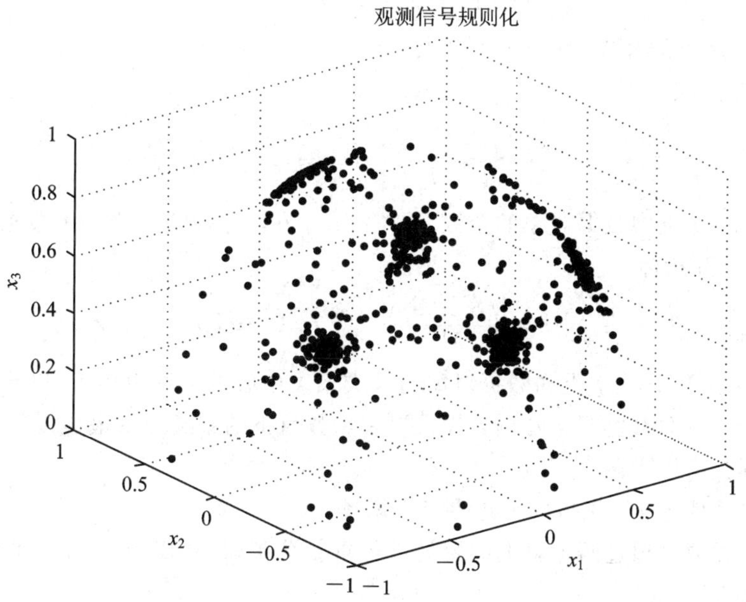

图 9.4　观测信号在单位超球面上投影点分布情况

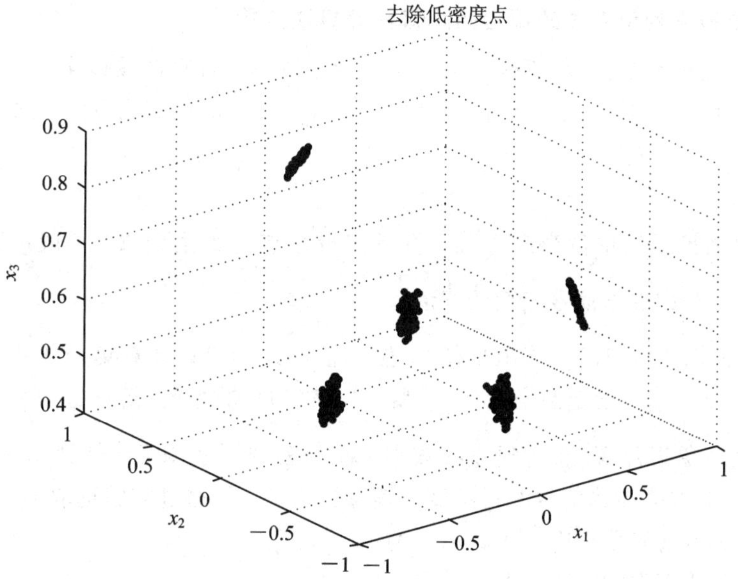

图 9.5　去掉低密度点后观测数据分布情况

2. 采用 DBI 指标确定最佳聚类个数

DBI 指标是一种非模糊型的集群评估指标，主要以聚类间离散程度和位于同一类内数据对象的紧密程度为依据。同一类内的数据对象相似程度越高，不同类间的相似程度越低，DBI 指标值就越小，分类效果越好，数据间的相似度采用欧氏距离来度量。

定义 3　类间距离

$$M_{ij} = \| \tilde{z}_i - \tilde{z}_j \| \tag{9.15}$$

其中，$\tilde{z}_i$ 和$\tilde{z}_j$ 分别表示第 i 和第 j 个聚类中心。

定义 4　类内距离

$$S_i = \frac{1}{T_i}\sum_{q=1}^{T_i} \| \tilde{\boldsymbol{x}}_q - \tilde{\boldsymbol{z}}_i \| \tag{9.16}$$

其中，T_i 表示第 i 类中数据对象的个数，$\tilde{\boldsymbol{x}}_q(q=1, \cdots, T_i)$为第 i 类中的数据对象。

定义 5　DBI 指标

$$I = \frac{1}{K}\sum_{i=1}^{K} \max_j \left(\frac{S_i + S_j}{M_{ij}}\right) \quad (j = 1, \cdots, K, \quad j \neq i) \tag{9.17}$$

当类间距离 M_{ij} 增大，类内数据对象与该类聚类中心的平均距离 S_i 和 S_j 变小时，DBI 指标随之变小。当 DBI 指标最小时，代表该聚类数目下的聚类效果最佳。

DBI 指标具有以下两个优点：

(1) 相比其他方法，该指标对边界点不敏感；

(2) 对聚类数目超过两个以上的聚类进行重新分类时，DBI 指标方法可以正确地对数据对象进行划分。

因此，可以根据 DBI 指标值的大小确定最佳聚类数目。欠定条件下观测信号个数 M 小于源信号个数 N，故选取初始聚类中心个数与观测信号个数 M 相同，即 $K=M$。

3. 基于改进 k 均值聚类的混合矩阵盲估计算法步骤

综上所述，基于改进 k 均值聚类的欠定混合矩阵盲估计算法具体实现步骤如下。

步骤 1　为了减小噪声的影响和计算量，将 $\| \boldsymbol{x}(t) \| < \rho_1$ 的观测数据删除不计，按下式

$$\tilde{\boldsymbol{x}}(t) = \frac{\mathrm{sign}(x_i(t)) \times \boldsymbol{x}(t)}{\| \boldsymbol{x}(t) \|} \quad (t = 1, 2, \cdots, T_0) \tag{9.18}$$

将剩余观测数据投影到单位半超球面，将所有投影点记为集合 $\tilde{\boldsymbol{X}}$；一般情况下选取 $\rho_1 = 0.2 \times \bar{E}$，其中，$\bar{E}$ 为观测信号能量的均值。

步骤 2　根据式(9.13)计算出半径 r，然后根据式(9.14)计算集合 $\tilde{\boldsymbol{X}}$ 中任意数据对象 $\tilde{\boldsymbol{x}}_i$ 的密度参数 $B_r(\tilde{\boldsymbol{x}}_i)$，设定两个阈值 η_1 和 η_2，将密度参数 $B_r(\tilde{\boldsymbol{x}}_i) < \eta_1$ 的数据对象删除，得到剩余数据对象集合 $\bar{\boldsymbol{X}}$；保存密度参数 $B_r(\tilde{\boldsymbol{x}}_i) > \eta_2$ 的数据对象，得到高密度数据对象集合 $\boldsymbol{D}$；η_1 和 η_2 的取值与源信号的稀疏度和信噪比有关，可通过实验选取。

步骤 3　选取初始聚类中心个数 $K=M$。

步骤 4　基于密度和距离选取初始聚类中心。

步骤 4.1　从高密度集合 $\boldsymbol{D}$ 中选择密度参数最大的数据对象作为第一个初始聚类中心 $\boldsymbol{z}_1$，取距离 $\boldsymbol{z}_1$ 最远的数据对象作为第二个初始聚类中心 $\boldsymbol{z}_2$；

步骤 4.2　对于 $l=3, 4, \cdots, K$，计算高密度集合 $\boldsymbol{D}$ 内其余数据对象$\tilde{\boldsymbol{x}}_i$ 到已选 $l-1$ 个初始聚类中心 $\boldsymbol{z}_j$ 的欧氏距离 $d(\tilde{\boldsymbol{x}}_i, \boldsymbol{z}_j)$，其中 $j=1, 2, \cdots, l-1$，$i \in [1, T_p]$，T_p 为高密度集合 $\boldsymbol{D}$ 中数据对象个数；选取到 $l-1$ 个初始聚类中心的最小欧氏距离最大的数据对象作为第 l 个初始聚类中心 $\boldsymbol{z}_l$，即

$$\boldsymbol{z}_l = \underset{\substack{\tilde{\boldsymbol{x}}_i \in \boldsymbol{D} \\ \tilde{\boldsymbol{x}}_i \neq \boldsymbol{z}_j}}{\operatorname{argmax}} \left\{ \min_{\substack{j=1,2,\cdots,l-1 \\ i=1,2,\cdots,T_p}} d(\tilde{\boldsymbol{x}}_i, \boldsymbol{z}_j) \right\} \tag{9.19}$$

步骤 5　计算集合 $\bar{\boldsymbol{X}}$ 内所有数据对象到所有聚类中心的欧氏距离，并将其分配给距离最小的类；计算每个类内所有数据对象的平均值，作为重新分类后的聚类中心 $\tilde{\boldsymbol{z}}_1 \cdots \tilde{\boldsymbol{z}}_i \cdots \tilde{\boldsymbol{z}}_K$，重复这一过程，直到聚类中心不再发生变化为止。

步骤 6　根据聚类结果，按式(9.15)～式(9.17)计算当前聚类个数下的 DBI 指标值 I_K。

步骤 7　令聚类个数 $K=K+1$，重复步骤 4～6，直到某次计算出的指标值满足迭代停止条件 $I_K > I_{K-1}$ 且 $I_{K-1} < I_{K-2}$，则最佳聚类个数为 $K_{\text{opt}} = K-1$，对应的聚类中心 $\tilde{\boldsymbol{z}}_1 \cdots \tilde{\boldsymbol{z}}_i \cdots \tilde{\boldsymbol{z}}_{K-1}$ 为最优聚类中心，迭代结束。

步骤 8　计算每个类包含的数据对象个数 C_k，其中，$k=1, \cdots, K_{\text{opt}}$；为保证得到的某些聚类不是由少数异常值和噪声构成的，计算每个类包含的数据对象个数与个数最大值 C 的比值($p_k = C_k / C$)，其中，$C = \max(C_1, C_2, \cdots, C_{K_{\text{opt}}})$；设定阈值 ρ_2，如果 $p_k < \rho_2$ 则去掉该类，最后保留下来的聚类个数即为源信号的个数的估计值，对应的聚类中心矢量即为混合矩阵的各列矢量的估计值，由此得到混合矩阵 $\boldsymbol{A}$ 的估计值 $\hat{\boldsymbol{A}}$；由于通过去低密度投影点去除了部分噪声和异常值，因此 ρ_2 的取值不宜太大，一般在 0.1～0.3 这个范围内。

9.1.4　仿真结果分析

下面分别给出基于 k 均值聚类方法、模糊 C 均值聚类以及改进 k 均值聚类方法的计算机仿真实验结果。在实验仿真中：假设接收端有 3 个接收通道；发射端选取 5 路不同的雷达通信信号作为仿真源信号，第一路信号和第二路信号分别为载频在 5 MHz 和 3 MHz 的常规雷达信号，第三、四路信号为线性调频雷达信号，载频分别为 2 MHz 和 1 MHz，脉内带宽分别为 4 MHz 和 5 MHz，第五路信号为正弦调相雷达信号，载频为 6 MHz；采样频率为 30 MHz，采样点数为 5000。5 个源信号时域波形如图 9.6 所示。

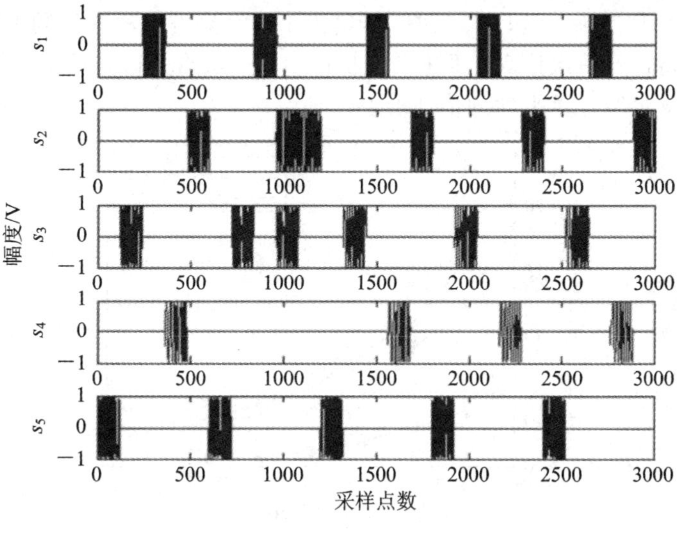

图 9.6　5 路不同的雷达通信信号波形图

5 路源信号在绝大部分的采样时刻是充分稀疏的，而在少部分采样时刻，存在多个源信号同时占优的情况。混合矩阵为随机产生的矩阵，即

$$\mathbf{A}=\begin{bmatrix}0.4428 & -0.0886 & 0.6550 & 0.1062 & 0.1586\\ -0.8423 & -0.7358 & -0.4139 & 0.9943 & -0.4827\\ 0.3075 & -0.6713 & -0.6322 & 0.0126 & 0.8613\end{bmatrix}$$

在不加噪声的情况下，当给定聚类数目 $n=5$ 时，用 k 均值聚类方法估计出的混合矩阵为

$$\mathbf{A}_{k\mathrm{means}}=\begin{bmatrix}0.4079 & -0.1227 & 0.6441 & 0.1301 & 0.1922\\ -0.8702 & -0.7337 & -0.4306 & 0.9832 & -0.4612\\ 0.2765 & -0.6631 & -0.6323 & 0.0565 & 0.8662\end{bmatrix}$$

混合矩阵估计平均误差 $e_{k\mathrm{means}}\approx 0.99\%$。用模糊 C 均值聚类方法估计出的混合矩阵为

$$\mathbf{A}_{\mathrm{fcm}}=\begin{bmatrix}0.4256 & -0.1012 & 0.6532 & 0.1183 & 0.1922\\ -0.8568 & -0.7293 & -0.4206 & 0.9930 & -0.4612\\ 0.2910 & -0.6767 & -0.6296 & 0.0005 & 0.8662\end{bmatrix}$$

混合矩阵估计平均误差 $e_{\mathrm{fcm}}\approx 0.55\%$。用改进 k 均值聚类方法估计出的混合矩阵为

$$\mathbf{A}_{\mathrm{im\_}k\mathrm{means}}=\begin{bmatrix}0.4428 & -0.0886 & 0.6550 & 0.1062 & 0.1586\\ -0.8432 & -0.7358 & -0.4139 & 0.9943 & -0.4827\\ 0.3075 & -0.6713 & -0.6322 & 0.0126 & 0.8613\end{bmatrix}$$

混合矩阵估计平均误差 $e_{\mathrm{im\_}k\mathrm{means}}\approx 0.004\%$。

由仿真结果中可以看到，在不加噪声的情况下，k 均值聚类和模糊 C 均值聚类均能够以较小的估计误差得到混合矩阵的估计，改进 k 均值算法估计得到的混合矩阵与初始混合矩阵基本无异，估计误差接近于 0。这是因为在得到的观测信号采样点中，当同时存在多个源信号占优时，观测信号采样点不再具有线聚特性，分布比较发散，直接采用 k 均值或模糊 C 均值聚类时，会使得到的混合矩阵估计误差加大。而在改进 k 均值算法中，由于加入了预处理操作，能够将多个源信号同时占优时的观测信号采样点除去，增强了观测信号采样点的聚类特性，因此聚类得到的估计误差很小。

在考虑噪声的情况下，图 9.7 中进一步给出了各个聚类方法在不同信噪比下的估计性能的仿真结果。每进行一次仿真，都重新随机产生一个混合矩阵，对应于不同的信道状态，仿真次数 300 次，最终计算平均的估计误差。

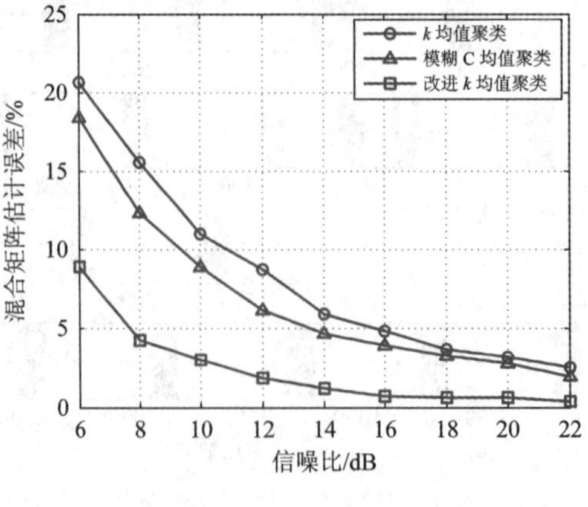

图 9.7 不同信噪比下各个聚类算法的估计性能

由图中可见，随着信噪比的提高，各个聚类算法的估计误差都在逐渐减小，在不同信噪比下，改进 k 均值算法的估计误差均低于 k 均值聚类和模糊 C 均值聚类。另外，改进 k 均值聚类的欠定混合矩阵估计算法在源信号个数未知时也能适用，而 k 均值聚类和模糊 C 均值聚类算法均需要源信号个数已知。

9.2　基于相似度检测的欠定混合矩阵估计

基于相似度检测的欠定混合矩阵估计方法主要包括观测信号预处理、提取高密度点以及源信号数目与混合矩阵估计三个步骤，下面将对每一个步骤的原理和作用进行介绍。

如图 9.8 所示，在实际的噪声环境中，源信号经过信道传输，并在接收端进行混合后，由于传输环境和噪声的影响，在观测信号中往往存在大量的异常值和噪声干扰，致使观测信号的聚类特征不够明显。因此，在进行源信号数目和混合矩阵估计前，需要对观测信号进行必要的预处理，以减小噪声和异常值的影响，突出观测信号的聚类特性，从而提高混合矩阵的估计精度。

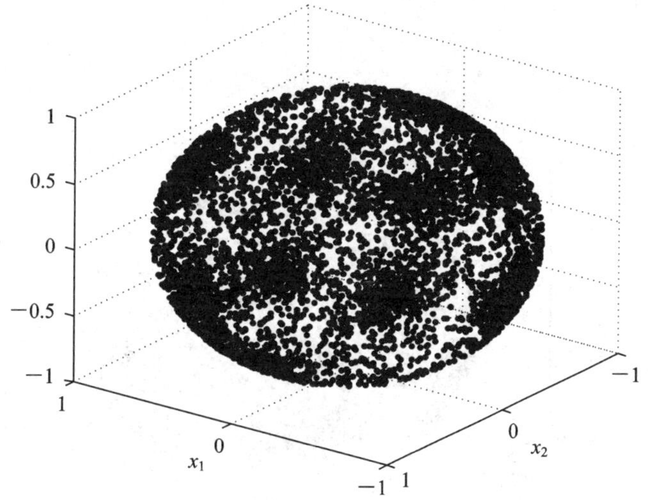

图 9.8　噪声环境下的观测信号分布散点图

定义每一个观测信号采样点的能量值为 $E_t = \| \boldsymbol{x}(t) \|_2$。低能量采样点的聚类特性受到噪声的影响往往比高能量采样点严重，不利于源信号数目的准确判断。因此需要通过预处理方法，提取出观测信号中聚类特性较好的高能量采样点，再进行后续的聚类分析。

9.2.1　观测信号预处理

对于时域稀疏的源信号，或者经过线性变换后在相应的变换域内呈现稀疏性的源信号，经过信道后，在得到的观测信号中，由于传输环境和噪声的影响，往往存在大量的异常值以及噪声点，因此在对观测信号采样点进行聚类前，需要进行相应的预处理，以减小异常值和噪声点对混合矩阵估计的影响。首先利用式(9.20)定义每一个观测信号采样点的能量值：

$$E_t = \| \boldsymbol{x}(t) \|_2 \quad (t = 1, 2, \cdots, T) \tag{9.20}$$

其中，E_t 表示第 t 个观测信号采样点的能量值，T 表示观测采样点的个数，$\|\cdot\|_2$ 表示取 L_2 范数操作。对于低能量点来说，受到噪声的影响往往比高能量点严重，这些点在单位超球面上分布比较分散，致使观测信号采样点的聚类特征不够明显，因此首先对聚类特性较好的高能量采样点进行提取。为了更加精确地估计混合矩阵，利用式(9.21)除去观测信号采样点中的低能量采样点，保留高能量采样点，组成高能量采样点矩阵：

$$\boldsymbol{X}=\{\boldsymbol{x}(t) \mid \|\boldsymbol{x}(t)\|_2 \geqslant \alpha * \max\{\|\boldsymbol{x}(t)\|_2\}\} \quad (t=1, 2, \cdots, T) \tag{9.21}$$

其中，$\|\boldsymbol{x}(t)\|_2$ 表示求取向量 $\boldsymbol{x}(t)$ 的 L_2 范数，α 的取值通常为 $\alpha \in [0.1, 0.4]$，$\boldsymbol{X}$ 中的每一列代表一个采样点。对 $\boldsymbol{X}$ 中保留下来的各个采样点 $\boldsymbol{x}(t)$ 进行归一化：

$$(\boldsymbol{x}(t)=\frac{\boldsymbol{x}(t)}{\|\boldsymbol{x}(t)\|_2} \quad (t=1, 2, \cdots, T_2) \tag{9.22}$$

T_2 为 $\boldsymbol{X}$ 中的总列数，即保留下来的高能量采样点数目。

如果源信号在某个域内是充分稀疏的，在对应的稀疏域上，若将观测信号的每一个采样点进行归一化后，由于线聚特性，观测信号采样点将会具有如图 9.9 所示的分布特性。由图 9.9 中可知，同一个方向上的观测信号采样点经过归一化后，会聚集在单位球面上的某一个区域上，同样具有聚类特征，而且每个聚类的聚类中心即为所需要求取的混合矩阵的列向量 $\boldsymbol{a}_i$。

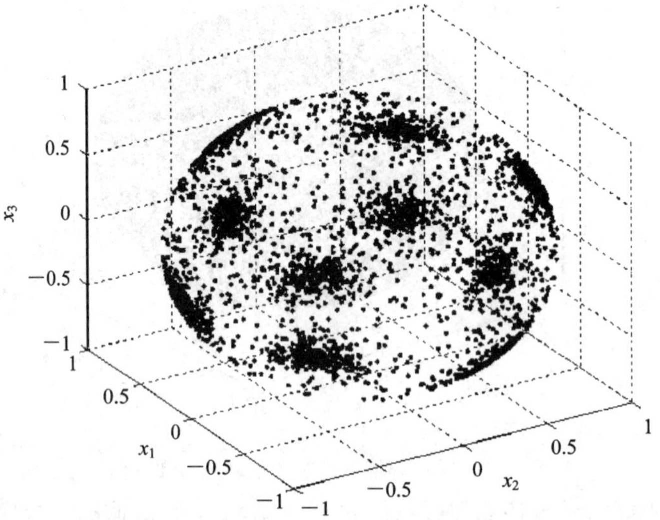

图 9.9　$m=3$、$n=5$ 时的观测信号采样点分布

由于源信号 s_i 的取值可正可负，因为采样点 $\boldsymbol{x}(t)$ 和 $-\boldsymbol{x}(t)$ 聚集在同一个 $\boldsymbol{a}_i$ 方向上，经归一化后，同一个源信号所对应的采样点在单位超球面上关于原点对称，形成两个聚类，在估计混合矩阵时，需将这样的两个聚类归为一个类，即这两个聚类对应的是同一个源信号 s_i。因此，在图 9.9 中，观测信号采样点的聚类个数是源信号个数的两倍。

9.2.2　提取高密度点

观测信号通过预处理后，虽然能够在一定程度上降低噪声和异常值对混合矩阵估计的影响，但是并不能将噪声和异常值完全剔除干净。从图 9.9 可见，在提取得到的高能量采样点中，依然存在很多分布密度比较小的采样点，这些低密度采样点中往往包含着大量的噪声和异常值，这些噪声和异常值不利于后面的聚类过程以及混合矩阵的精确估计。此外，在单位超球面上，对于采样点分布密度较大的各个聚类，往往包含着更多关于混合矩阵的有用信息。因此提取出高能量采样点中的高密度采样点成为一个必要的过程。下面将对提取高密度采样点的过程进行具体的论述。

首先，对于任意一个观测信号采样点 p，在单位球面上，将距离其最近的 d 个采样点组成一个样本集合，该集合称为 p 的邻域 $\boldsymbol{D}$，d 为邻域 $\boldsymbol{D}$ 的邻域容量，其邻域半径 r_d^p 即为点 p 与这 d 个采样点之间距离的最大值，即

$$r_d^p = \max\{\mathrm{dist}(p, q) \mid q \in \boldsymbol{D}\} \tag{9.23}$$

本节利用对象 p 与 q 之间的角度来作为两者距离的度量，即 $\mathrm{dist}(p, q)$表示 p 与 q 之间的角度大小。如果采样点 p 为高密度采样点，则其邻域内的采样点分布较为密集，即在一定的邻域容量条件下，与低密度采样点相比，其邻域半径更小。根据此原理，提取出高密度采样点。

定义高能量采样点矩阵 $\boldsymbol{X}$ 中各样本点之间的夹角为

$$\begin{cases} \theta_{i,j} = \left(\dfrac{180}{\pi}\right)\arccos\left(\dfrac{\sum\limits_{m=1}^{M} \boldsymbol{x}^m(i)\boldsymbol{x}^m(j)}{\|\boldsymbol{x}(i)\|_2 \ \|\boldsymbol{x}(j)\|_2}\right) \\ i = 1, 2, \cdots, T_2 \quad j = 1, 2, \cdots, T_2 \end{cases} \tag{9.24}$$

其中，$\theta_{i,j}$表示 $\boldsymbol{X}$ 中第 i 个样本点和第 j 个样本点之间的角度，m 表示每个采样点向量中的第 m 个元素。由于样本点经过归一化，因此有 $\|\boldsymbol{x}(i)\|_2=1$，$\|\boldsymbol{x}(j)\|_2=1$，故式(9.24)可变为

$$\theta_{i,j} = \left(\frac{180}{\pi}\right)\arccos\left(\sum_{m=1}^{M} \boldsymbol{x}^m(i)\boldsymbol{x}^m(j)\right) \tag{9.25}$$

在提取高密度采样点前，首先设置一个邻域容量 d，对于 d 的取值不宜太大，一般可在 βT_2 左右，$\beta \in [0.01, 0.06]$。邻域容量 d 确定以后，进一步求出各个采样点的领域半径，并判断是否为高密度采样点。

通过式(9.25)计算初始角度矩阵 $\boldsymbol{G}$：

$$\boldsymbol{G} = \{\theta_{i,j} \mid 1 \leqslant i \leqslant T_2, 1 \leqslant j \leqslant T_2\} \tag{9.26}$$

$\boldsymbol{G}$ 是一个 $T_2 \times T_2$ 的对称阵，矩阵的每一行分别表示每个观测信号采样点与其他采样点之间的角度。对 $\boldsymbol{G}$ 的每一行分别进行升序排列，得到排序角度矩阵 $\hat{\boldsymbol{G}}$，这样，$\hat{\boldsymbol{G}}$ 的第 d（$d=1, 2, \cdots, T_2$）列中的元素值即表示在邻域容量为 d 时各采样点所对应的邻域半径。对 $\hat{\boldsymbol{G}}$ 中的第 d 列元素求均值，得到判别阈值 $\bar{r}_d$。在单位球面上，由于属于同一个聚类的观测信号采样点分布较为紧密，各采样点之间的夹角较小，因此当邻域容量为 d 时，聚类中各采样点的邻域半径较小，而噪声点和异常值通常不属于任何一个聚类，其集聚密度一般较小，即其邻域半径的值一般比较大。根据此原理，保留邻域半径小于判别阈值 $\bar{r}_d$ 的观测信号采样点，组成高密度采样点矩阵$\boldsymbol{X}_2$，完成高密度采样点的提取。

9.2.3　源信号数目和混合矩阵估计

经过预处理后得到的高密度采样点，其聚类特性变得更加明显，而且在高密度采样点

矩阵$\boldsymbol{X}_2$中，当邻域容量为d时，每个高密度采样点的邻域半径$r_d^k(k=1, 2, \cdots, T)$总是小于判别阈值$\bar{r}_d$，其中T表示高密度矩阵$\boldsymbol{X}_2$中观测信号采样点的个数。而且由于d的取值较小，因此通常情况下各高密度采样点与其邻域范围内的其他采样点会存在于同一个聚类之中。利用式(9.27)构建一个用以衡量高密度矩阵$\boldsymbol{X}_2$中各采样点之间相似程度的角度矩阵：

$$\hat{\boldsymbol{\theta}}_{i,j}=\left(\frac{180}{\pi}\right)\arccos\left|\left(\sum_{m=1}^{M}\boldsymbol{x}_2^m(i)\boldsymbol{x}_2^m(j)\right)\right| \tag{9.27}$$

其中，$\hat{\boldsymbol{\theta}}_{i,j}$表示高密度矩阵$\boldsymbol{X}_2$中第$i$个采样点和第$j$个采样点之间的角度，$\boldsymbol{x}_2^m(i)$表示$\boldsymbol{X}_2$中第$m$个分量的第$i$个采样点，若$\hat{\boldsymbol{\theta}}_{i,j}$小于判别阈值$\bar{r}_d$的值，则判定高密度矩阵$\boldsymbol{X}_2$中的第$i$个采样点和第$j$个采样点归属于同一个聚类。根据此原理，将$\boldsymbol{X}_2$中的各采样点进行聚类，得到初步的分类$\boldsymbol{Y}=\{\widetilde{\boldsymbol{X}}_1, \widetilde{\boldsymbol{X}}_2, \cdots, \widetilde{\boldsymbol{X}}_K\}$，其中$\widetilde{\boldsymbol{X}}_k(k=1, 2, \cdots, K)$表示分类后得到的第$k$个聚类，$K$为聚类数目,即为初步估计得到的源信号数目。

考虑到实际传输环境中信道参数和噪声的影响，在极端情况下可能会发生混合矩阵中某两列相似度较高的情况，致使这两列对应的两个聚类比较接近，甚至存在交叠的部分，从而错误地形成一个大的聚类。因此在初步得到的聚类$\boldsymbol{Y}=\{\widetilde{\boldsymbol{X}}_1, \widetilde{\boldsymbol{X}}_2, \cdots, \widetilde{\boldsymbol{X}}_K\}$中，依然有可能存在聚类数目偏少的情况。基于此，需要对$\boldsymbol{Y}=\{\widetilde{\boldsymbol{X}}_1, \widetilde{\boldsymbol{X}}_2, \cdots, \widetilde{\boldsymbol{X}}_K\}$中的每一个聚类做进一步的评估和校正，评估校正方法如下。

对于得到的分类$\boldsymbol{Y}=\{\widetilde{\boldsymbol{X}}_1, \widetilde{\boldsymbol{X}}_2, \cdots, \widetilde{\boldsymbol{X}}_K\}$，计算各分类$\widetilde{\boldsymbol{X}}_i(i=1, 2, \cdots, K)$中样本点间的最大夹角$\theta_{\max}$，对于$\theta_{\max}\leqslant(\bar{r}_d+\psi)$的聚类保持不变，而对于$\theta_{\max}>(\bar{r}_d+\psi)$的聚类$\widetilde{\boldsymbol{X}}_i$，利用$k$均值聚类方法重新分为两类，其中，$\bar{r}_d$为提取高密度时得到的判别阈值。由于判别阈值$\bar{r}_d$是根据观测信号采样点自身的分布特点得到的，能够随着信噪比的变化而自适应地改变，因此$\bar{r}+\psi$能够很好地表征观测信号采样点的分布离散程度。而对于ψ的取值，是根据大量的实验仿真结果而设定的经验值，一般$\psi\in[15°, 20°]$。

经过校正后，得到一组更新后的分类$\breve{\boldsymbol{Y}}=\{\breve{\boldsymbol{X}}_1, \breve{\boldsymbol{X}}_2, \cdots, \breve{\boldsymbol{X}}_{K'}\}$，其中$K'$表示进行重新分类后得到的聚类个数，$\breve{\boldsymbol{X}}_j(j=1, 2, \cdots, K')$表示更新分类后得到的第$j$个类的数据。利用式(9.28)计算各类的聚类中心：

$$\boldsymbol{a}_j=\frac{1}{\text{num}_j}\sum\breve{\boldsymbol{X}}_j \quad (j=1, 2, \cdots, K') \tag{9.28}$$

其中，num_j表示分类$\breve{\boldsymbol{X}}_j$中采样点的个数。最后得到混合矩阵的估计$\boldsymbol{A}=[\boldsymbol{a}_1, \boldsymbol{a}_2, \cdots, \boldsymbol{a}_{K'}]$。

9.2.4 基于相似度检测的欠定混合矩阵估计算法步骤

综上所述，基于相似度检测的欠定混合矩阵估计算法具体步骤如下。

步骤1 根据式(9.20)和式(9.21)提取出高能量采样点，并归一化。

步骤2 提取高密度采样点：

步骤2.1 根据式(9.25)和式(9.26)计算初始角度矩阵$\boldsymbol{G}$;

步骤 2.2　计算排序角度矩阵 $\boldsymbol{W}=\text{sort}(\boldsymbol{G})$，sort(·)表示对矩阵的每一行进行升序排序；

步骤 2.3　设置邻域容量 $d=\beta N$，其中 $\beta\in[0.01, 0.05]$，N 为 $\boldsymbol{G}$ 的维数；

步骤 2.4　计算判别阈值 $\bar{r}_d=E\{\boldsymbol{W}(:, d)\}$，$\boldsymbol{W}(:, d)$表示矩阵 $\boldsymbol{W}$ 的第 d 列元素，$E\{\cdot\}$表示求均值；

步骤 2.5　保留邻域半径小于判别阈值 $\bar{r}_d$ 的采样点，组成高密度采样点矩阵$\boldsymbol{X}_2$。

步骤 3　进行初步的聚类划分：

步骤 3.1　构建角度矩阵 $\hat{\boldsymbol{\theta}}=\arccos(|\boldsymbol{X}_2^{\mathrm{T}}\boldsymbol{X}_2|)$；

步骤 3.2　根据 $\hat{\boldsymbol{\theta}}$ 得到 λ -截矩阵，$\bar{\lambda}=\bar{r}_d$；

步骤 3.3　根据 $\bar{\lambda}$ -截矩阵和高密度采样点矩阵$\boldsymbol{X}_2$，得到初步的聚类划分 $\boldsymbol{Y}=\{\widetilde{\boldsymbol{X}}_1, \widetilde{\boldsymbol{X}}_2, \cdots, \widetilde{\boldsymbol{X}}_K\}$。

步骤 4　对各聚类进行评估和校正：

步骤 4.1　根据角度矩阵，找到各分类$\widetilde{\boldsymbol{X}}_i\ (i=1, 2, \cdots, K')$中样本点间的最大夹角 $\theta_{\max}$；

步骤 4.2　若 $\theta_{\max}\leqslant\bar{r}_d+\psi$，聚类保持不变，否则利用 FCM 方法将$\widetilde{\boldsymbol{X}}_i$ 重新划分为 2 类，其中 $\psi\in[15°, 20°]$。

步骤 5　根据校正后的聚类$\breve{\boldsymbol{Y}}=\{\breve{\boldsymbol{X}}_1, \breve{\boldsymbol{X}}_2, \cdots, \breve{\boldsymbol{X}}_{K'}\}$，利用式(9.22)计算出各个聚类中心，得到混合矩阵的估计 $\boldsymbol{A}=[\boldsymbol{a}_1, \boldsymbol{a}_2, \cdots, \boldsymbol{a}_{K'}]$。

9.2.5　仿真结果及分析

本节仿真中将通过两个不同的仿真实验来测试相似度检测算法在不同实验条件下的估计性能。仿真一主要测试了相似度检测算法在不同应用场景下的估计性能，仿真二主要测试了当源信号中存在非充分稀疏的采样点时相似度检测算法的估计性能。仿真中采用源信号数目估计准确率以及估计误差衡量各个算法的混合矩阵估计性能。

仿真一　在不同应用场景下的估计性能

实验中，分别仿真了$[m, n]=[3, 4]$、$[m, n]=[3, 5]$、$[m, n]=[3, 6]$和$[m, n]=[6, 7]$、$[m, n]=[6, 8]$、$[m, n]=[6, 9]$等不同的场景，其中 m 为接收信号个数，n 为源信号个数，所使用的源信号为具有一定稀疏度的雷达信号。

场景$[m, n]=[3, 4]$中：第一路和第二路信号分别为载频在 5 MHz 和 3 MHz 的常规雷达信号；第三路信号为线性调频雷达信号，载频为 2 MHz，脉内带宽为 4 MHz；第四路信号为正弦调相雷达信号，载频为 6 MHz。采样频率为 30 MHz，采样点数为 4800。

场景$[m, n]=[3, 5]$中：第一路和第二路信号分别为载频在 5 MHz 和 3 MHz 的常规雷达信号；第三路和第四路信号为线性调频雷达信号，载频分别为 2 MHz 和 1 MHz，脉内带宽分别为 4 MHz 和 5 MHz；第五路信号为正弦调相雷达信号，载频为 6 MHz。采样频率为 30 MHz，采样点数为 4800。

场景[m, n]=[3, 6]中：第一路和第二路信号分别为载频在5 MHz和3 MHz的常规雷达信号；第三路和第四路信号为线性调频雷达信号，载频分别为2 MHz和1 MHz，脉内带宽分别为4 MHz和5 MHz；第五路和第六路信号为正弦调相雷达信号，载频分别为6 MHz和4 MHz；采样频率为30 MHz，采样点数为5760。

场景[m, n]=[6, 7]中：第一路和第二路信号分别为载频在5 MHz和3 MHz的常规雷达信号；第三路和第四路信号为线性调频雷达信号，载频分别为2 MHz和1 MHz，脉内带宽分别为4 MHz和5 MHz；第五路和第六路信号为正弦调相雷达信号，载频分别为6 MHz和4 MHz；第七路信号为非线性调频信号，起始频率为2 MHz，终止频率为4 MHz。采样频率为30 MHz，采样点数为6720。

场景[m, n]=[6, 8]中：第一路和第二路信号分别为载频在5 MHz和3 MHz的常规雷达信号；第三路和第四路信号为线性调频雷达信号，载频分别为2 MHz和1 MHz，脉内带宽分别为4 MHz和5 MHz；第五路和第六路信号为正弦调相雷达信号，载频分别为6 MHz和4 MHz；第七路和第八路信号为非线性调频信号，起始频率分别为2 MHz和3 MHz，终止频率分别为6 MHz和4 MHz。采样频率为30 MHz，采样点数为7680。

场景[m, n]=[6, 9]中：第一路和第二路信号分别为载频在5 MHz和3 MHz的常规雷达信号；第三路和第四路信号为线性调频雷达信号，载频分别为2 MHz和1 MHz，脉内带宽分别为4 MHz和5 MHz；第五路和第六路信号为正弦调相雷达信号，载频分别为6 MHz和4 MHz；第七路和第八路信号为非线性调频信号，起始频率分别为2 MHz和3 MHz，终止频率分别为6 MHz和4 MHz；第九路信号为常规雷达信号，载频为2 MHz。采样频率为30 MHz，采样点数为5400。

图9.10和图9.11是当m=3时采用相似度检测算法得到的仿真结果，包括源信号数目估计准确率以及源信号数目估计准确时的混合矩阵估计误差。仿真次数为300次，每次仿真中的混合矩阵都随机生成，对应于不同的信道状态。

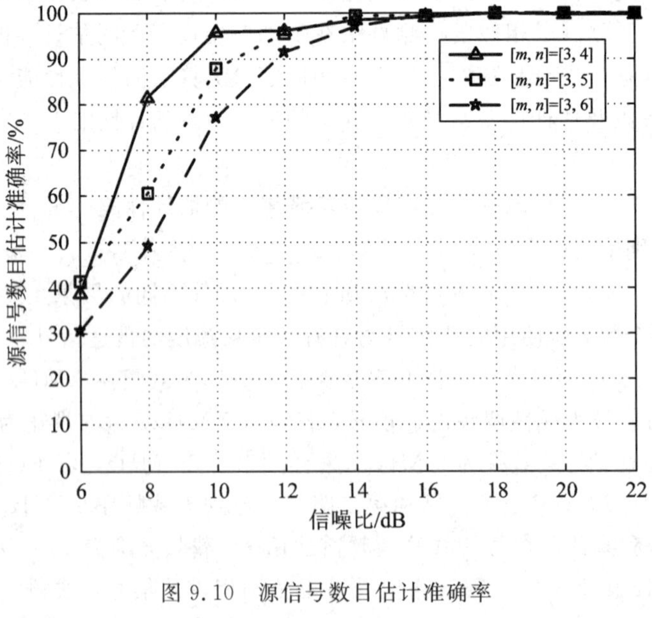

图9.10 源信号数目估计准确率

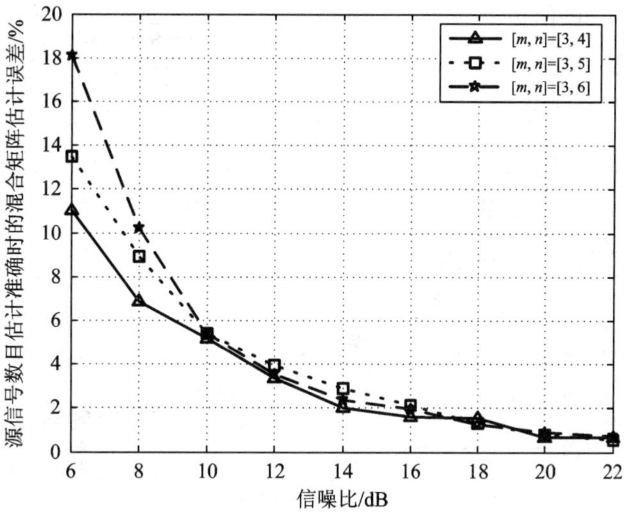

图 9.11　源信号数目估计准确时的混合矩阵估计误差

从图中可知，在不同的仿真场景下，本方案中的方法都能够较好地估计源信号数目以及混合矩阵。当 SNR=12 dB 时，各场景下的源信号估计准确率都已经大于 90%，混合矩阵估计误差低于 4%。此外，源信号数目越少，源数目估计准确率越高。在[m, n]=[3, 4]的场景下，SNR=8 dB 时，源信号数目估计准确率已达到 80%左右，源信号数目准确估计时的混合矩阵估计误差低于 8%。

为了进一步验证相似度检测算法的普适性，图 9.12 和图 9.13 中给出了 $m=6$ 时采用该算法得到的仿真结果。

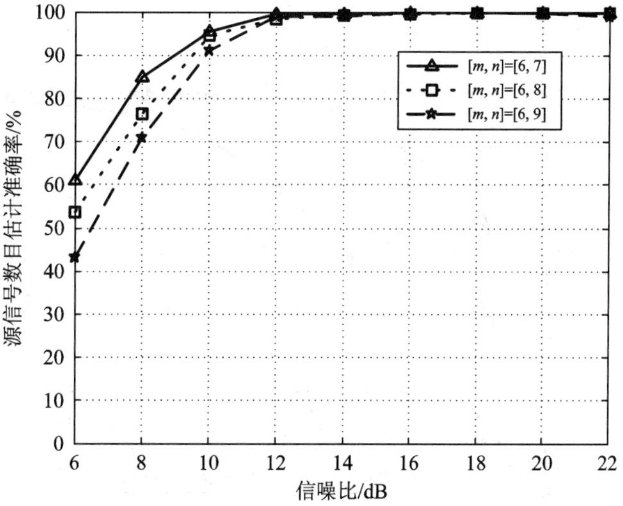

图 9.12　$m=6$ 时不同场景下的源信号数目估计准确率

由图 9.12 和图 9.13 中的仿真结果可见，当 $m=6$ 时，相似度检测算法仍然适用，而且在低信噪比下，其估计性能要优于 $m=3$ 时的场景。当 SNR 大于 12 dB 时，各场景下的源数目估计准确率都接近 100%，混合矩阵估计误差低于 5%。

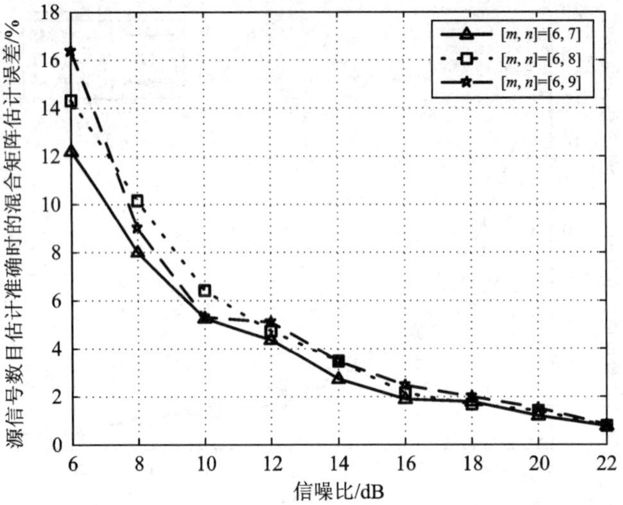

图 9.13 $m=6$ 时源信号数目估计准确时的混合矩阵估计误差

仿真二 源信号中存在非充分稀疏采样点时的估计性能

仿真二中测试了当源信号中存在部分非充分稀疏采样点时，相似度检测算法的性能，仿真中使用的源信号类型与仿真一中的源信号类型相同。

图 9.14 和图 9.15 中分别比较了源信号完全充分稀疏时和存在非充分稀疏部分时的估计性能。由图中可知，当源信号中存在非充分稀疏部分时，源信号数目和混合矩阵的估计准确率会受到一定影响，特别是在信噪比较低的情况下，影响较大，随着信噪比的提升，其影响逐渐减弱。当 SNR＝16 dB 时，各种情况下的源数目估计准确率均到达 90％以上，混合矩阵估计误差低于 5％。

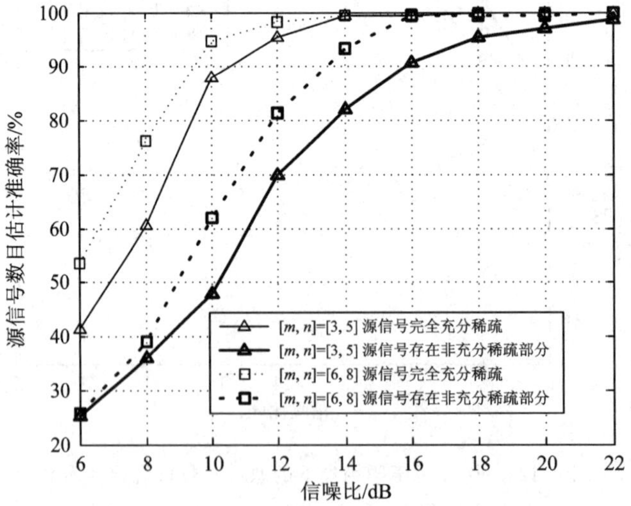

图 9.14 各种情况下的源信号数目估计准确率

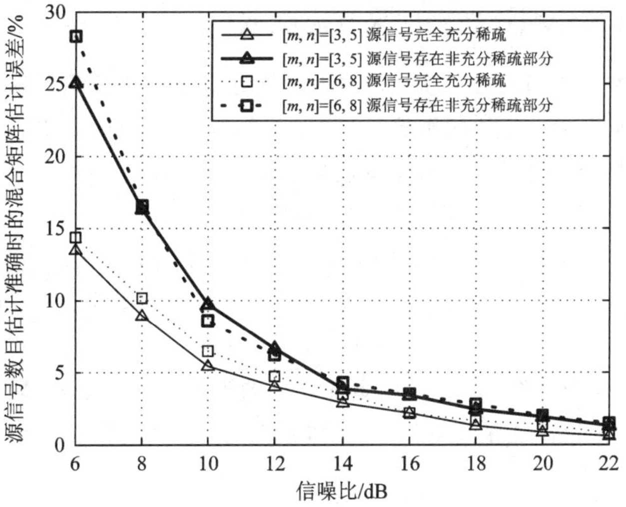

图 9.15　各种情况下源信号数目估计准确时的混合矩阵估计误差

9.3　基于靶心检索的欠定混合矩阵估计

在一定信噪比下，经过初步的预处理步骤，在单位球面上，保留下来的高密度采样点基本上可以清晰地分为几个不同的聚类。然而，当混合矩阵中某两个列向量的方向比较接近时，会造成对应的两个聚类比较近，聚类边界模糊，甚至交叠在一起，如图 9.16 所示。在这种情况下，一般的聚类算法(如模糊 C 均值聚类方法)很难将这样的两个聚类区分开来，从而被误估为一个聚类。在基于相似度检测的欠定混合矩阵估计方法中，加入了聚类中心评估校正的步骤，在一定程度上能够区分出这几个不同的聚类，能够较好地适应不同信噪比下观测信号采样点分布的变化。本节将给出一种基于靶心检索的欠定混合矩阵估计方法，对于解决观测信号分布存在聚类边界模糊的情形具有更好的估计性能。

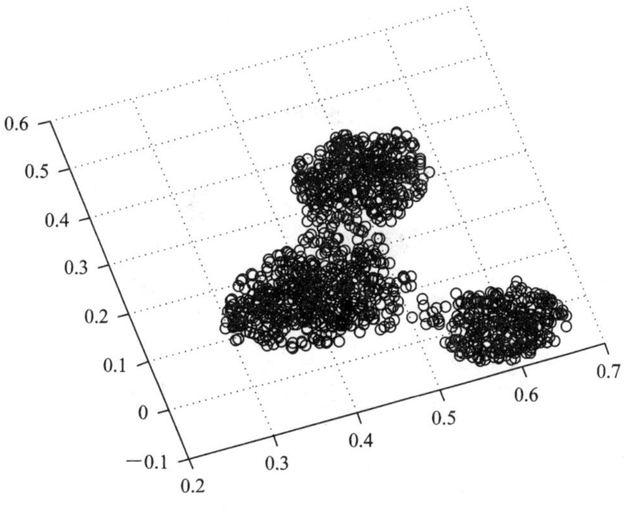

图 9.16　两个聚类比较接近时的情况

9.3.1　观测信号预处理及高密度采样点提取

在对观测信号采样点进行聚类前，需要对观测数据矩阵进行预处理以及提取高密度采样点的操作，减小噪声和异常值的影响。首先，根据式(9.29)和式(9.30)提取观测信号采样点中的高能量采样点，组成一个高能量点矩阵$\boldsymbol{X}_1$：

$$\boldsymbol{Z}=\{\boldsymbol{x}(t)\mid \|\boldsymbol{x}(t)\|_2\geqslant a\}$$
$$\text{s.t.}\quad a=\mathrm{E}\{\|\boldsymbol{x}(t)\|_2\},\ t=1,2,\cdots,T \tag{9.29}$$

$$\boldsymbol{X}_1=\{\boldsymbol{z}(k)\mid \|\boldsymbol{z}(k)\|_2\geqslant a+\alpha*(\mathrm{E}\{\|\boldsymbol{z}(k)\|_2\}-a)\}$$
$$k=1,2,\cdots,T_1 \tag{9.30}$$

其中，E(・)表示求期望操作，$\boldsymbol{z}(k)$表示矩阵$\boldsymbol{Z}$中的第k列，T_1表示$\boldsymbol{Z}$中的总列数，α的取值通常为$\alpha\in(0,1)$。对高能量矩阵$\boldsymbol{X}_1$中保留下来的每一列，即每一个观测信号采样点进行归一化：

$$\boldsymbol{x}_1(l):=\frac{\boldsymbol{x}_1(l)}{\|\boldsymbol{x}_1(l)\|_2}\quad(l=1,2,\cdots,T_3) \tag{9.31}$$

其中，$\boldsymbol{x}_1(l)$表示$\boldsymbol{X}_1$中的第l列，T_3为$\boldsymbol{X}_1$中的总列数，即提取出来的高能量观测信号样本点数目。

对于高密度采样点的提取采用和9.2.2小节中相同的方法，因此不再进行赘述。经过高密度采样点提取操作，得到高密度采样点矩阵$\boldsymbol{X}_2$以及判别阈值$\bar{r}_d$。

9.3.2　源信号数目以及混合矩阵估计

如图9.17所示，在单位超球面上，观测信号采样点会集聚在混合矩阵各个列向量所决定的点的周围，形成一个密集的聚类，其聚类中心即为所要求取的混合矩阵列向量。对于同属于一个聚类的观测信号采样点，在一定邻域半径δ范围内，各采样点的邻域容量较大，而且邻域容量最大的采样点往往存在于聚类的内部，距离聚类中心较近。因此，通过搜索邻域半径为δ时，各个聚类中邻域容量最大的采样点的位置，并提取出该采样点邻域内的

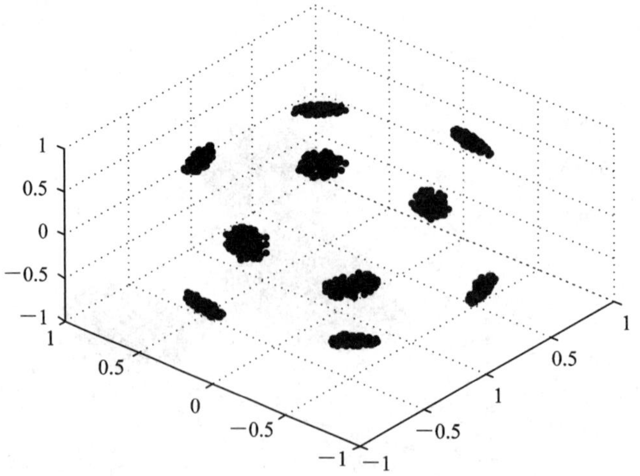

图9.17　高密度采样点的分布

所有观测信号采样点，以求均值的方式计算出聚类中心，作为混合矩阵列向量的估计。当单位超球面上所有聚类都被搜索完毕时，即可得到源信号数目以及混合矩阵的估计。

对于邻域半径 δ 的选取，可以取 $\delta=\bar{r}_d+\sigma$，其中，$\bar{r}_d$ 为提取高密度采样点时求得的判别阈值，σ 为一个较小的常数值，可在(1°，5°)之间选取。这样选取的原因有以下几点：

(1) $\bar{r}_d$ 值往往要小于每个聚类的半径，以 $\bar{r}_d$ 为观测信号采样点的邻域半径，能够保证最大邻域容量采样点与其邻域内的点同在一个聚类之中；

(2) 判别阈值 $\bar{r}_d$ 是根据观测信号采样点自身的分布特点得到的，能够很好地表征观测信号采样点的分布离散程度，随着信噪比的变化而自适应的变化，当信噪比越小时，观测信号采样点越分散，$\bar{r}_d$ 的值越大，反之，信噪比越大时，观测信号采样点越密集，$\bar{r}_d$ 的值越小；

(3) 当信噪比趋于无穷大时，$\bar{r}_d$ 的取值趋近于 0，考虑到邻域半径不能过小而接近于 0，因此在 $\bar{r}_d$ 的基础上加上一个较小的角度 σ，使 $\delta=\bar{r}_d+\sigma$，从而避免邻域半径趋近于 0 的情况。

综上所述，当给定邻域半径 $\delta=\bar{r}_d+\sigma$ 时，在各个聚类中，搜索邻域容量最大的采样点及其邻域的方法如下。

首先构建一个用以衡量高密度采样点矩阵 $\boldsymbol{X}_2$ 中各采样点之间角度关系的角度矩阵 $\bar{\boldsymbol{\theta}}$。

$$\bar{\boldsymbol{\theta}}=\begin{bmatrix}\bar{\theta}_{11} & \bar{\theta}_{12} & \cdots & \bar{\theta}_{1M'}\\ \bar{\theta}_{21} & \bar{\theta}_{22} & \cdots & \bar{\theta}_{2M'}\\ \vdots & \vdots & \ddots & \vdots\\ \bar{\theta}_{M'1} & \bar{\theta}_{M'2} & \cdots & \bar{\theta}_{M'M'}\end{bmatrix}\tag{9.32}$$

其中，

$$\bar{\theta}_{i,j}=\left(\frac{180}{\pi}\right)\arccos\left(\sum_{k=1}^{m}x_k(i)x_k(j)\right),\quad i,j=1,2,\cdots,M'\tag{9.33}$$

$\bar{\boldsymbol{\theta}}$ 是一个 $M'\times M'$ 的对称矩阵，$\bar{\theta}_{i,j}$ 表示高密度采样点矩阵 $\boldsymbol{X}_2$ 中第 i 个采样点和第 j 个采样点之间的角度，M' 为高密度采样点矩阵 $\boldsymbol{X}_2$ 中的观测信号采样点个数。

定义 1　λ-截矩阵：对于一个给定的矩阵 $\boldsymbol{R}$，将矩阵中小于 λ 的元素置为 1，大于或等于 λ 的元素置为 0，得到一个新的矩阵 $\tilde{\boldsymbol{R}}$，$\tilde{\boldsymbol{R}}$ 称作矩阵 $\boldsymbol{R}$ 的 λ-截矩阵。

根据定义 1 求取角度矩阵 $\bar{\boldsymbol{\theta}}$ 的 λ-截矩阵 $\tilde{\boldsymbol{\theta}}$，其中令 λ 的值等于邻域半径 δ，则可得到截矩阵 $\tilde{\boldsymbol{\theta}}$

$$\tilde{\boldsymbol{\theta}}=\begin{bmatrix}1 & 0 & \cdots & 0\\ 0 & 1 & \cdots & 1\\ \vdots & \vdots & \ddots & \vdots\\ 0 & 1 & \cdots & 1\end{bmatrix}\tag{9.34}$$

在截矩阵 $\tilde{\boldsymbol{\theta}}$ 中，矩阵的每一列(行)分别表示在高密度采样点矩阵 $\boldsymbol{X}_2$ 中，各个观测信号采样点与其他采样点之间的角度关系。若在第 j 列中，$\tilde{\theta}_{i,j}=1$，则表示高密度采样点矩阵$\boldsymbol{X}_2$ 中第 i 个采样点和第 j 个采样点之间的角度小于邻域半径 δ，即第 j 个采样点在采样点 i 的邻域范围内。因此，如果对截矩阵 $\tilde{\boldsymbol{\theta}}$ 中的每一列的元素进行求和，即可得到高密度采样点矩阵$\boldsymbol{X}_2$ 中每个采样点的邻域容量大小，即密度大小。利用式(9.35)计算出高密度矩阵$\boldsymbol{X}_2$ 中各个采样点的邻域容量，并得到邻域容量最大的采样点及其在$\boldsymbol{X}_2$ 中的序号。

$$\gamma = \operatorname{argmax} \sum_{\text{in col}} \tilde{\boldsymbol{\theta}} \tag{9.35}$$

其中，$\sum\limits_{\text{in col}}(\cdot)$表示对矩阵的各列分别进行求和。根据截矩阵 $\tilde{\boldsymbol{\theta}}$ 与式(9.35)，提取出高密度采样矩阵$\boldsymbol{X}_2$ 中的第 γ 个采样点，以及该采样点邻域内的所有采样点，组成聚类集合 $\boldsymbol{Y}$，并利用式(9.36)计算出 $\boldsymbol{Y}$ 的聚类中心。

$$\boldsymbol{a} = \frac{1}{\text{num}'} \sum_{\text{in row}} \boldsymbol{Y} \tag{9.36}$$

其中，$\sum\limits_{\text{in row}}(\cdot)$ 表示对矩阵的各行进行求和，$\boldsymbol{a}$ 表示所求得的聚类中心，num′表示 $\boldsymbol{Y}$ 中采样点的个数。

得到第一个聚类中心以后，利用同样的方法搜索下一个最大邻域容量采样点，并计算得到新的聚类中心。此时，在高密度采样点矩阵$\boldsymbol{X}_2$ 中，将所有已经提取过的采样点标记为已提取点，对于已经计算过聚类中心的聚类，已提取点无须再进行搜索，以免重复得到同一个聚类的聚类中心。因此在计算下一个聚类的聚类中心时，为避免搜索到的最大邻域容量采样点为已提取点，在截矩阵 $\tilde{\boldsymbol{\theta}}$ 中，将已提取点所对应的行和列也进行相应的标记，在搜索邻域容量最大采样点时，只对截矩阵 $\tilde{\boldsymbol{\theta}}$ 中未被标记的列向量进行计算和搜索，对于被标记的行和列则不再参与计算或搜索。以此类推，运用相同的方法再计算下一个聚类中心，直到在高密度采样点矩阵$\boldsymbol{X}_2$ 中，搜索到的最大邻域容量采样点的邻域范围内出现已提取点，并且非提取点所占比例小于 η 时(通常取 $\eta \in (0.3, 0.8)$)，说明该最大邻域容量采样点所在聚类的聚类中心之前已经计算过，此时则停止搜索，观测信号采样点中的所有聚类全部检索完成。

将得到的所有聚类中心组成矩阵 $\boldsymbol{B}=[\boldsymbol{a}_1, \boldsymbol{a}_2, \cdots, \boldsymbol{a}_K]$，其中，$\boldsymbol{a}_i$ 为各个聚类中心，K 为得到的聚类中心个数。从前面的分析中可知，聚类中心个数是源信号个数的两倍，因此需要将矩阵 $\boldsymbol{B}$ 中对应于同一个源信号的两个聚类中心合并为一类，即估计得到的源信号的数目为$\lceil K/2 \rceil$，其中，$\lceil \cdot \rceil$表示向上取整操作。估计混合矩阵时，首先将矩阵 $\boldsymbol{B}$ 中第一行元素为负值的列向量利用式(9.36)进行翻转，即相当于在单位超球面上，将位于下半球面上的聚类中心点关于原点对称投射到上半球上，在理想情况下，此时对应于同一个源信号的两个聚类中心会位于球面的同一个位置上。

$$\boldsymbol{a}_j = \begin{cases} \boldsymbol{a}_j, & \boldsymbol{a}_j(1) \geq 0 \\ -\boldsymbol{a}_j, & \boldsymbol{a}_j(1) < 0 \end{cases} \quad j = 1, 2, \cdots, K \tag{9.37}$$

最后利用 k 均值聚类方法将矩阵 $\boldsymbol{B}$ 中的各聚类中心分为$\lceil K/2 \rceil$类，其分类结果作为混合矩阵的估计。

综上所述，基于靶心检索的欠定混合矩阵估计方法具体实现步骤如下。

步骤 1　提取出高能量采样点，并归一化，得到$\boldsymbol{X}_1$。

步骤 2　提取高密度采样点：

步骤 2.1　计算初始角度矩阵 $\boldsymbol{G}=\arccos(\boldsymbol{X}_1^{\mathrm{T}}\boldsymbol{X}_1)$；

步骤 2.2　计算排序角度矩阵 $\boldsymbol{W}=\mathrm{sort}(\boldsymbol{G})$，$\mathrm{sort}(\cdot)$表示对矩阵的每一行进行升序排序；

步骤 2.3　设置邻域容量 $d=\beta N$，其中 $\beta\in[0.01, 0.05]$，N 是 $\boldsymbol{G}$ 的维数；

步骤 2.4　计算判别阈值 $\bar{r}_d=\mathrm{E}\{\boldsymbol{W}(:, d)\}$，$\boldsymbol{W}(:, d)$表示矩阵 $\boldsymbol{W}$ 的第 d 列元素；

步骤 2.5　保留邻域半径小于判别阈值 $\bar{r}_d$ 的采样点，组成高密度采样点矩阵$\boldsymbol{X}_2$。

步骤 3　构建矩阵$\boldsymbol{X}_2$ 中采样点的角度矩阵 $\hat{\boldsymbol{\theta}}=\arccos(\boldsymbol{X}_2^{\mathrm{T}}\boldsymbol{X}_2)$，根据 $\hat{\boldsymbol{\theta}}$ 得到$\bar{\lambda}$-截矩阵，$\bar{\lambda}=\bar{\delta}=\bar{r}_d+\hat{\sigma}_d$，$\hat{\sigma}\in[1°, 5°]$。

步骤 4　根据式(9.34)和式(9.35)搜出靶心位置，提取出靶心邻域范围内的采样点集合 $\boldsymbol{Y}$。

步骤 5　判断集合 $\boldsymbol{Y}$ 中的非提取点所占的比例是否大于 η，$\eta\in[0.6, 1]$。

步骤 5.1　非提取点所占的比例大于 η，则利用式(9.36)计算集合 $\boldsymbol{Y}$ 的聚类中心，存入矩阵 $\hat{\boldsymbol{B}}$；

步骤 5.2　非提取点所占的比例小于 η，算法停止。

步骤 6　根据式(9.37)以及 k 均值聚类思想对 $\hat{\boldsymbol{B}}$ 做进一步聚类划分，得到最终的混合矩阵估计。

9.3.3　仿真结果及分析

本小节仿真中将通过两个不同的仿真实验来测试所提出方法在不同实验条件下的估计性能以及源信号中存在非充分稀疏部分时对估计性能的影响。仿真一主要测试了所提方法在不同应用场景(不同源信号个数的情况)下的估计性能，仿真二主要测试了源信号中存在非充分稀疏部分时对估计方法性能的影响。

其中，仿真一和仿真二中所使用的源信号类型和第 9.2.4 小节中的源信号类型相同，因此这里不再赘述。

仿真一　所提方法在不同应用场景下的估计性能

图 9.18 和图 9.19 分别是当 $m=3$ 时，采用本节介绍的估计方法得到的源信号数目的估计准确率和源信号数目估计准确时的混合矩阵估计误差。仿真次数为 300 次，每次仿真中的混合矩阵为随机生成的高斯矩阵。

从图中可知，在不同的仿真场景下，本方案中的方法都具有较好的估计性能，SNR=

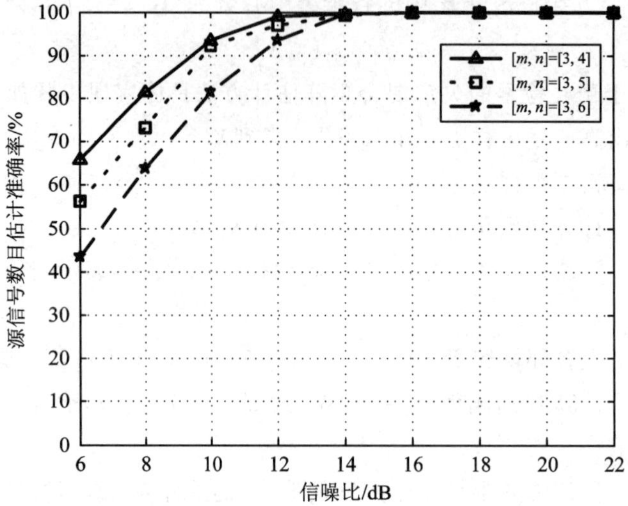

图 9.18　$m=3$ 时不同场景下的源信号数目估计准确率

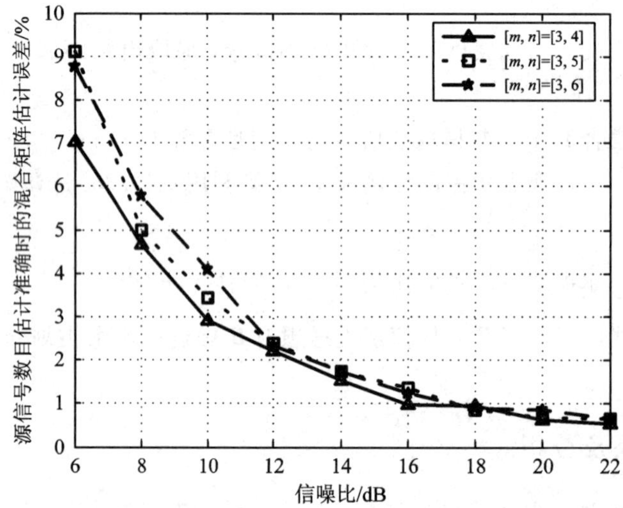

图 9.19　$m=3$ 时源信号数目估计准确时的混合矩阵估计误差

10 dB 时，各场景下的源信号估计准确率都已经大于 80%，源信号数目正确估计时的混合矩阵估计误差低于 2%。此外，源信号数目个数越少，源数目估计准确率越高，在[m, n]=[3, 4]的场景下，SNR=8 dB 时，源信号数目估计准确率已经达到 80%左右，源信号数目准确估计时的混合矩阵估计误差低于 4%。

仿真二　源信号中存在非充分稀疏采样点时的估计性能

为测试当源信号中存在非充分稀疏采样点时本方法估计性能所受到的影响，本仿真中以[m, n]=[3, 5]和[m, n]=[6, 8]时的场景为例，做进一步的仿真，其中源信号类型与 9.1.4 小节中的源信号类型相同。图 9.20 和图 9.21 中分别比较了源信号完全充分稀疏时和存在非充分稀疏部分时的估计性能。这里存在非充分稀疏部分指的是在部分时间段起主导作用(或非零)的源信号个数大于 1。

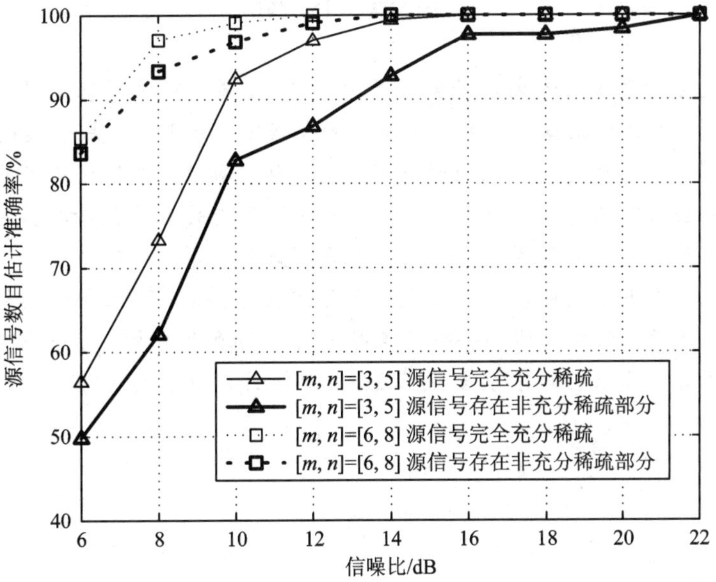

图 9.20　不同情况下的源信号数目估计准确率

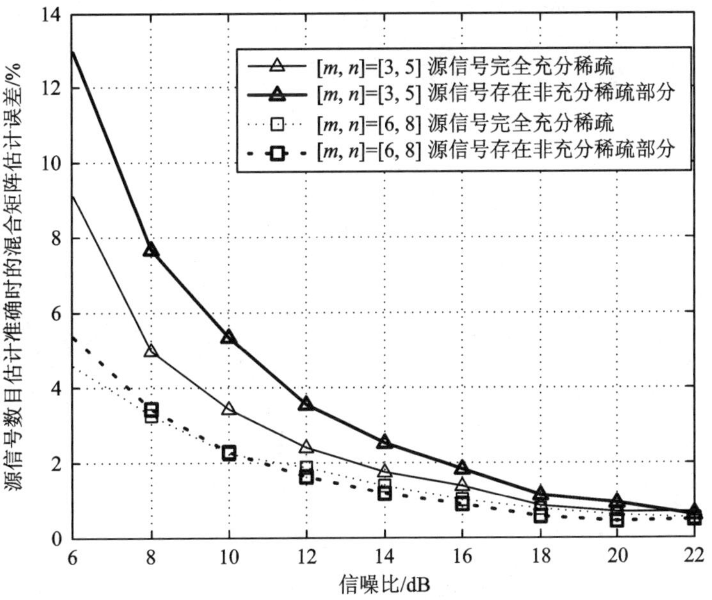

图 9.21　源信号数目估计准确时的混合矩阵估计误差

由结果可知，当源信号中存在非充分稀疏部分时，无论是$[m, n]=[3, 5]$，还是$[m, n]=[6, 8]$，其源信号数目和混合矩阵的估计准确率都会受到一定影响，与 $m=3$ 时相比，当 $m=6$ 时的影响要小一些。随着信噪比的提升，其影响都在逐渐减小，在 SNR=14 dB 时，不同情况下源信号数目估计准确率都在 90%以上，混合矩阵的估计误差小于 3%。总的来说，与其他算法相比，源信号中的非充分稀疏部分对基于最大密度检测方法的性能影响要小一些。

本章小结

本章针对充分稀疏源信号欠定混合矩阵估计问题，首先研究了基于聚类的充分稀疏欠定混合矩阵估计，具体包括基于 k 均值聚类的混合矩阵估计算法、基于模糊 C 均值聚类的混合矩阵估计算法以及改进的 k 均值聚类混合矩阵估计算法，详细介绍了算法的原理和实现步骤，并对算法性能进行了仿真和分析，结果表明改进的 k 均值聚类算法混合矩阵估计误差最小。然后研究了两种抗噪能力较好的混合矩阵估计算法，即基于相似度检测的欠定混合矩阵估计算法和基于靶心检索的欠定混合矩阵估计算法，详细介绍了算法的具体原理以及实现过程，并对算法在不同条件下的性能进行了仿真和分析。结果表明，本章给出的两种算法具有源信号个数估计准确度高，混合矩阵估计误差小的优势。

第 10 章　非充分稀疏欠定混合矩阵估计

对于线性瞬时混合模型，在源信号非充分稀疏的情况下，观测信号采样点在空间的分布不再满足线性聚类特性，而是分布在空间中的某些超平面上，呈现出面聚类特性。在进行混合矩阵估计时，通常采用平面聚类的思想进行聚类分析，即先估计空间中由观测信号构成的各个超平面，然后估计出平面的交线方向作为混合矩阵列向量的估计。

本章对非充分稀疏条件下的混合矩阵估计算法进行介绍，包括基于 k 维子空间的混合矩阵盲估计算法、基于参数估计的混合矩阵估计算法、基于平面聚类势函数的混合矩阵估计算法、基于齐次多项式表示的欠定混合矩阵盲估计算法以及基于单源点检测的欠定混合矩阵估计算法，给出了这些算法的原理以及实现步骤，并对部分算法的性能进行了仿真分析。

10.1　基于 k 维子空间的混合矩阵盲估计算法

10.1.1　算法原理

k 维子空间是指由 k 个向量确定的空间。在欠定盲源分离技术中，假设源信号个数为 N，观测信号个数为 M。当源信号非充分稀疏时，同一时刻起主导作用的信源个数不大于 $N-1$ 时，是可以实现盲源分离的。我们把同一时刻起主导作用的源信号个数设为 k，则观测信号聚集在由 k 个列向量构成的空间，称为 k 维子空间，也可称为聚类子空间、聚类子平面。这 k 个列向量属于混合矩阵 $\mathbf{A}$。k 维子空间法是先根据观测信号估计出 k 维子空间，再根据估计出的子空间寻找交线，估计混合矩阵的列向量。

为了便于描述本节的方法原理，重写式(2.3)如下

$$\boldsymbol{x}(t)=s_1(t)\boldsymbol{a}_1+s_2(t)\boldsymbol{a}_2+\cdots+s_N(t)\boldsymbol{a}_N \tag{10.1}$$

其中，$\boldsymbol{x}(t)$是当前采样时刻 t 的观测信号向量，$s_i(t)(i=1, \cdots, N)$是采样时刻 t 的第 i 路源信号的取值，$\boldsymbol{a}_i(i=1, \cdots, N)$是混合矩阵 $\mathbf{A}$ 的第 i 个列向量。在源信号非充分稀疏的情况下，起主导作用的源信号个数 $k>1$，其他的 $N-k$ 个源信号取值接近于 0。因此，式(10.1)变为

$$\boldsymbol{x}(t)\approx s_{i_1}(t)\boldsymbol{a}_{i_1}+s_{i_2}(t)\boldsymbol{a}_{i_2}+\cdots+s_{i_k}(t)\boldsymbol{a}_{i_k} \tag{10.2}$$

其中，$\{i_1, i_2, \cdots, i_k\}\subset\{1, 2, \cdots, N\}$。显然，观测信号向量 $\boldsymbol{x}(t)$处于$\boldsymbol{a}_{i_1}, \boldsymbol{a}_{i_2}, \cdots, \boldsymbol{a}_{i_k}$张成的 k 维子空间(超平面)中，由此可见观测向量分布于 $N_k(N_k=\mathrm{C}_N^k)$个 k 维子空间中，即观测信号空间中存在 C_N^k 个 k 维子空间，k 维子空间聚类也因此而得名。基于 k 维子空间的混合矩阵盲估计算法首先估计这些 k 维子空间，然后再使用它们估计混合矩阵的各个列

向量。

1. k 维子空间的估计

设 k 维子空间用一个 m 行 k 列的矩阵 $\boldsymbol{B}\in\boldsymbol{R}^{m\times k}$ 表示，$\boldsymbol{B}=[\boldsymbol{b}_1, \boldsymbol{b}_2, \cdots, \boldsymbol{b}_k]$由 k 维子空间的一组标准正交基构成。定义势函数为

$$f(\boldsymbol{B})=\sum_{t=1}^{T}\exp\left(-\frac{d^2(\boldsymbol{x}(t), \boldsymbol{B})}{2\sigma_1^2}\right)\quad(t=1, 2, \cdots, T)\tag{10.3}$$

式中，$d(\boldsymbol{x}(t), \boldsymbol{B})$表示观测信号向量$\boldsymbol{x}(t)$到子平面/子空间 $\boldsymbol{B}$ 的距离。

设一个 k 维的列向量 $\boldsymbol{v}$ 表示一个观测信号点，$\boldsymbol{B}=[\boldsymbol{b}_1, \boldsymbol{b}_2, \cdots, \boldsymbol{b}_k]$表示 k 维空间的一个 k 维子平面，则列向量 $\boldsymbol{v}$ 到子平面 $\boldsymbol{B}$ 的距离定义如下：

$$d(\boldsymbol{v}, \boldsymbol{B})=\sqrt{1-[\langle\boldsymbol{v}, \boldsymbol{b}_1\rangle^2+\cdots+\langle\boldsymbol{v}, \boldsymbol{b}_k\rangle^2]}\tag{10.4}$$

式中，$\langle\boldsymbol{v}, \boldsymbol{b}_i\rangle$表示 $\boldsymbol{v}$ 与 $\boldsymbol{b}_i$ 的内积。设另一子平面 $\hat{\boldsymbol{B}}=[\hat{\boldsymbol{b}}_1, \hat{\boldsymbol{b}}_2, \cdots, \hat{\boldsymbol{b}}_k]$，则在 k 维观测信号空间，两个子平面间的距离用式(10.5)来计算。

$$d(\boldsymbol{B}, \hat{\boldsymbol{B}})=\sqrt{d^2(\boldsymbol{b}_1, \hat{\boldsymbol{B}})+\cdots+d^2(\boldsymbol{b}_k, \hat{\boldsymbol{B}})}\tag{10.5}$$

式中，$d(\boldsymbol{b}_i, \hat{\boldsymbol{B}})$表示 $\boldsymbol{b}_i$ 到子平面 $\hat{\boldsymbol{B}}$ 的距离。

如果 $d(\boldsymbol{x}(t), \boldsymbol{B})$的值相对于$\sigma_1$ 的值较小，则 $\exp(-d^2(\boldsymbol{x}(t), \boldsymbol{B})/(2\sigma_1^2))$的取值接近于1；如果 $d(\boldsymbol{x}(t), \boldsymbol{B})$的值相对于$\sigma_1$ 的值较大，则 $\exp(-d^2(\boldsymbol{x}(t), \boldsymbol{B})/(2\sigma_1^2))$的取值接近于 0。因此，对于足够小的 σ_1 值，式(10.3)的函数值约等于子平面 $\boldsymbol{B}$ 上分布的观测信号点数。更进一步，如果一组数据点分布在几个不同的 k 维子空间/子平面，则函数 f 在每个 k 维子空间/子平面处取得局部极大值。

对于σ_1，如果取值太小，则在噪声等的影响下，f 函数会出现很多局部极大值，其中的大部分局部极大值是由噪声引起的，不是我们所寻找的，这些局部极大值影响了真实的局部极大值的选取。如果取值太大，相近的两个或者多个局部极大值可能被平滑成一个局部极大值，这样就丢失了一些我们所需要的局部极大值。

为了解决这个问题，可以先用一个取值比较大的σ_1，再用取值相对较小的σ_1，即对σ_1采取一种下降序列的形式。比如，令 $\boldsymbol{\sigma}_1=[r_1, \cdots, r_i]$，根据实验，$r_1$ 一般取 0.05～0.5 之间的值，$r_{i+1}=r_i/2$。

2. 混合矩阵的估计

现在假设所有的 k 维子空间/子平面都已经估计出来了，分别用$\boldsymbol{B}_i(i=1, \cdots, N_p)$表示。我们可以用这些 k 维子空间/子平面来估计混合矩阵的列向量。

在 k 维子空间估计部分，我们知道，每个 k 维子空间是由 k 个 M 维的列向量张成的。对于混合矩阵 $\mathbf{A}$ 中的某一个列向量来说，其位于 C_{N-1}^{k-1}个子空间的交线上。设 $\boldsymbol{v}$ 表示 M 维空间的一个向量，我们定义函数：

$$g(\boldsymbol{v})=\sum_{i=1}^{N_p}\exp\left(-\frac{d^2(\boldsymbol{v}, \boldsymbol{B}_i)}{2\sigma_2^2}\right)\tag{10.6}$$

式中，$d(\boldsymbol{v}, \boldsymbol{B}_i)$表示向量 $\boldsymbol{v}$ 到第 i 个 k 维子空间的距离。

如果 $d(\boldsymbol{v}, \boldsymbol{B}_i)$的值相对于$\sigma_2$ 的值较小，则 $\exp(-d^2(\boldsymbol{v}, \boldsymbol{B}_i)/2(\sigma_2^2))$的取值接近于 1；如果 $d(\boldsymbol{v}, \boldsymbol{B}_i)$的值相对于$\sigma_2$ 的值较大，则 $\exp(-d^2(\boldsymbol{v}, \boldsymbol{B}_i)/(2\sigma_2^2))$的取值接近于 0。因此，

对于足够小的 σ_2 值，式(10.6)的函数值就大致等于向量 $\boldsymbol{v}$ 的子空间的数目。更进一步，函数 g 在混合矩阵 $\boldsymbol{A}$ 的各个列向量处取得局部极大值。

对于 σ_2，与 σ_1 相同，也采取一种下降序列的形式，即 $\boldsymbol{\sigma}_2=[R_1,\cdots,R_c]$，根据实验，$R_1$ 一般取 0.05～0.5 之间的值，$R_{c+1}=R_c/2$。

一般情况下，对于混合矩阵 $\boldsymbol{A}$ 的各个列向量，其位于 C_{N-1}^{k-1} 个子空间的交线上。可能存在其他向量，其位于 $q_0<C_{N-1}^{k-1}$ 个子空间的交线上。若设 $q=C_{N-1}^{k-1}$，我们需要检测的是位于 q 个子空间交线上的向量。这种情况是理想情况，而实际上，在噪声的影响下，混合矩阵 $\boldsymbol{A}$ 的列向量可能位于远小于 C_{N-1}^{k-1} 个子空间的交线上。所以，实际中应该设置 $q<C_{N-1}^{k-1}$。

为了更准确地找出混合矩阵的列向量，我们使用式(10.7)的函数来代替式(10.6)。

$$h(\boldsymbol{v})=\sum_{1\leqslant i_1<\cdots<i_q\leqslant N_p}u(\boldsymbol{v},\boldsymbol{B}_{i_1})\cdots u(\boldsymbol{v},\boldsymbol{B}_{i_q}) \tag{10.7}$$

式中，$N_p=C_N^k$，$u(\boldsymbol{v},\boldsymbol{B}_{i_j})=\exp(-d^2(\boldsymbol{v},\boldsymbol{B}_{i_j})/(2\sigma_2^2))$，$d(\boldsymbol{v},\boldsymbol{B}_{i_j})$代表向量 $\boldsymbol{v}$ 到子空间 $\boldsymbol{B}_{i_j}(j=1,2,\cdots,q)$的距离。当 σ_2 足够小时，如果向量 $\boldsymbol{v}$ 位于平面 $\boldsymbol{B}$ 上，则 $u(\boldsymbol{v},\boldsymbol{B})$值接近于 1，否则，接近于 0。即

$$u(\boldsymbol{v},\boldsymbol{B}_{i_1})\cdots u(\boldsymbol{v},\boldsymbol{B}_{i_q})\approx\begin{cases}1 & \text{如果 } \boldsymbol{v} \text{ 位于} \boldsymbol{B}_{i_1}\cdots\boldsymbol{B}_{i_q} \text{ 上}\\ 0 & \text{其他}\end{cases} \tag{10.8}$$

因此，我们用式(10.7)估计得到的 $\boldsymbol{v}$ 即为混合矩阵 $\boldsymbol{A}$ 的列向量。

10.1.2　算法实现步骤

综上所述，基于 k 维子空间的混合矩阵估计算法的具体步骤如下。

步骤 1　去掉低能量点，并对所有的观测向量进行 L_2 范数归一化。

步骤 2　为势函数参数 σ 设置递减序列$[\sigma_1,\sigma_2,\cdots,\sigma_\tau]$，取 $\sigma_1\leqslant 0.3$，参数的递推公式为 $\sigma_{i+1}=\sigma_i/2$ $(i=1,2,\cdots,\tau-1)$，$\tau=M$。

步骤 3　for $l=1,2,\cdots,L_1$(L_1 为假设存在的 k 维子空间的数目，为了能够估计出尽可能多的局部极值点，一般 L_1 取值较大，$L_1\geqslant 400$)。

步骤 3.1　初始化一个 $M\times k$ 维的随机矩阵$\boldsymbol{B}_l$，并对矩阵的列向量进行归一化和正交化；

步骤 3.2　设置 $j=1$；

步骤 3.3　将 $\boldsymbol{B}_l$ 作为初始迭代点，利用最速上升法优化式(10.3)，迭代收敛后得到新的$\boldsymbol{B}_l$，并对$\boldsymbol{B}_l$ 的列向量进行归一化和正交化；

步骤 3.4　若 $j<\tau$，则更新 j：$j:=j+1$，返回步骤 3.3。

end

步骤 4　去除重复估计的子空间。由于 L_1 大于实际上存在的 k 维子空间的数目，步骤 3 所估计得到的$\boldsymbol{B}_l$ 会出现重复。

步骤 5　从已经估计得到的子空间中选择出使得式(10.3)最大的 $N_p=C_N^k$ 个$\boldsymbol{B}_l$，N_p 小于 L_1。(至此完成 k 维子空间聚类，得到 N_p 个子空间。)

步骤 6　设置参数 $\bar{\sigma}$ 的递减序列$[\bar{\sigma}_1,\bar{\sigma}_2,\cdots,\bar{\sigma}_{\bar{\tau}}]$。

步骤 7　for $l'=1,2,\cdots,L_2$(为了尽可能完整地估计出混合矩阵的所有列向量，取

$L_2 \geqslant N$，N 为源信号数目）。

步骤 7.1　初始化一个随机向量 $\boldsymbol{v}_{l'}$；

步骤 7.2　设置 $j'=1$；

步骤 7.3　将 $\boldsymbol{v}_{l'}$ 作为初始点，同样地使用最速上升法优化式(10.6)，迭代收敛后得到新的 $\boldsymbol{v}_{l'}$；

步骤 7.4　若 $j'<\bar{\tau}$，则将 $j':=j'+1$，返回步骤 7.3。

end

步骤 8　剔除使得式(10.7)的值小于 ψ 的 $\boldsymbol{v}_{l'}$，其中 ψ 为门限值，一般取值为式(10.7)的最大值的 0.8 倍。

步骤 9　类似步骤 4，去除重复估计的混合矩阵列向量。

从基于 k 维子空间聚类的混合矩阵盲估计算法步骤中可以看出该算法使用了两次最速上升法，计算量较大，且参数的选择缺乏指导性。另外是在实际应用中，由于噪声的干扰，会出现许多干扰的局部极值点，容易造成混合矩阵估计错误。

10.2　基于参数估计的混合矩阵估计算法

10.2.1　算法原理

上节中描述的 k 维子空间法的混合矩阵估计精度在一定程度上与势函数中的参数 σ 和 $\bar{\sigma}$ 的选取密切相关。为解决该问题，基于参数估计的混合矩阵估计方法采用自适应估计参数的方法，进一步提高混合矩阵估计精度。

与 k 维子空间法类似，基于参数估计的混合矩阵估计算法先进行平面聚类，再进行混合矩阵的估计。在进行平面聚类时，沿用上节式(10.3)的势函数，但是平面聚类的准确度受参数 σ_1 的取值影响较大。若 σ_1 取值越大，则式(10.3)平滑程度越好，有利于优化，但是有可能缺失重要的局部极值点，造成平面聚类不够完整；若 σ_1 取值过小，则局部极值点的特征较为明显，但是函数平滑性差，不利于优化。对此，基于参数估计的混合矩阵估计算法先估计基准值

$$r_1=\frac{1}{T}\sum_{t=1}^{T}\left(\frac{1}{M}\sum_{m=1}^{M}\left|x_m(t)-\bar{v}_{\boldsymbol{x}(t)}\right|\right) \tag{10.9}$$

其中，$x_m(t)$为采样时刻 t 的观测信号向量 $\boldsymbol{x}(t)$的第 m 个元素，$\bar{v}_{\boldsymbol{x}(t)}$ 为 $\boldsymbol{x}(t)$中所有元素的平均值。根据 σ_1 取值对聚类平面估计效果的影响，我们采用逐渐逼近局部极大值的思想，比如，随机初始化$\boldsymbol{B}_0\subset\boldsymbol{R}^{M\times k}$，先利用式(10.9)得到的 r_1 作为尺度参数，利用最优化方法得到 $f(\boldsymbol{B})$的某个局部极大值$\boldsymbol{B}_1$，将$\boldsymbol{B}_1$ 作为初始值，再选取 $r_1/2$ 作为尺度参数，利用最优化方法得到 $f(\boldsymbol{B})$的局部极大值$\boldsymbol{B}_2$，以此类推，最终得到聚类平面的准确估计。所以选择的尺度参数是以 r_1 为依据的下降序列，即 $\sigma_1=[r_1, r_1/2, r_1/4, r_1/8]$。这样可减小尺度参数对估计效果的影响，得到更为精确的聚类平面估计。

当有噪声和异常值影响时，尽管采用了下降序列形式的尺度参数，仍然会有错误的局部极大值出现，不过这些局部极大值的势(即 $f(\boldsymbol{B})$的值)比较小，所以可以通过设置门限将

其筛掉。

与 k 维子空间法中的混合矩阵估计稍有差别，基于参数估计的算法在进行混合矩阵列向量的估计时，使用已经估计得到的子空间(超平面)的法向量来表示该子空间，因此所引入的势函数为

$$\bar{g}_{\sigma_2}(\boldsymbol{v}) = \sum_{j=1}^{L_c} \exp\left(-\frac{\langle \boldsymbol{v}, \boldsymbol{n}_j \rangle^2}{2\sigma_2^2}\right) \tag{10.10}$$

其中，$\boldsymbol{n}_j$ 表示第 j 个子空间(超平面)的法向量，L_c 表示所估计得到的子空间的数目，$\langle \boldsymbol{v}, \boldsymbol{n}_j \rangle$表示向量点积，即对应元素相乘的和。若向量 $\boldsymbol{v}$ 处于第 j 个子空间中，那么 $\boldsymbol{v}$ 与$\boldsymbol{n}_j$ 正交，$\langle \boldsymbol{v}, \boldsymbol{n}_j \rangle$的值为 0，式(10.10)中的 $\exp(-\langle \boldsymbol{v}, \boldsymbol{n}_j \rangle^2/(2\sigma_2^2))$的值为 1。若 $\boldsymbol{v}$ 不在第 j 个子空间中，则$\langle \boldsymbol{v}, \boldsymbol{n}_j \rangle$的值不为 0，此时如果 $\sigma_2 \ll \langle \boldsymbol{v}, \boldsymbol{n}_j \rangle$，那么 $\exp(-\langle \boldsymbol{v}, \boldsymbol{n}_j \rangle^2/(2\sigma_2^2))$ 的值接近于 1。因此，式(10.9)近似等于向量 $\boldsymbol{v}$ 所处的子空间的个数。函数 $\bar{g}_{\sigma_2}(\boldsymbol{v})$呈现多个局部极大值点，对函数 $\bar{g}_{\sigma_2}(\boldsymbol{v})$进行优化，寻找局部极大值点，即可找出混合矩阵的各个列向量。

在聚类平面法线向量已知的情况下，混合矩阵列向量的估计精度主要依赖于尺度参数 σ_2。σ_2 取值较大时，$\bar{g}_{\sigma_2}(\boldsymbol{v})$曲线比较平滑，会失去一些极大值点；$\sigma_2$ 取值较小时，在噪声和异常值影响下，$\bar{g}_{\sigma_2}(\boldsymbol{v})$会产生一些错误的局部极大值。对于 σ_2 值的选取，我们首先根据聚类平面估计部分估计出的法线向量估计得到基准值 r_2，估计方法如式(10.11)。

$$r_2 = \frac{1}{c}\sum_{j=1}^{c}\left(\frac{1}{m}\sum_{i=1}^{m} \left| z_j(i) - u_{z_j} \right|\right) \tag{10.11}$$

式中，c 为估计出的法线向量个数，$z_j(i)$为第 j 个法线向量的第 i 个元素，u_{z_j} 为 z_j 向量各元素的均值。

σ_2 对混合矩阵列向量估计效果的影响与 σ_1 对聚类平面估计效果的影响机制相同，所以，此处尺度参数的选择为以 r_2 为基准的下降序列，即 $\sigma_2 = [r_2, r_2/2, r_2/4, r_2/8]$，这样可以减小尺度参数对估计效果的影响，提高混合矩阵估计的精度。

10.2.2　算法实现步骤

本节介绍的基于参数估计的混合矩阵估计算法，包括基于参数估计的聚类平面的估计和基于参数估计的法向量的估计两部分，下面分别给出算法的实现步骤。

1. 聚类平面的估计步骤

步骤 1　去除离原点较近的观测信号数据点，对观测信号点进行归一化。

步骤 2　根据观测信号，由式(10.9)估计出 r_1。确定尺度参数 σ_1，$\sigma_1 = [r_1, r_1/2, r_1/4, r_1/8]$，$\sigma_1$ 的长度为 L。

步骤 3　for $j=1:K$(K 为初始聚类平面个数，$K \gg C_N^k$)。

步骤 3.1　设 $i=1$，产生一个随机正交化矩阵 $\boldsymbol{R}_0$ 作为初始矩阵。

步骤 3.2　令$\boldsymbol{B}_{j,i}^0 = \boldsymbol{R}_0$，$j$ 表示第 j 次求 $f(\boldsymbol{B})$的局部极大值，i 即步骤 3.1 中的 i，表示势函数 $f(\boldsymbol{B})$中用到的尺度参数为$\sigma_1(i)$，$\boldsymbol{B}_{j,i}^0$中上角标 0 表示$\boldsymbol{B}_{j,i}$的初始值。

步骤 3.3　利用最陡上升法求出使 $f(\boldsymbol{B}_{j,i})$达到极大值的$\boldsymbol{B}_{j,i}$。采用迭代的方法进

行求解，即

$$\boldsymbol{B}_{j,i}^{d+1} = \boldsymbol{B}_{j,i}^{d} + u\frac{\partial f(\boldsymbol{B}_{j,i}^{d})}{\partial \boldsymbol{B}_{j,i}^{d}} \tag{10.12}$$

每次迭代后对得到的$\boldsymbol{B}_{j,i}^{d+1}$正交化。式中，$d$ 为迭代次数，u 为步长，$\boldsymbol{B}_{j,i}^{d}$表示第 d 次迭代得到的$\boldsymbol{B}_{j,i}$。当满足 $d(\boldsymbol{B}_{j,i}^{d+1}, \boldsymbol{B}_{j,i}^{d})<e_1$ 条件时，终止迭代，并令$\boldsymbol{B}_{j,i}^{\mathrm{opt}}=\boldsymbol{B}_{j,i}^{d}$。$\boldsymbol{B}_{j,i}^{\mathrm{opt}}$表示第 j 次最优化 $f(\boldsymbol{B}_{j,i})$时得到的最优解，且势函数中用到的尺度参数为 $\sigma_1(i)$。其中 $d(\boldsymbol{B}_{j,i}^{d+1}, \boldsymbol{B}_{j,i}^{d})$表示两次迭代得到的平面间的夹角，$e_1$ 为判决门限。

步骤 3.4　如果 $i<L$，将步骤 3.3 中得到的$\boldsymbol{B}_{j,i}^{\mathrm{opt}}$作为初始值，即 $\boldsymbol{R}_0=\boldsymbol{B}_{j,i}^{\mathrm{opt}}$，并对 i 加 1，回到步骤 3.2；否则，$\boldsymbol{B}_{j}^{\mathrm{opt}}=\boldsymbol{B}_{j,i}^{\mathrm{opt}}$，并令 $j=j+1$，回到步骤 3.1，这里$\boldsymbol{B}_{j}^{\mathrm{opt}}$ 表示第 j 次循环的最优解，即第 j 次估计出的聚类平面。

步骤 4　对于估计出的平面，若有重复平面，对重复平面进行去除。

步骤 5　计算各个平面的势($f(\boldsymbol{B}_{j}^{\mathrm{opt}})$值)，将势相对较小的平面去掉，剩下的平面即为聚类平面的估计。

2. 混合矩阵的估计步骤

得到聚类平面法线向量的估计之后，即可把聚类平面的法线向量作为已知，来估计混合矩阵的列向量。估计混合矩阵列向量的具体步骤如下。

步骤 1　根据聚类平面估计部分估计出的聚类平面法线向量，由式(10.11)估计 r_2。确定下降序列 $\sigma_2=[r_2, r_2/2, r_2/4, r_2/8]$，$\sigma_2$ 的长度为 L。

步骤 2　for $j=1:P$(P 为初始混合矩阵列向量个数，$P\gg N$)。

步骤 2.1　设 $i=1$，产生一个随机化单位向量$\boldsymbol{q}_0$。

步骤 2.2　令 $\boldsymbol{v}_{j,i}^{0}=\boldsymbol{q}_0$，$j$ 表示第 j 次求 $\bar{g}_{\sigma_2}(\boldsymbol{v})$的局部极大值，$i$ 即步骤 2.1 中的 i，表示势函数 $\bar{g}_{\sigma_2}(\boldsymbol{v})$中用到的尺度参数为 $\sigma_2(i)$，$\boldsymbol{v}_{j,i}^{0}$中上角标 0 表示 $\boldsymbol{v}_{j,i}$的初始值。

步骤 2.3　最陡上升法求出使 $\bar{g}_{\sigma_2}(\boldsymbol{v})$达到极大值处的 $\boldsymbol{v}_{j,i}$。采用迭代的方法进行求解，即

$$\boldsymbol{v}_{j,i}^{d+1} = \boldsymbol{v}_{j,i}^{d} + u\frac{\partial g_{\sigma_2}(\boldsymbol{v}_{j,i}^{d})}{\partial \boldsymbol{v}_{j,i}^{d}} \tag{10.13}$$

对每次迭代后对得到的 $\boldsymbol{v}_{j,i}^{d+1}$ 进行单位化。式中，d 为迭代次数，u 为步长。当满足 $d(\boldsymbol{v}_{j,i}^{d+1}, \boldsymbol{v}_{j,i}^{d})<e_2$ 条件时，终止迭代，并令 $\boldsymbol{v}_{j,i}^{\mathrm{opt}}=\boldsymbol{v}_{j,i}^{d}$，则 $\boldsymbol{v}_{j,i}^{\mathrm{opt}}$表示第 j 次最优化 $g(\boldsymbol{v})$时得到的最优解，且势函数 $\bar{g}_{\sigma_2}(\boldsymbol{v})$中用到的尺度参数为 $\sigma_2(i)$。其中，$d(\boldsymbol{v}_{j,i}^{d+1}, \boldsymbol{v}_{j,i}^{d})$表示两次迭代得到的向量间的差值。$e_2$ 为判决门限。

步骤 2.4　若 $i<L$，将步骤 2.3 中得到的 $\boldsymbol{v}_{j,i}^{\mathrm{opt}}$作为初始值，即 $\boldsymbol{v}_{j,i}^{\mathrm{opt}}=\boldsymbol{q}_0$，回到步骤 2.2，并对 i 加 1；否则，令 $\boldsymbol{v}_{j}^{\mathrm{opt}}=\boldsymbol{v}_{j,i}^{\mathrm{opt}}$，$j=j+1$ 回到步骤 2.1，这里，$\boldsymbol{v}_{j}^{\mathrm{opt}}$ 表示第 j 次循环的最优解，即第 j 次估计出的列向量。

步骤 3　对估计出的列向量，若有重复的，将重复的列向量去除。

步骤 4　计算各个向量的势($g_{\sigma 2}(\boldsymbol{v}_{j}^{\mathrm{opt}})$值)，将势相对较小的向量去掉，剩下的向量即为混合矩阵列向量的估计。

10.3　基于平面聚类势函数的混合矩阵估计算法

10.3.1　平面聚类势函数法的原理

平面聚类势函数法的思想也是先估计聚类平面，然后根据估计出的聚类平面估计混合矩阵。下面分两部分介绍平面聚类势函数法的原理。

1. 聚类平面的估计

设源信号的个数为 N，观测信号的个数为 M，每个时刻取值较大的源数为 k，则观测信号分布在 C_N^k 个平面上。为了简化计算，我们用平面的法线代表平面，则对平面的估计就转换成了对法线的估计。定义势函数如公式(10.14)所示。

$$f(\boldsymbol{z}) = \sum_{t=1}^{T} \exp\left(-\frac{\langle \boldsymbol{x}(t), \boldsymbol{z}\rangle}{b}\right) \tag{10.14}$$

式中，$\boldsymbol{z}$ 即为聚类平面的法线向量，$\langle \boldsymbol{x}(t), \boldsymbol{z}\rangle$ 为 $\boldsymbol{x}(t)$ 与 $\boldsymbol{z}$ 的内积，反应了 $\boldsymbol{x}(t)$ 到 $\boldsymbol{z}$ 所确定的平面的距离。如果 $\boldsymbol{x}(t)$ 位于 $\boldsymbol{z}$ 所确定的平面，则 $\langle \boldsymbol{x}(t), \boldsymbol{z}\rangle$ 的值为 0。b 是一个尺度参数，其值由式(10.15)得到。

$$b = \frac{1}{T}\sum_{t=1}^{T}\left(\frac{1}{M}\sum_{i=1}^{M} | x_i(t) - u_{x_i} |\right) \tag{10.15}$$

式中，u_{x_i} 为观测信号第 i 维 $x_i(t)$ 的均值。从式(10.14)可以看出，当 b 的取值足够小时，如果 $\boldsymbol{x}(t)$ 位于 $\boldsymbol{z}$ 所确定的平面，则 $\exp(-\langle \boldsymbol{x}(t), \boldsymbol{z}\rangle/b)$ 的取值为 1，否则，$\exp(-\langle \boldsymbol{x}(t), \boldsymbol{z}\rangle/b)$ 的取值为 0。所以函数 f 的值反映了平面 $\boldsymbol{z}$ 上聚集的观测信号点的个数，更进一步，函数 f 在观测信号聚集的各个平面处取得局部极大值。

尺度参数 b 对估计效果影响很大，如果 b 值取的较小，在噪声的影响下，会产生许多错误的局部极大值；如果 b 值取得较大，则函数 f 的曲线比较平滑，许多局部极大值消失。为了减小 b 对估计的影响，我们把式(10.14)扩展成式(10.16)的形式。

$$J(\boldsymbol{z}) = \sum_{j=1}^{K}\sum_{t=1}^{T} \exp\left(-\frac{\langle \boldsymbol{x}(t), \boldsymbol{z}_j\rangle^2}{b}\right)^{\gamma} \tag{10.16}$$

式中，K 为初始的法线向量个数，K 的取值一般远大于 C_N^k。$J(\boldsymbol{z})$ 反映了观测数据的分布情况，在观测信号各个聚类平面的法线向量处取得局部极大值。为了进一步减轻 b 对估计效果的影响，引入参数 γ。γ 的取值采用相关比较算法进行估计，方法如下。

为了估计 γ，定义：

$$\widetilde{J}(x(t_1))_l = \sum_{t=1}^{T} \mathrm{e}^{\left(\frac{-D(\boldsymbol{x}(t),\ \boldsymbol{x}(t_1))}{b}\right)^{\gamma_l}} \quad (t_1 = 1, 2, \cdots, T) \tag{10.17}$$

式(10.17)中，$\gamma_l = 2l(l=1, 2, \cdots)$。取 $l=1$，计算 $\widetilde{J}(x(t_1))_l$ 和 $\widetilde{J}(x(t_1))_{l+1}$ 的相关系数，如果它们的相关系数大于一个合适的初始值 ξ_0，则取 $\gamma=\gamma_l$，否则 $l=l+1$，重新计算 $\widetilde{J}(x(t_1))_l$ 和 $\widetilde{J}(x(t_1))_{l+1}$ 的相关系数，直到它们的相关系数大于 ξ_0，ξ_0 一般取 0.97～0.999。

估计出 γ 后，可利用梯度法估计 $J(\boldsymbol{z})$ 的局部最大值，$\boldsymbol{z}$ 的迭代公式如下：

$$z_j^{d+1} \leftarrow z_j^d + \frac{\eta_j \dfrac{\partial J(z)}{\partial z_j}}{\left\| \dfrac{\partial J(z)}{\partial z_j} \right\|} \tag{10.18}$$

$$\frac{\partial J(z)}{\partial z_j} = \frac{1}{T}\sum_{t=1}^{T}\left\{-\frac{2\gamma}{b}e^{-\gamma\langle x(t),\ z_j\rangle^2/b}\langle x(t),\ z_j\rangle x(t)\right\} \tag{10.19}$$

算法收敛以后，原平面法线向量 z 将凝聚在 $J(z)$ 的各个局部最大值处，形成了若干新的聚类平面。如没有异常值的影响，这些新的聚类平面就是所要估计的聚类平面。

对得到的 K 个法线向量，若有重复的，将重复的去掉。剩下的法线向量个数依然远大于 C_N^k。因为有许多极大值点是由于噪声形成的，对于这些错误的极大值点，其 $J(z_j)$ 值一般较小，为了将这些点去除，我们先找出 $J(z_j)$ 的最大值 $\max(J(z_j))$，然后对于每一个 $J(z_j)$，求出 $p_j = J(z_j)/\max(J(z_j))$，对于 p_j 小于一定门限值 e_2 的法线向量，将该向量 z_j 去掉，剩下的即为我们需要的法线向量的估计，这里 e_2 的取值一般在 0.4～0.6 之间。

2. 混合矩阵的估计

在估计出观测信号聚类平面对应的法线向量后，可以在法线向量基础上估计混合矩阵。因为对于混合矩阵的某一列来说，其位于 C_{N-1}^{k-1} 个聚类平面上，那么这 C_{N-1}^{k-1} 个平面对应的法线向量与混合矩阵的这一列垂直。采用类似于估计法线向量的方法，定义函数式(10.20)。

$$g(v) = \sum_{j=1}^{C}\exp\left(-\frac{\langle v,\ z_j\rangle^2}{\sigma^2}\right) \tag{10.20}$$

式中，z_j 为估计出来的法线向量，C 为法线向量的个数，v 为 m 维的列向量，$\langle v,\ z_j\rangle$ 表示 v 和 z_j 的内积，σ 为尺度参数。当 σ 足够小时，如果 v 垂直于 z_j，则 $\langle v,\ z_j\rangle$ 的取值为 0，$\exp(-\langle v,\ z_j\rangle^2/\sigma^2)$ 的取值接近于 1；如果 v 不垂直于 z_j，则 $\langle v,\ z_j\rangle$ 的取值不为 0，$\exp(-\langle v,\ z_j\rangle^2/\sigma^2)$ 的取值接近于 0。因此，函数 g 的值反映了包含向量 v 的聚类平面的个数，函数 g 在混合矩阵 $\boldsymbol{A}$ 的各个列向量处取得局部极大值。σ 的取值根据式(10.21)估计得出。

$$\sigma = \frac{1}{C}\sum_{j=1}^{C}\left(\frac{1}{M}\sum_{i=1}^{M}|z_j(i) - u_{zj}|\right) \tag{10.21}$$

式中，u_{zj} 为 $z_j(i)$ 的均值。σ 的取值对混合矩阵的估计影响很大，为了减小 σ 对估计效果的影响，提高混合矩阵的估计精度，我们将式(10.21)扩展为式(10.22)。

$$h(v) = \sum_{j=1}^{C}\sum_{i=1}^{N}\exp\left(-\frac{\langle v_i,\ z_j\rangle^2}{\sigma}\right)^{\lambda} \tag{10.22}$$

式中，N_0 为设置的列向量的初始值，一般 $N_0 \geqslant n$。由于增加了一层求和，并引入了参数 λ，所以式(10.21)比式(10.22)具有更好的鲁棒性。这里参数 λ 的取值也可以根据相关比较算法估计得到。当 $h(v)$ 收敛以后，对得到的 N 个列向量，若有重复的，将重复的去掉。剩下的列向量个数依然远大于 n。因为有许多极大值点是由于噪声形成的，对于这些错误的极大值点，其 $h(v_i)$ 值一般较小，为了将这些点去除，我们先找出 $h(v_i)$ 的最大值 $\max(h(v_i))$，然后对于每一个 $h(v_i)$，求出 $q_i = h(v_i)/\max(h(v_i))$，对于 q_i 小于一定门限值的，将该 v_i 去掉，剩下的即为我们需要的混合矩阵列向量的估计。

10.3.2　平面聚类势函数法的步骤

根据平面聚类势函数法的原理，我们得到聚类平面的估计步骤和混合矩阵列向量的估计步骤。

1. 聚类平面的估计步骤

(1) 将离坐标原点比较近的观测信号点去掉，对观测信号进行归一化。

(2) 随机初始化 K 个法线向量 $\boldsymbol{z}_j \in \boldsymbol{R}^{M\times 1}(j=1, \cdots, K)$，对 $\boldsymbol{z}_j$ 进行归一化。

(3) 根据相关比较算法估计出参数 γ。

(4) 对于每一个 $\boldsymbol{z}_j \in \boldsymbol{R}^{M\times 1}(j=1, \cdots, K)$，采用式(10.18)和式(10.19)所示的最陡上升法更新法线向量。

(5) 如果满足条件 $\| \boldsymbol{z}_j^{d+1} - \boldsymbol{z}_j^d \| < e_1$，则迭代结束，得到的 $\boldsymbol{z}_j$ 为一个估计的法线向量；否则，回到步骤(4)，继续迭代，直到满足条件 $\| \boldsymbol{z}_j^{d+1} - \boldsymbol{z}_j^d \| < e_1$。

(6) 对于得到的法线向量，将重复的去掉，剩下的个数为 D。

(7) 在 D 个向量中，找出 $J(\boldsymbol{z}_j)$的最大值 $\max(J(\boldsymbol{z}_j))$。

(8) 对于 $J(\boldsymbol{z}_j)(j=1, \cdots, D)$，求出 $p_j = J(\boldsymbol{z}_j)/\max(J(\boldsymbol{z}_j))$。

(9) 对于 $p_j(j=1, \cdots, D)$，如果 $p_j < e_2$，则将对应的 $\boldsymbol{z}_j$ 去掉，剩下的即为我们需要的法线向量的估计。

2. 混合矩阵的估计步骤

得到聚类平面法线向量的估计之后，即可把聚类平面的法线向量作为已知条件，来估计混合矩阵的列向量。估计混合矩阵列向量的具体步骤如下。

(1) 随机初始化 N_0 个法线向量 $\boldsymbol{v}_i \in \boldsymbol{R}^{M\times 1}(i=1, \cdots, N)$，对 $\boldsymbol{v}_i$ 进行归一化。

(2) 根据相关比较算法估计出参数 λ。

(3) 对于每一个 $\boldsymbol{v}_i \in \boldsymbol{R}^{M\times 1}(i=1, \cdots, N)$，采用最陡上升法估计出 $h(\boldsymbol{v})$的局部极大值，用到的公式如式(10.23)。

$$\boldsymbol{v}_i^{d+1} = \boldsymbol{v}_i^d + \eta_2 \frac{\partial h(\boldsymbol{v})}{\partial \boldsymbol{v}_i} \tag{10.23}$$

式中，η_2 为步长，d 是迭代次数，对每次迭代得到的新 $\boldsymbol{v}_i$ 进行归一化。

(4) 如果满足条件 $\| \boldsymbol{v}_i^{d+1} - \boldsymbol{v}_i^d \| < e_3$，则迭代结束，得到的 $\boldsymbol{v}_i$ 为一个估计的混合矩阵列向量；否则，回到步骤(3)，用公式(10.23)继续迭代，直到满足条件 $\| \boldsymbol{v}_i^{d+1} - \boldsymbol{v}_i^d \| < e_3$。

(5) 对于得到的列向量，将重复的去掉，剩下的个数为 F。

(6) 在 F 个向量中，找出 $h(\boldsymbol{v}_i)$的最大值 $\max(h(\boldsymbol{v}_i))$。

(7) 对于 $h(\boldsymbol{v}_i)(j=1, \cdots, F)$，求出 $q_i = h(\boldsymbol{v}_i)/\max(h(\boldsymbol{v}_i))$。

(8) 对于 $q_i(i=1, \cdots, F)$，如果 $q_i < e_4$，则将对应的 $\boldsymbol{v}_i$ 去掉，剩下的即为我们需要的混合矩阵列向量的估计。

10.4　基于齐次多项式表示的欠定混合矩阵盲估计算法

上述混合矩阵估计算法均采用了最速上升法寻找极大值点，由于受到许多局部极大值点的干扰，估计精度容易受到影响，而且需要大量的初始点，才能完整地估计出取值较大的极大值点。为解决这一问题，本节给出一种基于齐次多项式表示的欠定混合矩阵盲估计算法，该算法在代数-几何理论的基础上，引入 GPCA(Generalized Principle Components Analysis)算法实现超平面的聚类，然后再通过奇异值分解的方式求解超平面交线估计混合矩阵的各个列向量。本节中介绍的混合矩阵估计算法要用到另一种聚类算法——谱聚类，因此在介绍算法原理之前，先介绍谱聚类的相关概念。

10.4.1 谱聚类

谱聚类是从图论中演化出来的算法，后来在聚类中得到了广泛的应用。它的主要思想是把所有的数据看做空间中的点，这些点之间可以用边连接起来。距离较远的两个点之间的边权重值较低，而距离较近的两个点之间的边权重值较高，通过对所有数据点组成的图进行切图，让切图后不同的子图间边权重之和尽可能的低，而子图内的边权重之和尽可能的高，从而达到聚类的目的。

1. 无向权重图

由于谱聚类是基于图论的，因此我们首先温习图的概念。对于一个图 G，我们一般用点的集合 V 和边的集合 E 来描述，即为 $G(V, E)$。其中 V 即为数据集里面所有的$(v_1, v_2, \cdots, v_n)$。对于 V 中的任意两个点，可以有边连接，也可以没有边连接。我们定义权重 w_{ij} 为点 v_i 和点 v_j 之间的权重，由于是无向图，因此 $w_{ij}=w_{ji}$。

对于有边连接的两个点 v_i 和 v_j，$w_{ij}>0$；对于没有边连接的两个点 v_i 和 v_j，$w_{ij}=0$。对于图中的任意一个点 v_i，它的度 d_i 定义为和它相连的所有边的权重之和，即

$$d_i = \sum_{j=1}^{n} w_{ij} \tag{10.24}$$

利用每个点度的定义，可以得到一个 $n\times n$ 的度矩阵 $\boldsymbol{D}$，它是一个对角矩阵，只有主对角线有值，d_i 对应第 i 个点的度数，定义如下：

$$\boldsymbol{D} = \begin{bmatrix} d_1 & & & \\ & d_2 & & \\ & & \ddots & \\ & & & d_n \end{bmatrix} \tag{10.25}$$

利用所有点之间的权重值，可以得到图的邻接矩阵 $\boldsymbol{W}$，它也是一个 $n\times n$ 的矩阵，第 i 行的第 j 个值对应权重 w_{ij}。

除此之外，对于点集 V 的一个子集 $A\subseteq V$，我们定义 $|A|$ 表示子集 A 中点的个数，同时定义 $\mathrm{vol}(A)$如下：

$$\mathrm{vol}(A) := \sum_{i\in A} d_i \tag{10.26}$$

2. 相似矩阵

邻接矩阵 $\boldsymbol{W}$ 是由任意两点之间的权重值 w_{ij} 组成的矩阵，通常可以输入权重，但是在谱聚类中，只有数据点的定义，并没有直接给出这个邻接矩阵，那么怎么得到这个邻接矩阵呢？

其基本思想是，距离较远的两个点之间的边权重值较低，而距离较近的两个点之间的

边权重值较高，不过这仅仅是定性的，而我们需要定量的权重值。一般来说，可以通过样本点距离度量的相似矩阵 $\boldsymbol{S}$ 来获得邻接矩阵 $\boldsymbol{W}$。

构建邻接矩阵 $\boldsymbol{W}$ 的方法有三类，即 ε-邻近法，K 邻近法和全连接法。

(1) ε-邻近法。它设置了一个距离阈值 ε，用欧氏距离 s_{ij} 度量任意两点 x_i 和 x_j 的距离，即相似矩阵的 $s_{ij}=\|x_i-x_j\|_2^2$，然后根据 s_{ij} 和 ε 的大小关系，来定义邻接矩阵 $\boldsymbol{W}$ 中的元素 w_{ij} 如下。

$$w_{ij}=\begin{cases}0 & s_{ij}>\varepsilon\\ \varepsilon & s_{ij}\leqslant\varepsilon\end{cases}\tag{10.27}$$

从式(10.27)可知，两点间的权重取 ε 或 0，没有其他的信息。由于距离远近度量不精确，因此在实际应用中很少使用 ε-邻近法。

(2) K 邻近法。K 邻近法是利用 KNN 算法遍历所有的样本点，取离每个样本最近的 K 个点作为近邻，只有和样本距离最近的 K 个点之间的 $w_{ij}>0$。但是这种方法会造成重构之后的邻接矩阵 $\boldsymbol{W}$ 非对称，而后面的算法需要对称邻接矩阵。为了解决这种问题，一般采取下面两种方法之一。

第一种 K 邻近法是只要一个点在另一个点的 K 近邻中，则保留 s_{ij}。

$$w_{ij}=w_{ji}=\begin{cases}0 & x_i\notin \mathrm{KNN}(x_j)\ \text{and}\ x_j\notin \mathrm{KNN}(x_i)\\ \exp\left(-\dfrac{\|x_i-x_j\|_2^2}{2\sigma^2}\right) & x_i\in \mathrm{KNN}(x_j)\ \text{or}\ x_j\in \mathrm{KNN}(x_i)\end{cases}\tag{10.28}$$

第二种 K 邻近法是必须两个点互为 K 近邻中，才能保留 s_{ij}。

$$w_{ij}=w_{ji}=\begin{cases}0 & x_i\notin \mathrm{KNN}(x_j)\ \text{or}\ x_j\notin \mathrm{KNN}(x_i)\\ \exp\left(-\dfrac{\|x_i-x_j\|_2^2}{2\sigma^2}\right) & x_i\in \mathrm{KNN}(x_j)\ \text{and}\ x_j\in \mathrm{KNN}(x_i)\end{cases}\tag{10.29}$$

(3) 全连接法。相比前两种方法，这种方法所有的点之间的权重值都大于 0，因此称之为全连接法。可以选择不同的核函数来定义边权重，常用的有多项式核函数，高斯核函数和 Sigmoid 核函数。最常用的是高斯径向核函数 RBF，此时相似矩阵和邻接矩阵相同，即

$$w_{ij}=s_{ij}=\exp\left(-\frac{\|x_i-x_j\|_2^2}{2\sigma^2}\right)\tag{10.30}$$

在实际的应用中，使用全连接法建立邻接矩阵是最普遍的，而在全连接法中使用高斯径向核函数 RBF 是最普遍的。

3. 拉普拉斯矩阵

这里单独把拉普拉斯矩阵(Graph Laplacians)拿出来介绍是因为后面的算法和这个矩阵的性质息息相关。拉普拉斯矩阵的定义很简单，即 $\boldsymbol{L}=\boldsymbol{D}-\boldsymbol{W}$。其中：$\boldsymbol{D}$ 为度矩阵，它是一个对角矩阵；而 $\boldsymbol{W}$ 为邻接矩阵，它可以由上述方法构建。

拉普拉斯矩阵的性质如下：

(1) 拉普拉斯矩阵是对称矩阵，这可以由 $\boldsymbol{D}$ 和 $\boldsymbol{W}$ 都是对称矩阵而得。

(2) 由于拉普拉斯矩阵是对称矩阵，因此它的所有的特征值都是实数。

(3) 对于任意的向量 $\boldsymbol{f}$，则有

$$f^{\mathrm{T}}\boldsymbol{L}f = \frac{1}{2}\sum_{i,\,j=1}^{n} w_{ij}(f_i - f_j)^2 \tag{10.31}$$

可以利用拉普拉斯矩阵的定义很容易得到

$$\begin{aligned} f^{\mathrm{T}}\boldsymbol{L}f &= f^{\mathrm{T}}\boldsymbol{D}f - f^{\mathrm{T}}\boldsymbol{W}f = \sum_{i=1}^{n} d_i f_i^2 - \sum_{i,\,j=1}^{n} w_{ij} f_i f_j \\ &= \frac{1}{2}\left(\sum_{i=1}^{n} d_i f_i^2 - 2\sum_{i,\,j=1}^{n} w_{ij} f_i f_j + \sum_{j=1}^{n} d_j f_j^2\right) = \frac{1}{2}\sum_{i,\,j=1}^{n} w_{ij}(f_i - f_j)^2 \end{aligned} \tag{10.32}$$

(4) 拉普拉斯矩阵是半正定的，且对应的 n 个实数特征值都大于等于 0，即 $0=\lambda_1\leqslant\lambda_2\leqslant\cdots\leqslant\lambda_n$，且最小的特征值为 0，这个由性质(3)很容易得出。

4. 无向图切图

对于无向图 G 的切图，我们的目标是将图 $G(V, E)$ 切成相互没有连接的 k 个子图，每个子图点的集合为 $A_1, A_2, \cdots, A_k$，它们满足 $A_i\cap A_j=\varnothing$，且 $A_1\cup A_2\cup\cdots\cup A_k=V$。

对于任意两个子图点的集合 A，$B\subseteq V$，$A\cap B=\varnothing$，定义 A 和 B 之间的切图权重为

$$W(A, B) = \sum_{i\in A,\, j\in B} w_{ij} \tag{10.33}$$

对于 k 个子图点的集合 $A_1, A_2, \cdots, A_k$，可以定义切图 cut 为

$$\mathrm{cut}(A_1, A_2, \cdots, A_k) = \frac{1}{2}\sum_{i=1}^{k} W(A_i, \bar{A}_i) \tag{10.34}$$

其中，$\bar{A}_i$ 为 A_i 的补集，意为除 A_i 子集外其他 V 的子集的并集。

那么，如何让切图子图内的点权重之和较高，而子图间的点权重之和较低呢？一个自然的想法就是最小化 $\mathrm{cut}(A_1, A_2, \cdots, A_k)$，但是这种极小化的切图却不是最优的切图，如何避免采用这种极小化的切图，并且找到最优切图呢？下面介绍谱聚类使用的切图方法。

5. 切图聚类

为了避免最小切图导致的切图效果不佳的问题，需要对每个子图的规模做出限定。一般来说，有两种切图方式，一种是 RatioCut 切图，另一种是 Ncut 切图，下面分别加以介绍。

1) RatioCut 切图

RatioCut 切图为了避免最小切图，对每个切图不仅考虑最小化 $\mathrm{cut}(A_1, A_2, \cdots, A_k)$，还考虑最大化每个子图点的个数，即

$$\mathrm{RatioCut}(A_1, A_2, \cdots, A_k) = \frac{1}{2}\sum_{i=1}^{k}\frac{W(A_i, \bar{A}_i)}{|A_i|} \tag{10.35}$$

那么怎么最小化这个 RatioCut 函数呢？人们发现，RatioCut 函数可以通过如下方式表示。

引入指示向量 $\boldsymbol{h}_i\in\{\boldsymbol{h}_1, \boldsymbol{h}_2, \cdots\boldsymbol{h}_k\}$，对于任意一个向量 $\boldsymbol{h}_i$，它是一个 n 维向量(n 为样本总数)，定义 h_{ij} 为

$$h_{ij} = \begin{cases} 0 & \boldsymbol{v}_j \notin A_i \\ \dfrac{1}{\sqrt{|A_i|}} & \boldsymbol{v}_j \in A_i \end{cases} \quad (i=1, 2, \cdots, k;\ j=1, 2, \cdots, n) \tag{10.36}$$

$\boldsymbol{v}_j$ 表示第 j 个样本，那么我们对于 $\boldsymbol{h}_i^{\mathrm{T}}\boldsymbol{L}\boldsymbol{h}_i$，则有

$$
\begin{aligned}
\boldsymbol{h}_i^{\mathrm{T}}\boldsymbol{L}\boldsymbol{h}_i &= \frac{1}{2}\sum_{p=1}^{n}\sum_{q=1}^{n} w_{pq}\,(h_{ip}-h_{iq})^2 \\
&= \frac{1}{2}\left(\sum_{p\in A_i,\, q\notin A_i} w_{pq}\left(\frac{1}{\sqrt{|A_i|}}-0\right)^2+\sum_{p\notin A_i,\, q\in A_i} w_{pq}\left(0-\frac{1}{\sqrt{|A_i|}}\right)^2\right) \\
&= \frac{1}{2}\left(\sum_{p\in A_i,\, q\notin A_i} w_{pq}\frac{1}{|A_i|}+\sum_{p\notin A_i,\, q\in A_i} w_{pq}\frac{1}{|A_i|}\right) \\
&= \frac{1}{2}\left(\mathrm{cut}(A_i,\bar{A}_i)\frac{1}{|A_i|}+\mathrm{cut}(\bar{A}_i,A_i)\frac{1}{|A_i|}\right) \\
&= \frac{\mathrm{cut}(A_i,\bar{A}_i)}{|A_i|}
\end{aligned}
\tag{10.37}
$$

可以看出，对于某一个子图 i，它的 RatioCut 对应于 $\boldsymbol{h}_i^{\mathrm{T}}\boldsymbol{L}\boldsymbol{h}_i$，则 k 个子图对应的 RatioCut 函数表达式为

$$
\mathrm{RatioCut}(A_1, A_2, \cdots, A_k)=\sum_{i=1}^{k}\boldsymbol{h}_i^{\mathrm{T}}\boldsymbol{L}\boldsymbol{h}_i=\sum_{i=1}^{k}(\boldsymbol{H}^{\mathrm{T}}\boldsymbol{L}\boldsymbol{H})_{ii}=\mathrm{tr}(\boldsymbol{H}^{\mathrm{T}}\boldsymbol{L}\boldsymbol{H}) \tag{10.38}
$$

其中，$\mathrm{tr}(\boldsymbol{H}^{\mathrm{T}}\boldsymbol{L}\boldsymbol{H})$为矩阵的迹。也就是说 RatioCut 切图实际上就是最小化的 $\mathrm{tr}(\boldsymbol{H}^{\mathrm{T}}\boldsymbol{L}\boldsymbol{H})$。若 $\boldsymbol{H}^{\mathrm{T}}\boldsymbol{H}=\boldsymbol{I}$，则切图优化目标为

$$
\underbrace{\arg\min}_{\boldsymbol{H}}\ \mathrm{tr}(\boldsymbol{H}^{\mathrm{T}}\boldsymbol{L}\boldsymbol{H}) \quad \text{s.t.}\ \boldsymbol{H}^{\mathrm{T}}\boldsymbol{H}=\boldsymbol{I} \tag{10.39}
$$

因为 $\boldsymbol{H}$ 矩阵里面的每一个指示向量都是 n 维的，向量中每个变量的取值为 0 或者 $\dfrac{1}{\sqrt{|A_J|}}$，就有 2^n 种取值，有 k 个子图的话就有 k 个指示向量，共有 $k\cdot 2^n$ 种 $\boldsymbol{H}$，因此找到满足上面优化目标的 $\boldsymbol{H}$ 是一个非确定多项式的难题(也称 NP-hard 问题)。

注意观察 $\mathrm{tr}(\boldsymbol{H}^{\mathrm{T}}\boldsymbol{L}\boldsymbol{H})$中的每一个优化子目标 $\boldsymbol{h}_i^{\mathrm{T}}\boldsymbol{L}\boldsymbol{h}_i$，其中 $\boldsymbol{h}_i$ 是单位正交基，$\boldsymbol{L}$ 为对称矩阵，此时 $\boldsymbol{h}_i^{\mathrm{T}}\boldsymbol{L}\boldsymbol{h}_i$ 的最大值为 $\boldsymbol{L}$ 的最大特征值，最小值是 $\boldsymbol{L}$ 的最小特征值。对于 $\boldsymbol{h}_i^{\mathrm{T}}\boldsymbol{L}\boldsymbol{h}_i$，优化的目标是找到最小的 $\boldsymbol{L}$ 的特征值，而对于 $\mathrm{tr}(\boldsymbol{H}^{\mathrm{T}}\boldsymbol{L}\boldsymbol{H})=\sum_{i=1}^{k}\boldsymbol{h}_i^{\mathrm{T}}\boldsymbol{L}\boldsymbol{h}_i$，则是找到 k 个最小的特征值。一般来说，k 远远小于 n，也就是说，此时将维度从 n 降到了 k，从而近似可以解决这个 NP-hard 问题。

通过找到 $\boldsymbol{L}$ 的最小的 k 个特征值，可以得到对应的 k 个特征向量，这 k 个特征向量组成一个 $n\times k$ 维度的矩阵，即为 $\boldsymbol{H}$。一般需要对 $\boldsymbol{H}$ 矩阵按行做标准化，即

$$
h_{ij}^{*} := \frac{h_{ij}}{\left(\sum_{t=1}^{k}h_{it}^2\right)^{1/2}} \tag{10.40}
$$

在得到 $n\times k$ 维度的矩阵 $\boldsymbol{H}$ 后还需要对每一行进行一次传统的聚类，如使用 K-Means 聚类。

2) Ncut 切图

Ncut 切图和 RatioCut 切图很类似，只将 RatioCut 中的分母 $|A_i|$ 换成 $\mathrm{vol}(A_i)$即可。由于子图样本的个数多并不一定权重就大，因此切图时基于权重也更切合预期的目标，一般来说，Ncut 切图优于 RatioCut 切图，Ncut 切图计算公式如下。

$$\mathrm{NCut}(A_1, A_2, \cdots, A_k)=\frac{1}{2}\sum_{i=1}^{k}\frac{W(A_i, \bar{A}_i)}{\mathrm{vol}(A_i)} \tag{10.41}$$

对应的，Ncut 切图对指示向量 $\boldsymbol{h}$ 做了改进，Ncut 切图使用了子图权重 $\frac{1}{\sqrt{\mathrm{vol}(A_i)}}$ 来表示指示向量 $\boldsymbol{h}_i$，$\boldsymbol{h}_i$ 的第 j 个元素定义如下：

$$h_{ij}=\begin{cases}0 & \boldsymbol{v}_j \notin A_i \\ \frac{1}{\sqrt{\mathrm{vol}(A_i)}} & \boldsymbol{v}_j \in A_i\end{cases} \tag{10.42}$$

那么对于 $\boldsymbol{h}_i^{\mathrm{T}}\boldsymbol{L}\boldsymbol{h}_i$，则有

$$\begin{aligned}\boldsymbol{h}_i^{\mathrm{T}}\boldsymbol{L}\boldsymbol{h}_i &= \frac{1}{2}\sum_{p=1}\sum_{q=1}w_{pq}(h_{ip}-h_{iq})^2 \\ &= \frac{\mathrm{cut}(A_i, \bar{A}_i)}{\mathrm{vol}(A_i)}\end{aligned} \tag{10.43}$$

推导方式和 RatioCut 完全一致。也就是说，其优化目标仍然是

$$\mathrm{NCut}(A_1, A_2, \cdots, A_k)=\sum_{i=1}^{k}\boldsymbol{h}_i^{\mathrm{T}}\boldsymbol{L}\boldsymbol{h}_i=\sum_{i=1}^{k}(\boldsymbol{H}^{\mathrm{T}}\boldsymbol{L}\boldsymbol{H})_{ii}=\mathrm{tr}(\boldsymbol{H}^{\mathrm{T}}\boldsymbol{L}\boldsymbol{H}) \tag{10.44}$$

但是此时 $\boldsymbol{H}^{\mathrm{T}}\boldsymbol{H}\neq\boldsymbol{I}$，而是 $\boldsymbol{H}^{\mathrm{T}}\boldsymbol{D}\boldsymbol{H}=\boldsymbol{I}$。推导如下：

$$\boldsymbol{h}_i^{\mathrm{T}}\boldsymbol{D}\boldsymbol{h}_i=\sum_{j=1}^{n}h_{ij}^2 d_j=\frac{1}{\mathrm{vol}(A_i)}\sum_{j\in A_i}d_j=\frac{1}{\mathrm{vol}(A_i)}\mathrm{vol}(A_i)=1 \tag{10.45}$$

因此优化目标最终为

$$\underbrace{\arg\min}_{\boldsymbol{H}}\mathrm{tr}(\boldsymbol{H}^{\mathrm{T}}\boldsymbol{L}\boldsymbol{H}) \quad \mathrm{s.t.}\ \boldsymbol{H}^{\mathrm{T}}\boldsymbol{D}\boldsymbol{H}=\boldsymbol{I} \tag{10.46}$$

此时 $\boldsymbol{H}$ 中的指示向量 $\boldsymbol{h}$ 并不是标准正交基，所以在 RatioCut 里面的降维思想不能直接用。令 $\boldsymbol{H}=\boldsymbol{D}^{-1/2}\boldsymbol{F}$，则

$$\boldsymbol{H}^{\mathrm{T}}\boldsymbol{L}\boldsymbol{H}=\boldsymbol{F}^{\mathrm{T}}\boldsymbol{D}^{-\frac{1}{2}}\boldsymbol{L}\boldsymbol{D}^{-\frac{1}{2}}\boldsymbol{F} \tag{10.47}$$

$$\boldsymbol{H}^{\mathrm{T}}\boldsymbol{D}\boldsymbol{H}=\boldsymbol{F}^{\mathrm{T}}\boldsymbol{F}=\boldsymbol{I} \tag{10.48}$$

也就是说优化目标变成了

$$\underbrace{\arg\min}_{\boldsymbol{F}}\mathrm{tr}(\boldsymbol{F}^{\mathrm{T}}\boldsymbol{D}^{-\frac{1}{2}}\boldsymbol{L}\boldsymbol{D}^{-\frac{1}{2}}\boldsymbol{F}) \quad \mathrm{s.t}\ \boldsymbol{F}^{\mathrm{T}}\boldsymbol{F}=\boldsymbol{I} \tag{10.49}$$

可以看到这个式子和 RatioCut 基本一致，只是中间的 $\boldsymbol{L}$ 变成了 $\boldsymbol{D}^{-1/2}\boldsymbol{L}\boldsymbol{D}^{-1/2}$。这样就可以继续按照 RatioCut 的思想，求出 $\boldsymbol{D}^{-1/2}\boldsymbol{L}\boldsymbol{D}^{-1/2}$ 的最小的前 k 个特征值，然后求出对应的特征向量，并标准化，得到最后的特征矩阵 $\boldsymbol{F}$，最后对 $\boldsymbol{F}$ 进行一次传统的聚类（比如 K-Means）即可。

6. 谱聚类算法流程

一般来说，谱聚类主要的注意点为相似矩阵的生成方式、切图的方式以及最后的聚类方法。最常用的相似矩阵的生成方式是基于高斯核距离的全连接方式，最常用的切图方式是 Ncut，而到最后常用的聚类方法为 K-Means。下面以 Ncut 总结谱聚类算法流程。

输入：样本集 $X(x_1, x_2, \cdots, x_n)$，相似矩阵的生成方式，降维后的维度 k_1，聚类方法，聚类后的维度 k_2。

输出：簇划分 $C(c_1, c_2, \cdots, c_{k_2})$。

步骤 1　根据输入的相似矩阵的生成方式构建样本的相似矩阵 $\boldsymbol{S}$。

步骤 2　根据相似矩阵 $\boldsymbol{S}$ 构建邻接矩阵 $\boldsymbol{W}$，构建度矩阵 $\boldsymbol{D}$。

步骤 3　计算出拉普拉斯矩阵 $\boldsymbol{L}$。

步骤 4　构建标准化后的拉普拉斯矩阵 $\boldsymbol{D}^{-1/2}\boldsymbol{L}\boldsymbol{D}^{-1/2}$。

步骤 5　计算 $\boldsymbol{D}^{-1/2}\boldsymbol{L}\boldsymbol{D}^{-1/2}$ 最小的 k_1 个特征值所各自对应的特征向量 $\boldsymbol{f}$。

步骤 6　将各自对应的特征向量 $\boldsymbol{f}$ 组成的矩阵按行标准化，最终组成 $n\times k_1$ 维的特征矩阵 $\boldsymbol{F}$。

步骤 7　将 $\boldsymbol{F}$ 中的每一行作为一个 k_1 维的样本，共 n 个样本，用输入的聚类方法进行聚类，聚类维数为 k_2。

步骤 8　得到簇划分 $C(c_1, c_2, \cdots, c_{k_2})$。

10.4.2　方法原理

1. 多个子空间的多项式表示

全局主成分分析（GPCA）是利用代数-几何方法对高维空间中的子空间进行聚类。GPCA 原理是通过多项式拟合、微分求解各个子空间的垂直补空间的基向量，从而完成子空间聚类。n 个子空间的并集可以由齐次多项式来表示。若观测信号空间中的向量表示为 $\boldsymbol{x}=[x_1, x_2, \cdots, x_M]^{\mathrm{T}}$，那么 n 阶齐次多项式空间的一组基为 $\{x_1^n, \cdots, x_1^{n_1}x_2^{n_2}\cdots x_M^{n_M}, \cdots, x_M^n\}$，这组基由 $D_n(M)=\mathrm{C}_{n+M-1}^{M-1}$ 个分量 $x_1^{n_1}$，$x_2^{n_2}$，$\cdots$，$x_M^{n_M}$ 构成，其中，$1\leqslant n_z\leqslant M$（$z=1, 2, \cdots, M$），$n_1+n_2+\cdots+n_M=n$。因此利用基的线性组合可以把该空间中的任何一个齐次多项式表示为

$$p_n(x)=\boldsymbol{c}_n^{\mathrm{T}}\boldsymbol{v}_n(\boldsymbol{x})=\sum_i^{D_n(M)}\boldsymbol{c}_i\boldsymbol{v}_n^i(\boldsymbol{x}) \tag{10.50}$$

其中，$\boldsymbol{c}_n=[c_1, c_2, \cdots, c_{D_n(M)}]^{\mathrm{T}}$ 为基系数，$\boldsymbol{v}_n^i(\boldsymbol{x})$ 为 $\boldsymbol{v}_n(\boldsymbol{x})$ 的第 i 个元素，$\boldsymbol{v}_n(\boldsymbol{x})$ 为 n 阶韦罗内塞映射（Veronese Mapping），定义为 $[x_1, x_2, \cdots, x_M]^{\mathrm{T}}\rightarrow[x_1^n, \cdots, x_1^{n_1}x_2^{n_2}\cdots x_M^{n_M}, \cdots, x_M^n]^{\mathrm{T}}$（向量中元素的个数为 $D_n(M)=\mathrm{C}_{n+M-1}^{M-1}$）。例如在接收端有 3 个观测通道的情况下，若观测信号空间中存在 2 个子空间，则 $D_n(M)=D_2(3)=\mathrm{C}_{2+3-1}^{3-1}=6$，2 阶韦罗内塞映射为 $\boldsymbol{v}_2(x)=[x_1^2, x_1x_2, x_1x_3, x_2^2, x_2x_3, x_3^2]^{\mathrm{T}}\in\mathbf{R}^6$。

将观测信号空间中 n 个子空间表示为 $S_i\subset\mathbf{R}^M$（$i=1, 2, \cdots, n$），相应的子空间维数为 d_i（$0<d_i<M$），相应的垂直补空间为 $S_i^{\perp}$，每一个垂直补空间的一组基记为 $\boldsymbol{B}_i=[\boldsymbol{b}_{i1}, \boldsymbol{b}_{i2}, \cdots, \boldsymbol{b}_{i(M-d_i)}]\in\mathbf{R}^{M\times(M-d_i)}$。为了能够使用齐次多项式来表示多个子空间的并集，下面引出定理 10.1。

定理 10.1　多个子空间的并集可以通过一组齐次多项式来表示，而且每个子空间中的向量都满足这一组齐次多项式，每一个齐次多项式可以表示为

$$p_{nl}(\boldsymbol{x})=\prod_{i=1}^{n}(\boldsymbol{b}_{il}^{\mathrm{T}}\boldsymbol{x})=\boldsymbol{c}_{nl}^{\mathrm{T}}\boldsymbol{v}_n(\boldsymbol{x})=0 \tag{10.51}$$

其中，系数向量 $\boldsymbol{c}_{nl}$ 张成的系数向量空间记为 $\boldsymbol{W}_n$，$l\in\{1, 2, \cdots, \dim(\boldsymbol{W}_n)\}$，$\dim(\cdot)$ 表示线性空间的维数，$\boldsymbol{b}_{il}\in\mathbf{R}^M$ 是 $\boldsymbol{B}_i$ 中的某一列向量，即 $\boldsymbol{b}_{il}$ 为第 i 个子空间的一个法向量。但

对于平面聚类只需找出系数向量空间 $\boldsymbol{W}_n$ 中的一个向量 $\boldsymbol{c}_{nl}$ 即可，后文均用 $\boldsymbol{c}_n$ 来表示。

根据定理 10.1 可知，求解各个子空间的法向量或者系数向量 $\boldsymbol{c}_n$ 就可以辨识各个子空间，即得到一组多项式来表示观测信号空间中多个子空间的并集。下面讨论如何仅利用观测信号求解多项式，即齐次多项式拟合。

假设接收端进行了 T 次采样，即观测信号空间中有 T 个观测向量 $\boldsymbol{x}_t(t=1, 2, \cdots, T)$，它们都满足式(10.51)，因此有

$$p_{nl}(x)=\prod_{i=1}^{n}(\boldsymbol{b}_{il}^{\mathrm{T}}\boldsymbol{x})=\boldsymbol{c}_n^{\mathrm{T}}\boldsymbol{v}_n(\boldsymbol{x})=0 \tag{10.52}$$

显然，$\boldsymbol{c}_n\in\mathrm{null}(\boldsymbol{V}_n(T))$，$\boldsymbol{W}_n\subseteq\mathrm{null}(\boldsymbol{V}_n(T))$，null(·)表示矩阵零空间。当采样数 T 足够大时，$\dim(\boldsymbol{W}_n)=\dim(\mathrm{null}(\boldsymbol{V}_n(T)))$。根据线性代数理论可知，此时 $\boldsymbol{W}_n$ 与 $\mathrm{null}(\boldsymbol{V}_n(T))$是两个相同的线性空间，因此通过求解 $\boldsymbol{V}_n(T)$的零空间即可得到多项式的系数向量 $\boldsymbol{c}_n$，从而实现齐次多项式拟合多个子空间的并集。

2. 多项式微分求解补空间的基

上一小节完成了对 n 个子空间的并集的齐次多项式拟合，即得到了一组齐次多项式，利用这些多项式可以求解每个子空间的垂直补空间的一组基以及每个子空间的维数 d_i。为此引入定理 10.2。

定理 10.2 令向量 $\boldsymbol{y}_i\in\boldsymbol{S}_i$，且对于 $i\neq j$，$\boldsymbol{y}_i\notin\boldsymbol{S}_j$，若 $\dim(\boldsymbol{W}_n)=\dim(\mathrm{null}(\boldsymbol{V}_n(T)))=w_n$，那么每个子空间 $\boldsymbol{S}_i$ 的垂直补空间为

$$\boldsymbol{S}_i^{\perp}=\mathrm{span}\left\{\frac{\partial}{\partial\boldsymbol{x}}\boldsymbol{c}_n^{\mathrm{T}}\boldsymbol{v}_n(\boldsymbol{x})\bigg|_{\boldsymbol{x}=\boldsymbol{y}_i},\ \forall\,\boldsymbol{c}_n\in\mathrm{null}(\boldsymbol{V}_n(T))\right\} \tag{10.53}$$

而且每个子空间 $\boldsymbol{S}_i$ 的维数为

$$d_i=M-\mathrm{rank}(\mathrm{D}\overline{P}_n(\boldsymbol{y}_i))\quad(i=1, 2, \cdots, n) \tag{10.54}$$

其中，D 为微分算子，rank(·)表示矩阵的秩，$\overline{P}_n(\boldsymbol{y}_i)=[p_{n1}(\boldsymbol{y}_i), p_{n2}(\boldsymbol{y}_i), \cdots, p_{nw_n}(\boldsymbol{y}_i)]$，$\mathrm{D}\overline{P}_n(\boldsymbol{y}_i)=[\mathrm{D}p_{n1}(\boldsymbol{y}_i), \mathrm{D}p_{n2}(\boldsymbol{y}_i), \cdots, \mathrm{D}p_{nw_n}(\boldsymbol{y}_i)]\in\mathbf{R}^{M\times w_n}$。

根据定理 10.2 可知，在已完成齐次多项式拟合的情况下，只需利用某个子空间中的一个向量，通过多项式微分即可求得该子空间的垂直补空间的一组基。下面以第 3 章图 3.5 为例，对定理 10.2 做直观的解释。图中有 6 个子空间(平面)，每个子空间的垂直补空间的维数为 1，6 个子空间可以由 6 个法向量来表示，即 $\boldsymbol{b}_i(i=1, 2, \cdots, 6)$。因此，很容易得出 6 个子空间的多项式表示为 $p_6(\boldsymbol{x})=(\boldsymbol{b}_1^{\mathrm{T}}\boldsymbol{x})(\boldsymbol{b}_2^{\mathrm{T}}\boldsymbol{x})\cdots(\boldsymbol{b}_6^{\mathrm{T}}\boldsymbol{x})=\boldsymbol{c}_6^{\mathrm{T}}\boldsymbol{v}_6(\boldsymbol{x})$，其中 $\boldsymbol{c}_6\in\mathrm{null}(\boldsymbol{V}_6(T))$，$T$ 足够大时，$\boldsymbol{V}_6(T)$的零空间维数为 1，即 $\boldsymbol{c}_6$ 是唯一确定的，此时可通过求解 $\boldsymbol{V}_6(T)$的核(零)空间来求得 $\boldsymbol{c}_6$，即完成多项式拟合。下面通过多项式微分来求解每个子空间的垂直补空间的基，$p_6(\boldsymbol{x})$在观测信号向量 $\boldsymbol{x}_t\in\boldsymbol{S}_i$ 的导数为

$$\mathrm{D}p_6(\boldsymbol{x})\bigg|_{\boldsymbol{x}=\boldsymbol{x}_t}=\frac{\partial p_6(\boldsymbol{x})}{\partial\boldsymbol{x}}\bigg|_{\boldsymbol{x}=\boldsymbol{x}_t}=\frac{\partial}{\partial x}\prod_{k=1}^{6}(\boldsymbol{b}_k^{\mathrm{T}}\boldsymbol{x})\bigg|_{\boldsymbol{x}=\boldsymbol{x}_t}=\sum_{k=1}^{6}(\boldsymbol{b}_k)\prod_{j\neq k}(\boldsymbol{b}_j^{\mathrm{T}}\boldsymbol{x})\bigg|_{\boldsymbol{x}=\boldsymbol{x}_t} \tag{10.55}$$

由于 $\boldsymbol{b}_i^{\mathrm{T}}\boldsymbol{x}_t=0$，因此式(10.55)变为

$$\mathrm{D}p_6(\boldsymbol{x}_t)=\boldsymbol{b}_i\prod_{j\neq i}(\boldsymbol{b}_j^{\mathrm{T}}\boldsymbol{x}_t) \tag{10.56}$$

重新整理式(10.56)，即可求得各个子空间归一化法向量

$$\frac{\boldsymbol{b}_i}{\|\boldsymbol{b}_i\|}=\frac{\mathrm{D}p_6(\boldsymbol{x}_t)}{\|\mathrm{D}p_6(\boldsymbol{x}_t)\|} \tag{10.57}$$

因此，只要求出 $\mathrm{D}p_n(\boldsymbol{x}_t)$，即可求得法向量。下面给出一种求解 $\mathrm{D}p_n(\boldsymbol{x}_t)$ 的方法。先考虑简单例子，2 阶 Veronese 映射为 $\boldsymbol{v}_2(\boldsymbol{x})=[x_1^2,\ x_1x_2,\ x_1x_3,\ x_2^2,\ x_2x_3,\ x_3^2]^{\mathrm{T}}\in\mathbf{R}^6$，定义幂矩阵 $\hat{\boldsymbol{P}}_n\in\mathbf{R}^{D_n(M)\times M}$ 的各个元素为 $\boldsymbol{x}$ 的各个分量 x_1，…，x_M 在韦罗内塞映射中的幂次，例如对于韦罗内塞映射 $\boldsymbol{v}_2(\boldsymbol{x})$，有

$$\hat{\boldsymbol{P}}_2=\begin{bmatrix}2 & 1 & 1 & 0 & 0 & 0\\ 0 & 1 & 0 & 2 & 1 & 0\\ 0 & 0 & 1 & 0 & 1 & 2\end{bmatrix}^{\mathrm{T}} \tag{10.58}$$

对应的齐次多项式为

$$\begin{aligned}p_2(\boldsymbol{x})&=\boldsymbol{c}_2^{\mathrm{T}}\boldsymbol{v}_2(\boldsymbol{x})\\&=c_1x_1^2+c_2x_1x_2+c_3x_1x_3+c_4x_2^2+c_5x_2x_3+c_6x_3^2\end{aligned} \tag{10.59}$$

进一步地，$p_2(\boldsymbol{x})$ 的一阶导数为

$$\mathrm{D}\boldsymbol{p}_2(\boldsymbol{x})=\begin{bmatrix}2c_1x_1+c_2x_2+c_3x_3\\ c_2x_1+2c_4x_2+c_5x_3\\ c_3x_1+c_5x_2+2c_6x_3\end{bmatrix}=\begin{bmatrix}2c_1 & c_2 & c_3\\ c_2 & 2c_4 & c_5\\ c_3 & c_5 & 2c_6\end{bmatrix}\begin{bmatrix}x_1\\ x_2\\ x_3\end{bmatrix} \tag{10.60}$$

对式(10.60)做进一步整理得到

$$\begin{aligned}\mathrm{D}p_2(\boldsymbol{x})&=\mathrm{nonzero}((\boldsymbol{c}_2\mathbf{1}_3)\odot\hat{\boldsymbol{P}}_2)\boldsymbol{v}_1(\boldsymbol{x})\\&=\mathrm{nonzero}((\boldsymbol{c}_2\mathbf{1}_3)\odot\hat{\boldsymbol{P}}_2)\boldsymbol{v}_1(\boldsymbol{x})\\&=D_2\boldsymbol{v}_1(\boldsymbol{x})\end{aligned} \tag{10.61}$$

其中，$D_2=\mathrm{nonzero}((\boldsymbol{c}_2\mathbf{1}_3)\odot\hat{\boldsymbol{P}}_2)$，nonzero(·)表示剔除矩阵的非零元素后将剩余的元素按列组成 $M\times D_{n-1}(M)$ 维的矩阵，$\mathbf{1}_3=[1,\ 1,\ 1]$，$\odot$ 表示矩阵点乘(矩阵的对应元素相乘)，$\boldsymbol{v}_1(\boldsymbol{x})=[x_1\quad x_2\quad x_3]$ 表示 1 阶韦罗内塞映射。将式(10.61)拓展到一般情况，即在 M 维空间中，对于 n 阶韦罗内塞映射，有

$$\mathrm{D}p_n(\boldsymbol{x})=D_n\boldsymbol{v}_{n-1}(\boldsymbol{x}) \tag{10.62}$$

其中，$D_n=\mathrm{nonzero}((\boldsymbol{c}_n\boldsymbol{I}_M)\odot\hat{\boldsymbol{P}}_n)$，$\mathbf{1}_M=[1,\ \cdots,\ 1]\in\mathbf{R}^{1\times M}$，$M$ 为观测信号空间维数(传感器个数)。因此通过式(10.62)就可以计算出各个子空间的法向量(垂直补空间的基向量)。

3. 谱聚类

利用式(10.62)计算 $p_n(\boldsymbol{x})$ 在所有观测向量 $\boldsymbol{x}_t(t=1,\ \cdots,\ T)$ 处的导数 $\mathrm{D}p_n(x_t)$，得到 $\bar{\boldsymbol{D}}p_n(\boldsymbol{x})=[\mathrm{D}p_n(x_1),\ \mathrm{D}p_n(x_2),\ \cdots,\ \mathrm{D}p_n(x_T)]\in\mathbf{R}^{M\times T}$。由于 $\mathrm{D}p_n(\boldsymbol{x}_t)$ 为 $\boldsymbol{x}_t$ 所处的子空间的法向量，因此矩阵 $\bar{\boldsymbol{D}}p_n(\boldsymbol{x})$ 中相关性接近 1 的两个列向量同属一个子空间的法向量。然后利用 $\bar{\boldsymbol{D}}p_n(\boldsymbol{x})$ 建立一个无向图 $G=(\Omega,\ E)$，Ω 为无向图 G 的顶点集，它们是 $\bar{\boldsymbol{D}}p_n(\boldsymbol{x})$ 中的每个向量，顶点 Ω_{t_1} 和 Ω_{t_2} 之间的边权重 $\varphi(\Omega_{t_1},\ \Omega_{t_2})\in\boldsymbol{E}$，定义为

$$\varphi(\Omega_{t_1},\ \Omega_{t_2})=\frac{\mathrm{D}p_n(\boldsymbol{x}_{t_1})^{\mathrm{T}}\mathrm{D}p_n(\boldsymbol{x}_{t_2})}{\|\mathrm{D}p_n(\boldsymbol{x}_{t_1})\|\ \|\mathrm{D}p_n(\boldsymbol{x}_{t_2})\|} \tag{10.63}$$

其中，$t_1, t_2 \in \{1, 2, \cdots, T\}$。显然，$\varphi(\Omega_{t_1}, \Omega_{t_2})$度量了$\mathrm{D}p_n(\boldsymbol{x}_{t_1})$和$\mathrm{D}p_n(\boldsymbol{x}_{t_2})$之间的相关程度。对图$\boldsymbol{G}$利用谱聚类的方法即可实现子空间(平面)聚类。

4. 子空间(平面)个数的估计

在前面的分析中，都是假设子空间(平面)的个数是已知的，但是在实际应用中没有这些先验信息，因此有必要研究仅根据观测信号来估计平面个数的方法。

为便于分析，假设存在n个平面，它们的n阶齐次多项式为$p_n(\boldsymbol{x})=\boldsymbol{c}_n^{\mathrm{T}}\boldsymbol{v}_n(\boldsymbol{x})=0$，显然$\boldsymbol{c}_n^{\mathrm{T}}$具有唯一性，因此$\mathrm{rank}(\boldsymbol{V}_n(T))=D_n(M)-1$。若齐次多项式的阶数$i<n$，则不存在$\boldsymbol{c}_i^{\mathrm{T}}$使$p_i(\boldsymbol{x})=\boldsymbol{c}_i^{\mathrm{T}}\boldsymbol{v}_i(\boldsymbol{x})=0$成立，因此，$\boldsymbol{V}_i(T)$列满秩，即$\mathrm{rank}(\boldsymbol{V}_n(T))=D_n(M)$。若多项式的阶数$i>n$，则存在多个$i$阶齐次多项式表达式，$\mathrm{rank}(\boldsymbol{V}_i(T))<D_n(M)-1$。总之，有如下结果

$$\mathrm{rank}(\boldsymbol{V}_i(T))\begin{cases} > D_i(M)-1, & i<n \\ = D_i(M)-1, & i=n \\ < D_i(M)-1, & i>n \end{cases} \tag{10.64}$$

根据式(10.64)，子空间(超平面)个数可以由下式估计

$$n=\arg\min_i\{\mathrm{rank}(\boldsymbol{V}_i(T))=D_i(M)-1\} \tag{10.65}$$

根据式(10.65)，从$i=1$开始进行迭代判断，直至满足$\mathrm{rank}(\boldsymbol{V}_i(T))=D_i(M)-1$，此时得到$n=i$。但是在噪声存在的情况下，数值上$\boldsymbol{V}_i(T)$有可能满秩，此时为了求解$\mathrm{rank}(\boldsymbol{V}_i(T))$，应对$\boldsymbol{V}_i(T)$进行奇异值分解，然后判断数值较大的奇异值个数来确定$\boldsymbol{V}_i(T)$的秩。一般根据式(10.65)来确定$\boldsymbol{V}_i(T)$的秩

$$\mathrm{rank}(\boldsymbol{V}_i(T))=\arg\min_m\left\{\frac{\sigma_{m+1}^2(\boldsymbol{V}_i(T))}{\sum_{j=1}^{m}\sigma_j^2(\boldsymbol{V}_i(T))}+\omega * m\right\} \tag{10.66}$$

其中，$\sigma_j(\boldsymbol{V}_i(T))$表示$\boldsymbol{V}_i(T)$的第$j$个奇异值，而且采用从大到小的排列方式，即$\sigma_j(\boldsymbol{V}_i(T))\geqslant\sigma_{j+1}(\boldsymbol{V}_i(T))$。$\omega$为模型选择参数，它的选取与噪声强度有关，在实际应用中靠经验选取。在本章的仿真实验中，若信噪比大于10 dB，可选取$\omega\leqslant 0.001$，若信噪比小于10 dB，则可选取$\omega\approx 0.01$。

5. 混合矩阵列向量的估计

利用上一小节中描述的方法对观测信号空间中的子空间(超平面)个数完成估计后，对所有子空间的并集进行多项式拟合得到子空间的并集的齐次多项式表示，然后通过多项式微分求解各个子空间的补空间的基，最后利用谱聚类方法对求得的所有基向量进行聚类得到各个子空间(平面)。混合矩阵的各个列向量为C_{N-1}^{k-1}平面相交的直线所在的向量，k为起作用的源信号个数，因此估计出C_{N-1}^{k-1}个平面相交的直线即可完成混合矩阵的估计。

定理 10.3　相交于同一条直线的n个平面的法向量处于同一个平面，且该平面的法向量为这n个平面的交线。

证明　令n个平面$\alpha_1, \alpha_2, \cdots, \alpha_n$相交于同一条直线$l$，$\boldsymbol{b}_1, \boldsymbol{b}_2, \cdots, \boldsymbol{b}_n$分别为各个平面的法向量，记$\boldsymbol{b}_1$、$\boldsymbol{b}_2$所确定的平面为$\beta$，因为$l\in\alpha_1$且$l\in\alpha_2$，所以$l\perp\boldsymbol{b}_1$且$l\perp\boldsymbol{b}_2$，即$l$为平面$\beta$的法向量。现假设$\boldsymbol{b}_3$不在平面$\beta$上，即$\boldsymbol{b}_3\notin\beta$，那么$\boldsymbol{b}_3$不会垂直于$l$，但是由于

$l \in \alpha_3$，$l \perp \boldsymbol{b}_3$，因此存在矛盾。所以，$\boldsymbol{b}_1$、$\boldsymbol{b}_2$、$\boldsymbol{b}_3$ 共面。推广至更一般情况，$\boldsymbol{b}_1$，$\boldsymbol{b}_2$，…，$\boldsymbol{b}_n$ 共面，且 α_1，α_2，…，α_n 的交线为该平面的法向量。

根据定理 10.3，首先可通过计算子空间(平面)数据矩阵的零空间来获取各个子空间(平面)的法向量 $\boldsymbol{b}_i$，在求解时可以利用奇异值分解中最小奇异值对应的右奇异向量作为法向量，然后求解由任意两个不同法向量组成的矩阵 $\boldsymbol{B}=[\boldsymbol{b}_i,\ \boldsymbol{b}_j](i\neq j)$ 的零空间，即得到两个不同法向量 $\boldsymbol{b}_i$、$\boldsymbol{b}_j$ 所确定的平面的法向量，记为 $\boldsymbol{a}$，最后对所有的 $\boldsymbol{a}$ 进行聚类即可得到混合矩阵的各个列向量。

10.4.3　算法步骤

总结上述分析，基于多项式表示的欠定混合矩阵盲估计的算法步骤如下。

步骤 1　初始化 $i=1$，构建 $\boldsymbol{V}_1(T)$，求解式(10.66)得到 $\mathrm{rank}(\boldsymbol{V}_1(T))$。

步骤 2　当 $\mathrm{rank}(\boldsymbol{V}_i(T))\neq D_i(M)-1$ 时，循环执行步骤 2.1、步骤 2.2。

步骤 2.1　$i=i+1$；

步骤 2.2　求解式(10.66)得到 $\mathrm{rank}(\boldsymbol{V}_i(T))$。

步骤 3　令 $n=i$，对 $\boldsymbol{V}_n(T)$ 进行奇异值分解 $\boldsymbol{V}_n(T)=[\boldsymbol{u}_1,\ \boldsymbol{u}_2,\ \cdots,\ \boldsymbol{u}_T]\sum[\boldsymbol{v}_1,\ \boldsymbol{v}_2,\ \cdots,\ \boldsymbol{v}_{D_n(M)}]^{\mathrm{T}}$，取出最小奇异值对应的右奇异向量 $\boldsymbol{c}_n=\boldsymbol{v}_{D_n(M)}$。(该步骤的含义：取出 $\boldsymbol{V}_n(T)$ 的零空间中的一个向量)

步骤 4　利用式(10.61)计算 $\bar{\boldsymbol{D}}p_n(\boldsymbol{x})=[\mathrm{D}p_n(\boldsymbol{x}_1),\ \mathrm{D}p_n(\boldsymbol{x}_2),\ \cdots,\ \mathrm{D}p_n(\boldsymbol{x}_T)]$。

步骤 5　根据式(10.63)建立无向图 G，按照谱聚类的方法步骤计算得到 n 个子空间(超平面)的信号矩阵 $\boldsymbol{S}_i=[\boldsymbol{x}_1,\ \cdots,\ \boldsymbol{x}_{T_i}]$，其中 $i=1,\ 2,\ \cdots,\ n$，T_i 为第 i 个子空间中的观测数据个数。

步骤 6　对每个子空间(平面)的信号矩阵 $\boldsymbol{S}_i$ 作奇异值分解得到 $\boldsymbol{S}_i=\boldsymbol{U}\sum\boldsymbol{V}^{\mathrm{H}}$，取出最小奇异值对应的右奇异向量作为法向量 $\boldsymbol{b}_i$。

步骤 7　将任意两个不同的法向量 $\boldsymbol{b}_i$、$\boldsymbol{b}_j$ 组成矩阵 $\boldsymbol{B}=[\boldsymbol{b}_i,\ \boldsymbol{b}_j](i\neq j)$，与步骤 6 类似，对 $\boldsymbol{B}$ 做奇异值分解，取出最小奇异值对应的右奇异向量记为 $\boldsymbol{a}$，对所有的 $\boldsymbol{a}$ 进行线聚类得到欠定混合矩阵。

10.4.4　计算机仿真

1. 无噪情况下的欠定混合矩阵盲估计

为了验证基于多项式表示的欠定混合矩阵盲估计算法的性能，将该方法与基于参数估计的方法和 k 维子空间法作对比。源信号为高斯随机信号，传感器个数为 3，源信号个数为 4，每一个时刻起作用的源信号个数为 2，时间长度 T 为 2000，产生的混合矩阵为高斯矩阵 $\boldsymbol{A}\in\mathbf{R}^{3\times4}$。观测信号(已归一化)三维散点分布已在图 3.5 中显示，利用基于齐次多项式表示的子空间聚类方法得到 6 个清晰的子空间(平面)，如图 10.1 所示。

为了衡量混合矩阵估计精度，采用估计误差 ε(已在 3.5.4 小节中定义)作为衡量指标。下面对仿真结果进行分析。

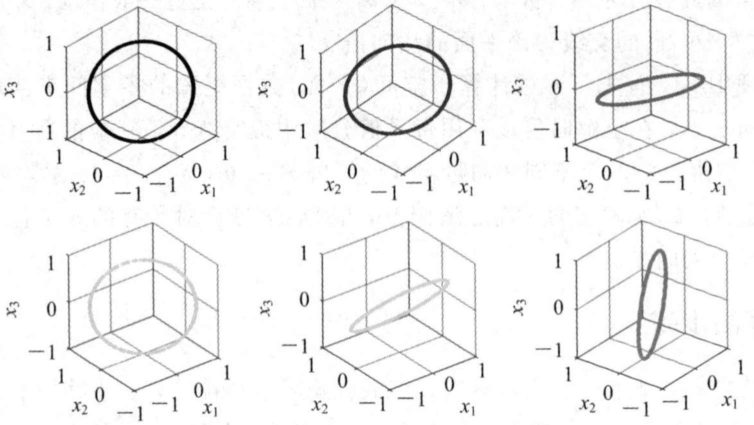

图 10.1 基于多项式表示的子空间聚类散点图

对 k 维子空间、基于参数估计和基于齐次多项式表示的三种算法分别运行 1000 次(在相同的软硬件环境下)得到表 10.1 中各项结果(无噪声)，从表中可以看出，基于齐次多项式表示的欠定混合矩阵盲估计算法的平均估计误差显著低于其他两种传统算法，但是所需运行时间高于另外两种传统算法。对于 k 维子空间方法、基于参数估计方法，即使在没有噪声的理想情况下由于目标函数存在较多局部极值点，不易收敛至精确解，算法精度很难提高。而对于基于齐次多项式表示的欠定混合矩阵盲估计，由于使用代数-几何方法，利用空间几何关系，在没有噪声的情况下能够精确地估计混合矩阵(从数值上可以看出其估计误差达到10^{-16}数量级，几乎接近于 0)，但是由于使用了奇异值分解，需要消耗一定的运算时间。另外，表 10.1 中的 $P(\varepsilon<0.005)$表示估计误差低于 0.005 的仿真次数占总次数的比例，由此可看出基于齐次多项式表示的欠定混合矩阵盲估计算法的可靠性也远大于传统算法。

表 10.1 不同算法估计误差和运行时间的对比

算　　法	k 维子空间	基于参数估计	基于齐次多项式表示
平均估计误差 ε	5.1×10^{-3}	1.8×10^{-3}	8.5413×10^{-16}
运行时间/s	3.71	2.24	5.94
$P(\varepsilon<0.005)$	51%	74%	89%

2. 含噪情况下的欠定混合矩阵盲估计

本次实验考虑存在加性噪声的情况，验证各个算法的性能。在加性噪声存在的情况下，欠定盲源分离数学模型变成式(10.67)

$$\boldsymbol{x}_t = \boldsymbol{A}\boldsymbol{s}(t) + \mu\boldsymbol{v}(t) \tag{10.67}$$

其中，$\boldsymbol{A}$ 为高斯混合矩阵，$\boldsymbol{s}(t)$是由 matlab 产生的高斯信号；$\boldsymbol{v}(t)\sim N(0,1)$表示 t 时刻存在均值和方差分别为 0 和 1 的高斯噪声；μ 为噪声幅值。实验运行次数为 1000。如图 10.2 所示为三种不同算法在不同加性噪声强度下的对比结果，横坐标为 μ，纵坐标为估计误差的对数值，定义为 $\zeta=20\lg(\varepsilon)$，ε 为估计误差。ζ 越小，表示抗噪性越强。

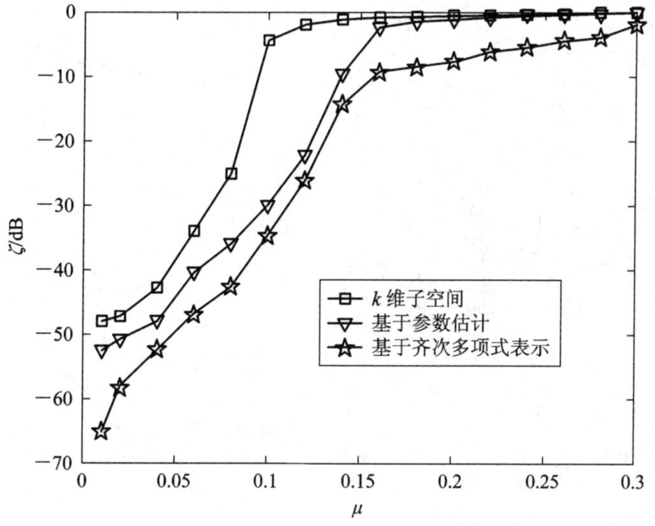

图 10.2　非充分稀疏情形下的混合矩阵估计算法性能对比

从图 10.2 可以看出基于齐次多项式表示的混合矩阵估计算法抗噪性能要优于另外两种算法。比如在 $\mu=0.04$ 时，基于齐次多项式表示的混合矩阵估计算法的估计误差分别比基于参数估计和 k 维子空间算法降低了大约 4 dB 和 9 dB。

3. 单源点和多源点同时存在情况下的混合矩阵估计

本次实验考虑观测信号中同时存在单源点和多源点的情况，那么观测信号空间中同时呈现线聚类和平面聚类的特性。如图 10.3 所示，观测信号空间同时存在直线和平面。采用基于齐次多项式表示的子空间聚类后所得到的结果如图 10.4 所示，从图中可看出多源点和单源点(直线)可以同时被检测出来。显然，单源点所在的直线方向对应着混合矩阵的某个列向量，此时求出单源点的中心(取平均)，即可得到混合矩阵的部分列向量。混合矩阵的其他列向量隐藏在平面交线中。

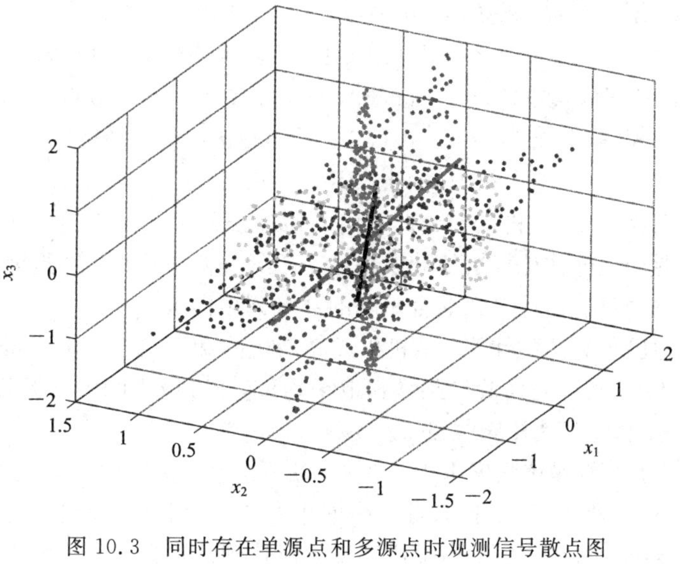

图 10.3　同时存在单源点和多源点时观测信号散点图

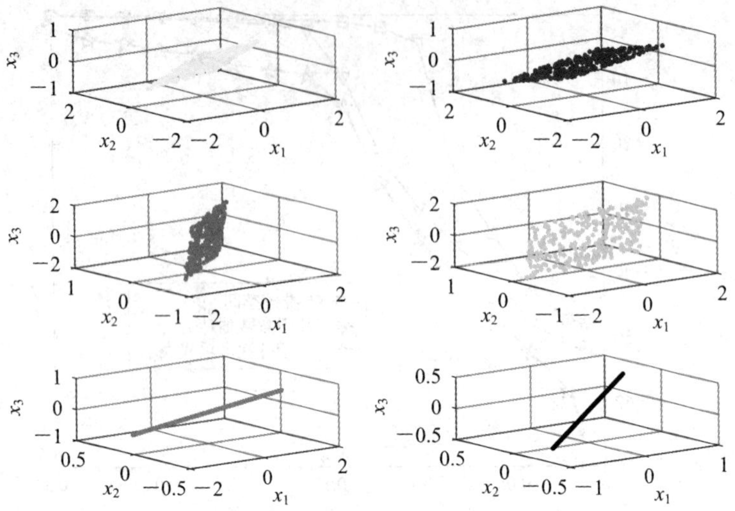

图 10.4　子空间聚类后的单源点和多源点散点图

采用式(10.67)的模型，噪声幅值设为 0.1，混合矩阵 $\mathbf{A}$ 为

$$\mathbf{A}=\begin{bmatrix}0.7432 & 0.5391 & 0.3996 & 0.9197\\ 0.6522 & 0.6862 & 0.9167 & 0.3240\\ 0.1495 & -0.4883 & -0.0032 & -0.2217\end{bmatrix}$$

利用基于齐次多项式表示的方法估计得到的混合矩阵为

$$\hat{\mathbf{A}}=\begin{bmatrix}0.7430 & 0.5387 & 0.3994 & 0.9196\\ 0.6524 & 0.6863 & 0.9167 & 0.3240\\ 0.1493 & -0.4887 & -0.0037 & -0.2223\end{bmatrix}$$

平均估计误差 $\varepsilon=8.5167\times10^{-4}$。利用 k 维子空间方法和基于参数估计的方法进行估计得到的混合矩阵分别为

$$\hat{\mathbf{A}}'=\begin{bmatrix}0.4024 & 0.5426 & 0.4024 & 0.9185\\ 0.9155 & 0.6830 & 0.9155 & 0.3276\\ -0.0041 & -0.4889 & -0.0041 & -0.2216\end{bmatrix}$$

$$\hat{\mathbf{A}}''=\begin{bmatrix}0.6633 & 0.5434 & 0.3996 & 0.9005\\ 0.7418 & 0.6575 & 0.9167 & 0.3808\\ -0.0994 & -0.5219 & -0.0038 & -0.2101\end{bmatrix}$$

平均估计误差分别为 0.2286 和 0.1432，它们的估计误差都大于 10%。可以看出，基于齐次多项式表示的混合矩阵估计算法估计误差远小于另外两种算法，这是因为 k 维子空间和基于参数估计的方法只能估计得到混合矩阵的部分列项向量。

为了更直观地验证算法的性能，随机生成高斯矩阵和源信号，在不同的噪声强度环境下分别重复实验 1000 次并对实验结果数据取平均值，得到如图 10.5 所示的结果，图中纵坐标为估计误差 ε，横坐标为噪声强度 μ。

由图中可以看出，在噪声强度小于 0.3 时，所提方法(基于齐次多项式表示的欠定混合矩阵估计)的估计误差小于 0.1，且当噪声强度小于 0.01 时，估计误差达到10^{-4}数量级以下。而另外两种传统方法在不同噪声强度环境下所达到的估计误差均大于 0.1。

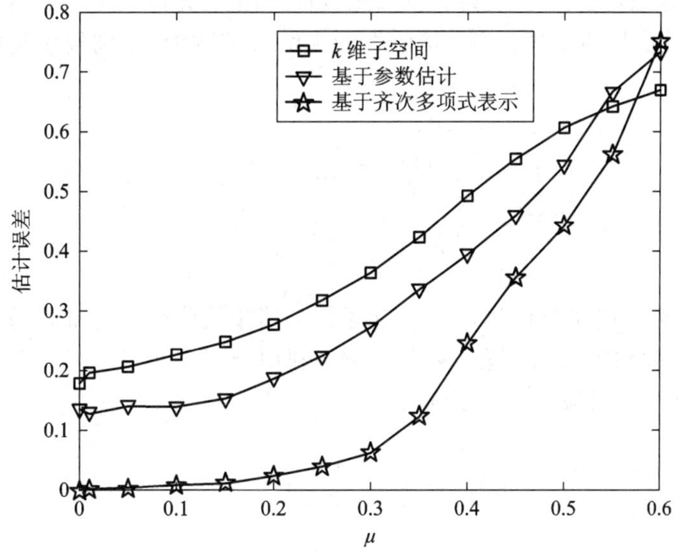

图 10.5　单源点和多源点并存情况下的混合矩阵估计性能

因此，k 维子空间和基于参数估计的方法不能有效应对单源点的情况。但是本章提出的基于齐次多项式表示的欠定混合矩阵盲估计可以有效应对多源点和单源点同时存在的情形。

10.5　基于单源点(SSP)检测的欠定混合矩阵估计算法

在实际应用场景中，虽然源信号不是充分稀疏的，但是当对信号进行时频分析时会发现，在部分时频点上，只有一个源信号起主导作用，这种时频点称为单源点(SSP)，如果能将所有的单源点提取出来，就会发现这些单源点具有线聚类的特性，并且这些聚类直线对应的方向就是混合矩阵的列向量所在的方向。本节介绍的混合矩阵估计算法就是首先利用一定的方法提取出所有的单源点，然后根据单源点的线聚类特性，利用前面章节介绍的聚类算法估计出混合矩阵的列向量。可以看到这种方法的关键是能否准确提取出尽可能多的单源点，因此这一节内容的重点就是单源点的检测。

为解决该问题，混合时频比(Time-Frequency Ratio of Mixtures，TIFROM)方法利用时频观测信号创建时频比矩阵，通过搜寻最小方差来确定单源区域，然后对所有单源区域进行聚类得到混合矩阵的估计，具有一定的抗噪性，但是该方法要求在相邻时频窗内只有一个源信号起作用。单源时频点识别的方法是在时频域利用实部与虚部向量之间的夹角进行单源点检测，降低了稀疏性的要求，也在一定程度上提高了混合矩阵的估计性能。为了进一步提高混合矩阵估计的准确度，改进的识别时频单元点(SSP)的混合矩阵估计方法采用 Gabor 变换进行时频变换来获得更高的时频分辨率，从而可以更加有效地获取单源点，提高混合矩阵的估计精度。

10.5.1　混合时频比方法

混合时频比方法是一种基于时频域的欠定混合矩阵估计方法。该方法利用源信号在时频域内的稀疏性，通过构建时频比的方法，能够自动搜索出时频域内的只有一个源信号起作用时的单源点区域，然后利用得到的单源点估计出混合矩阵的各个列向量。

首先，假设源信号的个数为 N，接收端的观测通道数为 2，则接收到的线性瞬时混合信号可表示为

$$\begin{cases} x_1(t)=\sum_{i=1}^{N}a_{1i}s_i(t) \\ x_2(t)=\sum_{i=1}^{N}a_{2i}s_i(t) \end{cases} \tag{10.68}$$

其中，$x_1(t)$表示第一路接收信号，$x_2(t)$表示第二路接收信号，a_{1i}和a_{2i}分别表示混合矩阵 $\boldsymbol{A}$ 中第 1 行、第 i 列和第 2 行、第 i 列的元素。利用短时傅里叶变换(Short-Time Fourier Transform，STFT)将时域信号变换到时频域，得到

$$\begin{cases} X_1(\tau,\omega)=\sum_{i=1}^{N}a_{1i}S_i(\tau,\omega) \\ X_2(\tau,\omega)=\sum_{i=1}^{N}a_{2i}S_i(\tau,\omega) \end{cases} \tag{10.69}$$

其中，$X_1(\tau,\omega)$、$X_2(\tau,\omega)$和$S_i(\tau,\omega)$分别表示对第一路观测信号、第二路观测信号和源信号 s_i 的 STFT 系数，τ 和 ω 分别表示时频域的时间点和频率点。

在 TIFROM 方法中，对于每一个源信号 s_i，要求其在观测信号时频域上的某一小段时间间隔 Δt(从 t_{i_1} 到 t_{i_p})内，如图 10.6 所示，存在相邻的时频点($\tau_{\Delta t}$，ω_k)，使得这些时频点处只有源信号 s_i 起主导作用，其中，$\tau_{\Delta t}=t_{i_i}$，t_{i_2}，…，t_{i_p}，而 ω_k 表示时频域中的某一固定频率点。

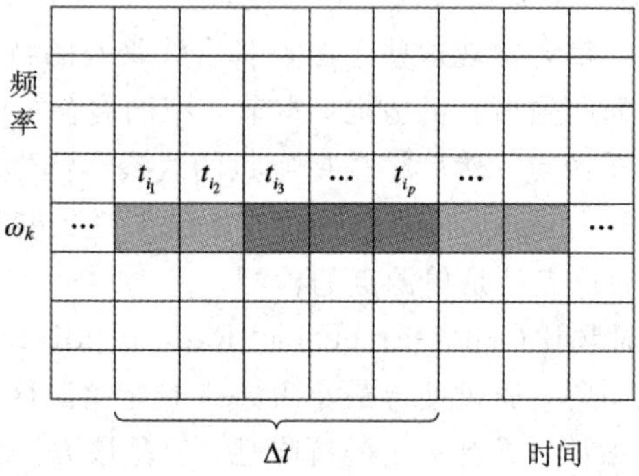

图 10.6　固定频率点和对应时间间隔单个源信号取值占优示意图

对 $X_1(\tau,\omega)$和 $X_2(\tau,\omega)$计算时频比，得到

$$\alpha(\tau,\omega)=\frac{X_1(\tau,\omega)}{X_2(\tau,\omega)} \tag{10.70}$$

将式(10.69)代入式(10.70)可得

$$\alpha(\tau,\omega)=\frac{\sum_{i=1}^{N}a_{1i}S_i(\tau,\omega)}{\sum_{i=1}^{N}a_{2i}S_i(\tau,\omega)} \tag{10.71}$$

在时频窗$(\tau_{\Delta t}, \omega_k)$处，如果只有一个源信号 s_i 起主导作用而其他源信号取值较小，即 $S_i(\tau_{\Delta t}, \omega)\neq 0$，$S_j(\tau_{\Delta t}, \omega)=0(j\neq i)$，则式(10.71)变为

$$\alpha(\tau_{\Delta t}, \omega_k)=\frac{a_{1i}S_i(\tau_{\Delta t}, \omega_k)}{a_{2i}S_i(\tau_{\Delta t}, \omega_k)} \quad (\tau_{\Delta t}=t_{i_1}, t_{i_2}, \cdots, t_{i_p}) \tag{10.72}$$

进一步整理得到

$$\alpha(\tau_{i_1}, \omega_k)=\alpha(\tau_{i_2}, \omega_k)=\cdots=\alpha(\tau_{i_p}, \omega_k)=\frac{a_{1i}}{a_{2i}} \tag{10.73}$$

若将混合矩阵 **A** 的每一行中的所有元素都除以第一行中的对应元素，同时令 $c_i=\frac{a_{1i}}{a_{2i}}$，那么得到

$$\hat{\mathbf{A}}=\begin{bmatrix} 1 & 1 & \cdots & 1 \\ \frac{a_{21}}{a_{11}} & \frac{a_{22}}{a_{12}} & \cdots & \frac{a_{2N}}{a_{1N}} \end{bmatrix}=\begin{bmatrix} 1 & 1 & \cdots & 1 \\ \frac{1}{c_1} & \frac{1}{c_2} & \cdots & \frac{1}{c_N} \end{bmatrix} \tag{10.74}$$

因此，只要估计出各 $c_i(i=1, 2, \cdots, N)$的值，就可以得到混合矩阵 **A** 的估计。

由式(10.72)可知，若在时频点$(\tau_{\Delta t}, \omega_k)$处，只有一个源信号 s_i 起主导作用时，向量$[\alpha(\tau_{i_1}, \omega_k), \alpha(\tau_{i_2}, \omega_k), \cdots, \alpha(\tau_{i_p}, \omega_k)]$中各个元素都等于均值，即 $\alpha(\tau_{\Delta t}, \omega_k)$的方差为 0。但是，当有多个源信号起作用时，式(10.72)不再成立，即 $\alpha(\tau_{\Delta t}, \omega_k)$的方差不再为 0。根据此特点，以 Δt 为一个时间间隔，对每一个通道的观测时频矩阵的每一个行向量进行划分，每一个间隔之间重叠 50%，则每一个行向量被划分成$(L-0.5\Delta t)/(\Delta t-0.5\Delta t)$个时间窗，其中 L 表示时频矩阵中总的时间长度，然后针对每一个时间窗和每一个频率点 ω_k，计算 $\alpha(\tau_{\Delta t}, \omega_k)$的方差，寻找前 N 个方差最小的 $\alpha(\tau_{\Delta t}, \omega_k)$，并将其均值作为 c_j $(j=1, 2, \cdots, N)$值，最终根据式(10.74)计算出混合矩阵的每一列，从而完成混合矩阵的估计。时频混合比率方法的具体步骤总结如下。

步骤 1　分别对接收到的各路观测信号 $x_1(t)$和 $x_2(t)$进行 STFT 运算，得到 $X_1(\tau, \omega)$和 $X_2(\tau, \omega)$。

步骤 2　按照式(10.70)计算得到每个时频点的混合时频比 $\alpha(\tau, \omega)$。

步骤 3　以 Δt 为时间窗长度、且相邻窗之间的重叠率为 50%的方式对观测时频矩阵的每一个行向量(即每一个频率点 ω_k 对应的行向量)进行划分，得到 N_{tf} 个时频窗 $(\tau_{\Delta t}^i, \omega_k)$，其中，$N_{tf}=W(L-0.5\Delta t)/(\Delta t-0.5\Delta t)$，$i, k\in\{1, 2, \cdots, N\}$，$W$ 为 STFT 的频点数。

步骤 4　针对每一个时频窗$(\tau_{\Delta t}^i, \omega_k)$，计算混合时频比 $\alpha(\tau_{\Delta t}^i, \omega_k)$的方差，并从小到大进行排序，找出前 N 个方差最小的 $\alpha(\tau_{\Delta t}^i, \omega_k)$，记为 $\alpha_j(\tau_{\Delta t}^i, \omega_k)(j=1, 2, \cdots, N)$。

步骤 5　令 $c_j=\bar{\alpha}_j(\tau_{\Delta t}^i, \omega_k)$，其中，$\bar{\alpha}_j(\tau_{\Delta t}^i, \omega_k)$表示 $\alpha_j(\tau_{\Delta t}^i, \omega_k)$的均值。

步骤 6　按照式(10.74)计算，得到混合矩阵的估计 $\hat{\mathbf{A}}$。

上述方法步骤是针对接收端有 2 个观测通道的情况，该方法很容易推广到更多观测通道的情况，这里不再重复描述。

10.5.2　基于识别时频 SSP 的欠定混合矩阵估计方法

时频混合比率方法要求对观测信号进行短时傅里叶变换后，在相邻时间段内只有一个

源信号起作用，这在实际应用中很难满足。为了降低观测信号时频分布的要求，基于识别时频 SSP 的欠定混合矩阵估计方法利用时频系数的实部与虚部的比来识别单源点，然后对单源点实施聚类得到混合矩阵的估计。下面介绍识别时频 SSP 方法的原理和步骤。

首先，对式(2.1)两边进行 STFT 得到

$$\boldsymbol{X}(t,\omega)=\boldsymbol{AS}(t,\omega) \tag{10.75}$$

其中，$\boldsymbol{X}(t,\omega)=[X_1(t,\omega),X_2(t,\omega),\cdots,X_M(t,\omega)]^{\mathrm{T}}$，$\boldsymbol{S}(t,\omega)=[S_1(t,\omega),S_2(t,\omega),\cdots,S_N(t,\omega)]$，$X_i(t,\omega)(i=1,2,\cdots,M)$为第 i 个观测信号在时频点(t,ω)处的取值，$S_j(t,\omega)(j=1,2,\cdots,N)$为第 j 路源信号在时频点(t,ω)处的取值。将混合矩阵 $\boldsymbol{A}$ 写成向量形式，那么式(10.75)重新写为

$$\boldsymbol{X}(t,\omega)=\boldsymbol{a}_1S_1(t,\omega)+\boldsymbol{a}_2S_2(t,\omega)+,\cdots,+\boldsymbol{a}_NS_N(t,\omega) \tag{10.76}$$

其中，$\boldsymbol{a}_i(i=1,2,\cdots,N)$为混合矩阵$\boldsymbol{A}$ 的第i 个列向量，$S_i(t,\omega)$表示时频域源信号向量$\boldsymbol{S}(t,\omega)$的第i 个分量。由于进行 STFT 后得到的时频域信号是复信号，式(10.76)可以写成

$$\mathrm{Re}\{\boldsymbol{X}(t,\omega)\}=\boldsymbol{a}_1\mathrm{Re}\{S_1(t,\omega)\}+\boldsymbol{a}_2\mathrm{Re}\{S_2(t,\omega)\}+\cdots+\boldsymbol{a}_N\mathrm{Re}\{S_N(t,\omega)\} \tag{10.77}$$

$$\mathrm{Im}\{\boldsymbol{X}(t,\omega)\}=\boldsymbol{a}_1\mathrm{Im}\{S_1(t,\omega)\}+\boldsymbol{a}_2\mathrm{Im}\{S_2(t,\omega)\}+\cdots+\boldsymbol{a}_N\mathrm{Im}\{S_N(t,\omega)\} \tag{10.78}$$

若观测信号在时频域中存在一定的单源点，即在某些固定的时频点，只有一个源信号起主导作用，其他源信号取值为 0 或近似为 0，假设在时频点(t,ω)，只有第 i 个源信号占优，那么式(10.77)和式(10.78)变为

$$\mathrm{Re}\{\boldsymbol{X}(t,\omega)\}=\boldsymbol{a}_i\mathrm{Re}\{S_i(t,\omega)\} \tag{10.79}$$

$$\mathrm{Im}\{\boldsymbol{X}(t,\omega)\}=\boldsymbol{a}_i\mathrm{Im}\{S_i(t,\omega)\} \tag{10.80}$$

其中，Re{·}表示取向量中每个元素的实部，Im{·}表示取向量中每个元素的虚部。现假设向量 $\mathrm{Re}\{\boldsymbol{X}(t,\omega)\}$和向量 $\mathrm{Im}\{\boldsymbol{X}(t,\omega)\}$之间的夹角为$\theta$，那么有

$$\cos(\theta)=\frac{(\mathrm{Re}\{\boldsymbol{X}(t,\omega)\}^{\mathrm{T}}\mathrm{Im}\{\boldsymbol{X}(t,\omega)\})}{\|\mathrm{Re}\{\boldsymbol{X}(t,\omega)\}\|\ \|\mathrm{Im}\{\boldsymbol{X}(t,\omega)\}\|} \tag{10.81}$$

对式(10.81)两边取绝对值得到

$$\begin{aligned}|\cos(\theta)|&=\left|\frac{(\mathrm{Re}\{\boldsymbol{X}(t,\omega)\}^{\mathrm{T}}\mathrm{Im}\{\boldsymbol{X}(t,\omega)\})}{\|\mathrm{Re}\{\boldsymbol{X}(t,\omega)\}\|\ \|\mathrm{Im}\{\boldsymbol{X}(t,\omega)\}\|}\right|\\&=\frac{|(\boldsymbol{a}_i\mathrm{Re}\{S_i(t,\omega)\}^{\mathrm{T}}\boldsymbol{a}_i\mathrm{Im}\{S_i(t,\omega)\})|}{\|\boldsymbol{a}_i\mathrm{Re}\{S_i(t,\omega)\}\|\ \|\boldsymbol{a}_i\mathrm{Im}\{S_i(t,\omega)\}\|}\\&=\frac{|\mathrm{Re}\{S_i(t,\omega)\}|\,|\mathrm{Im}\{S_i(t,\omega)\}|\ \|\boldsymbol{a}_i\|^2}{|\mathrm{Re}\{S_i(t,\omega)\}|\,|\mathrm{Im}\{S_i(t,\omega)\}|\ \|\boldsymbol{a}_i\|\ \|\boldsymbol{a}_i\|}\\&=1\end{aligned} \tag{10.82}$$

根据式(10.81)可知，对于时频域内的单源点，其对应的观测向量的实部与虚部之间的夹角为 0°或 180°，即实部向量与虚部向量的方向相反或一致。下面讨论多源点的情况，假设在时频点(t,ω)处，第一个源信号和第二个源信号同时起作用，而其他源信号取值为近似 0，则式(10.77)和式(10.78)变为

$$\mathrm{Re}\{\boldsymbol{X}(t,\omega)\}=\boldsymbol{a}_1\mathrm{Re}\{S_1(t,\omega)\}+\boldsymbol{a}_2\mathrm{Re}\{S_2(t,\omega)\} \tag{10.83}$$

$$\mathrm{Im}\{\boldsymbol{X}(t,\omega)\}=\boldsymbol{a}_1\mathrm{Im}\{S_1(t,\omega)\}+\boldsymbol{a}_2\mathrm{Im}\{S_2(t,\omega)\} \tag{10.84}$$

根据式(10.83)和式(10.84)知，若式(10.85)成立

$$\frac{\mathrm{Re}\{S_1(t,\omega)\}}{\mathrm{Im}\{S_1(t,\omega)\}}=\frac{\mathrm{Re}\{S_2(t,\omega)\}}{\mathrm{Im}\{S_2(t,\omega)\}} \tag{10.85}$$

则 $|\cos(\theta)|=1$，但一般情况下，式(10.85)成立的概率很低。

因此，通过验证 $|\cos(\theta)|=1$ 来进行单源点识别，然后对所有单源点进行聚类得到的各个聚类中心即为混合矩阵的各个列向量。基于识别时频 SSP 的混合矩阵盲估计方法的具体步骤如下。

步骤 1　对观测信号进行 STFT，得到时频域的观测信号 $\boldsymbol{X}(t,\omega)$。

步骤 2　对于每一个时频点 (t,ω)，计算虚部向量和实部向量之间的夹角的余弦值的绝对值

$$|\cos(\theta)|=\left|\frac{(\mathrm{Re}\{\boldsymbol{X}(t,\omega)\}^{\mathrm{T}}\mathrm{Im}\{\boldsymbol{X}(t,\omega)\})}{\|\mathrm{Re}\{\boldsymbol{X}(t,\omega)\}\|\ \|\mathrm{Im}\{\boldsymbol{X}(t,\omega)\}\|}\right| \tag{10.86}$$

若 $|\cos(\theta)|\geqslant\varepsilon$，其中 $0.9\leqslant\varepsilon<1$，则将 $\boldsymbol{X}(t,\omega)$ 作为单源点。

步骤 3　剔除所有单源点中的低能量点并进行归一化得到单源点集合 $\bar{\boldsymbol{X}}(t,\omega)$。

步骤 4　对 $\bar{\boldsymbol{X}}(t,\omega)$ 实施点聚类得到混合矩阵的估计 $\hat{\boldsymbol{A}}$。

10.5.3　基于改进识别时频 SSP 的欠定混合矩阵估计方法

上述方法在进行单源点识别时利用了时频信号的实部与虚部，检测性能难免受到 STFT 的时间分辨率和频率分辨率的影响。下面对识别时频 SSP 方法做进一步的分析。该方法本质上是寻找稀疏点，在进行时频域变换时要保持欠定盲源分离模型的线性特性，即

$$\kappa[\boldsymbol{X}]=\kappa[\boldsymbol{AS}]=\boldsymbol{A}\kappa[\boldsymbol{S}] \tag{10.87}$$

其中，$\kappa[\cdot]$表示某种线性时频变换。同时保证变换域的信号是复信号，即

$$\begin{aligned}\kappa[\boldsymbol{X}]&=\boldsymbol{A}\kappa[\boldsymbol{S}]\\&=\boldsymbol{A}[\mathrm{Re}\{\kappa[\boldsymbol{S}]\}+\mathrm{Im}\{\kappa[\boldsymbol{S}]\}]\\&=\boldsymbol{A}\mathrm{Re}\{\kappa[\boldsymbol{S}]\}+\boldsymbol{A}\mathrm{Im}\{\kappa[\boldsymbol{S}]\}\\&=\mathrm{Re}\{\kappa[\boldsymbol{AS}]\}+\mathrm{Im}\{\kappa[\boldsymbol{AS}]\}\\&=\mathrm{Re}\{\kappa[\boldsymbol{X}]\}+\mathrm{Im}\{\kappa[\boldsymbol{X}]\}\end{aligned} \tag{10.88}$$

若在时频域存在单源点，例如在时频点 (t,ω) 处只有第 i 路源信号起作用，则式(10.88)变为

$$\boldsymbol{X}(t,\omega)=\boldsymbol{a}_i\mathrm{Re}\{S_i(t,\omega)\}+\boldsymbol{a}_i\mathrm{Im}\{S_i(t,\omega)\} \tag{10.89}$$

其中，$\boldsymbol{a}_i$ 为混合矩阵 $\boldsymbol{A}$ 的第 i 列，$S_i(t,\omega)$为第 i 路源信号在进行时频变换后在时频点 (t,ω)处的幅度值。根据式(10.89)可知，对于单源点，其实部和虚部严格成比例，这与式(10.82)的结果一致。因此，可以利用虚部和实部识别单源点。在时频分析方法中，Wigner-Ville 分布能更好地描述信号的局部特性，可以进一步提高时频分辨率，但是其属于非线性变换，不满足式(10.87)。小波变换属于线性变换，但是由于小波变换后没有出现实部和虚部，因此无法进行单源点检测。而 Gabor 变换是加窗傅里叶变换，满足式(10.87)和式(10.88)，且相比于一般的 STFT，可以进一步提高时频分辨率。因此，在识别单源点前，引入 Gabor 变换来提高混合矩阵估计的精度。下面介绍基于改进识别时频 SSP 的欠定

混合矩阵估计方法。

首先，定义第 i 个观测信号 $x_i(t)$ 的平均时间和平均频率

$$\bar{t}_x = \int_{-\infty}^{\infty} t \left| x_i(t) \right|^2 \mathrm{d}t \tag{10.90}$$

$$\bar{\omega}_x = \int_{-\infty}^{\infty} \omega \left| X_i(\omega) \right|^2 \mathrm{d}\omega \tag{10.91}$$

其中，$\bar{t}$ 为平均时间，$\bar{\omega}$ 为平均频率，$X_i(\omega)$为 $x_i(t)$的傅里叶变换。则观测信号 $x_i(t)$的时宽 $\hat{t}_x$ 和带宽 $\hat{\omega}_x$ 定义如下：

$$\hat{t}_x^2 = \int_{-\infty}^{\infty} (t-\bar{t}_x)^2 \ |x_i(t)|^2 \mathrm{d}t \tag{10.92}$$

$$\hat{\omega}_x^2 = \int_{-\infty}^{\infty} (\omega-\bar{\omega}_x)^2 \ |X_i(\omega)|^2 \mathrm{d}\omega \tag{10.93}$$

根据测不准原理可知，对于平方可积或者绝对可积的任意信号 $x(t)$，它的时宽和带宽的乘积满足

$$\hat{t}_x \hat{\omega}_x \geqslant \frac{1}{2} \tag{10.94}$$

其中，式(10.94)称为海森堡不等式。

式(10.94)表明信号的时宽和带宽不可能同时取到任意小的值，即时间分辨率和频率分辨率是矛盾的。STFT 是时域信号 $x(t)$与调制后的窗函数的内积，即

$$\begin{aligned}\mathrm{STFT}_x(t,\omega) &= \int_{-\infty}^{\infty} x(u) g^*(u-t) \mathrm{e}^{-\mathrm{j}\omega u} \mathrm{d}u \\ &= \int_{-\infty}^{\infty} x(u) g_{t,\omega}^*(u) \mathrm{d}u \\ &= \langle x(u), g_{t,\omega}^*(u) \rangle \end{aligned} \tag{10.95}$$

其中，$*$ 表示取共轭。若窗函数 $g(u)$等于高斯型函数

$$g(u) = \mathrm{e}^{-\pi u^2} \tag{10.96}$$

则式(10.94)变为

$$\hat{t}_x \hat{\omega}_x = \frac{1}{2} \tag{10.97}$$

即此时可以达到海森堡不等式的下界，时宽和带宽的乘积最小。而时频分析方法中的 Gabor 变换使用高斯函数作为窗函数，因此使用 Gabor 变换进行时频分析以提高时频分辨率。在完成时频分析后，进行单源点识别并对所有单源点进行聚类。综上所述，基于改进识别时频 SSP 的欠定混合矩阵估计方法的具体步骤如下：

步骤 1 对观测信号进行 Gabor 变换得到时频观测信号 $\boldsymbol{X}(t,\omega)$，其中(t,ω)为时频点。

步骤 2 按照下式，剔除时频观测信号中能量较低的点

$$\| \boldsymbol{X}(t',\omega') \| \geqslant \lambda \max \| \boldsymbol{X}(t,\omega) \| \tag{10.98}$$

其中，$0<\lambda\leqslant 0.3$，(t,ω)为时频分析的时间点和频率点，(t',ω')为剔除低能量点后得到的观测向量所对应的时频点。

步骤 3 按照式(10.99)，识别时频单源点

$$\left| \frac{(\mathrm{Re}\{\boldsymbol{X}(t',\ \omega')\}^{\mathrm{T}}\mathrm{Im}\{X(t',\ \omega')\})}{\|\mathrm{Re}\{\boldsymbol{X}(t',\ \omega)\}\|\ \|\mathrm{Im}\{\boldsymbol{X}(t',\ \omega')\}\|} \right| \geqslant \varepsilon \tag{10.99}$$

其中，$0.9\leqslant\rho<1$。满足式(10.99)的信号向量即为单源点信号向量。

步骤 4　取出所有的单源点的实部并进行归一化，得到归一化后的单源点。

步骤 5　对归一化后的单源点进行聚类得到混合矩阵估计。

10.5.4　计算机仿真与分析

为了分析基于单元点检测的非充分稀疏源信号欠定混合矩阵估计算法的性能，本章仿真采用线性调频信号、非线性调频信号、频率调制信号作为源信号，高斯随机矩阵作为混合矩阵。使用混合矩阵估计误差和混合矩阵估计的信干比作为估计性能衡量指标。

1. 单源点检测实验

设置 3 个观测通道，产生 4 路源信号，如图 10.7 所示。第 1 路源信号为线性调频脉冲信号，频率从 0 Hz 变化到 400 kHz；第 2 路源信号为非线性(二次型)调频脉冲信号，频率从 500 kHz 变化到 100 kHz；第 3 路源信号为线性调频脉冲信号，频率从 0 Hz 变化到 500 kHz。对以上 3 路源信号，图中只显示一个周期 0.003 s。第 4 路源信号为 2FSK 通信信号，包含 50 kHz 和 100 kHz 两个载频。采样频率为 1 MHz，采样时长为 0.003 s。

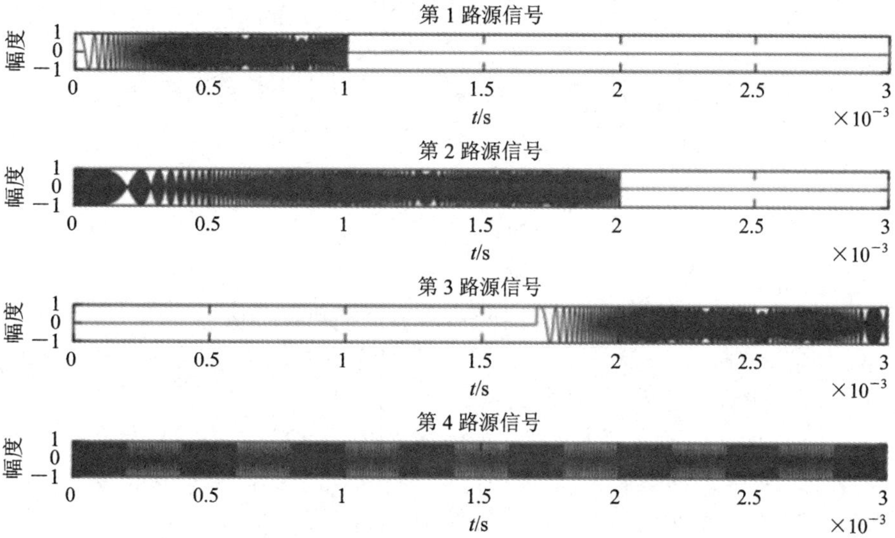

图 10.7　源信号波形图

对观测信号进行短时傅里叶变换后得到的时频观测信号，其(实部)散点分布如图 10.8 所示，直观上呈现出一定的线聚类的特性，但是在某些方向上存在很多干扰点，在进行聚类时有可能会产生较大的聚类偏差，从而降低混合矩阵的估计性能。下面给出单源点检测后的散点分布情况。

如图 10.9 所示，在使用 10.5.2 小节介绍的单源点识别方法来寻找单源点后，其散点分布呈现出了线聚类的特性，四条直线所在的方向向量对应着混合矩阵的四个列向量。而用改进识别时频 SSP 方法后，如图 10.10 所示，散点图中所呈现的直线更为清晰，更加有利于聚类。

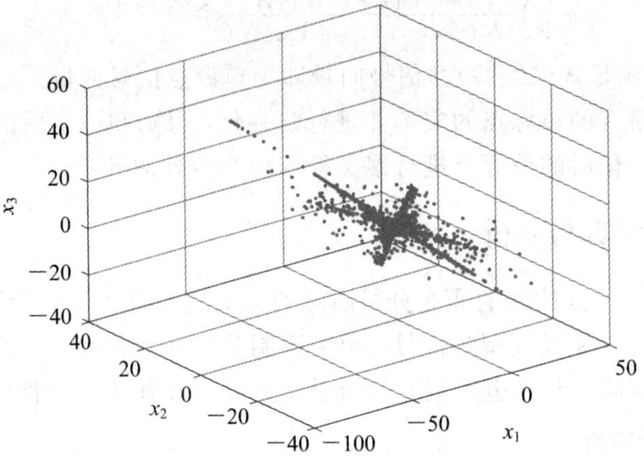

图 10.8　具有部分线聚类特性的时频观测信号散点图

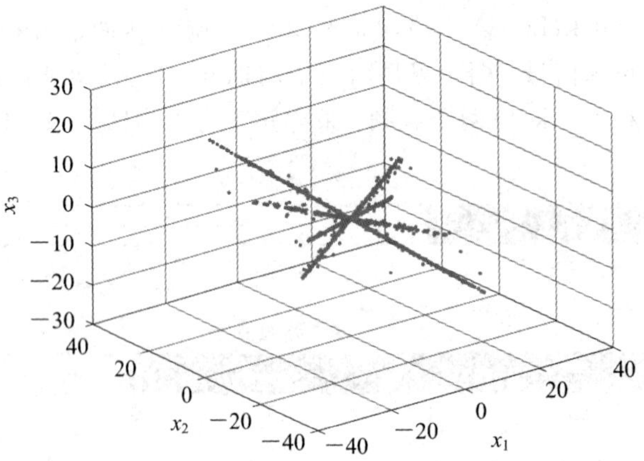

图 10.9　识别 SSP 后的时频观测信号散点图

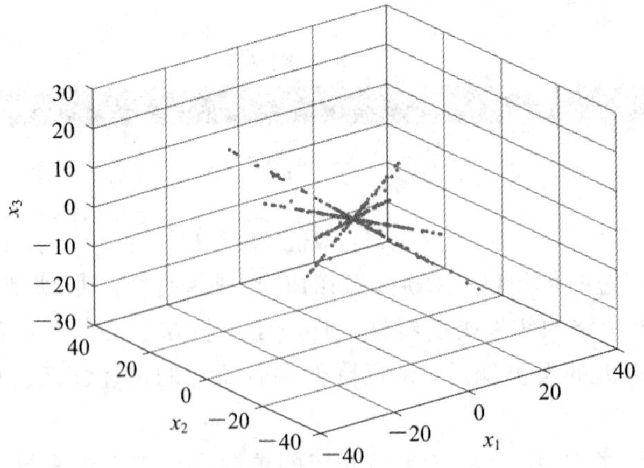

图 10.10　改进识别 SSP 后的时频观测信号散点图

2. 不同信噪比环境下的混合矩阵估计实验

为了对比几种方法的抗噪性，在不同的信噪比环境下，对识别时频 SSP 方法、时频混合比方法以及改进的识别时频 SSP 方法进行仿真，结果如图 10.11 所示。由于观测信号的时频分布没有很好地满足同一单源点分布连续的特点，采用混合时频比方法进行混合矩阵估计时其估计误差较大。而基于识别时频 SSP 的方法只要求在时频域出现一定数量的单源点，并不要求其分布连续，因此采用识别时频 SSP 的方法进行检测时，其估计误差明显降低了。在高信噪比(SNR)的情况下，比如 SNR＝45 dB 时，混合时频比方法对应的估计误差为 0.0518，而识别时频 SSP 方法和改进识别时频 SSP 方法对应的估计误差都低于 0.01。在低信噪比环境下，从图 10.11 中可以看出基于单源点识别的两种方法的估计误差明显低于混合时频比方法的估计误差，比如在 SNR＝15 dB 处，改进识别时频 SSP 方法的估计误差比识别时频 SSP 方法降低了 50.65％，识别时频 SSP 方法比混合时频比方法降低了 56.16％。

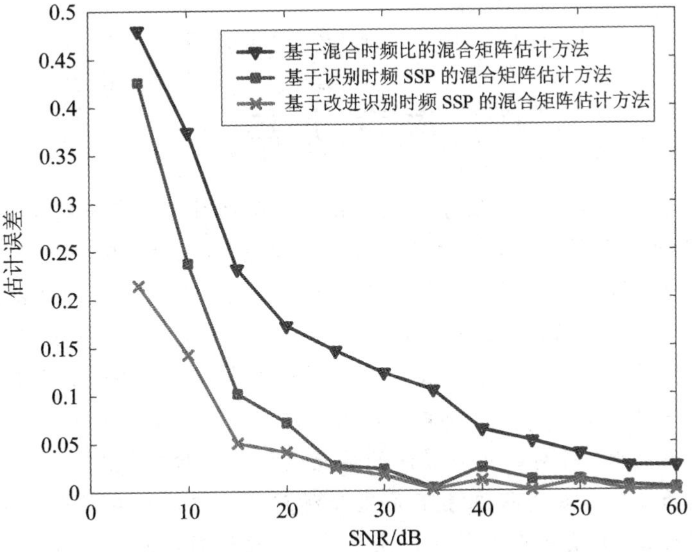

图 10.11　不同信噪比环境下的混合矩阵估计性能的比较

在高信噪比的情况下，由于识别时频 SSP 方法和改进识别时频 SSP 方法对应的估计误差均接近于 0(实际上两种方法的估计误差有数量级上的差别)，它们所对应的曲线几乎重合，直观上很难进行对比。因此，采用信干比(SIR)作为性能指标进行对比，如图 10.12 所示，改进后的识别时频 SSP 方法所达到的信干比明显高于识别时频 SSP 方法和混合时频比方法。例如，SNR＝40 dB 时，改进后的识别时频 SSP 方法对应的信干比为 61.69 dB，识别时频 SSP 方法和混合时频比方法分别为 51.4 dB 和 23.89 dB；SNR＝10 dB 时，改进的识别时频 SSP 方法的信干比为 26.19 dB，而另外两种方法的信干比均低于 20 dB。由此可见，基于改进识别时频 SSP 的混合矩阵估计方法在一定程度上提高了估计的精度。

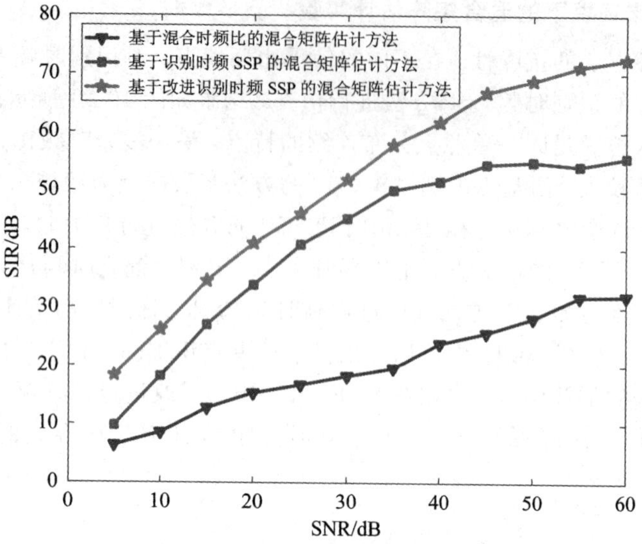

图 10.12　混合矩阵估计信干比随信噪比的变化

本章小结

本章研究了源信号非充分稀疏时的欠定混合矩阵估计算法，研究了几种基于平面(子空间)估计的混合矩阵估计算法，由于当源信号非充分稀疏时，观测信号散点图呈现出面聚类的特性，混合矩阵列向量则是处在这些聚类平面的交线上，因此可以通过估计这些聚类平面或子空间的方式来估计出混合矩阵列向量。针对这类方法本章还介绍了基于 k 维子空间的混合矩阵盲估计算法、基于参数估计的混合矩阵估计算法、基于平面聚类势函数的混合矩阵估计算法以及基于齐次多项式表示的欠定混合矩阵盲估计算法。详细介绍了这些算法的原理和实现步骤，并对这几种算法的性能进行了仿真和分析。

在实际应用场景中，虽然源信号不是充分稀疏的，但是当对信号进行时频分析会发现，在部分时频点上，只有一个源信号起主导作用，这种时频点称为单源点(SSP)。如果能将所有的单源点提取出来，就会发现这些单源点具有线聚类的特性，并且这些聚类直线对应的方向就是混合矩阵的列向量所在的方向。基于这一特征，介绍了几种基于单源点检测的欠定混合矩阵估计算法，包括混合时频比方法，基于识别时频 SSP 的欠定混合矩阵估计方法以及基于改进识别时频 SSP 的欠定混合矩阵估计方法。最后给出了算法的原理和实现步骤，并对算法在不同环境下的性能进行了仿真和分析。

第 11 章　基于压缩重构的源信号恢复算法

解决欠定盲源分离问题的第二步是利用估计得到的混合矩阵恢复源信号，由于欠定盲源分离中源信号一般都是稀疏信号，且通过分析发现欠定盲源分离中源信号恢复的数学模型与压缩信号重构数学模型一致，因此可以利用压缩重构的思想来恢复出欠定盲源分离问题中的源信号。

本章主要介绍基于压缩重构的源信号恢复算法。首先分析压缩感知的数学模型，然后分析欠定盲源分离与压缩感知的关系，最后分别介绍了基于贪婪思想的欠定盲源分离源信号恢复算法、基于 L_1 范数的欠定盲源分离源信号恢复算法以及基于平滑 L_0(SL0)范数的源信号恢复算法，在此基础上分别介绍了算法的原理和步骤，并对算法的性能进行了仿真和分析。

11.1　压缩感知数学模型

Candes 和 Donoho 在 2006 年提出了压缩感知的概念。压缩感知理论的提出为信号采样技术带来了革命性的突破。该理论表明，当信号为稀疏信号时，我们可以用远低于奈奎斯特采样速率的频率对信号进行采样，通过重构算法准确地恢复出源信号。

设 $\boldsymbol{x}$ 为传统采样所得到的 N 维数字信号，如果它是一个 K 稀疏(仅有 K 个非 0 值或者通过可逆变换后可以用 K 个非 0 值表示)的信号，通过压缩感知过程可直接得到 M 维的压缩信号 $\boldsymbol{y}$ ($M<N$)，并且使用少量的观测次数就能将源信号很好地恢复出来，它们之间的关系为

$$\boldsymbol{y}=\boldsymbol{\Phi x} \tag{11.1}$$

当信号 $\boldsymbol{x}$ 为稀疏信号时，在测量矩阵 $\boldsymbol{\Phi}$ 满足约束等距条件的情况下，可以根据观测信号 $\boldsymbol{y}$ 和测量矩阵 $\boldsymbol{\Phi}$ 将信号 $\boldsymbol{x}$ 以很高的精度重构出来。常见的信号在时域里很多都不是稀疏信号，但是在变换域是稀疏的，这就需要我们对源信号进行稀疏表示，即 $\boldsymbol{x}=\boldsymbol{\Psi s}$，则式(11.1)可以改写成如下形式：

$$\boldsymbol{y}=\boldsymbol{\Phi x}=\boldsymbol{\Phi\Psi s}=\boldsymbol{\Theta s} \tag{11.2}$$

式(11.2)中，矩阵 $\boldsymbol{\Theta}$ 为测量矩阵 $\boldsymbol{\Phi}$ 与稀疏变换基矩阵 $\boldsymbol{\Psi}$ 的乘积。压缩感知一般可以分为两步，即测量矩阵的设计和源信号的重构。为了让接收端准确地恢复出源信号，设计出的测量矩阵 $\boldsymbol{\Phi}$ 需要使矩阵 $\boldsymbol{\Theta}$ 满足零空间准则(Null Space Property，NSP)或者限制等距准则(Restricted Isometry Property，RIP)。其中，NSP 准则适用于无噪声情况下的测量矩阵设计，RIP 准则适用于有噪声的情况，是一个更广泛的准则，NSP 准则表述如下。

对于任意的观测信号 $\boldsymbol{y}\in\boldsymbol{R}^M$，当且仅当 spark($\boldsymbol{\Theta}$)>2K 时，至多存在一个信号 $\boldsymbol{s}\in\sum_K$ 使得 $\boldsymbol{y}=\boldsymbol{\Theta s}$。

NSP 准则中，$\sum_K$ 表示所有 K 稀疏的信号组成的集合，spark($\boldsymbol{\Theta}$)表示矩阵 $\boldsymbol{\Theta}$ 中线性相关列的最小数目。从 NSP 准则可以看出，为了能够尽可能多地重构出精确的稀疏信号，应该尽可能使 spark($\boldsymbol{\Theta}$)比较大。由于 spark($\boldsymbol{\Theta}$)$\in[2, M+1]$，所以设计出来的矩阵最好能够满足 spark($\boldsymbol{\Theta}$)$=M+1$，高斯矩阵通常能够满足这个要求。NSP 准则只适用于无噪声的情况，当有噪声的情况下，则使用 RIP 准则，RIP 准则的表述如下。

如果存在一个常数 $\delta\in(0, 1)$，使得对于任意的 $\boldsymbol{s}\in\sum_K$，都满足：

$$(1-\delta_K)\|\boldsymbol{s}\|_2^2 \leqslant \|\boldsymbol{\Theta s}\|_2^2 \leqslant (1+\delta_K)\|\boldsymbol{s}\|_2^2 \tag{11.3}$$

那么我们就称矩阵 $\boldsymbol{\Theta}$ 满足 K 阶限制等距准则。在矩阵 $\boldsymbol{\Theta}$ 满足 K 阶 RIP 准则的条件下，我们可以以极大的概率恢复出 K 稀疏的原始信号。

11.2　欠定盲源分离与压缩感知的关系

通过比较第 2 章中的式(2.3)和本章的式(11.2)可以发现，如果令压缩感知模型中的矩阵 $\boldsymbol{\Theta}$ 等于 $\boldsymbol{A}$，观测向量 $\boldsymbol{y}$ 等于 $\boldsymbol{x}$，那么欠定盲源分离模型与压缩感知模型就有了相同的数学表达式，并且压缩感知重构与欠定盲源分离源信号恢复的目的都是在已知传感矩阵(或混合矩阵)的情况下求出稀疏信号 $\boldsymbol{s}$，因此可以将压缩感知信号重构的算法应用到欠定盲源分离源信号恢复问题当中。

Pando Georgiev 针对欠定盲源分离问题，提出了一种稀疏分量分析理论，即当满足以下三个条件时，可以利用接收信号准确地恢复出源信号：

(1) 混合矩阵 $\boldsymbol{A}\in\boldsymbol{R}^{M\times N}$ 行满秩的矩阵，即 $\boldsymbol{A}$ 中任意 $M\times N$ 维子矩阵都是非奇异的。

(2) 源信号 $\boldsymbol{s}$ 中的每一列至多有 $M-1$ 个非 0 元素；

(3) 对于任意包含 $N-M+1$ 个下标的集合 $I=\{i_1, i_2, \cdots, i_{N-M+1}\}\subset\{1, 2, \cdots, N\}$，在源信号矩阵 $\boldsymbol{s}$ 中至少存在 M 个列向量，使得它们下标为 I 里的集合元素的值为 0，而且它们中任意 $M-1$ 个列向量都是线性独立的。

上面的三个条件是基于稀疏分量分析解决欠定盲分离源信号恢复问题的基础，是在没有噪声的条件下给出的。条件(1)是对矩阵的要求，条件(2)是每个信号列向量应该满足的条件，条件(3)要求整个采样时间段内的接收信号应该携带混合矩阵 $\boldsymbol{A}$ 的所有信息，这样才能恢复出混合矩阵。当一个欠定盲源分离问题同时满足以上三个条件时，可以利用接收信号准确的恢复出源信号，Pando Georgiev 提出的这一理论为欠定盲源分离的发展起到了很大的推进作用。

上述稀疏分量分析理论告诉我们，在条件(1)和条件(3)满足的情况下，只要源信号中非 0 值的数目不超过 $M-1$，就可以完全恢复出源信号。但压缩感知中的 NSP 准则告诉我们，在 spark($\boldsymbol{A}$)$=M+1$ 的情况下，我们最多能准确重构出含有$\lfloor M/2 \rfloor$个非零值的稀疏信号。此时，两种结论就产生了不一致的地方。比如，对于一个 3 行 4 列的混合矩阵，按照 Pando Georgiev 提出的理论，我们能够完全重构出含有两个非 0 值的源信号，但是根据 NSP 准则，我们最多只能完全重构出含有一个非 0 值的信号，两种结论得到了不同的结果。NSP 准则是经过严密的数学证明的，而 Pando Georgiev 稀疏分量分析理论的三个条件并未经过严格的数学证明。实际上，在某些特殊情况下，当欠定盲源分离中的混合矩阵和源信号满足稀疏分量理论的三个条件时，我们未必能够完全恢复出源信号。

在此举一个特例：假设源信号满足条件(2)和条件(3)，混合矩阵为

$$\boldsymbol{A}=\begin{bmatrix}1 & 0 & 0 & 1\\ 0 & 1 & 0 & 1\\ 0 & 0 & 1 & 1\end{bmatrix} \tag{11.4}$$

此时 $\boldsymbol{A}$ 满足稀疏分量分析中的条件(1)，对于源信号 $\boldsymbol{s}_1=[-1\quad 0\quad 0\quad 1]^{\mathrm{T}}$，$\boldsymbol{s}_2=[0\quad 1\quad 0\quad 0]^{\mathrm{T}}$，可以得到 $\boldsymbol{As}_1=\boldsymbol{As}_2$，不同的源信号有一样的接收信号，此时，接收信号向量落在了矩阵列向量组成的子空间的交线上，在没有其他信息的情况下，我们无法重构出源信号。

通过上述分析，我们可以得到下面一条结论：对于满足稀疏分量分析三个条件的欠定盲源分离源信号恢复问题，我们能够完全准确地恢复出非 0 值的个数小于等于$\lfloor M/2 \rfloor$的源信号向量，并以很大的概率恢复出非 0 值个数在区间$[\lfloor M/2 \rfloor+1, M-1]$中的源信号向量。

11.3　基于贪婪思想的欠定盲源分离源信号恢复

贪婪算法是稀疏信号重构中研究最广泛的算法。当用于欠定盲源分离源信号恢复问题时，贪婪算法在源信号比较稀疏的情况下表现出更好的性能，因此，贪婪算法适用于源信号充分稀疏的情况。贪婪算法又可以细分为三类算法：匹配追踪系列算法、互补匹配追踪系列算法和梯度追踪系列算法。其中的互补匹配追踪系列算法精度较高，时间复杂度也高，而匹配追踪系列算法和梯度追踪系列算法时间复杂度低，精度也较低。针对此问题，可以将子空间追踪算法的思想引入到互补匹配追踪算法当中降低算法的时间复杂度，然后利用平滑 L_0 范数代替互补匹配追踪算法中的 L_2 范数衡量算法的稀疏度，并提高算法的精度。

11.3.1　匹配追踪系列算法

1. 匹配追踪(Matching Pursuit，MP)算法

匹配追踪系列算法中最早被提出的就是匹配追踪算法。匹配追踪算法的基本思想是建立一个基本的原子库 $\boldsymbol{\Lambda}=\{\boldsymbol{a}_i\}$(对于欠定盲源分离而言，原子库就是混合矩阵某些列向量组成的一个集合)，库中所有向量都具有单位范数。

首先，从库中选取一个与待分析信号 $\boldsymbol{x}$ 最为匹配的原子 $\boldsymbol{a}_i$(所谓最匹配是指 $\boldsymbol{x}$ 与 $\boldsymbol{a}_i$ 内积的绝对值最大)。将 $\boldsymbol{x}$ 在 $\boldsymbol{a}_i$ 方向上进行分解，即

$$\boldsymbol{x}=\langle \boldsymbol{a}_i, \boldsymbol{x}\rangle \cdot \boldsymbol{a}_i+\boldsymbol{R}_1 \tag{11.5}$$

式中，$\boldsymbol{R}_1$ 为匹配后的残差，恢复信号对应位置的分量为$\langle \boldsymbol{a}_i, \boldsymbol{x}\rangle$。

然后，从剩余的原子库中选取与 $\boldsymbol{R}_1$ 最为匹配的原子，再次进行分解，如此重复，直到剩余残差的 L_2 范数小于一个阈值。将此算法应用于欠定盲源分离源信号恢复问题中时，只需令观测信号 $\boldsymbol{x}$ 为待分析信号，将混合矩阵 $\boldsymbol{A}$ 的列向量单位化后作为原子库，匹配结束后将分解得到的值加在恢复信号对应的位置上，当残差小于设定的阈值时，即可得到恢复信号。

MP 算法的优点是算法简单，时间复杂度较低，缺点是恢复精度较低，尤其是在处理源信号非充分稀疏时的欠定盲源分离问题时，恢复效果会很差。为了提高算法的重构精度，在 MP 算法的基础上出现了很多改进的算法，著名的有正交匹配追踪算法(Orthogonal Matching Pursuit，OMP)，子空间追踪算法(Subspace Pursuit，SP)以及稀疏自适应匹配追踪算法(Sparsity Adaptive Matching Pursuit，SAMP)等。

2. 正交匹配追踪(OMP)算法

由于 MP 算法在混合矩阵正交性不好的情况下选择出来的原子不是最优的，因此为了克服 MP 算法存在的不足，有学者在 MP 算法的基础上提出了正交匹配追踪算法。OMP 算法依然使用观测信号与原子的匹配度对原子进行选择，不同的是 OMP 算法加入了对已选原子进行正交化处理的步骤，在一定程度上提高了算法的精度。

OMP 算法的基本思想是：将混合矩阵看作冗余的字典，矩阵的每一个列向量作为一个原子，在一次迭代过程中，选择出一个原子，这个原子与残差的相关性最强，这样，这个观测信号在除去这个相关部分后，新的残差将最小。依次迭代，直到残差小于一个人为设定的门限值为止。这样经过多次迭代之后，就可以从原来冗余的字典中选择出匹配的原子集，使得观测信号能够使用这个匹配原子集中的原子精确重构出源信号。

综上所述，OMP 算法的步骤可以总结为如下。

输入：混合矩阵 $\boldsymbol{A}$，接收信号 $\boldsymbol{x}$；

输出：源信号的 K 稀疏的逼近 $\hat{s}$。

初始化：残差 $\boldsymbol{r}_0=\boldsymbol{x}$，索引集 $\boldsymbol{\Lambda}_0$ 为空集合，重构矩阵 $\boldsymbol{\Phi}_0$ 为空矩阵，迭代次数 $k=1$；

步骤 1 找出残差 $\boldsymbol{r}_{k-1}$ 与混合矩阵 $\boldsymbol{A}$ 中内积最大的列向量对应的下标 λ，即 $\lambda=\arg\max_{j=1,2,\cdots,N}|\langle \boldsymbol{r}_{k-1}, \boldsymbol{A}_j\rangle|$。

步骤 2 更新索引集 $\boldsymbol{\Lambda}_k=\boldsymbol{\Lambda}_k\cup\{\lambda\}$，更新重构矩阵 $\boldsymbol{\Phi}_k=[\boldsymbol{\Phi}_{k-1}, \boldsymbol{A}_\lambda]$。

步骤 3 通过最小二乘法，求解 $\hat{s}=\arg\min\limits_{\hat{s}}\|\boldsymbol{x}-\boldsymbol{\Phi}_k\hat{s}\|_2$，得到 $\hat{s}=(\boldsymbol{\Phi}_k^{\mathrm{T}}\boldsymbol{\Phi}_k)^{-1}\boldsymbol{\Phi}_k^{\mathrm{T}}\boldsymbol{x}$。

步骤 4 更新残差 $\boldsymbol{r}_k=\boldsymbol{x}-\boldsymbol{\Phi}_k\hat{s}$，迭代次数 $k=k+1$。

步骤 5 判断迭代次数 k 是否已经达到最大迭代次数或者残差 $\|\boldsymbol{r}_k\|_2$ 已经足够小。若是，则停止迭代，输出 $\hat{s}$；若否，则执行步骤 1。

由于 OMP 算法简单，算法复杂度较低，恢复精度较高，因此成为了压缩感知稀疏信号重构算法中一种经典的算法。

3. 分段正交匹配追踪(StOMP)算法

StOMP 算法是针对 OMP 算法提出的改进算法，其不同之处在于选择原子的方式。由于 OMP 算法每次只能选择一个与当前残差最匹配的原子将其添加到支撑集中，这样必然会造成重构速度的降低，StOMP 算法改变了这种原子选择方式，从而相比于 OMP 算法提高了算法的重构速度。StOMP 算法是通过设定一个阈值，只要是满足这个阈值条件的原子，都可以将其添加到支撑集中，假如选取的阈值使每次迭代只能有一个原子添加到支撑集中，此时 StOMP 算法就退化成 OMP 算法，OMP 算法是 StOMP 算法的一种特殊情况，但要避免这种情况的发生，尽量让选取的阈值每次迭代可以使多个原子进入支撑集。可以看出，选取的阈值对 StOMP 算法的重构速度有着重要的影响。

StOMP 算法的具体步骤如下所示。

输入：混合矩阵 $\boldsymbol{A}\in\boldsymbol{R}^{m\times n}$，观测信号 $\boldsymbol{x}\in\boldsymbol{R}^{m}$，稀疏度 K，阈值 α。

输出：恢复出来的信号 $\hat{\boldsymbol{s}}$。

初始化：残差 $\boldsymbol{r}_0=\boldsymbol{x}$，索引集 $\boldsymbol{\Lambda}_0$ 为空集合，重构矩阵 $\boldsymbol{\Phi}_0$ 为空矩阵，迭代次数 $k=1$。

步骤 1　找出残差 $\boldsymbol{r}_{k-1}$ 与混合矩阵 $\boldsymbol{A}$ 中内积最大的列向量对应的下标 λ，分别计算当前残差 $\boldsymbol{r}_{k-1}$ 与混合矩阵 $\boldsymbol{A}$ 中每一列 φ_j 的内积，并将这些内积与阈值 α 进行比较，找出结果中大于阈值 a 的所有列的下标 λ_k，即 $\lambda_k=\{j,\ |\langle\boldsymbol{r}_{k-1},\ \boldsymbol{A}_j\rangle|>\alpha\}$。

步骤 2　更新索引集 $\boldsymbol{\Lambda}_k=\boldsymbol{\Lambda}_k\cup\{\lambda_k\}$，更新重构矩阵 $\boldsymbol{\Phi}_k=[\boldsymbol{\Phi}_{k-1}\quad \boldsymbol{A}_{\lambda_k}]$。

步骤 3　通过最小二乘法，求解 $\hat{\boldsymbol{s}}=\arg\min\limits_{\hat{s}}\|\boldsymbol{x}-\boldsymbol{\Phi}_k\hat{\boldsymbol{s}}\|_2$，得到 $\hat{\boldsymbol{s}}=(\boldsymbol{\Phi}_k^{\mathrm{T}}\boldsymbol{\Phi}_k)^{-1}\boldsymbol{\Phi}_k^{\mathrm{T}}\boldsymbol{x}$。

步骤 4　更新残差 $\boldsymbol{r}_k=\boldsymbol{x}-\boldsymbol{\Phi}_k\hat{\boldsymbol{s}}$，迭代次数 $k=k+1$。

步骤 5　判断迭代次数 k 是否已经达到最大迭代次数 K 或者残差 $\|\boldsymbol{r}_k\|_2$ 已经足够小。若是，则停止迭代，输出 $\hat{\boldsymbol{s}}$；若否，则回到步骤 1。

无论是 OMP 算法，还是 StOMP 算法，一旦选中了原子添加到支撑集中，那么无论该原子在后续的迭代过程中是否准确，该原子都要一直存在于支撑集中，如果该原子并不准确，且一直留在支撑集中，无法从支撑集中被剔除掉，那么必定会对算法的恢复精度造成影响。

SP 算法通过结合回溯的思想，从而有效地克服了这个问题。假设信号的稀疏度为 K，SP 算法的思想是：每次迭代不是选择一个原子，而是选择最为匹配的 K 个原子，将其添加到支撑集中，然后将测量信号在支撑集中的原子所构成的多维空间中进行正交投影，从这些结果中找出其中绝对值最大的 K 个分量，这些分量将被保留，并将其余分量所对应的原子从支撑集中去除，因此支撑集中始终保留的都是最为匹配的 K 个原子，而那些在迭代过程中匹配度较低的原子将会被剔除，通过这样不断地更新支撑集，从而确保支撑集中原子的准确性，进而可以对算法重构精度的提高起到一定的作用。而且 SP 算法的初始步骤就是选择 K 个原子进入到支撑集，而不是每次只选择一个，这样也可以提高该算法的重构速度。

SAMP 算法是一种稀疏度自适应的算法，与 OMP 算法、StOMP 算法以及 SP 算法相比，其在重构原始信号的过程中不需要预先知道信号的稀疏度。OMP 算法、STOMP 算法和 SP 算法必须要预先知道信号的稀疏度，尤其是 SP 算法，在不知道信号的稀疏度的情况下，重构出来的原始信号的准确性会很低。SAMP 算法每次迭代时，不仅选择多个原子进入到支撑集中，而且每次迭代选择的原子数量也不是固定不变的，当符合一定条件时，要增加下次迭代选择的原子数量，增加幅度是由步长决定的，若不符合，则下次迭代选择的原子数量保持不变。显然，SAMP 算法的精度与步长有关。步长较大时，迭代次数少，算法复杂度低，精度较低；当步长较小时，恢复精度较高，但会导致迭代次数增加，算法复杂度增大。因此，SAMP 算法在步长选择合适时，往往能够取得理想的重构结果，但是在步长选择不当时，重构结果较差。

11.3.2　梯度追踪系列算法

梯度追踪系列算法也是一类应用较广的贪婪算法。梯度追踪算法主要的思想是：在每次迭代过程中使用匹配追踪算法中原子选择的方法得到一个原子集合，再利用得到的原子集合和梯度下降的思想得到源信号的估计值。与匹配追踪系列算法相比较，梯度追踪系列算法的优点是时间复杂度较低，缺点是恢复精度不够高。比较著名的梯度追踪系列算法有梯度追踪(Gradient Pursuit，GP)算法、共轭梯度追踪(Conjugate Gradient Pursuit，CGP)算法以及牛顿追踪(Newton Pursuit，NP)算法等。

在 OMP 算法中，当我们从原子集中选出一个集合 Γ_k 时，我们使用最小二乘法对源信号的估计值进行求解。在匹配追踪系列算法中，采用对子矩阵求伪逆的方法求解最小二乘解，这种方法在矩阵维数较大的情况下时间复杂度会很高。为了减少时间复杂度，梯度追踪类算法首先选择一个使函数

$$f(\boldsymbol{s}_k) = \| \boldsymbol{x} - \boldsymbol{A}_{\Gamma_k} \boldsymbol{s}_k \|_2^2 \tag{11.6}$$

的值下降的方向，然后选择合适的步长，通过迭代逐渐逼近函数 $f(\boldsymbol{s}_k)$ 的最优值，迭代逼近最优值的公式为

$$\boldsymbol{s}_k = \boldsymbol{s}_{k-1} + \alpha_k \boldsymbol{d}_{\Gamma_k} \tag{11.7}$$

其中，$\boldsymbol{A}_{\Gamma_k}$ 是混合矩阵 $\boldsymbol{A}$ 中以集合 Γ_k 中元素为下标的列向量组成的矩阵，$\boldsymbol{d}_{\Gamma_k}$ 是第 k 次迭代时选择的迭代方向，α_k 是第 k 次迭代时的迭代步长。GP 算法在每次迭代过程中选择的迭代方向是函数 $f(\boldsymbol{s}_k)$ 的负梯度方向，即

$$\boldsymbol{d}_{\Gamma_k} = -\nabla f(\boldsymbol{s}_k) = \boldsymbol{A}_{\Gamma_k}^{\mathrm{T}} (\boldsymbol{x} - \boldsymbol{A}_{\Gamma_k} \boldsymbol{s}_k) \tag{11.8}$$

可以看出，由于每次选择的搜索方向都是要求解问题 $\min f(\boldsymbol{s}_k)$ 的负梯度方向，因此这样的搜索方向的更新相当于最速下降法中搜索方向的更新。接下来介绍 GP 算法中的搜索步长的产生方法。

GP 算法中第 k 次迭代的搜索步长 α_k 是通过精确一维搜索得到的，即由一个极小化问题求得最佳步长，该极小化问题为

$$\min f(\boldsymbol{s}_k + \alpha_k \boldsymbol{d}_k) \tag{11.9}$$

对 $f(\boldsymbol{s}_k + \alpha_k \boldsymbol{d}_k)$ 求导令其等于 0，就可以求解出最佳步长 α_k，如下式：

$$\alpha_k = \frac{\langle \boldsymbol{r}_{k-1}, \boldsymbol{A}_{\Gamma_k} \boldsymbol{d}_{\Gamma_k} \rangle}{\| \boldsymbol{A}_{\Gamma_k} \boldsymbol{d}_{\Gamma_k} \|_2^2} \tag{11.10}$$

其中，$\boldsymbol{r}_k$ 为迭代第 k 次的残差，$\boldsymbol{r}_k = \boldsymbol{x} - \boldsymbol{A}_{\Gamma_k} \boldsymbol{s}_k^{k-1}$，$\langle \boldsymbol{r}_{k-1}, \boldsymbol{A}_{\Gamma_k} \boldsymbol{d}_{\Gamma_k} \rangle = (\boldsymbol{r}_{k-1})^{\mathrm{T}} \boldsymbol{A}_{\Gamma_k} \boldsymbol{d}_{\Gamma_k}$，即二者的内积。由此，就可以采用式(11.7)进行信号的更新了。

综上所述，GP 算法的算法步骤如下。

输入：接收信号 $\boldsymbol{x} \in \boldsymbol{R}^m$，混合矩阵 $\boldsymbol{A} \in \boldsymbol{R}^{m \times n}$，观测信号，终止门限 ε。

输出：恢复出来的信号是 $\boldsymbol{s}$。

初始化：残差 $\boldsymbol{r}_0 = \boldsymbol{x}$，支撑集 $\Gamma_0 = \varnothing$，$\boldsymbol{s}_0 = \boldsymbol{0}$，当前迭代次数 $k=1$。

步骤 1　分别计算当前残差 $\boldsymbol{r}_{k-1}$ 与观测矩阵 $\boldsymbol{A}$ 中每一列 $\boldsymbol{A}_j$ 的内积，并将这些内积进行比较，找出结果中最大值所对应列的下标 λ_k，$\lambda_k = \arg\max_{j=1\cdots n} |\langle \boldsymbol{r}_{k-1}, \boldsymbol{A}_j \rangle|$，将其作为当前迭代次数内选中的原子。

步骤 2　更新支撑集，将当前迭代次数内选中的原子添加到支撑集中，即 $\Gamma_k = \Gamma_{k-1} \cup \{\lambda_k\}$。

步骤 3　求解当前迭代次数内的迭代方向 $\boldsymbol{d}_{\Gamma_k} = -\nabla f(\boldsymbol{s}_k) = \boldsymbol{A}_{\Gamma_k}^{\mathrm{T}} (\boldsymbol{x} - \boldsymbol{A}_{\Gamma_k} \boldsymbol{s}_k)$。

步骤 4　利用式(11.10)计算当前迭代回合的迭代步长 α_k。

步骤 5　进行信号的更新，即 $s_k = s_{k-1} + \alpha_k d_{\Gamma_k}$。

步骤 6　更新残差，即 $r_k = r_{k-1} - \alpha_k A_{\Gamma_k} d_{\Gamma_k}$，且 $k = k+1$。若符合条件 $\| r_k \|_2 \geqslant \varepsilon$，则继续迭代过程，返回执行步骤 1；否则，停止迭代。

由于梯度追踪算法在每次迭代过程中是按函数的负梯度方向进行搜索的，并且每次选取的迭代步长是最优步长，导致前后两次迭代方向是正交的，这种现象会让初始点沿着一条锯齿状的路径逼近最优值点，相当于走了许多弯路，数学上称这种现象为锯齿现象。由于锯齿现象的存在，导致 GP 算法的收敛速度较慢，时间复杂度较高。

引理 1　最速下降法前一次的搜索方向和后一次的搜索方向总是相互垂直正交。

证明：令

$$\phi(\alpha_k) = f(x_k + \alpha_k d_k) \tag{11.11}$$

利用精确一维搜索，对 $\phi(\lambda)$ 求导令其等于 0，则

$$\phi'(\alpha_k) = \nabla f(x_k + \alpha_k d_k)^{\mathrm{T}} d_k = 0 \tag{11.12}$$

式(11.12)进一步可以化为式(11.13)，即

$$0 = \nabla f(x_k + \alpha_k d_k)^{\mathrm{T}} d_k = \nabla f(x_{k+1})^{\mathrm{T}} d_k = -d_{k+1}^{\mathrm{T}} d_k \tag{11.13}$$

其中，d_k 是第 k 次迭代时选择的迭代方向，α_k 是第 k 次迭代时的迭代步长，d_{k+1} 是第 $k+1$ 次迭代的搜索方向。由此可看出，最速下降法前一次的搜索方向和后一次的搜索方向是相互垂直正交的。这就会产生一个问题，即用最速下降法逼近最优解的过程是曲折的，这种曲折表现为越靠近最优解，曲折表现的越明显，最速下降法存在的这个问题被称为锯齿现象，即逼近极小点过程是“之”字形，如图 11.1 所示。

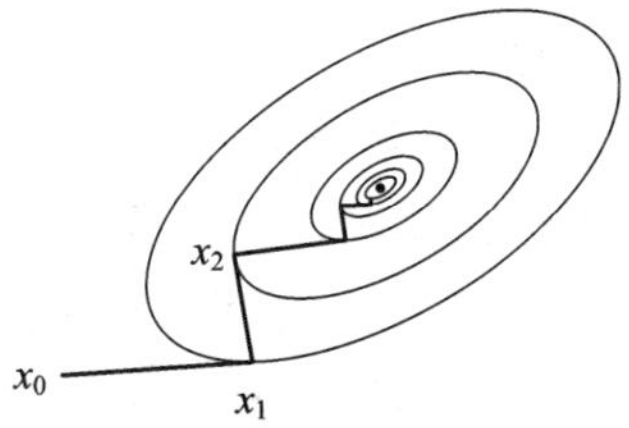

图 11.1　最速下降法中的锯齿现象

因此使用最速下降法逼近极小点时，无论从哪一个初始点出发，都可以快速地逼近到极小点附近，但之后的逼近步长变得越来越小，移动的速度也越来越缓慢，这会导致最速下降法在极小点附近向极小点逼近时速度缓慢。正是由于最速下降的这个缺陷，也导致 GP 算法在最优解附近向最优解逼近时，重构速度缓慢，从而导致 GP 算法整体的重构速度缓慢。

为了克服 GP 算法存在的缺点，减少算法的时间复杂度，共轭梯度追踪(CGP)算法采用共轭梯度方向代替 GP 算法中的负梯度方向，对最优值进行逼近。共轭的定义如下：如果两个向量 d_k 和 d_{k-1} 关于一个 N 维方阵满足 $d_k^{\mathrm{T}} G d_{k-1} = 0$，则称向量 d_k 和 d_{k-1} 关于矩阵 G 是共轭对称的。前后两次迭代方向为共轭方向，使得原始点能够沿着一条比较直的路径逼近最优点，从而有效消除了 GP 算法中产生锯齿现象导致算法收敛速度慢的问题，显著降低了算法的时间复杂度。

11.3.3　互补匹配追踪系列算法

除了匹配追踪系列算法和梯度追踪系列算法以外，还有一类比较常见的贪婪算法就是互补匹配追踪(Complemen Matching Pursuit，CMP)系列算法。互补匹配追踪系列算法的核心思想是利用源信号在矩阵空间和矩阵的正交空间具有互补特性这一性质，寻找源信号的最优解。在此，首先介绍一下什么是信号的互补特性。在欠定盲源分离中，由于混合矩阵 $\boldsymbol{A}\in\boldsymbol{R}^{M\times N}$ 的 M 个行向量满足彼此独立性，则 $\boldsymbol{A}^{\mathrm{T}}$ 的列就可以在一个 N 维的空间张成一个 M 维的子空间 $\boldsymbol{S}_{\boldsymbol{A}}$，该子空间必然有一个 $N-M$ 维度的正交子空间 $\boldsymbol{S}_{\boldsymbol{A}}^{\perp}$，而 $\tilde{\boldsymbol{s}}=\boldsymbol{A}^{\mathrm{T}}(\boldsymbol{A}\boldsymbol{A}^{\mathrm{T}})^{-1}\boldsymbol{x}$ 又是方程 $\boldsymbol{x}=\boldsymbol{A}\boldsymbol{s}$ 的一个解，且 $\tilde{\boldsymbol{s}}$ 一定是在 $\boldsymbol{S}_{\boldsymbol{A}}$ 所表示的空间内。将源信号用 $\boldsymbol{s}^0$ 来表示，假设它能够被分解为 $\boldsymbol{s}^c$ 和 $\tilde{\boldsymbol{s}}$，即 $\boldsymbol{s}^0=\tilde{\boldsymbol{s}}+\boldsymbol{s}^c$。由于 $\boldsymbol{A}\boldsymbol{s}^0=\boldsymbol{A}\tilde{\boldsymbol{s}}=\boldsymbol{x}$，所以有 $\boldsymbol{A}\boldsymbol{s}^c=\boldsymbol{0}$，这个等式的物理意义是 $\boldsymbol{s}^c$ 落在了子空间 $\boldsymbol{S}_{\boldsymbol{A}}$ 的正交子空间 $\boldsymbol{S}_{\boldsymbol{A}}^{\perp}$ 上。现在假设源信号向量 $\boldsymbol{s}^0$ 中只有一个元素取值不等于 0，剩余的 $N-1$ 个元素取值均等于 0，由于 $\boldsymbol{s}^0=\tilde{\boldsymbol{s}}+\boldsymbol{s}^c$，并且 $\tilde{\boldsymbol{s}}=\boldsymbol{A}^{\mathrm{T}}(\boldsymbol{A}\boldsymbol{A}^{\mathrm{T}})^{-1}\boldsymbol{x}$，因此只要能够求出 $\boldsymbol{s}^c$，问题就会迎刃而解。而由前面的分析可知，$\boldsymbol{s}^c$ 落在 $\boldsymbol{S}_{\boldsymbol{A}}^{\perp}$ 上，用 $\boldsymbol{G}$ 表示一个 $N\times(N-M)$ 维的列向量正交的矩阵，该矩阵的列向量满足正交性且张成子空间 $\boldsymbol{S}_{\boldsymbol{A}}^{\perp}$，对 $\boldsymbol{A}^{\mathrm{T}}$ 进行 QR 分解或者 SVD 分解就可以得到矩阵 $\boldsymbol{G}$，利用 QR 分解获得的结果如下：

$$\boldsymbol{A}^{\mathrm{T}}=\boldsymbol{Q}\boldsymbol{R}=[\boldsymbol{Q}_1^{N\times M}\boldsymbol{Q}_2^{N\times(N-M)}]\begin{bmatrix}\boldsymbol{R}_1^{M\times M}\\ \boldsymbol{0}^{(N-M)\times M}\end{bmatrix} \tag{11.14}$$

其中，$\boldsymbol{Q}$ 和 $\boldsymbol{R}$ 是 $N\times N$ 的矩阵，$\boldsymbol{R}_1$ 是一个上三角矩阵，则 $\boldsymbol{Q}_1$ 和 $\boldsymbol{Q}_2$ 分别对应的子空间就是 $\boldsymbol{S}_{\boldsymbol{A}}$ 和 $\boldsymbol{S}_{\boldsymbol{A}}^{\perp}$，$\boldsymbol{Q}_1$ 和 $\boldsymbol{Q}_2$ 的列相互正交，则

$$\boldsymbol{G}=\boldsymbol{Q}_2 \tag{11.15}$$

现在假设 $\boldsymbol{s}^c$ 中第 l 个元素 $\boldsymbol{s}^c(l)$ 是未知的非 0 元素，$\boldsymbol{s}^c$ 中额外的 $N-1$ 个元素用 $\bar{\boldsymbol{s}}^c(l)$ 表示，考虑到 $\boldsymbol{s}^c$ 在空间 $\boldsymbol{S}_{\boldsymbol{A}}^{\perp}$ 上，因此必然有唯一的 $N-M$ 维的列向量 $\boldsymbol{z}$，使得

$$\boldsymbol{G}\boldsymbol{z}=\boldsymbol{s}^c \tag{11.16}$$

式(11.16)可改写为

$$\begin{bmatrix}\bar{\boldsymbol{G}}_l\\ \boldsymbol{g}_l\end{bmatrix}\boldsymbol{z}=\begin{bmatrix}\bar{\boldsymbol{s}}^c(l)\\ \boldsymbol{s}^c(l)\end{bmatrix} \tag{11.17}$$

其中，$\bar{\boldsymbol{G}}_l$ 是 $\boldsymbol{G}$ 中除第 l 行之外行向量组成的矩阵，$\boldsymbol{g}_l$ 是 $\boldsymbol{G}$ 的第 l 个行向量。因此

$$\bar{\boldsymbol{G}}_l\boldsymbol{z}=\bar{\boldsymbol{s}}^c(l) \tag{11.18}$$

$$\boldsymbol{g}_l\boldsymbol{z}=\boldsymbol{s}^c(l) \tag{11.19}$$

矩阵 $\bar{\boldsymbol{G}}_l$ 是列满秩，且 $\bar{\boldsymbol{s}}^c(l)$ 也是列满秩，于是可以解得 $\boldsymbol{z}=(\bar{\boldsymbol{G}}_l^{\mathrm{T}}\bar{\boldsymbol{G}}_l)^{-1}\bar{\boldsymbol{G}}_l\,\bar{\boldsymbol{s}}^c(l)$，又因为 $N-1$ 个零元素在子空间 $\boldsymbol{S}_{\boldsymbol{A}}$ 和 $\boldsymbol{S}_{\boldsymbol{A}}^{\perp}$ 上的解大小相等，符号相反，所以 $\bar{\boldsymbol{s}}^c(l)=-\bar{\tilde{\boldsymbol{s}}}(l)$，相应地，$\boldsymbol{s}^c$ 和 $\boldsymbol{s}^0$ 的第 l 个元素就可按照下式计算。

$$\boldsymbol{s}^c(l)=\boldsymbol{g}_l(\bar{\boldsymbol{G}}_l^{\mathrm{T}}\bar{\boldsymbol{G}}_l)^{-1}\bar{\boldsymbol{G}}_l^{\mathrm{T}}\bar{\boldsymbol{s}}^c(l)=-\boldsymbol{g}_l(\bar{\boldsymbol{G}}_l^{\mathrm{T}}\bar{\boldsymbol{G}}_l)^{-1}\bar{\boldsymbol{G}}_l^{\mathrm{T}}\bar{\tilde{\boldsymbol{s}}}(l) \tag{11.20}$$

$$\boldsymbol{s}^0(l)=\tilde{\boldsymbol{s}}(l)+\boldsymbol{s}^c(l)=\tilde{\boldsymbol{s}}(l)-\boldsymbol{g}_l(\bar{\boldsymbol{G}}_l^{\mathrm{T}}\bar{\boldsymbol{G}}_l)^{-1}\bar{\boldsymbol{G}}_l^{\mathrm{T}}\bar{\tilde{\boldsymbol{s}}}(l) \tag{11.21}$$

当某一时刻起主导作用的源信号个数为 1 时，CMP 算法采取顺序遍历每个原子的方法，同

时检查并判断额外的 $N-1$ 个原子对应的 $\boldsymbol{s}^c$ 和$\tilde{\boldsymbol{s}}$元素之和是否为 0。如果搜索到了起主导作用的那个源信号的位置，则利用公式 $\boldsymbol{s}^0(l)=\tilde{\boldsymbol{s}}(l)-\boldsymbol{g}_l(\bar{\boldsymbol{G}}_l^{\mathrm{T}}\bar{\boldsymbol{G}}_l)^{-1}\bar{\boldsymbol{G}}_l^{\mathrm{T}}\bar{\tilde{\boldsymbol{s}}}(l)$就能够计算出某一时刻起主导作用的源信号。综上所述，CMP 算法的实现步骤如下。

输入：混合信号 $\boldsymbol{x}$，混合矩阵 $\boldsymbol{A}$；

输出：源信号的估计 $\boldsymbol{s}^0$；

步骤 1 对混合矩阵 $\boldsymbol{A}$ 进行 QR 分解，根据式(11.14)和式(11.15)求得 $\boldsymbol{G}$；

步骤 2 设 $\boldsymbol{p}_0=\tilde{\boldsymbol{s}}=\boldsymbol{A}^{\mathrm{T}}(\boldsymbol{A}\boldsymbol{A}^{\mathrm{T}})^{-1}\boldsymbol{x}$，下标集合为 $\mathbf{I}=\{1, 2, \cdots, N\}$，用$\bar{\boldsymbol{p}}_j(i)$表示向量 $\boldsymbol{p}_j$ 中剔除第 i 个元素后剩余的元素所组成的向量，j 表示迭代次数，初始值 $j=1$，$i=1$，$\boldsymbol{s}^0=\boldsymbol{0}$；

步骤 3 计算 $\boldsymbol{e}_j=\boldsymbol{p}_{j-1}-\boldsymbol{G}(\bar{\boldsymbol{G}}_i^{\mathrm{T}}\bar{\boldsymbol{G}}_i)^{-1}\bar{\boldsymbol{G}}_i^{\mathrm{T}}\bar{\boldsymbol{p}}_{j-1}(i)$，$i\in\mathbf{I}$，$\bar{\boldsymbol{G}}_i$ 表示 $\boldsymbol{G}$ 中除去第 i 行以外的所有行构成的矩阵；

步骤 4 令 $\boldsymbol{c}_j=\boldsymbol{e}_j(i)$，则 $\boldsymbol{s}^0(i)=\boldsymbol{s}^0(i)+\boldsymbol{c}(j)$；

步骤 5 求出新的 i：$i=\arg\min\limits_{i\in\boldsymbol{I}}\|\bar{\boldsymbol{e}}_j(i)\|_2$，$\bar{\boldsymbol{e}}_j(i)$向量是由 $\boldsymbol{e}_j$ 去掉第 i 个元素之后得到的；

步骤 6 更新互补残差 $\boldsymbol{p}_j=\boldsymbol{I}_{\bar{i}}\boldsymbol{e}_j$，$\boldsymbol{I}_{\bar{i}}$ 是一个 N 维单位矩阵的变换矩阵，$\boldsymbol{I}_{\bar{i}}$ 矩阵的第 i 个对角元素为 0；

步骤 7 计算余差 $\boldsymbol{R}_j=\boldsymbol{x}-\boldsymbol{A}\boldsymbol{s}^0$，当 $\boldsymbol{R}_j$ 的 L_2 范数比设定的阈值小时，则认为算法迭代终止，否则令 $j:=j+1$，回到步骤 3 继续迭代。

算法终止时得到的 $\boldsymbol{s}^0$ 即为 CMP 算法恢复出来的源信号向量。

正交互补匹配追踪(Orthogonal Complemen Matching Pursuit，OCMP)算法沿用了 CMP 算法利用信号的互补特性选择原子的方法。与 CMP 算法不同的是，OCMP 算法在利用所选原子集合对源信号进行逼近的过程中，采用了正交处理的方法。

OCMP 算法的步骤总结如下。

输入：混合信号 $\boldsymbol{x}$，混合矩阵 $\boldsymbol{A}$；

输出：源信号的估计 $\boldsymbol{s}^0$；

步骤 1 对混合矩阵 $\boldsymbol{A}$ 进行 QR 分解，根据式(11.14)和式(11.15)求得 $\boldsymbol{G}$；

步骤 2 初始化 $\boldsymbol{p}_0=\tilde{\boldsymbol{s}}=\boldsymbol{A}^{\mathrm{T}}(\boldsymbol{A}\boldsymbol{A}^{\mathrm{T}})^{-1}\boldsymbol{x}$，下标集合为 $\mathbf{I}=\{1, 2, \cdots, N\}$，所选原子集合 $\mathbf{J}_1=\{1\}$，$j=1$，$i=1$，$\boldsymbol{s}^0=\boldsymbol{0}$；

步骤 3 计算 $\boldsymbol{e}_j=\boldsymbol{p}_{j-1}-\boldsymbol{G}(\boldsymbol{G}_J^{\mathrm{T}}\boldsymbol{G}_J)^{-1}\boldsymbol{G}_J^{\mathrm{T}}\bar{\boldsymbol{p}}_{j-1}(\mathbf{J}_j)$，$\boldsymbol{G}_J$ 表示由 $\boldsymbol{G}$ 中除集合 $\mathbf{J}_j$ 对应的行向量之外的向量组成的矩阵。$\bar{\boldsymbol{p}}_{j-1}(\mathbf{J}_j)$表示向量 $\boldsymbol{p}_{j-1}$中剔除由集合 $\mathbf{J}_j$ 表示的元素后剩余的元素所组成的向量；

步骤 4 求出新的 i，$i=\arg\min\limits_{i\in\boldsymbol{I}}\|\bar{\boldsymbol{e}}_j(i)\|_2$，$\bar{\boldsymbol{e}}_j(i)$是由 $\boldsymbol{e}_j$ 去掉第 i 个元素之后得出的向量；

步骤 5 更新原子集合：$\mathbf{J}_{j+1}=\mathbf{J}_j\cup i$；

步骤 6 更新选择的原子的分量对应的值：$\boldsymbol{s}^0(\mathbf{J}_j)=\boldsymbol{s}^0(\mathbf{J}_j)+\boldsymbol{e}_j(\mathbf{J}_j)$，这里 $\boldsymbol{s}^0(\mathbf{J}_j)$和 $\boldsymbol{e}_j(\mathbf{J}_j)$分别表示 $\boldsymbol{s}^0$ 和 $\boldsymbol{e}_j$ 中所有第 $i(i\in\mathbf{J}_j)$个元素组成的向量；

步骤 7 更新互补残差 $\boldsymbol{p}_j=\mathbf{I}_k\boldsymbol{e}_j$，这里的 $\mathbf{I}_k$ 表示将一个 N 维单位矩阵中集合 $\mathbf{J}_j$ 对应的对角元素改为 0 的矩阵；

步骤 8 计算余差 $\boldsymbol{R}_j=\boldsymbol{x}-\boldsymbol{A}\boldsymbol{s}^0$，当余差的范数小于设定门限时停止，否则令 $j:=j+1$，

回到步骤 3。

11.3.4 子空间互补匹配追踪算法

当源信号中有多个非零元素的时候，CMP 算法的做法是用循环迭代的思想，利用最小 L_2 范数在每次迭代过程中找出一个非零元素，通过增加循环次数找出非零原子所在的位置，根据选择的坐标集合恢复出源信号。这样导致的结果就是算法运算速度慢，算法时间复杂度较高。如果每次能够搜索多个元素，将会很大程度地提高算法的运算速度。基于此种思想，给出一种子空间互补匹配追踪（Subspace Complementary Matching Pursuit，SCMP）算法。在 CMP 算法中，我们需要求出向量$\tilde{s}$在以 $\boldsymbol{Q}_2$ 的列向量为基时的坐标 $\boldsymbol{z}$。由于 $\boldsymbol{Q}_2 \in \boldsymbol{R}^{N\times(N-M)}$，所以，从矩阵 $\boldsymbol{Q}_2$ 中随机选择 $N-M$ 个行向量组成的矩阵 $\boldsymbol{Q}_2[\Phi] \in \boldsymbol{R}^{(N-M)\times(N-M)}$（$\Phi$ 表示集合$\{1, 2, \cdots, N\}$中任意 $N-M$ 个元素组成的子集）和对应的 $\tilde{\boldsymbol{s}}[\Phi] \in \boldsymbol{R}^{(N-M)}$，就可以求出

$$\boldsymbol{z} = (\boldsymbol{Q}_2[\Phi])^{-1}\,\tilde{\boldsymbol{s}}[\Phi] = -(\boldsymbol{Q}_2[\Phi])^{-1}\boldsymbol{s}^c[\Phi] \tag{11.22}$$

进而有

$$\tilde{\boldsymbol{s}} = \boldsymbol{Q}_2\boldsymbol{z} = -\boldsymbol{Q}_2(\boldsymbol{Q}_2[\Phi])^{-1}\boldsymbol{s}^c[\Phi] \tag{11.23}$$

$$\boldsymbol{e} = \boldsymbol{s}^c[\Phi] - \boldsymbol{Q}_2(\boldsymbol{Q}_2[\Phi])^{-1}\boldsymbol{s}^c[\Phi] \tag{11.24}$$

这样的 Φ 共有 C_N^{N-M} 个，用范数衡量这 C_N^{N-M} 个 $\boldsymbol{e}$ 的稀疏度，其中具有最小范数的 $\boldsymbol{e}$ 所对应的集合$\tilde{\Phi}$就是源信号 $\boldsymbol{s}$ 中 $N-M$ 个零元素所在的位置。由此便可以得到恢复信号为

$$\boldsymbol{s} = \boldsymbol{s}^c + \tilde{\boldsymbol{s}} = \boldsymbol{s}^c - \boldsymbol{Q}_2(\boldsymbol{Q}_2[\tilde{\Phi}])^{-1}\boldsymbol{s}^c[\tilde{\Phi}] \tag{11.25}$$

在 CMP 算法中，采用 L_2 范数衡量 $\boldsymbol{e}$ 的稀疏度的大小，L_2 范数计算简单，但是 L_2 范数并不能准确地反映出信号的稀疏度大小。L_0 范数虽然能够准确地反映出信号的稀疏度大小，但对于噪声十分敏感，无法应用到有噪声的情况下。对此，可以采用近似 L_0 范数对信号稀疏度大小进行衡量，近似 L_0 范数公式如下：

$$f_\delta(\boldsymbol{s}) = \frac{2}{\pi}\arctan\left(\frac{\boldsymbol{s}^2}{2\delta^2}\right) \tag{11.26}$$

$$F_\delta(\boldsymbol{s}) = \sum_{i=1}^{n} f_\delta(\boldsymbol{s}_i) \tag{11.27}$$

由于 $f_\delta(\boldsymbol{s})$具有以下性质：

$$\lim_{\delta\to 0} f_\delta(\boldsymbol{s}) = \begin{cases} 1 & \boldsymbol{s} \neq 0 \\ 0 & \boldsymbol{s} = 0 \end{cases} \tag{11.28}$$

所以有

$$\lim_{\delta\to 0} F_\delta(\boldsymbol{s}) = \|\boldsymbol{s}\|_0 \tag{11.29}$$

因此，可以用函数 $F_\delta(\boldsymbol{s})$近似逼近 L_0 范数。其中，式(11.26)中的 δ 取值越小，越能反映信号的稀疏度，但同时对噪声也越敏感，因此 δ 不宜过小，δ 的取值可以为 $\max\dfrac{|x(t)|}{5}$。根据上述分析，最终的 SCMP 算法步骤如下。

步骤 1 对混合矩阵的转置 $\boldsymbol{A}^{\mathrm{T}}$ 进行 QR 分解：$\boldsymbol{A}^{\mathrm{T}} = \boldsymbol{QR} = [\boldsymbol{Q}_1^{N\times K}\boldsymbol{Q}_2^{N\times(N-K)}]\begin{bmatrix}\boldsymbol{R}_1^{K\times K} \\ \boldsymbol{0}^{(N-K)\times K}\end{bmatrix}$，求出 $\boldsymbol{s}_1 = \boldsymbol{A}^{\mathrm{T}}(\boldsymbol{A}\boldsymbol{A}^{\mathrm{T}})^{-1}\boldsymbol{x}(t)$。

步骤 2　求出 $f_i=F_\delta(\boldsymbol{s}_1-\boldsymbol{Q}_2(\boldsymbol{Q}_2[\Phi_i])^{-1}\boldsymbol{s}_1[\Phi_i])(i=1, 2, \cdots, C_N^{N-M})$。其中，$\Phi_i$ 表示集合$\{i=1, 2, \cdots, N\}$中任意 $N-M$ 个元素组成的子集，$\boldsymbol{Q}_2[\Phi_i]$表示 $\boldsymbol{Q}_2$ 中集合 Φ_i 所对应的 $N-M$ 个行向量组成的矩阵。

步骤 3　求出指标集 $j=\arg\min\limits_i f$，$\breve{\Phi}=\Phi_j$；

步骤 4　得到恢复信号$\hat{\boldsymbol{s}}=\boldsymbol{s}_1-\boldsymbol{Q}_2(\boldsymbol{Q}_2[\breve{\Phi}])^{-1}\boldsymbol{s}_1[\breve{\Phi}]$。

11.3.5　算法性能仿真及分析

本节将 SCMP 算法与贪婪算法中性能比较好的 OMP 算法、CMP 算法以及 OCMP 算法进行仿真实验，从算法精度和算法时间复杂度两个方面对算法的性能进行对比。实验中，采用高斯稀疏信号作为源信号，混合矩阵是高斯随机矩阵。本实验中有 5 个源信号，3 个观测信号，采样点数为 1000，即 $T=1000$，$n=5$，$m=3$。为了评价算法的精度，这里采用恢复信号与源信号之间的相关系数来衡量算法的精确度。相关系数定义如下：

$$e(\boldsymbol{s}, \hat{\boldsymbol{s}})=\frac{|\langle s, \hat{\boldsymbol{s}}\rangle|}{\|\boldsymbol{s}\|_2\|\hat{\boldsymbol{s}}\|_2} \tag{11.30}$$

其中，$\boldsymbol{s}$ 和$\hat{\boldsymbol{s}}$分别表示源信号向量和恢复信号向量。如果 e 越接近于 1，则 $\boldsymbol{s}$ 与$\hat{\boldsymbol{s}}$相关性越强，表明算法的精度越高，相关性的最大值为 1。下面的仿真实验中，分别在源信号稀疏度以及信噪比两个方面对 SCMP 算法、OMP 算法、CMP 算法以及 OCMP 算法进行比较。

1. 信噪比一定时，源信号的稀疏度对算法性能的影响

本次实验中，分别仿真了在信噪比(SNR)为 10 dB、20 dB 以及 30 dB 的情况下，各算法恢复信号与源信号的相关系数随稀疏度变化的曲线，以及各算法的运行时间随源信号稀疏度的变化曲线。图 11.2 是信噪比为 10 dB 时，相关系数随稀疏度变化的曲线。图 11.3 是信噪比为 10 dB 时，运算时间随稀疏度变化的曲线。

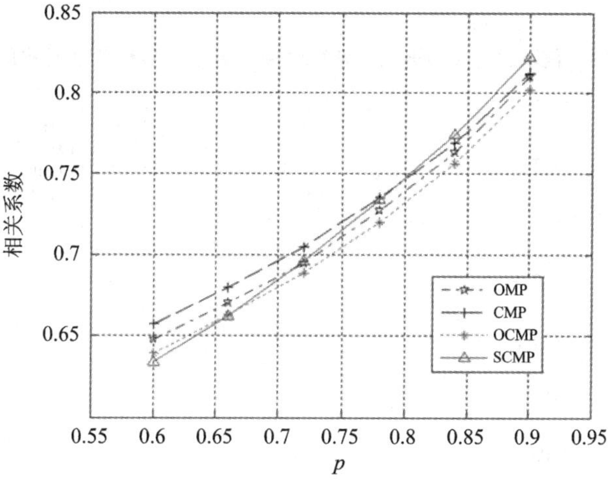

图 11.2　信噪比为 10 dB 时，各算法的相关系数随稀疏度变化的曲线

图 11.4 是信噪比为 20 dB 时，相关系数随稀疏度变化的曲线。图 11.5 是信噪比为 20 dB时，运算时间随稀疏度变化的曲线。

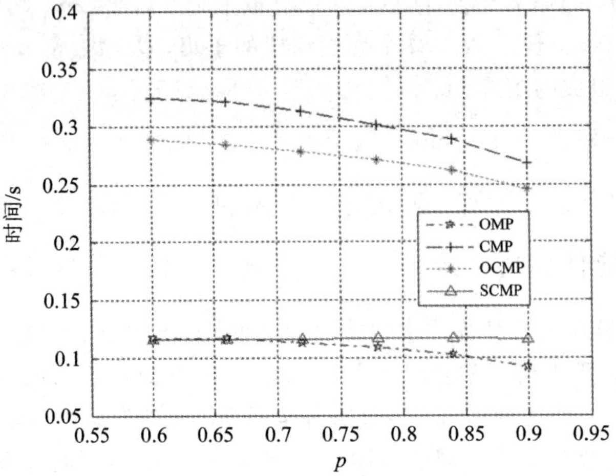

图 11.3　信噪比为 10 dB 时，各算法的运算时间随稀疏度变化的曲线

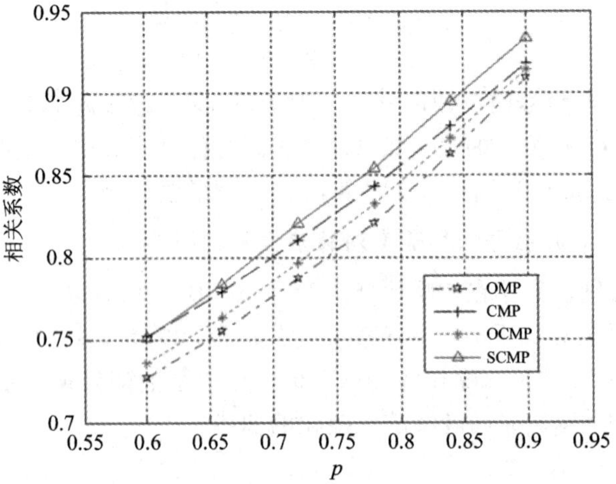

图 11.4　信噪比为 20 dB 时，各算法的相关系数随稀疏度变化的曲线

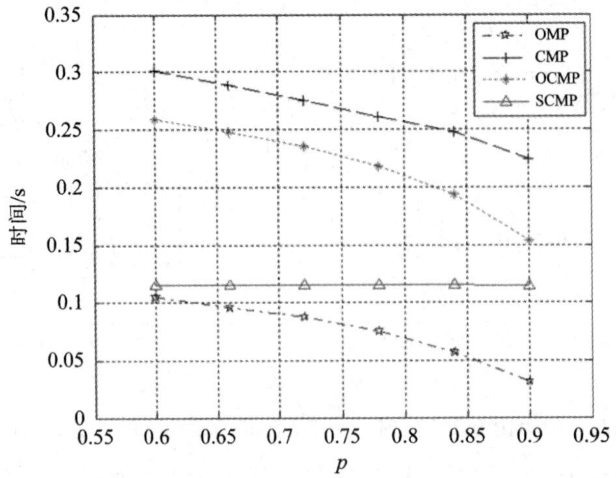

图 11.5　信噪比为 20 dB 时，各算法的运算时间随稀疏度变化的曲线

图 11.6 是信噪比为 30 dB 时，相关系数随稀疏度变化的曲线。图 11.7 是信噪比为 30 dB 时，运算时间随稀疏度变化的曲线。

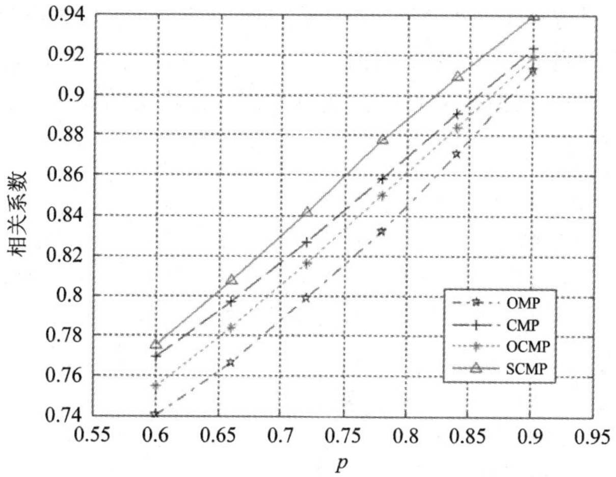

图 11.6　信噪比为 30 dB 时，各算法的相关系数随稀疏度变化的曲线

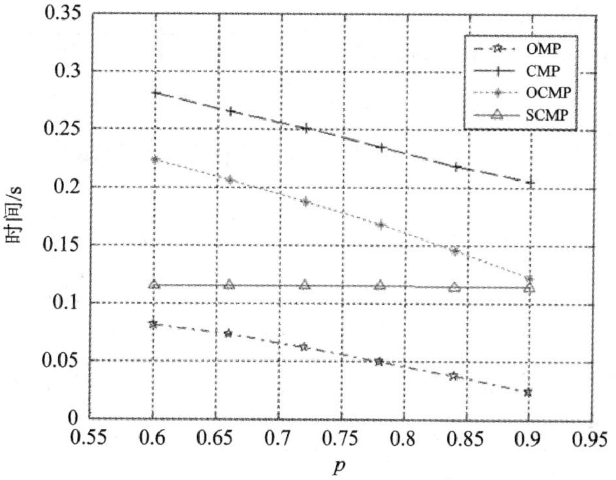

图 11.7　信噪比为 30 dB 时，各算法的运算时间随稀疏度变化的曲线

根据图 11.2～图 11.7 的仿真结果，在信噪比不太高时，如 SNR＝10 dB 时，OMP、CMP、OCMP 以及 SCMP 四种算法在精度方面性能相差不大，在信号稀疏度较小的情况下，SCMP 算法的精度略低于其他三种算法，当稀疏度较大时，SCMP 算法在精度方面略优于其他三种算法。在信噪比较大时，如 SNR＝30 dB 时，无论源信号稀疏度的大小，SCMP 算法在恢复精度方面始终优于其他算法。在算法时间复杂度方面，由于 SCMP 算法中的循环次数与源信号稀疏度无关，因此，当源信号的稀疏度变化时，SCMP 算法的运算时间是一条直线。OMP，CMP，OCMP 这三种算法的迭代次数都与源信号的稀疏度有关，因此，这三种算法的运算时间随稀疏度的增大呈现下降的趋势。由图 11.3、图 11.5、图 11.7 可以看出，SCMP 算法的运算时间复杂度明显小于 CMP 算法以及 OCMP 算法，在源信号稀疏度较小的情况下，SCMP 算法的运算时间与 OMP 算法相近，在源信号稀疏

度较大的情况下，SCMP 算法的运算时间略高于 OMP 算法。

2. 稀疏度一定时，信噪比对算法性能的影响

本次实验中，分别仿真了在源信号稀疏度为 0.7、0.8、0.9 的情况下，各算法恢复信号与源信号的相关系数随信噪比的变化曲线，以及各算法的运算时间随信噪比的变化曲线。图 11.8、图 11.9 分别是源信号稀疏度为 0.7 时，各算法的相关系数和运算时间随信噪比的变化曲线。

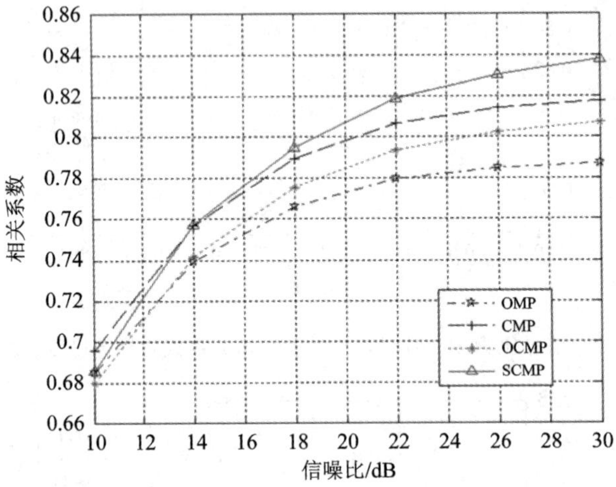

图 11.8　源信号稀疏度为 0.7 时，各算法的相关系数随信噪比的变化曲线

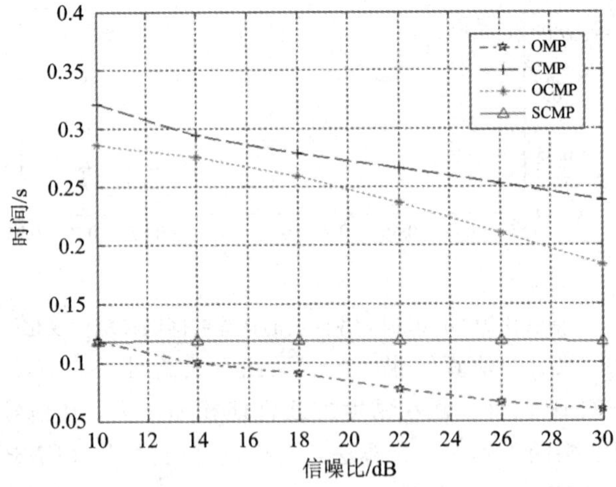

图 11.9　源信号稀疏度为 0.7 时，各算法的运算时间随信噪比的变化曲线

图 11.10、图 11.11 分别是源信号稀疏度为 0.8 时，各算法的相关系数和运算时间随信噪比的变化曲线。

图 11.12、图 11.13 分别是源信号稀疏度为 0.9 时，各算法的相关系数和运算时间随信噪比的变化曲线。

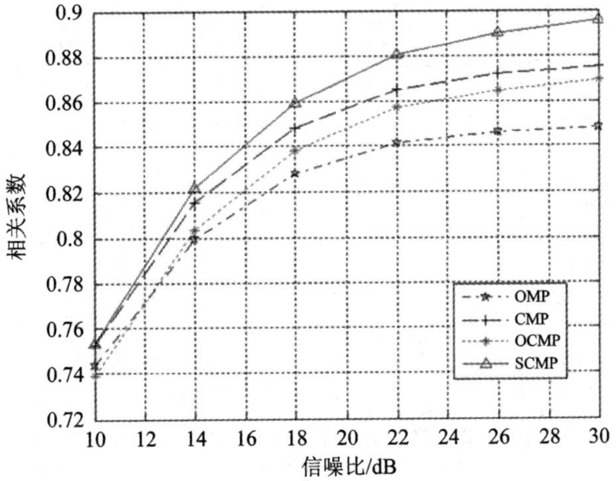

图 11.10　源信号稀疏度为 0.8 时，各算法的相关系数随信噪比的变化曲线

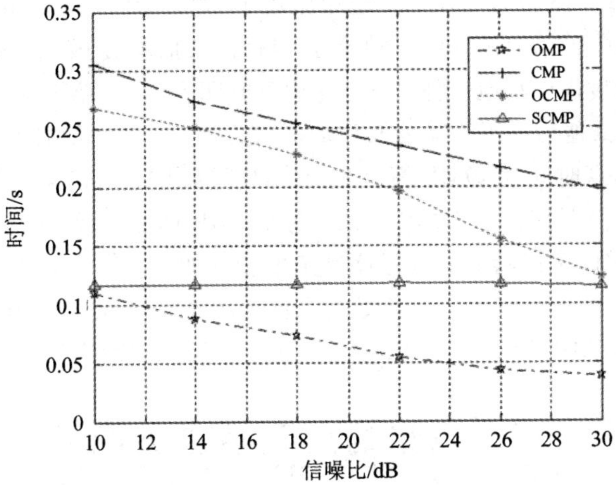

图 11.11　源信号稀疏度为 0.8 时，各算法的运算时间随信噪比的变化曲线

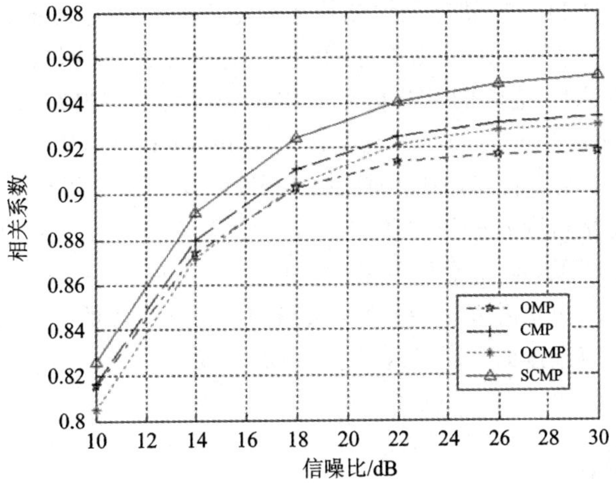

图 11.12　源信号稀疏度为 0.9 时，各算法的相关系数随信噪比的变化曲线

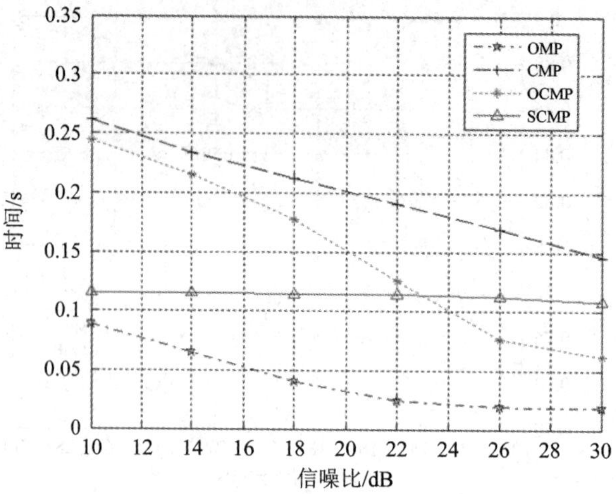

图 11.13　源信号稀疏度为 0.9 时，各算法的运算时间随信噪比的变化曲线

由图 11.8～图 11.13 可以看出，在信噪比较小(如 SNR＝10 dB)时，SCMP 算法的恢复精度与 OMP、CMP 以及 OCMP 三种算法相近。在信噪比较大(如 SNR＝30 dB)时，SCMP 算法的恢复精度高于其他三种算法。在运算时间方面，SCMP 算法的运算时间不随信噪比的变化而改变，其他三种算法随信噪比的增大而减小。当信噪比较小(如 SNR＝10 dB)时，SCMP 算法的运算时间与 OMP 算法的运算时间相近。当信噪比较大(SNR＝30 dB)时，SCMP 算法的运算时间高于 OMP 算法，与 OCMP 算法相近，低于 CMP 算法。

通过上述两个实验可以看到，与运算复杂度较低的 OMP 算法相比，SCMP 算法在牺牲了较小的时间复杂度的基础上，显著提高了算法的精度。而与算法时间复杂度相对较高的 CMP 算法以及 OCMP 算法相比，SCMP 算法在运算时间和恢复精度方面均有改善。

11.4　基于 L_1 范数的欠定盲源分离源信号恢复

由于 L_1 范数能够较好的衡量信号的稀疏性，因此，基于 L_1 范数的稀疏信号重构算法受到了广泛的重视。与 11.3 节讲述的贪婪算法相比，基于 L_1 范数的稀疏信号重构算法在源信号非充分稀疏的情况下，表现出更好的特性，适合于源信号非充分稀疏条件下的欠定盲源分离。现有的基于 L_1 范数的稀疏信号重构算法主要有基追踪(Bosic Pursuit，BP)算法、梯度投影(Gradient Projection for Sparse Reconstruction，GPSR)算法。BP 算法通常使用内点法进行求解，精度较高，但是时间复杂度很高，很难应用到实际当中。GPSR 算法通过求解最优化问题来得到源信号的稀疏估计，与 BP 算法相比，GPSR 算法在算法时间复杂度方面有显著的降低，但是在恢复精度方面不尽如人意。针对上述算法存在的问题，可以将互补匹配追踪的思想融入 L_1 范数算法当中，通过迭代的方法进行求解，这种方法在显著降低算法时间复杂度的同时，达到了与 BP 算法相近的恢复精度，表现出了良好的恢复效果。

11.4.1　基追踪算法

基追踪算法是基于最小 L_1 范数的算法中非常著名的一种算法。BP 算法的优点是精度较高，鲁棒性较强，缺点是算法的复杂度较高。BP 算法的基本思想是通过变量替换将式(11.31)转化为容易求解的线性规划问题，通过线性规划求出问题的最优解。

$$\min \|\boldsymbol{s}\|_1 \quad \text{s.t.}\ \boldsymbol{As} = \boldsymbol{x} \tag{11.31}$$

对于上述优化问题，BP 算法通常采用原尺度放射法或对偶尺度放射的方法进行求解。在此介绍一下原尺度放射法的基本思路。令 $\boldsymbol{s}=\boldsymbol{u}-\boldsymbol{v}$，其中，$\boldsymbol{u}$，$\boldsymbol{v}$ 是非负向量，$\boldsymbol{u}=[u_i]_{N\times 1}\geqslant 0$，$\boldsymbol{v}=[v_i]_{N\times 1}\geqslant 0$，于是，式(11.31)可以转化为非负条件约束的线性优化问题，即

$$\begin{aligned} &\min \sum_{i=1}^{N}(u_i+v_i) \\ &\text{s.t.}\quad [\boldsymbol{A},\ -\boldsymbol{A}]\begin{bmatrix}\boldsymbol{u}\\ \boldsymbol{v}\end{bmatrix}=\boldsymbol{x},\ u_i\geqslant 0,\ v_i\geqslant 0,\ i=1,\ 2,\ \cdots,\ N \end{aligned} \tag{11.32}$$

如果令 $\boldsymbol{z}=\begin{bmatrix}\boldsymbol{u}\\ \boldsymbol{v}\end{bmatrix}$，$\boldsymbol{B}=[\boldsymbol{A},\ -\boldsymbol{A}]$，$\boldsymbol{c}=[1,\ 1,\ \cdots,\ 1]^{\mathrm{T}}\in \boldsymbol{R}^{2N\times 1}$，则式(11.32)可以写为

$$\begin{aligned} &\min\ \boldsymbol{c}^{\mathrm{T}}\boldsymbol{z} \\ &\text{s.t.}\quad \boldsymbol{Bz}=\boldsymbol{x} \end{aligned} \tag{11.33}$$

对于式(11.33)的求解，原尺度放射法的基本思想是：首先根据方程 $\boldsymbol{Bz}=\boldsymbol{x}$ 求出一个满足该方程的解 $\boldsymbol{z}^{(0)}$，然后顺着某个使函数 $f=\boldsymbol{c}^{\mathrm{T}}\boldsymbol{z}$ 的值下降的方向进行搜索，逐渐逼近最优解。函数 $f=\boldsymbol{c}^{\mathrm{T}}\boldsymbol{z}$ 的负梯度方向就是使目标函数下降的方向，但是如果直接使用负梯度方向 $-\boldsymbol{c}$ 作为搜索方向，新的迭代点可能不能满足 $\boldsymbol{Bz}=\boldsymbol{x}$。为了使新搜索到的迭代点 $\boldsymbol{z}^{(k)}$ 仍然满足方程 $\boldsymbol{Bz}^{(k)}=\boldsymbol{x}$，应该采用 $-\boldsymbol{c}$ 在矩阵 $\boldsymbol{B}$ 正交空间上的投影 $\boldsymbol{d}^{(k)}$ 作为搜索方向。矩阵 $\boldsymbol{B}$ 的零空间的定义为

$$\mathbf{N}=\{\boldsymbol{x}\mid \boldsymbol{Bx}=0\} \tag{11.34}$$

由于该投影 $\boldsymbol{d}^{(k)}\in\mathbf{N}$，即满足

$$\boldsymbol{Bd}^{(k)}=\boldsymbol{0} \tag{11.35}$$

从而必有

$$\boldsymbol{Bz}^{(k+1)}=\boldsymbol{B}(\boldsymbol{z}^{(k)}+\alpha_k\boldsymbol{d}^{(k)})=\boldsymbol{Bz}^{(k)}=\boldsymbol{x} \tag{11.36}$$

对于条件 $\boldsymbol{z}^{(k+1)}>0$ 可以通过搜索步长的控制来保证。

BP 算法通过全局最优解来获得原稀疏信号的恢复，与贪婪算法相比，其优点是算法精度较高，有较强的鲁棒性。但是 BP 算法在运算过程中涉及到多个矩阵相乘以及矩阵求逆的运算，因此，算法时间复杂度较高，难以应用到实际当中。

11.4.2 梯度投影算法

梯度投影(GPSR)算法是一种将式(11.31)的优化问题转化为无约束凸优化问题的算法。与 BP 算法相比，GPSR 算法的时间复杂度显著减小，在源信号非充分稀疏的情况下，算法的精度也有所提高。缺点是在源信号较稀疏的情况下，算法的精度与贪婪算法以及 BP 算法相比，有比较显著的差距。

GPSR 算法又分为 GPSRBasic 算法和 GPSRBB 算法，两者主要的差别是两种算法选择的使目标函数值下降的方式有所不同，GPSRBasic 算法选择负梯度的方向作为目标函数值下降的方向，而 GPSRBB 则根据一种修正牛顿方法计算目标函数值下降的方向。

GPSRBasic 算法将有约束的优化问题(11.31)改写为式(11.37)所示的无约束凸优化

问题来对稀疏信号进行求解。

$$\min \frac{1}{2}\| \boldsymbol{x}-\boldsymbol{A}\boldsymbol{s} \| +\tau \| \boldsymbol{s} \|_1 \tag{11.37}$$

式(11.37)依然无法直接求解，为了更容易的求解，还要继续将式(11.37)转化为一个二次规划问题。这里需要将 $\boldsymbol{s}$ 表示为两个非负向量相减的形式，如式(11.38)所示：

$$\boldsymbol{s}=\boldsymbol{u}-\boldsymbol{v},\ \boldsymbol{u}\geqslant 0,\ \boldsymbol{v}\geqslant 0 \tag{11.38}$$

上式中有

$$u_i=(s_i)_+,\ v_i=(-s_i)_+,\ i=1,2,\cdots,N \tag{11.39}$$

其中，$(x)_+$ 表示取 x 和 0 之间的较大值，即 $(x)_+=\max(0, x)$。因此有 $\| \boldsymbol{s} \|_1=\boldsymbol{I}_N^{\mathrm{T}}\boldsymbol{u}+\boldsymbol{I}_N^{\mathrm{T}}\boldsymbol{v}$，这里 $\boldsymbol{I}_N=[1, 1, \cdots, 1]^{\mathrm{T}}$ 是一个包含 N 个 1 的向量。式(11.37)可以改写为有界二次规划问题，即

$$\min_{\boldsymbol{uv}} \frac{1}{2}\| \boldsymbol{x}-\boldsymbol{A}(\boldsymbol{u}-\boldsymbol{v}) \|_2^2+\tau\boldsymbol{I}_N^{\mathrm{T}}\boldsymbol{u}+\tau\boldsymbol{I}_N^{\mathrm{T}}\boldsymbol{v},\quad \text{s.t. } \boldsymbol{u}\geqslant 0,\ \boldsymbol{v}\geqslant 0 \tag{11.40}$$

式(11.40)可以改写为更标准的有界二次规划问题，即

$$\min_{\boldsymbol{z}} F(\boldsymbol{z})=\min_{\boldsymbol{z}} \boldsymbol{c}^{\mathrm{T}}\boldsymbol{z}+\frac{1}{2}\boldsymbol{z}^{\mathrm{T}}\boldsymbol{B}\boldsymbol{z},\quad \text{s.t. } \boldsymbol{z}\geqslant 0 \tag{11.41}$$

其中，

$$\boldsymbol{z}=\begin{bmatrix}\boldsymbol{u}\\ \boldsymbol{v}\end{bmatrix} \tag{11.42}$$

$$\boldsymbol{b}=\boldsymbol{A}^{\mathrm{T}}\boldsymbol{x} \tag{11.43}$$

$$\boldsymbol{c}=\tau\boldsymbol{I}_{2N}+\begin{bmatrix}-\boldsymbol{b}\\ \boldsymbol{b}\end{bmatrix} \tag{11.44}$$

$$\boldsymbol{B}=\begin{bmatrix}\boldsymbol{A}^{\mathrm{T}}\boldsymbol{A} & -\boldsymbol{A}^{\mathrm{T}}\boldsymbol{A}\\ -\boldsymbol{A}^{\mathrm{T}}\boldsymbol{A} & \boldsymbol{A}^{\mathrm{T}}\boldsymbol{A}\end{bmatrix} \tag{11.45}$$

GPSRBasic 算法采用逐渐逼近的方法来求解式(11.41)的最优值。首先，选择一个标量参数 $\alpha_k>0$，令

$$\boldsymbol{w}^{(k)}=(\boldsymbol{z}^{(k)}-\alpha_k\nabla F(\boldsymbol{z}^{(k)}))_+ \tag{11.46}$$

其中，

$$\nabla F(\boldsymbol{z}^{(k)})=\boldsymbol{c}+\boldsymbol{B}\boldsymbol{z}^{(k)} \tag{11.47}$$

然后，选择第二个参量 $\lambda_k\in(0, 1]$，并且令

$$\boldsymbol{z}^{(k+1)}=\boldsymbol{z}^{(k)}+\lambda_k(\boldsymbol{w}^{(k)}-\boldsymbol{z}^{(k)}) \tag{11.48}$$

在逼近过程中，GPSRBasic 算法在每次迭代过程中沿着负梯度 $-\nabla F(\boldsymbol{z}^{(k)})$ 的方向进行搜索。为了保证可行解始终在非负象限，需要将 $-\nabla F(\boldsymbol{z}^{(k)})$ 在非负象限进行投影。设投影向量为 $\boldsymbol{g}^k$，$\boldsymbol{g}^k$ 的第 i 个分量 g_i^k 为

$$g_i^k=\begin{cases}(\nabla F(\boldsymbol{z}^k))_i & \text{如果 } \boldsymbol{z}_i^k>0 \text{ 或者 } (\nabla f(\boldsymbol{z}^k))_i<0\\ 0 & \text{其他}\end{cases} \tag{11.49}$$

GPSRBasic 算法通过求解最优步长的方法来选择初始的 α_0：

$$\alpha_0=\arg\min_{\alpha} F(\boldsymbol{z}^k-\alpha\boldsymbol{g}^k) \tag{11.50}$$

通过上式，可以准确地求出 α_0，即

$$\alpha_0 = \frac{(\boldsymbol{g}^k)^{\mathrm{T}} \boldsymbol{g}^k}{(\boldsymbol{g}^k)^{\mathrm{T}} \boldsymbol{B} \boldsymbol{g}^k} \tag{11.51}$$

为了避免 α_0 的值太大或者太小，GPSRBasic 算法将 α_0 的值设定在了$[\alpha_{\min}, \alpha_{\max}]$范围之内，这里 $0<\alpha_{\min}<\alpha_{\max}$。

GPSRBasic 算法步骤如下。

输入：观测信号向量 $\boldsymbol{x}$，混合矩阵 $\boldsymbol{A}$；

输出：估计出来的源信号 $\boldsymbol{s}$；

步骤 1　初始化源信号的估计 $\boldsymbol{s}_0=\boldsymbol{A}^{\dagger}\boldsymbol{x}$；选择参数 $\beta\in(0, 1)$，$\mu\in(0, 1/2)$，迭代次数 $k=1$；

步骤 2　根据式(11.39)和式(11.42)得到 $\boldsymbol{z}$；

步骤 3　根据式(11.43)、式(11.44)和式(11.45)得到 $\boldsymbol{B}$，$\boldsymbol{c}$；

步骤 4　计算$\nabla F(\boldsymbol{z}^{(k)})=\boldsymbol{c}+\boldsymbol{B}\boldsymbol{z}^{(k)}$，并根据式(11.49)求出 $\boldsymbol{g}^k$；

步骤 5　计算 $\alpha^* = \dfrac{(\boldsymbol{g}^k)^{\mathrm{T}} \boldsymbol{g}^k}{(\boldsymbol{g}^k)^{\mathrm{T}} \boldsymbol{B} \boldsymbol{g}^k}$，并求出 $\alpha_0=\mathrm{mid}(\alpha_{\min}, \alpha^*, \alpha_{\max})$，mid(·)表示求中间值；

步骤 6　选择合适的 α_k，使得 α_k 是序列 α_0，$\beta\alpha_0$，$\beta^2\alpha_0$，…中第一个满足

$$F((\boldsymbol{z}^{(k)}-\alpha_k \nabla \boldsymbol{F}(\boldsymbol{z}^{(k)}))_+) \leqslant F(\boldsymbol{z}^{(k)}) - \mu \nabla F(\boldsymbol{z}^{(k)})^{\mathrm{T}}[\boldsymbol{z}^{(k)} - (\boldsymbol{z}^{(k)} - \alpha_k \nabla F(\boldsymbol{z}^{(k)}))_+]$$

的数，并且更新 $\boldsymbol{z}^{(k+1)}=(\boldsymbol{z}^{(k)}-\alpha_k \nabla F(\boldsymbol{z}^{(k)}))_+$；

步骤 7　如果 $\|\boldsymbol{z}^{(k+1)}-\boldsymbol{z}^{(k)}\|_2^2<\varepsilon$，则停止迭代，此时的 $\boldsymbol{z}^{(k+1)}$ 即为 $\boldsymbol{z}$ 的估计，转步骤 8；否则 $k:=k+1$，返回步骤 3；

步骤 8　根据式(11.38)和式(11.42)计算得到源信号 $\boldsymbol{s}$ 的最终估计。

GPSRBasic 算法的优点是鲁棒性较强，在噪声较大(即信噪比较低)的情况下与 BP 算法相比精确度较高，而且适合于源信号非充分稀疏条件下稀疏信号的重构。但缺点也是比较明显的，就是在噪声强度较小(即信噪比较大)的情况下，恢复精度与 BP 算法相比，有明显的差距。对此，GPSRBB 算法结合了 BB(Barzilai Borwein)逼近算法的思想，在一定程度上减小了算法的复杂度，提高了算法的恢复精度。

GPSRBB 算法的算法步骤如下。

输入：观测信号向量 $\boldsymbol{x}$，混合矩阵 $\boldsymbol{A}$；

输出：估计出来的源信号 $\boldsymbol{s}$；

步骤 1　初始化源信号的估计 $\boldsymbol{s}_0=\boldsymbol{A}^{\dagger}\boldsymbol{x}$，选择参数 $\alpha_{\min}$，$\alpha_{\max}$，ε，迭代次数 $k=1$；

步骤 2　根据式(11.39)和式(11.42)得到 $\boldsymbol{z}$；

步骤 3　根据式(11.43)、式(11.44)和式(11.45)得到 $\boldsymbol{B}$，$\boldsymbol{c}$；

步骤 4　计算$\nabla F(\boldsymbol{z}^{(k)})=\boldsymbol{c}+\boldsymbol{B}\boldsymbol{z}^{(k)}$，并根据式(11.49)求出 $\boldsymbol{g}^k$；

步骤 5　计算 $\alpha^* = \dfrac{(\boldsymbol{g}^k)^{\mathrm{T}} \boldsymbol{g}^k}{(\boldsymbol{g}^k)^{\mathrm{T}} \boldsymbol{B} \boldsymbol{g}^k}$，求出 $\alpha_1=\mathrm{mid}(\alpha_{\min}, \alpha^*, \alpha_{\max})$，mid(·)表示求中间值；

步骤 6　计算 $\boldsymbol{\delta}_k=(\boldsymbol{z}^{(k)}-\alpha_k \nabla F(\boldsymbol{z}^{(k)}))_+-\boldsymbol{z}^{(k)}$；

步骤 7　找出使 $F(\boldsymbol{z}^{(k)}+\lambda_k\boldsymbol{\delta}_k)$在 $\lambda_k\in[0, 1]$上最小的 λ_k，即 $\lambda_k=-\dfrac{\boldsymbol{\delta}_k^{\mathrm{T}}\boldsymbol{B}\boldsymbol{z}^{(k)}+\boldsymbol{c}^{\mathrm{T}}\boldsymbol{\delta}_k}{\boldsymbol{\delta}_k^{\mathrm{T}}\boldsymbol{B}\boldsymbol{\delta}_k}$；

步骤 8　更新：$\boldsymbol{z}^{(k+1)}=\boldsymbol{z}^{(k)}+\lambda_k\boldsymbol{\delta}_k$；

步骤 9　更新 α：计算 $\gamma_k=(\boldsymbol{\delta}_k)^{\mathrm{T}}\boldsymbol{B}\boldsymbol{\delta}_k$，如果 $\gamma_k=0$，令 $\alpha_{k+1}=\alpha_{\max}$，否则 $\alpha_{k+1}=\mathrm{mid}(\alpha_{\min}$，

$\frac{\|\boldsymbol{\delta}_k\|_2^2}{\gamma_k}, \alpha_{\max})$;

步骤 10 如果 $\|\boldsymbol{z}^{(k+1)}-\boldsymbol{z}^{(k)}\|_2^2<\varepsilon$，停止迭代，此时的 $\boldsymbol{z}^{(k+1)}$ 即为 $\boldsymbol{z}$ 的估计，转步骤 11，否则 $k:=k+1$，返回步骤 3；

步骤 11 根据式(11.38)和式(11.42)计算得到源信号 $\boldsymbol{s}$ 的最终估计。

虽然与 GPSRBasic 算法相比，GPSRBB 算法在一定程度了提高了算法的性能，但是与 BP 算法相比，GPSRBB 算法在信噪比较高的情况下恢复精度依然不尽如人意。对此，我们提出了基于 L_1 范数的互补匹配追踪算法。

11.4.3 基于 L_1 范数的互补匹配追踪(L1CMP)算法

1. 算法原理

在欠定盲源分离中，由于混合矩阵 $\boldsymbol{A}\in\boldsymbol{R}^{M\times N}$ 是一个行满秩的矩阵，因此，矩阵 $\boldsymbol{A}^{\mathrm{T}}$ 在 N 维空间张成了一个 M 维的子空间，我们记这个子空间为 $\boldsymbol{S}_A$。与 $\boldsymbol{S}_A$ 相对应的有一个 $N-M$ 维的正交子空间，在此记为 $\boldsymbol{S}_A^{\perp}$。$\boldsymbol{S}_A^{\perp}$ 对应的矩阵可以通过对 $\boldsymbol{A}^{\mathrm{T}}$ 进行 QR 分解获得：

$$\boldsymbol{A}^{\mathrm{T}}=\boldsymbol{QR}=[\boldsymbol{Q}_1^{N\times M}\quad \boldsymbol{Q}_2^{N\times(N-M)}]\begin{bmatrix}\boldsymbol{R}_1^{N\times M}\\ \boldsymbol{0}^{(N-M)\times N}\end{bmatrix} \tag{11.52}$$

其中，$\boldsymbol{Q}_1$ 张成了空间 $\boldsymbol{S}_A$，$\boldsymbol{Q}_2$ 张成了空间 $\boldsymbol{S}_A^{\perp}$，$\boldsymbol{Q}_1$ 的列向量与 $\boldsymbol{Q}_2$ 的列向量相互正交。因此，源信号 $\boldsymbol{s}$ 可以表示为两部分和的形式，即 $\boldsymbol{s}=\boldsymbol{s}_1+\boldsymbol{s}_2$，其中 $\boldsymbol{s}_1$ 落在空间 $\boldsymbol{S}_A$ 上，$\boldsymbol{s}_2$ 落在空间 $\boldsymbol{S}_A^{\perp}$ 上，所以有 $\boldsymbol{As}_2=0$，$\boldsymbol{As}=\boldsymbol{As}_1=\boldsymbol{x}$。$\boldsymbol{s}_1$ 可以直接用最小化 L_2 范数求得：

$$\boldsymbol{s}_1=\boldsymbol{A}^{\mathrm{T}}(\boldsymbol{A}^{\mathrm{T}}\boldsymbol{A})^{-1}\boldsymbol{x} \tag{11.53}$$

虽然 $\boldsymbol{s}_2$ 无法直接求出，但是由于 $\boldsymbol{s}_2$ 落在空间 $\boldsymbol{S}_A^{\perp}$ 上，因此 $\boldsymbol{s}_2$ 可以表示为

$$\boldsymbol{s}_2=-\boldsymbol{Q}_2\boldsymbol{z} \tag{11.54}$$

其中，$\boldsymbol{z}$ 是系数向量。所以，源信号 $\boldsymbol{s}$ 可以表示为

$$\boldsymbol{s}=\boldsymbol{s}_1-\boldsymbol{Q}_2\boldsymbol{z} \tag{11.55}$$

如果采用 L_1 范数衡量信号的稀疏度，要求出源信号 $\boldsymbol{s}$ 的最稀疏解，等价于求下列无约束最优化问题：

$$\min_{\boldsymbol{z}}=\|\boldsymbol{s}_1-\boldsymbol{Q}_2\boldsymbol{z}\|_1 \tag{11.56}$$

我们令

$$F(\boldsymbol{z})=\|\boldsymbol{s}_1-\boldsymbol{Q}_2\boldsymbol{z}\|_1 \tag{11.57}$$

用 $F(\boldsymbol{z})$ 对 $\boldsymbol{z}$ 求导得

$$\frac{\partial F(\boldsymbol{z})}{\partial \boldsymbol{z}}=-\boldsymbol{Q}_2^{\mathrm{T}}\mathrm{sign}(\boldsymbol{s}_1-\boldsymbol{Q}_2\boldsymbol{z}) \tag{11.58}$$

令导数等于 0，有

$$\boldsymbol{Q}_2^{\mathrm{T}}\mathrm{sign}(\boldsymbol{s}_1-\boldsymbol{Q}_2\boldsymbol{z})=0 \tag{11.59}$$

这是一个非线性方程组，无法直接求解。在此，我们通过迭代的方法，将式(11.59)改写为

$$\frac{\partial F(\boldsymbol{z})}{\partial \boldsymbol{z}}=-\boldsymbol{Q}_2^{\mathrm{T}}\mathrm{sign}(\boldsymbol{s}_1-\boldsymbol{Q}_2\boldsymbol{z})=-\boldsymbol{Q}_2^{\mathrm{T}}\boldsymbol{U}(\boldsymbol{z})(\boldsymbol{s}_1-\boldsymbol{Q}_2\boldsymbol{z}) \tag{11.60}$$

其中，

$$\boldsymbol{U}(\boldsymbol{z})=\begin{bmatrix}\frac{1}{|\boldsymbol{s}_1[1]-\boldsymbol{Q}_2[1]\boldsymbol{z}|} & 0 & \cdots & 0\\ 0 & \frac{1}{|\boldsymbol{s}_1[2]-\boldsymbol{Q}_2[2]\boldsymbol{z}|} & \cdots & 0\\ \vdots & \vdots & \ddots & \vdots\\ 0 & 0 & \cdots & \frac{1}{|\boldsymbol{s}_1[N]-\boldsymbol{Q}_2[N]\boldsymbol{z}|}\end{bmatrix} \tag{11.61}$$

$\boldsymbol{Q}_2[i]$表示矩阵 $\boldsymbol{Q}_2$ 的第 i 行，$\boldsymbol{s}_1[i]$表示信号 $\boldsymbol{s}_1$ 中的第 i 个元素。令$\frac{\partial F(\boldsymbol{z})}{\partial \boldsymbol{z}}=0$，得到

$$\boldsymbol{z}=(\boldsymbol{Q}_2^{\mathrm{T}}\boldsymbol{U}(\boldsymbol{z})\boldsymbol{Q}_2)^{-1}\boldsymbol{Q}_2^{\mathrm{T}}\boldsymbol{U}(\boldsymbol{z})\boldsymbol{s}_1 \tag{11.62}$$

将上式等号右边的 $\boldsymbol{z}$ 替换为 $\boldsymbol{z}^{(k)}$，再将等号左面的 $\boldsymbol{z}$ 替换为 $\boldsymbol{z}^{(k+1)}$，就可以得到从 $\boldsymbol{z}^{(k)}$ 到 $\boldsymbol{z}^{(k+1)}$ 的递推公式：

$$\boldsymbol{z}^{(k+1)}=(\boldsymbol{Q}_2^{\mathrm{T}}\boldsymbol{U}(\boldsymbol{z})\boldsymbol{Q}_2)^{-1}\boldsymbol{Q}_2^{\mathrm{T}}\boldsymbol{U}(\boldsymbol{z}^{(k)})\boldsymbol{s}_1 \tag{11.63}$$

当相邻两次求得的系数向量之差的 L_2 范数的平方 $\|\boldsymbol{z}^{(k+1)}-\boldsymbol{z}^{(k)}\|_2^2$ 小于设定门限 ε 时，则认为迭代已达到最优值，停止迭代，得到源信号的估计值为

$$\hat{\boldsymbol{s}}=\boldsymbol{s}_1-\boldsymbol{Q}_2\boldsymbol{z} \tag{11.64}$$

综上所述，基于 L_1 范数的 CMP 算法(L1CMP)的算法步骤总结如下。

步骤 1　初始化：迭代次数 $k=0$，$\boldsymbol{z}^{(k)}=0^{(N-M)\times 1}$，$\boldsymbol{s}_1=\boldsymbol{A}^{\mathrm{T}}(\boldsymbol{A}^{\mathrm{T}}\boldsymbol{A})^{-1}\boldsymbol{x}$，对 $\boldsymbol{A}^T$ 进行 QR 分解得

$$\boldsymbol{A}^{\mathrm{T}}=\boldsymbol{QR}=[\boldsymbol{Q}_1^{N\times M}\quad \boldsymbol{Q}_2^{N\times(N-M)}]\begin{bmatrix}\boldsymbol{R}_1^{N\times M}\\ \boldsymbol{0}^{N\times(N-M)}\end{bmatrix}$$

步骤 2　更新：$\boldsymbol{z}^{(k)}=(\boldsymbol{Q}_2^{\mathrm{T}}\boldsymbol{U}(\boldsymbol{z}^{k-1})\boldsymbol{Q}_2)^{-1}\boldsymbol{Q}_2^{\mathrm{T}}\boldsymbol{U}(\boldsymbol{z}^{(k-1)})\boldsymbol{s}_1$；

步骤 3　如果 $\|\boldsymbol{z}^{(k+1)}-\boldsymbol{z}^{(k)}\|_2^2<\varepsilon$ 执行步骤 4，否则，返回到步骤 2；

步骤 4　得到估计信号$\hat{\boldsymbol{s}}=\boldsymbol{s}_1-\boldsymbol{Q}_2\boldsymbol{z}^{(k)}$。

一方面，与传统的基于最小化 L_1 范数的算法(如 BP 算法、GPSR 算法)相比，L1CMP 算法在 $N-M$ 维空间进行搜索，而传统的基于最小化 L_1 范数的重构算法是在 $2N$ 维空间进行搜索的，因此本节给出的算法显著降低了算法的时间以及空间复杂度。另一方面，和贪婪类算法相比，L1CMP 算法通过求解全局最优来得到稀疏解，其目标函数是信号的 L_1 范数，即信号的稀疏度，在源信号为稀疏信号的情况下，其最优解能够较准确地逼近源信号；而贪婪类算法都是通过局部最优解来逼近全局最优解的，由于贪婪类算法在迭代过程中需要找到匹配的原子，实验中发现，源信号为非充分稀疏的信号时，贪婪算法往往不能准确地选择出匹配的原子，因此在算法精确度方面，尤其是源信号为非充分稀疏信号的情况下，L1CMP 算法的精度高于贪婪算法。

2. 算法收敛性证明

这里证明当初始值 $\boldsymbol{z}^{(0)}=0$ 时，即初始迭代点选为最小 L_2 范数点时，L1CMP 算法是收敛的。因为既有上界又有下界的单调数列必然收敛，所以，可以从单调性和有界性两个方面出发，证明数列的收敛性。这里仅给出当 $\boldsymbol{Q}_2\in\boldsymbol{R}^N$ 时的证明。

因为 $\boldsymbol{Q}_2^{\mathrm{T}}\boldsymbol{s}_1=0$，即

$$\sum_{i=1}^{N}\boldsymbol{s}_1[i]\boldsymbol{Q}_2[i]=0 \tag{11.65}$$

所以

$$\frac{s_1[1]}{\boldsymbol{Q}_2[1]},\ \frac{s_1[2]}{\boldsymbol{Q}_2[2]},\ \cdots,\ \frac{s_1[N]}{\boldsymbol{Q}_2[N]}\quad (\boldsymbol{Q}_2[i]\neq 0,\ i=1,\ 2,\ \cdots,\ N) \tag{11.66}$$

不可能同时为正或者同时为负，令集合

$$\Gamma_+=\left\{\frac{s_1[i]}{\boldsymbol{Q}_2[i]}>0,\ i=1,\ 2,\ \cdots,\ N\right\} \tag{11.67}$$

$$\Gamma_-=\left\{\frac{s_1[i]}{\boldsymbol{Q}_2[i]}<0,\ i=1,\ 2,\ \cdots,\ N\right\} \tag{11.68}$$

Γ_+ 中的最小值为$\dfrac{s_1[p]}{\boldsymbol{Q}_2[p]}$，$\Gamma_-$ 中的最大值为$\dfrac{s_1[n]}{\boldsymbol{Q}_2[n]}$。当 $\boldsymbol{z}_k\in\left(\dfrac{s_1[n]}{\boldsymbol{Q}_2[n]},\ \dfrac{s_1[p]}{\boldsymbol{Q}_2[p]}\right)$时，有

$$s_1[i]-\boldsymbol{Q}_2[i]\boldsymbol{z}_k\neq 0\quad (i=1,\ 2,\ 3) \tag{11.69}$$

即当 $\dfrac{s_1[n]}{\boldsymbol{Q}_2[n]}<\boldsymbol{z}_k<\dfrac{s_1[p]}{\boldsymbol{Q}_2[p]}$ 时，$s_1[i]-\boldsymbol{Q}_2[i]\boldsymbol{z}_k$ 恒正或者恒负。所以，当 $\boldsymbol{z}_k\in\left(\dfrac{s_1[n]}{\boldsymbol{Q}_2[n]},\ \dfrac{s_1[p]}{\boldsymbol{Q}_2[p]}\right)$时，$\boldsymbol{Q}_2^{\mathrm{T}}\operatorname{sign}(s_1-\boldsymbol{Q}_2\boldsymbol{z}_k)$为一定值。因为

$$\begin{aligned}\boldsymbol{z}_{k+1}&=(\boldsymbol{Q}_2^{\mathrm{T}}\boldsymbol{U}(\boldsymbol{z}_k)\boldsymbol{Q}_2)^{-1}\boldsymbol{Q}_2^{\mathrm{T}}\boldsymbol{U}(\boldsymbol{z}_k)\boldsymbol{s}_1\\&=\frac{\boldsymbol{Q}_2^{\mathrm{T}}\operatorname{sign}(s_1-\boldsymbol{Q}_2\boldsymbol{z}_k)}{\dfrac{(\boldsymbol{Q}_2[1])^2}{|s_1[1]-\boldsymbol{Q}_2[1]\boldsymbol{z}_k|}+\dfrac{(\boldsymbol{Q}_2[2])^2}{|s_1[2]-\boldsymbol{Q}_2[1]\boldsymbol{z}_k|}+\dfrac{(\boldsymbol{Q}_2[3])^2}{|s_1[3]-\boldsymbol{Q}_2[1]\boldsymbol{z}_k|}}+\boldsymbol{z}_k\end{aligned} \tag{11.70}$$

所以数列 $\boldsymbol{z}_{k+1}$ 在区间$\left(\dfrac{s_1[n]}{\boldsymbol{Q}_2[n]},\ \dfrac{s_1[p]}{\boldsymbol{Q}_2[p]}\right)$内单调递增或递减。

又因为

$$\begin{aligned}&\lim_{\boldsymbol{z}_k\to\left(\frac{s_1[p]}{\boldsymbol{Q}_2[p]}\right)^-}\boldsymbol{z}_{k+1}\\&=\lim_{\boldsymbol{z}_k\to\left(\frac{s_1[p]}{\boldsymbol{Q}_2[p]}\right)^-}(\boldsymbol{Q}_2^{\mathrm{T}}\boldsymbol{U}(\boldsymbol{z}_k)\boldsymbol{Q}_2)^{-1}\boldsymbol{Q}_2^{\mathrm{T}}\boldsymbol{U}(\boldsymbol{z}_k)\boldsymbol{s}_1\\&=\lim_{\boldsymbol{z}_k\to\left(\frac{s_1[p]}{\boldsymbol{Q}_2[p]}\right)^-}\frac{\dfrac{Q_2[1]s_1[1]}{|s_1[1]-Q_2[1]\boldsymbol{z}_k|}+\dfrac{Q_2[2]s_1[2]}{|s_1[2]-Q_2[2]\boldsymbol{z}_k|}+\cdots+\dfrac{Q_2[N]s_1[N]}{|s_1[N]-Q_2[N]\boldsymbol{z}_k|}}{\dfrac{Q_2^2[1]}{|s_1[1]-Q_2[1]\boldsymbol{z}_k|}+\dfrac{Q_2^2[2]}{|s_1[2]-Q_2[2]\boldsymbol{z}_k|}+\cdots+\dfrac{Q_2^2[N]}{|s_1[N]-Q_2[N]\boldsymbol{z}_k|}}\\&=\lim_{\boldsymbol{z}_k\to\left(\frac{s_1[p]}{\boldsymbol{Q}_2[p]}\right)^-}\frac{\dfrac{\boldsymbol{Q}_2[p]\boldsymbol{s}_1[p]}{|\boldsymbol{s}_1[p]-\boldsymbol{Q}_2[p]\boldsymbol{z}_k|}}{\dfrac{\boldsymbol{Q}_2^2[p]}{|\boldsymbol{s}_1[p]-\boldsymbol{Q}_2[p]\boldsymbol{z}_k|}}=\frac{\boldsymbol{s}_1[p]}{\boldsymbol{Q}_2[p]}\end{aligned} \tag{11.71}$$

同理，

$$\lim_{\boldsymbol{z}_k\to\left(\frac{s_1[n]}{\boldsymbol{Q}_2[n]}\right)^+}\boldsymbol{z}_{k+1}=\lim_{\boldsymbol{z}_k\to\left(\frac{s_1[n]}{\boldsymbol{Q}_2[n]}\right)^+}(\boldsymbol{Q}_2^{\mathrm{T}}\boldsymbol{U}(\boldsymbol{z}_k)\boldsymbol{Q}_2)^{-1}\boldsymbol{Q}_2^{\mathrm{T}}\boldsymbol{U}(\boldsymbol{z}_k)\boldsymbol{s}_1=\frac{s_1[n]}{\boldsymbol{Q}_2[n]} \tag{11.72}$$

由上述分析可知，数列 z_{k+1} 在区间 $\left(\frac{s_1[n]}{Q_2[n]}, \frac{s_1[p]}{Q_2[p]}\right)$ 内单调且既有上界又有下界。将 z_{k+1} 看做关于 z_k 的函数，由上面的证明可知，对于 $z_k \in \left(\frac{s_1[n]}{Q_2[n]}, \frac{s_1[p]}{Q_2[p]}\right)$，有 $z_{k+1} \in \left(\frac{s_1[n]}{Q_2[n]}, \frac{s_1[p]}{Q_2[p]}\right)$，且 z_k 为单调数列。所以，当 $z_0=0$ 时，数列 $z_{k+1}=(\boldsymbol{Q}_2^{\mathrm{T}}\boldsymbol{U}(z_k)\boldsymbol{Q}_2)^{-1}\boldsymbol{Q}_2^{\mathrm{T}}\boldsymbol{U}(z_k)\boldsymbol{s}_1$ 必为收敛数列。算法的收敛性由此得以证明。

11.4.4 算法仿真及分析

实验中，我们采用 5 个高斯稀疏信号作为源信号，混合矩阵是高斯随机矩阵，得到 3 个观测信号，采样点数为 1000，即 $T=1000$，$n=5$，$m=3$，分别利用 L1CMP 算法、基于 L_1 范数的 BP 算法、GPSRBasic 算法以及 GPSRBB 算法对源信号进行恢复。为了评价算法的精度，本实验采用恢复信号与源信号之间的相关系数来衡量算法的精确度。

1. 稀疏度对算法性能的影响

本次实验分别仿真了在信噪比为 10 dB、20 dB 以及 30 dB 的情况下，各算法恢复信号与源信号的相关系数随稀疏度变化的曲线，以及各算法的运算时间随源信号稀疏度的变化曲线。

图 11.14 和图 11.15 分别是信噪比为 10 dB 时，各算法的相关系数和运算时间随稀疏度变化的曲线。

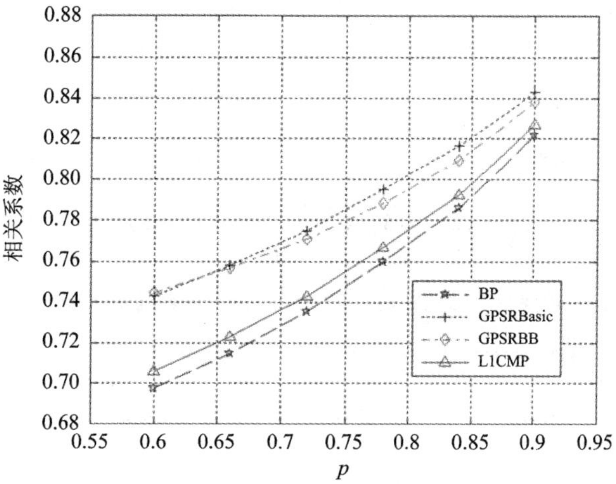

图 11.14　信噪比为 10 dB 时，各算法的相关系数随稀疏度变化的曲线

图 11.16 和图 11.17 分别是信噪比为 20 dB 时，各算法的相关系数和运算时间随稀疏度变化的曲线。

图 11.18 和图 11.19 分别是信噪比为 30 dB 时，各算法的相关系数和运算时间随稀疏度变化的曲线。

由图 11.14～图 11.19 的仿真结果可以看到，在信噪比不是很高(如 SNR=10 dB)时，BP 算法、L1CMP 算法在精度方面低于 GPSRBasic 算法、GPSRBB 算法，在稀疏度较小的情况下相差较大，在稀疏度较大的情况下比较接近。在信噪比较高(如 SNR=20 dB 或 30 dB)时，L1CMP 算法在精度方面显著优于 GPSRBasic 算法以及 GPSRBB 算法，略高于

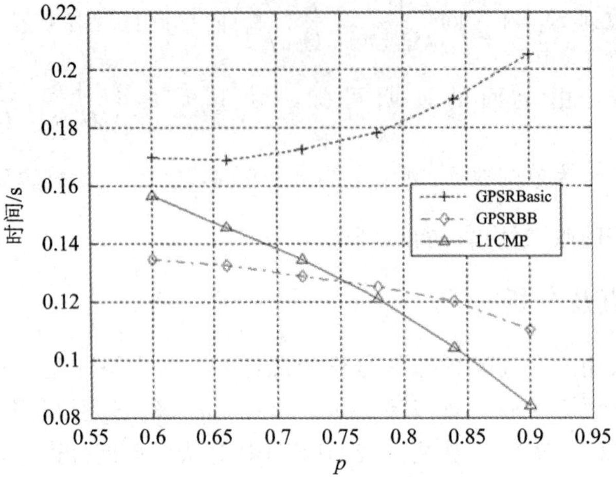

图 11.15　信噪比为 10 dB 时，各算法的运算时间随稀疏度变化的曲线

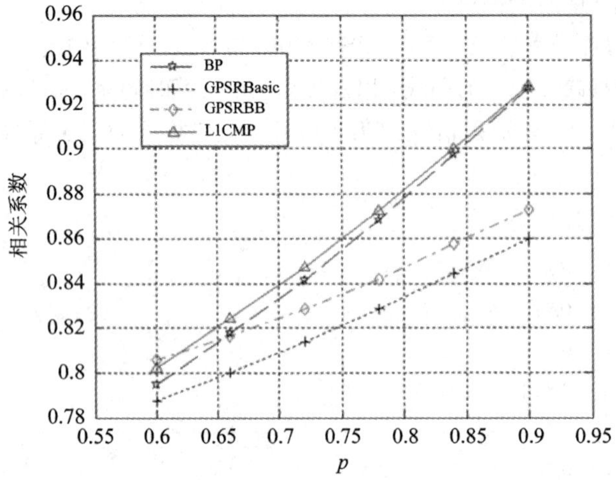

图 11.16　信噪比为 20 dB 时，各算法的相关系数随稀疏度变化的曲线

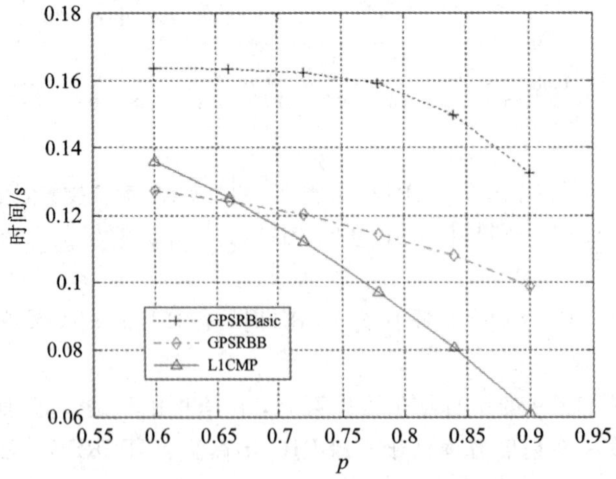

图 11.17　信噪比为 20 dB 时，各算法的运算时间随稀疏度变化的曲线

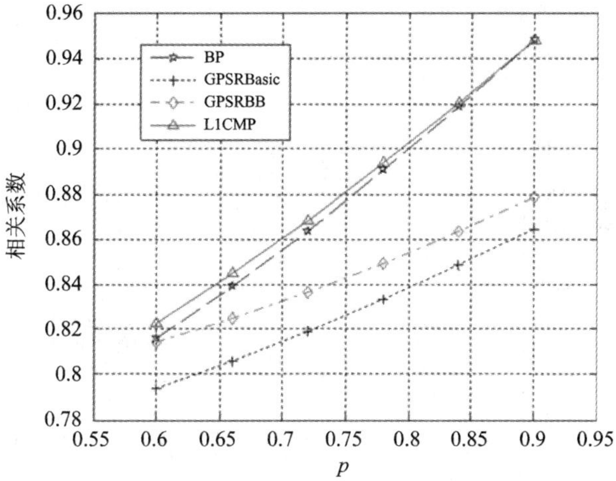

图 11.18　信噪比为 30 dB 时，各算法的相关系数随稀疏度变化的曲线

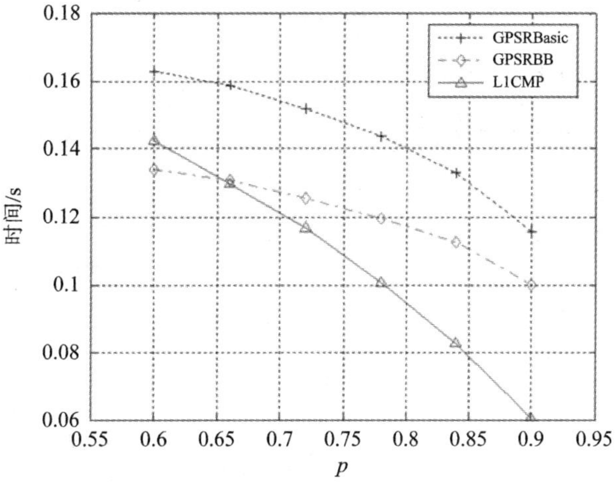

图 11.19　信噪比为 30 dB 时，各算法的运算时间随稀疏度变化的曲线

BP 算法。在算法时间复杂度方面，L1CMP 算法低于 GPSRBasic 算法。与 GPSRBB 算法相比，L1CMP 算法在稀疏度较小的情况下略高于 GPSRBB 算法，在稀疏度较大的情况下低于 GPSRBB 算法。总的来说，L1CMP 算法在恢复精度和时间复杂度两方面的性能明显优于其他算法。

2. 噪声对算法性能的影响

本次实验中，分别仿真了在源信号稀疏度为 0.7、0.8、0.9 的情况下，各算法恢复信号与源信号的相关系数随信噪比变化的曲线，以及各算法的运算时间随信噪比的变化曲线。

图 11.20 和图 11.21 分别是源信号稀疏度为 0.7 时，各算法的相关系数和运算时间随信噪比变化的曲线。

图 11.22 和图 11.23 分别是源信号稀疏度为 0.8 时，各算法的相关系数和运算时间随信噪比变化的曲线。

图 11.24 和图 11.25 分别是源信号稀疏度为 0.9 时，各算法的相关系数和运算时间随信噪比变化的曲线。

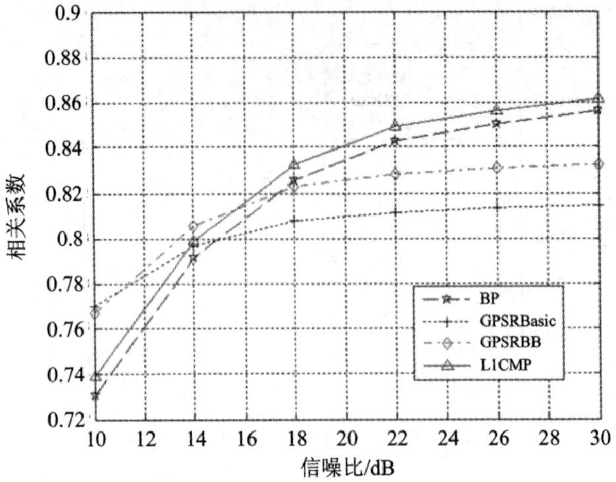

图 11.20　源信号稀疏度为 0.7 时，各算法的相关系数随信噪比变化的曲线

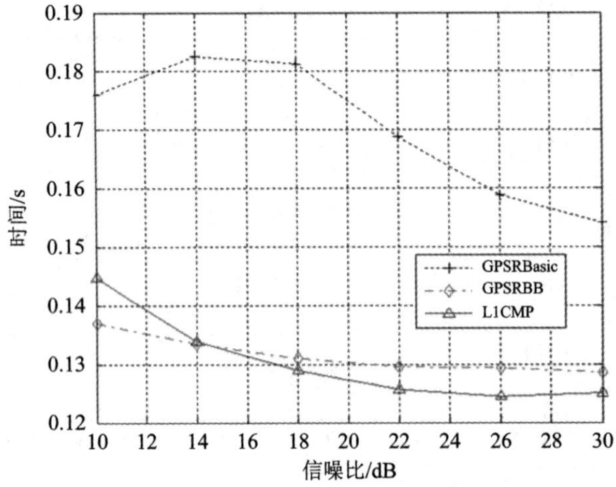

图 11.21　源信号稀疏度为 0.7 时，各算法的运算时间随信噪比变化的曲线

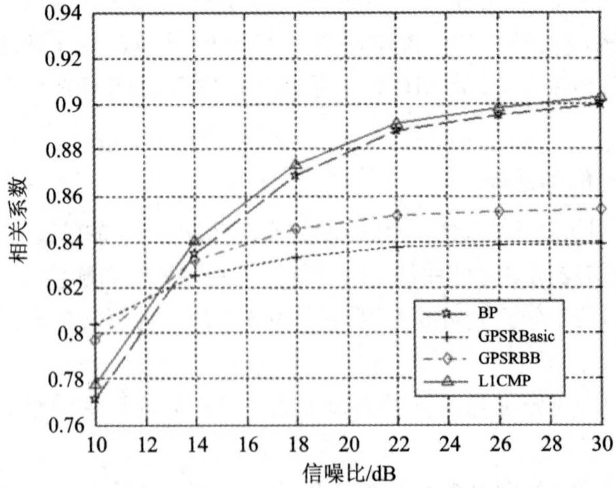

图 11.22　源信号稀疏度为 0.8 时，各算法的相关系数随信噪比变化的曲线

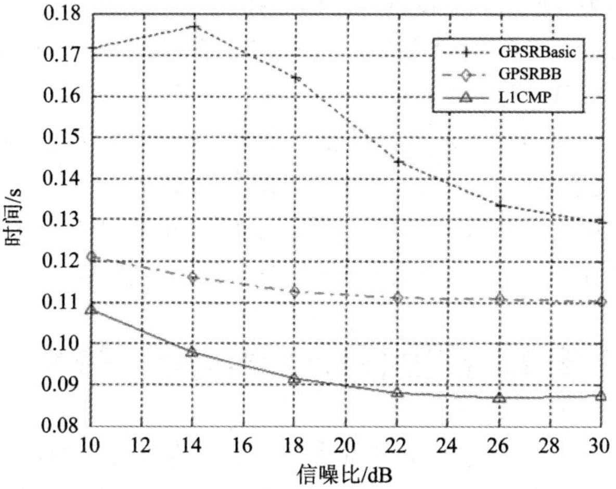

图 11.23　源信号稀疏度为 0.8 时，各算法的运算时间随信噪比变化的曲线

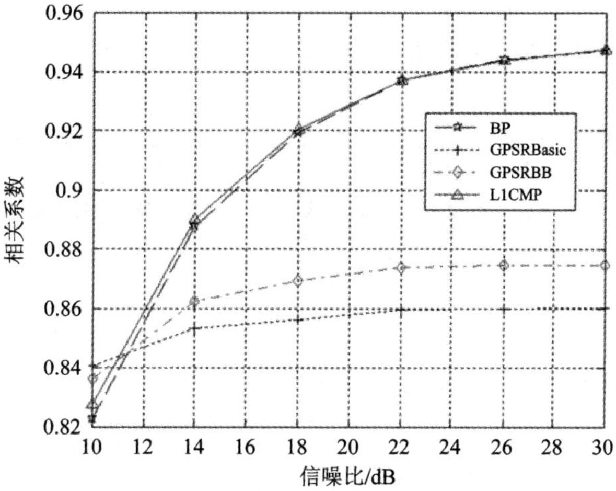

图 11.24　源信号稀疏度为 0.9 时，各算法的相关系数随信噪比变化的曲线

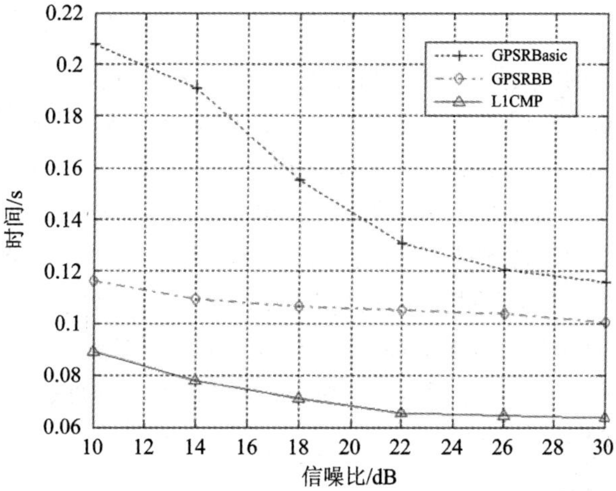

图 11.25　源信号稀疏度为 0.9 时，各算法的运算时间随信噪比变化的曲线

由上面的仿真结果可以看出，在给定源信号稀疏度的情况下，当信噪比较小时，比如信噪比等于 10 dB，L1CMP 算法的精确度小于 GPSRBasic 算法和 GPSRBB 算法。当信噪比较高的情况下，L1CMP 算法的精确度大于 GPSRBasic 和 GPSRBB 算法。而与 BP 算法相比，无论信噪比的大小，L1CMP 算法的精确度都稍高于 BP 算法。在算法时间复杂度方面：与 GPSRBasic 算法相比，L1CMP 算法的时间复杂度显著小于 GPSRBasic 算法；而与 GPSRBB 算法相比，在信噪比较小的情况下，L1CMP 的算法时间复杂度与 GPSRBB 相近，在信噪比较大的情况下，L1CMP 的时间复杂度显著小于 GPSRBB 算法。

11.5　基于平滑 L_0 范数(SL0)的源信号恢复算法及其改进

基于平滑 L_0 范数(SL0)的稀疏信号重构算法的基本思想是利用一种平滑函数来逼近 L_0 范数，然后利用处理凸优化问题的方法求解最小 L_0 范数解。与贪婪算法相比，基于平滑 L_0 范数的算法对源信号的稀疏性要求更低。

11.5.1　平滑 L_0 范数(SL0)算法

平滑 L_0 范数算法使用一种平滑的函数 $F(\boldsymbol{s}) = N - \sum_{i=1}^{N} f(\boldsymbol{s}_i)$ 来逼近 L_0 范数，然后沿着负梯度的方向搜索出函数的最优解，从而获得源信号的稀疏解。在 SL0 算法中，使用高斯函数来逼近 L_0 范数，即

$$f_\sigma(\boldsymbol{s}_i) = \exp\left(-\frac{\boldsymbol{s}_i^2}{2\sigma^2}\right) \tag{11.73}$$

其中，σ 是一个比较小的参数。这里需要注意：

$$\lim_{\sigma\to 0} f_\sigma(\boldsymbol{s}_i) = \begin{cases} 1 & \text{if} \quad \boldsymbol{s}_i = 0 \\ 0 & \text{if} \quad \boldsymbol{s}_i \neq 0 \end{cases} \tag{11.74}$$

所以有

$$\|\boldsymbol{s}\|_0 \approx F_\sigma(\boldsymbol{s}) = N - \sum_{i=1}^{N} f_\sigma(\boldsymbol{s}_i) \tag{11.75}$$

即利用 $F_\sigma(\boldsymbol{s})$可以近似的逼近 L_0 范数。对于参数 σ，在 σ 的值较小的情况下，$F_\sigma(\boldsymbol{s})$是一个不平滑的函数，含有较多的局部极小值，因此求解 $F_\sigma(\boldsymbol{s})$的全局极小值是比较困难的，利用梯度下降法求出的最优解很可能不是全局最优而是局部最优。当 σ 较大的情况下，$F_\sigma(\boldsymbol{s})$是一个比较平滑的函数，含有很少的局部极小值，求解 $F_\sigma(\boldsymbol{s})$的全局极小值相对比较容易，但是这种情况下利用梯度下降法求解函数最优解时收敛速度会比较慢。SL0 算法首先初始化一个较大的 σ，然后在每次迭代过程中逐渐减小 σ 的值。这样做的好处是：一方面，在每次迭代过程中，算法所使用的初始化值都是一个离最优解比较近的解，使得算法不容易收敛到一个局部最优点；另一方面，随着 σ 值的减小，函数的收敛速度越来越快，在一定程度上减小了算法的时间复杂度。

SL0 算法的算法步骤如下。

步骤 1　令 $\boldsymbol{s}_0$ 为 $\boldsymbol{x}=\boldsymbol{A}\boldsymbol{s}$ 的最小二乘解，即 $\boldsymbol{s}_0=\boldsymbol{A}^{\dagger}\boldsymbol{x}$。

步骤 2　为参数 σ 选择一个下降序列：$[\sigma_1, \sigma_2, \cdots, \sigma_J]$。

步骤 3　for $j=1, 2, \cdots, J$，循环执行步骤 4～步骤 6。

步骤 4　令 $\sigma=\sigma_j$。

步骤 5　通过 L 次迭代使用最速下降法计算函数 F_σ 的最优解：

步骤 5.1　初始化 $\boldsymbol{s}=\boldsymbol{s}_{j-1}$；

步骤 5.2　for $l=1, 2, \cdots, L$，循环执行(a)～(c)；

(a) 令 $\Delta\boldsymbol{s}=[\boldsymbol{s}_1 \mathrm{e}^{-\frac{s_1^2}{2\sigma^2}} \quad \boldsymbol{s}_2 \mathrm{e}^{-\frac{s_2^2}{2\sigma^2}} \quad \cdots \quad \boldsymbol{s}_N \mathrm{e}^{-\frac{s_N^2}{2\sigma^2}}]^{\mathrm{T}}$；

(b) 更新：$\boldsymbol{s}:=\boldsymbol{s}-\mu\Delta\boldsymbol{s}$(这里，$\mu$ 是一个较小的正常数)；

(c) 将 $\boldsymbol{s}$ 在空间 $\boldsymbol{R}(\boldsymbol{A}^{\mathrm{T}})$上进行投影：$\boldsymbol{s}:=\boldsymbol{s}-\boldsymbol{A}^{\mathrm{T}}(\boldsymbol{A}\boldsymbol{A}^{\mathrm{T}})^{-1}(\boldsymbol{A}\boldsymbol{s}-\boldsymbol{x})$；

步骤 6　令 $\boldsymbol{s}_j=\boldsymbol{s}$。

步骤 7　得到最终恢复信号 $\hat{\boldsymbol{s}}=\boldsymbol{s}$。

SL0 算法使用了梯度下降法对最优值进行求解，这样做的缺点是容易产生锯齿现象，收敛速度较慢。同时，该算法在迭代过程中需要设定一个步长 μ，当步长选择不准确时，恢复精度会比较差。

11.5.2　鲁棒的平滑 L_0 范数(RSL0)算法

在有噪声的情况下，源信号与观测信号之间满足如下关系：

$$\boldsymbol{x} = \boldsymbol{A}\boldsymbol{s} + \boldsymbol{v} \tag{11.76}$$

如果噪声的能量大小范围已知，即 $\|\boldsymbol{v}\|_2<\xi$，则可以得到 $\|\boldsymbol{x}-\boldsymbol{A}\boldsymbol{s}\|_2<\xi$。RSL0 算法是在假设噪声能量范围可以确定的情况下，利用最优化方法对信号的稀疏解进行求解的算法。RSL0 算法沿用了 SL0 算法中的最速下降算法，并用 $\|\boldsymbol{x}-\boldsymbol{A}\boldsymbol{s}\|_2<\xi$ 代替 SL0 中的 $\boldsymbol{x}=\boldsymbol{A}\boldsymbol{s}$ 来约束最优解。在噪声能量已知的情况下，RSL0 算法在一定程度上能够提高算法的精度。RSL0 算法的算法步骤如下。

步骤 1　初始化 $\boldsymbol{s}_0=\boldsymbol{A}^{\dagger}\boldsymbol{x}$，步长 μ_0。

步骤 2　选择参数 σ 的一组下降序列：$[\sigma_1, \sigma_2, \cdots, \sigma_K]$，令 $k=1$。

步骤 3　令 $\sigma=\sigma_k$，$\boldsymbol{s}=\boldsymbol{s}_k$。

步骤 4　for $l=1, 2, \cdots, L$，循环执行步骤 4.1～步骤 4.3。

步骤 4.1　令 $\Delta\boldsymbol{s}=\left[s_1 \mathrm{e}^{-\frac{s_1^2}{2\sigma^2}} \quad s_2 \mathrm{e}^{-\frac{s_2^2}{2\sigma^2}} \quad \cdots \quad s_N \mathrm{e}^{-\frac{s_N^2}{2\sigma^2}}\right]^{\mathrm{T}}$；

步骤 4.2　$\boldsymbol{s}:=\boldsymbol{s}-\mu_0\Delta\boldsymbol{s}$；

步骤 4.3　如果 $\|\boldsymbol{A}\boldsymbol{s}-\boldsymbol{x}\|_2>\xi$，将 $\boldsymbol{s}$ 进行投影运算：

$$\boldsymbol{s}:=\boldsymbol{s}-\boldsymbol{A}^{\mathrm{T}}(\boldsymbol{A}\boldsymbol{A}^{\mathrm{T}})^{-1}(\boldsymbol{A}\boldsymbol{s}-\boldsymbol{x})$$

步骤 5　如果 $k<K$，$k:=k+1$，返回步骤 3；否则 $\boldsymbol{s}_K=\boldsymbol{s}$，执行步骤 6。

步骤 6　得到恢复信号 $\hat{\boldsymbol{s}}=\boldsymbol{s}_K$。

11.5.3　基于混合优化的 SL0(HOSL0)算法

SL0 算法使用最速下降法求出优化问题的最稀疏解。梯度下降法算法简单，需要选择一个合适的迭代步长。当步长选择较小时，得到的解接近于最优解，算法精度较高，但缺点是步长较小，算法收敛速度较慢；当步长较大时，算法的收敛速度会比较快，但是算法的精度会比较低。

牛顿法相比于最速下降法的优势在于具有二次收敛性，当迭代过程中选择的初始点离最优解较近时，牛顿法能以一个较快的速度逼近到最优解。修正牛顿法(NSL0)算法与SL0算法的区别为：NSL0算法不再使用最速下降法来向最优解进行逼近，而是采用一种修正的牛顿法来逐步地逼近最优解。二者只有搜索方向的不同，牛顿法的搜索方向如下：

$$\boldsymbol{d} = -\boldsymbol{G}^{-1}\boldsymbol{g} \tag{11.77}$$

其中，$\boldsymbol{g}$ 是目标函数 $F_\sigma(\boldsymbol{s})$ 的梯度，即 $\boldsymbol{g}=\nabla F_\sigma(\boldsymbol{s})$。$\boldsymbol{G}$ 是目标函数 $F_\sigma(\boldsymbol{s})$ 的 Hessen 矩阵，即

$$\boldsymbol{G} = \nabla^2 F_\sigma(\boldsymbol{s}) \tag{11.78}$$

其中，

$$\begin{aligned}\boldsymbol{g} = \nabla F_\sigma(\boldsymbol{s}) &= \left[\frac{\partial f_\sigma(s_1)}{\partial s_1}, \frac{\partial f_\sigma(s_2)}{\partial s_2}, \cdots, \frac{\partial f_\sigma(s_N)}{\partial s_N}\right]^{\mathrm{T}} \\ &= \left[\frac{s_1}{\sigma^2}\mathrm{e}^{-\frac{s_1^2}{2\sigma^2}}, \frac{s_2}{\sigma^2}\mathrm{e}^{-\frac{s_2^2}{2\sigma^2}}, \cdots, \frac{s_N}{\sigma^2}\mathrm{e}^{-\frac{s_N^2}{2\sigma^2}}\right]^{\mathrm{T}}\end{aligned} \tag{11.79}$$

$$\begin{aligned}\boldsymbol{G} = \nabla^2 F_\sigma(\boldsymbol{s}) &= \begin{bmatrix} \frac{\partial^2 f_\sigma(s_1)}{\partial s_1^2} & 0 & \cdots & 0 \\ 0 & \frac{\partial^2 f_\sigma(s_2)}{\partial s_2^2} & \cdots & 0 \\ \vdots & \vdots & \ddots & 0 \\ 0 & 0 & \cdots & \frac{\partial^2 f_\sigma(s_N)}{\partial s_N^2} \end{bmatrix} \\ &= \begin{bmatrix} \left(\frac{\sigma^2 - s_1^2}{\sigma^4}\right)\mathrm{e}^{-\frac{s_1^2}{2\sigma^2}} & 0 & \cdots & 0 \\ 0 & \left(\frac{\sigma^2 - s_2^2}{\sigma^4}\right)\mathrm{e}^{-\frac{s_2^2}{2\sigma^2}} & \cdots & 0 \\ \vdots & \vdots & \ddots & 0 \\ 0 & 0 & \cdots & \left(\frac{\sigma^2 - s_N^2}{\sigma^4}\right)\mathrm{e}^{-\frac{s_N^2}{2\sigma^2}} \end{bmatrix}\end{aligned} \tag{11.80}$$

为保证牛顿方向 $\boldsymbol{d}$ 为 $F_\sigma(\boldsymbol{s})$ 的下降方向，要求 $\nabla^2 F_\sigma(\boldsymbol{s})$ 为正定矩阵，可以简单证明如下：令 $\boldsymbol{D}=(\nabla F_\sigma(\boldsymbol{s}))^{\mathrm{T}}\boldsymbol{d}=-(\nabla F_\sigma(\boldsymbol{s}))^{\mathrm{T}}[\nabla^2 F_\sigma(\boldsymbol{s})]^{-1}\nabla F_\sigma(\boldsymbol{s})$，要使牛顿方向 $\boldsymbol{d}$ 为下降方向，$\boldsymbol{D}$ 必须小于0，从而 $(\nabla F_\sigma(\boldsymbol{s}))^{\mathrm{T}}[\nabla^2 F_\sigma(\boldsymbol{s})]^{-1}\nabla F_\sigma(\boldsymbol{s})>0$，这意味着 $\nabla^2 F_\sigma(\boldsymbol{s})$ 为正定矩阵。

但由式(11.77)求出来的搜索方向 $\boldsymbol{d}$ 有时可能并不是下降方向，原因是只有当 Hessen 矩阵正定时，才能够保证 $\boldsymbol{d}$ 为下降方向。为了解决该问题，可以对牛顿法中目标函数的 Hessen 矩阵进行修正，使其保证是正定的，进而保证搜索方向 $\boldsymbol{d}$ 是下降方向，通常是这样进行修正的，即

$$\boldsymbol{G} = \nabla^2 F_\sigma(\boldsymbol{s}) + \boldsymbol{v} \tag{11.81}$$

其中，

$$\boldsymbol{v} = \begin{bmatrix} \dfrac{2s_1^2}{\sigma^4}\mathrm{e}^{-\frac{s_1^2}{2\sigma^2}} & 0 & \cdots & 0 \\ 0 & \dfrac{2s_2^2}{\sigma^4}\mathrm{e}^{-\frac{s_2^2}{2\sigma^2}} & \cdots & 0 \\ \vdots & \vdots & \ddots & 0 \\ 0 & 0 & \cdots & \dfrac{2s_N^2}{\sigma^4}\mathrm{e}^{-\frac{s_N^2}{2\sigma^2}} \end{bmatrix} \tag{11.82}$$

则修正后的 Hessen 矩阵对角元素为$\left(\dfrac{\sigma^2+s_n^2}{\sigma^4}\right)\mathrm{e}^{-\frac{s_n^2}{2\sigma^2}}$，显然符合正定矩阵的条件。把修正后的 Hessen 矩阵带入牛顿方向公式，化简后可得修正牛顿方向如下：

$$\boldsymbol{d} = -\boldsymbol{G}^{-1}\boldsymbol{g} = \left[\frac{-\sigma^2 s_1}{\sigma^2+s_1^2}, \frac{-\sigma^2 s_2}{\sigma^2+s_2^2}, \cdots, \frac{-\sigma^2 s_N}{\sigma^2+s_N^2}\right]^{\mathrm{T}} \tag{11.83}$$

因此，修正牛顿法迭代公式如下：

$$\boldsymbol{s} := \boldsymbol{s} + \boldsymbol{d} \tag{11.84}$$

牛顿法具有二阶收敛速度，但是对初始点的选择十分重要。如果初始点靠近极小点，则可以很快收敛到最优点；如果初始点远离极小点，牛顿法可能不收敛，或者收敛到的不是最优解。鉴于牛顿算法的缺点，可以考虑为牛顿法找到一个在全局最优点附近的初始点，这个初始点能保证牛顿法高精度收敛到最优点，而且速度还很快。将这两种算法结合起来，扬长避短，以便达到既能收敛于最优点，又具有很快的收敛速度的目的，这就是基于混合优化的 SL0 算法(HOSL0)，基本思想概括如下：

(1) 首先采用最速下降法在大范围内找到一个初始点给修正牛顿算法，这样利用了最速下降法对初始点要求较低，且初始步长较长，收敛较快的优点；

(2) 把上一步寻找到的点(最优点附近)作为初始点，改用修正牛顿算法，提高逼近速度和精度。

HOSL0 算法的算法步骤如下。

步骤 1　设定初始值 $\boldsymbol{s}=\boldsymbol{A}^{\mathrm{T}}(\boldsymbol{A}\boldsymbol{A}^{\mathrm{T}})^{-1}\boldsymbol{x}$，最大迭代次数 K。

步骤 2　for $l=1, \cdots, L$(L 为最速下降法的迭代次数)，执行步骤 2.1～步骤 2.4。

步骤 2.1　选择参数 σ 的递减序列$[\sigma_1, \sigma_2, \cdots, \sigma_K]$，令 $k=1$；

步骤 2.2　选择 $\sigma=\sigma_k$，计算负梯度方向：

$$\boldsymbol{d}_1 = -\left[\frac{s_1}{\sigma^2}\mathrm{e}^{-\frac{s_1^2}{2\sigma^2}} \quad \frac{s_2}{\sigma^2}\mathrm{e}^{-\frac{s_2^2}{2\sigma^2}} \quad \cdots \quad \frac{s_N}{\sigma^2}\mathrm{e}^{-\frac{s_N^2}{2\sigma^2}}\right]^{\mathrm{T}}$$

步骤 2.3　利用最速下降法求得 $\boldsymbol{s}=\boldsymbol{s}+\mu\sigma^2\boldsymbol{d}_1$；

步骤 2.4　利用梯度投影得到 $\boldsymbol{s}=\boldsymbol{s}-\boldsymbol{A}^{\mathrm{T}}(\boldsymbol{A}\boldsymbol{A}^{\mathrm{T}})^{-1}(\boldsymbol{A}\boldsymbol{s}-\boldsymbol{x})$。

步骤 3　for $p=1, \cdots, P$(P 是牛顿法迭代次数)，执行步骤 3.1～步骤 3.3：

步骤 3.1　进行牛顿法迭代，利用式(11.83)计算牛顿方向 $\boldsymbol{d}$；

步骤 3.2　利用牛顿法求得 $\boldsymbol{s}:=\boldsymbol{s}+\boldsymbol{d}$；

步骤 3.3　利用梯度投影得到 $\boldsymbol{s}:=\boldsymbol{s}-\boldsymbol{A}^{\mathrm{T}}(\boldsymbol{A}\boldsymbol{A}^{\mathrm{T}})^{-1}(\boldsymbol{A}\boldsymbol{s}-\boldsymbol{x})$。

步骤 4　若 $k<K$，则令 $k:=k+1$，转步骤 2，否则停止迭代，得到最优解。

11.5.4 径向基函数(RASR)算法

径向基函数算法使用了最小 L_0 范数与最小 L_2 范数相结合的方法，即通过联合求解下列两个优化问题来获得最优解。

$$\min_s E = \min_s \frac{1}{2} \| \boldsymbol{x}_j - \boldsymbol{A}_j \boldsymbol{s} \|_2^2 \quad (j = 1, 2, \cdots, M) \tag{11.85}$$

$$\min_s F_\sigma(\boldsymbol{s}) = \min_s \sigma^2 \left(N - \sum_{i=1}^{N} \exp\left(-\frac{\boldsymbol{s}_i^2}{2\sigma^2} \right) \right) \tag{11.86}$$

对于优化问题(11.85)的求解，可以采用梯度下降的最小二乘法。然而，在式(11.85)中定义的误差函数是一个标量值，误差 E 的梯度跨越了 N 维子空间 $\frac{\partial E}{\partial \boldsymbol{s}(k)} \in R^N$。而且这里有 M 个梯度方程，因为混合矩阵 $\mathbf{A}$ 的每一行都是单独考虑的，即

$$\left[\frac{\partial E}{\partial \boldsymbol{s}(k)} \right]_j = -\boldsymbol{A}_j^{\mathrm{T}} (\boldsymbol{x}_j - \boldsymbol{A}_j \boldsymbol{s}(k)) \quad (j = 1, 2, \cdots, M) \tag{11.87}$$

$$\left[\frac{\partial E}{\partial \boldsymbol{s}_i(k)} \right]_j = -\boldsymbol{A}_{ji} (\boldsymbol{x}_j - \boldsymbol{A}_j \boldsymbol{s}(k)) \quad (i = 1, 2, \cdots, N;\ j = 1, 2, \cdots, M) \tag{11.88}$$

所以，基于最小恢复误差准则优化 $\boldsymbol{s}(k)$ 得到 M 个方程：

$$\boldsymbol{s}(k+1) = \boldsymbol{s}(k) - \mu \left[\frac{\partial E}{\partial \boldsymbol{s}(k)} \right]_j = \boldsymbol{s}(k) + \mu \boldsymbol{A}_j^{\mathrm{T}} (\boldsymbol{x}_j - \boldsymbol{A}_j \boldsymbol{s}(k)),\ j = 1, 2, \cdots, M \tag{11.89}$$

式中，μ 为常数。式(11.89)所示的迭代需要在 $j=1, 2, \cdots, M$ 中依次执行。μ 的最优值由 j 和 $j+1$ 对应的迭代周期中两个连续的梯度方程决定。将式(11.89)中 $\boldsymbol{s}(k+1)$ 定义为 $\hat{\boldsymbol{s}}(k)$，计算 $\boldsymbol{s}(k+1)$ 新的表达式，将这个新的梯度方程与式(11.89)相等，得到 μ 的值。

$$\begin{aligned}
\boldsymbol{s}(k+1) &= \hat{\boldsymbol{s}}(k) - \mu \frac{\partial E}{\partial \hat{\boldsymbol{s}}(k)} \\
&= \hat{\boldsymbol{s}}(k) + \mu \boldsymbol{A}_j^{\mathrm{T}} (\boldsymbol{x}_j - \boldsymbol{A}_j \hat{\boldsymbol{s}}(k)) \\
&= \hat{\boldsymbol{s}}(k) - \mu \boldsymbol{A}_j^{\mathrm{T}} \boldsymbol{A}_j \hat{\boldsymbol{s}}(k) + \mu \boldsymbol{A}_j^{\mathrm{T}} (\boldsymbol{x}_j) \\
&= (\boldsymbol{I} - \mu \boldsymbol{A}_j^{\mathrm{T}} \boldsymbol{A}_j) \hat{\boldsymbol{s}}(k) + \mu \boldsymbol{A}_j^{\mathrm{T}} (\boldsymbol{x}_j) \\
&= (\boldsymbol{I} - \mu \boldsymbol{A}_j^{\mathrm{T}} \boldsymbol{A}_j) [\boldsymbol{s}(k) + \mu \boldsymbol{A}_j^{\mathrm{T}} (\boldsymbol{x}_j - \boldsymbol{A}_j \boldsymbol{s}(k))] + \mu \boldsymbol{A}_j^{\mathrm{T}} (\boldsymbol{x}_j) \\
&= \boldsymbol{s}(k) + \mu \boldsymbol{A}_j^{\mathrm{T}} (\boldsymbol{x}_j - \boldsymbol{A}_j \boldsymbol{s}(k)) (2\boldsymbol{I} - \mu \boldsymbol{A}_j^{\mathrm{T}} \boldsymbol{A}_j)
\end{aligned} \tag{11.90}$$

这里 μ 在整个 M 次迭代中都是一个常数。由两个梯度方程式(11.89)和式(11.90)的比较可知：

$$(2\boldsymbol{I} - \mu \boldsymbol{A}_j^{\mathrm{T}} \boldsymbol{A}_j) := \boldsymbol{I} \tag{11.91}$$

则有

$$\mu = \frac{1}{\| \boldsymbol{A}_j \|^2} \tag{11.92}$$

因此，从 $\boldsymbol{s}(k)$ 到 $\boldsymbol{s}(k+1)$ 的迭代公式为

$$\boldsymbol{s}(k+1) = \boldsymbol{s}(k) + \frac{\boldsymbol{A}_j^{\mathrm{T}}}{\| \boldsymbol{A}_j \|^2} (\boldsymbol{x}_j - \boldsymbol{A}_j \boldsymbol{s}(k)) \quad (j = 1, 2, \cdots, M) \tag{11.93}$$

对于式(11.86)，直接利用梯度下降法进行求解，迭代公式为

$$s_i(k+1)=s_i(k)-\eta s_i(k)\exp\left(\frac{-s_i^2(k)}{2\sigma^2}\right)\quad(i=1,\cdots,N)\tag{11.94}$$

其中，η 为步长，并且由 $\boldsymbol{s}_0$ 的初始值决定。与 SL0 算法中的递减参数序列类似，参数 σ 在迭代的过程中也逐渐减小。

$$\sigma_{k+1}=\sigma_k\delta\tag{11.95}$$

参数可以初始化如下，$\boldsymbol{s}_k$ 的初始值为 $\boldsymbol{s}(0)=\boldsymbol{A}^{\dagger}\boldsymbol{x}=\boldsymbol{A}^{\mathrm{T}}(\boldsymbol{A}\boldsymbol{A}^{\mathrm{T}})^{-1}\boldsymbol{x}$，$\delta$ 为小于 1 的尺度参数，可取值为 0.6。σ 取值越小时，$F_\sigma(\boldsymbol{s})$越能够逼近向量 $\boldsymbol{s}$ 的 L_0 范数，但是随着 σ 值的减小，$F_\sigma(\boldsymbol{s})$的平滑性越差，局部极值点越多。因此在进行交替优化的过程中，σ 取值应当逐渐减小，σ 初始化为 $\sigma_0=2\max(\boldsymbol{s}_0)$，最小值为 $\sigma_{\min}$。

综上所述，RASR 算法的算法步骤总结如下。

步骤 1　初始化待恢复源信号 $\boldsymbol{s}(0)=\boldsymbol{A}^{\mathrm{T}}\boldsymbol{x}$，迭代次数 $k=1$。

步骤 2　设置参数 $\sigma_0=2\max\{\boldsymbol{s}(0)\}$，$\eta=1.2\max\{\boldsymbol{s}(0)\}$，$0.6\leqslant\delta<1$。

步骤 3　while $\sigma_k\geqslant\sigma_{\min}$ do

步骤 3.1　最小化 $F_\sigma(\boldsymbol{s})$：

for $i=1, 2, \cdots, N$

$$\Delta_i=s_i(k)-\eta s_i(k)\exp\left(\frac{-s_i^2(k)}{2\sigma^2}\right)$$

end

更新待恢复的源信号：$\boldsymbol{s}'(k)=[\Delta_1, \Delta_2, \cdots, \Delta_N]^{\mathrm{T}}$；

步骤 3.2　最小化 E：

for $j=1, 2, \cdots, M$

$$\boldsymbol{s}''(k)=\boldsymbol{s}'(k)+\frac{\boldsymbol{A}_j^{\mathrm{T}}}{\|\boldsymbol{A}_j\|_2^2}(\boldsymbol{x}_j-\boldsymbol{A}_j\boldsymbol{s}(k))；$$

$$\boldsymbol{s}'(k):=\boldsymbol{s}''(k)；$$

end

更新待恢复的源信号：$\boldsymbol{s}(k+1)\leftarrow\boldsymbol{s}'(k)$；

步骤 3.3　更新参数：$\sigma_{k+1}=\delta\sigma_k$；

步骤 3.4　更新迭代次数：$k:=k+1$；

end do

步骤 4　输出 $\boldsymbol{s}(k)$。

11.5.5　基于修正牛顿的径向基函数(NRASR)算法

RASR 算法是通过对式(11.85)和式(11.86)的两个优化问题进行求解实现对源信号的重构。其中，在对式(11.86)的求解过程中，RASR 算法使用了最速下降的方法，该方法的缺点是算法的精度与迭代步长有关。较大的步长可以提高算法的运算速度，减小算法运算复杂度，但是会降低恢复精度；较小的步长能够在一定程度上提高恢复精度，但是会增加算法迭代的次数，增大算法的运算复杂度。为了增强算法的鲁棒性，使算法的精度和复杂度不受到步长的影响，将修正牛顿优化方法引入到了 RASR 算法中。

由 11.5.3 小节可知，采用修正牛顿法对最优化问题式(11.86)进行求解时，第 k 次到第$k+1$次迭代的递推公式如下：

$$s(k+1)=s(k)+d_k \tag{11.96}$$

其中，

$$d_k=\left[-\frac{\sigma_k^2 s_1}{\sigma_k^2+s_1^2}\quad -\frac{\sigma_k^2 s_2}{\sigma_k^2+s_2^2}\quad \cdots\quad -\frac{\sigma_k^2 s_N}{\sigma_k^2+s_N^2}\right]^{\mathrm{T}} \tag{11.97}$$

为了使$F_\sigma(s)$越来越逼近源信号向量s的L_0范数，每次迭代选取一个σ值，且逐渐减小至门限值$\sigma_{\min}$，即$\sigma_{\min}<\sigma_{k+1}<\sigma_k$。

对优化问题式(11.85)的求解方法同11.5.4小节，因此迭代公式同式(11.93)。

综上所述，基于修正牛顿的径向基函数算法的欠定盲源分离源信号恢复算法流程如下。

步骤1　初始化待恢复源信号$s(0)=A^{\mathrm{T}}(AA^{\mathrm{T}})^{-1}x$，尺度参数$\delta=0.6$，$\sigma_0=2\max\{s_0\}$，$\sigma_{\min}=10^{-5}$，迭代次数$k=0$。

步骤2　若$\sigma_k>\sigma_{\min}$，则执行步骤3至步骤7，否则转步骤8。

步骤3　for $j=1, 2, \cdots, M$(M为观测信号个数)

$\nabla_k=A_j^{\mathrm{T}}(x_j-A_j s(k))/\|A_j\|_2$，其中$A_j$为$A$的第$j$行；

更新$s(k):=s(k)+\nabla_k$；

end

步骤4　计算修正后的牛顿方向d_k：

$$d_k=\left[-\frac{\sigma_k^2 s_1(k)}{\sigma_k^2+s_1^2(k)}\quad -\frac{\sigma_k^2 s_2(k)}{\sigma_k^2+s_2^2(k)}\quad \cdots\quad -\frac{\sigma_k^2 s_N(k)}{\sigma_k^2+s_N^2(k)}\right]^{\mathrm{T}}$$

步骤5　更新：$s(k):=s(k)+d_k$。

步骤6　更新参数：$\sigma_{k+1}=\delta\sigma_k$。

步骤7　更新待恢复的源信号：$s(k+1)=s(k)$；更新迭代次数$k:=k+1$。

步骤8　输出$s(k)$。

11.5.6　算法性能仿真及分析

为了比较不同源信号恢复算法的性能，本节对SL0、RSL0、RASR、HOSL0以及NRASR这5种算法进行了仿真。仿真实验中，混合矩阵为3行5列的高斯随机矩阵，即有3个接收信号，5个源信号。源信号为随机稀疏信号，信号采样长度为1000。

图11.26、图11.27给出了源信号稀疏度分别为0.7时，各算法的相关系数和运算时间随信噪比变化的曲线。

图11.28、图11.29给出了源信号稀疏度分别为0.8时，各算法的相关系数和运算时间随信噪比变化的曲线。

图11.30、图11.31给出了源信号稀疏度分别为0.9时，各算法的相关系数和运算时间随信噪比变化的曲线。

图11.32、图11.33给出了信噪比为10 dB时，各算法的相关系数和运算时间随源信号稀疏度变化的曲线。

图11.34、图11.35给出了信噪比为20 dB时，各算法的相关系数和运算时间随源信号稀疏度变化的曲线。

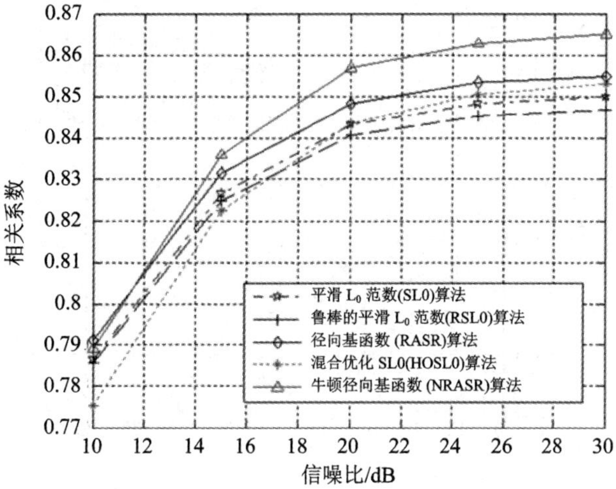

图 11.26　源信号稀疏度为 0.7 时，各算法的相关系数随信噪比变化的曲线

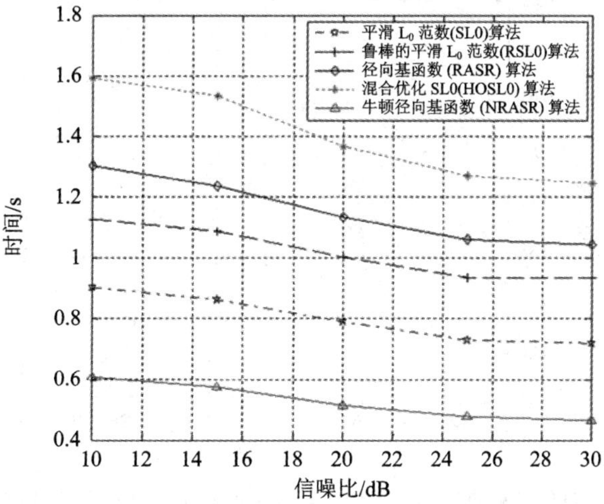

图 11.27　源信号稀疏度为 0.7 时，各算法的运算时间随信噪比变化的曲线

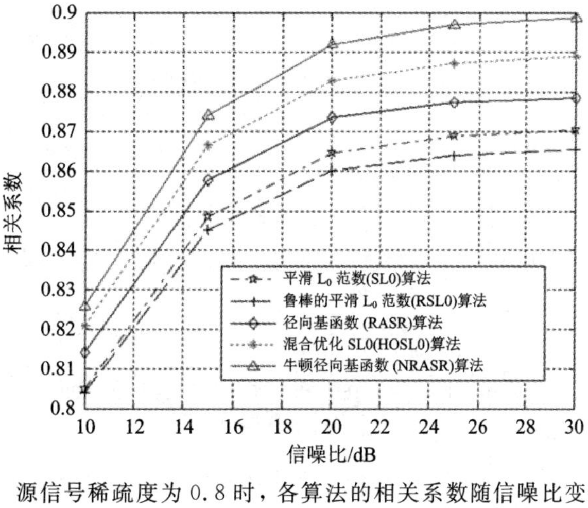

图 11.28　源信号稀疏度为 0.8 时，各算法的相关系数随信噪比变化的曲线

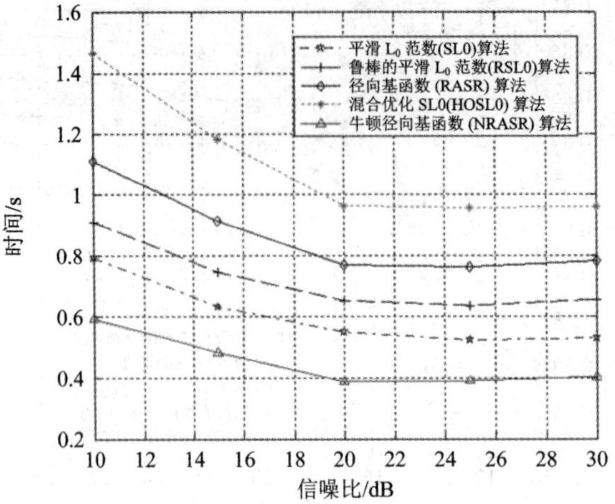

图 11.29　源信号稀疏度为 0.8 时，各算法的运算时间随信噪比变化的曲线

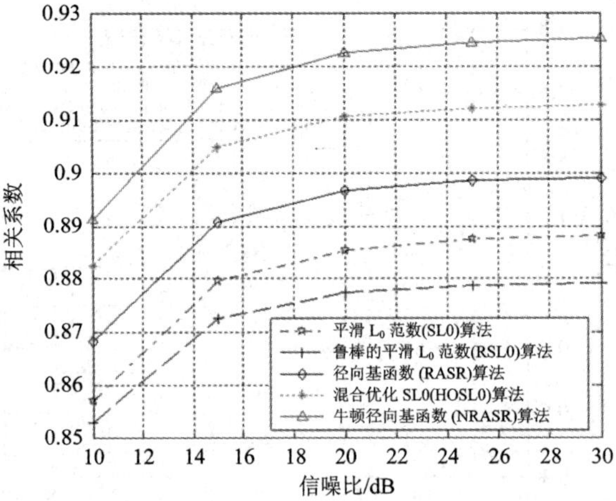

图 11.30　源信号稀疏度为 0.9 时，各算法的相关系数随信噪比变化的曲线

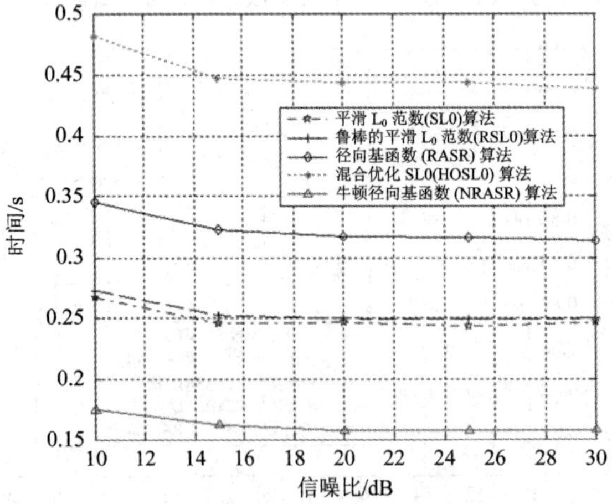

图 11.31　源信号稀疏度为 0.9 时，各算法的运算时间随信噪比变化的曲线

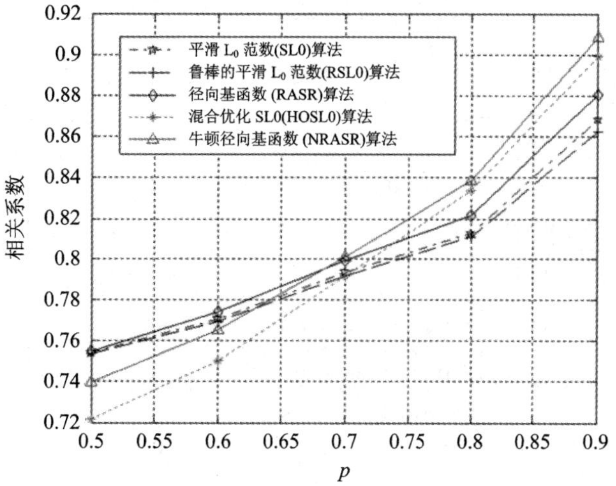

图 11.32　信噪比为 10 dB 时，各算法的相关系数随稀疏度变化的曲线

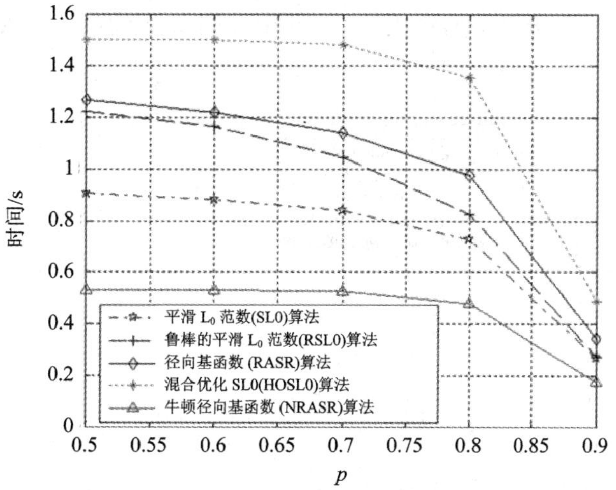

图 11.33　信噪比为 10 dB 时，各算法运算时间随稀疏度变化的曲线

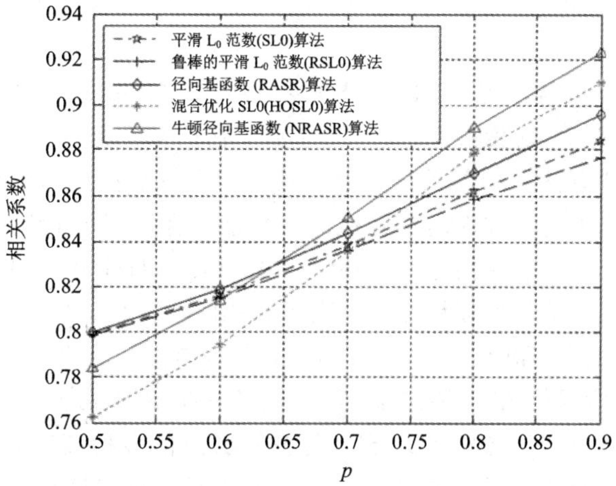

图 11.34　信噪比为 20 dB 时，各算法的相关系数随稀疏度变化的曲线

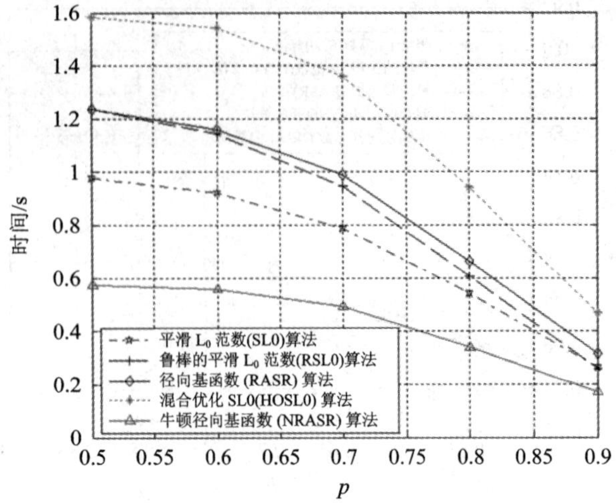

图 11.35 信噪比为 20 dB 的情况下，各算法运算时间随稀疏度变化的曲线

图 11.36、图 11.37 给出了信噪比为 30 dB 时，各算法的相关系数和运算时间随源信号稀疏度变化的曲线。

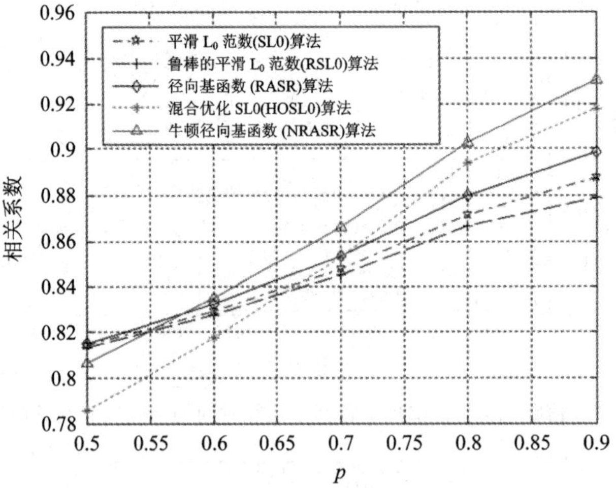

图 11.36 信噪比为 30 dB 时，各算法的相关系数随稀疏度变化的曲线

从图 11.26、图 11.28 以及图 11.30 可以看出，在信噪比较小的情况下，比如信噪比小于 10 dB 时，NRASR 算法在相关系数方面与其他四种算法接近；在信噪比比较大的情况下，NRASR 算法在相关系数方面高于其他四种算法。这说明与其他四种算法相比，当信噪比比较小时，NRASR 算法在信号恢复精度方面与其他四种算法相近，在信噪比较大的情况下，NRASR 算法在信号恢复精度方面高于其他四种算法。

从图 11.32、图 11.34 和图 11.36 可以看出，在信噪比一定的情况下，当稀疏度较小时(如小于 0.7)，即源信号非充分稀疏的情况下，NRASR 算法在恢复精度方面与 SL0、RSL0 以及 RASR 算法相近，优于 HOSL0 算法；当源信号稀疏度较大时(如大于 0.8)，NRASR 算法在恢复精度方面的性能优于其他四种算法。这说明与 HOSL0 算法相比，无论稀疏度大小，NRASR 算法的恢复精度始终高于 HOSL0 算法；而与 SL0、RSL0 以及

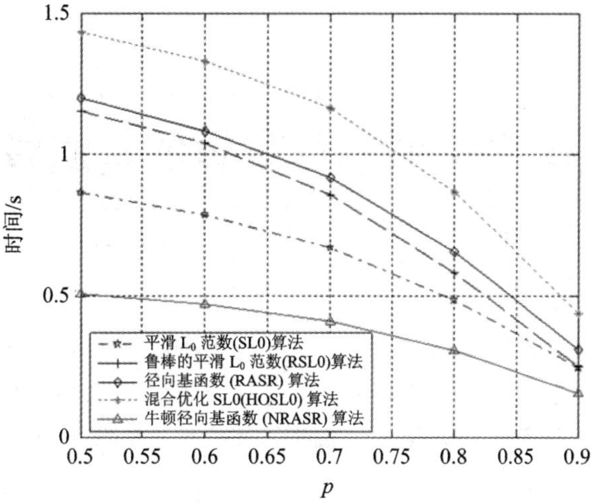

图 11.37　信噪比为 30 dB 时，各算法的运算时间随稀疏度变化的曲线

RASR 算法相比，NRASR 算法在稀疏度较大的情况下具有较为明显的优势。

从图 11.27、图 11.29、图 11.31 和图 11.33、图 11.35、图 11.37 可以得出，NRASR 算法在运算时间方面明显低于其他四种算法。总的来说，NRASR 算法在估计精度和算法复杂度方面的性能优于其他几种算法。

本 章 小 结

本章介绍了多种基于压缩重构的欠定源信号恢复算法，包括贪婪类算法、基于 L_1 范数算法、基于 L_0 范数算法、基于径向基函数算法以及 NRASR 算法，在分析算法原理的基础上，给出了算法的实现步骤，并对算法性能进行了仿真和分析。

第 12 章 源信号恢复的其他算法

本章对源信号恢复的其他算法进行了研究，首先介绍了一种基于最短路径的源信号恢复算法，然后分析了基于统计稀疏分解的源信号恢复算法存在的问题，由此给出一种改进的统计稀疏分解源信号恢复算法，最后对几种算法的性能进行了分析和仿真。

12.1 基于最短路径的源信号恢复算法

最短路径法是欠定盲源分离中最简单的源信号恢复算法，该算法适用于充分稀疏条件下，观测信号数目为 2 时的源信号恢复。根据稀疏分量分析理论，恢复源信号问题一般被转化为求解下述最优化问题：

$$\begin{cases}\min\limits_{\boldsymbol{s}(t)}\sum\limits_{i=1}^{N}|s_i(t)| \\ \boldsymbol{x}(t)=\boldsymbol{A}\boldsymbol{s}(t)=\sum\limits_{i=1}^{N}\boldsymbol{a}_i s_i(t)\end{cases} \tag{12.1}$$

其中，N 表示源信号个数，$\boldsymbol{s}(t)=[s_1(t), s_2(t), \cdots, s_N(t)]^{\mathrm{T}}$，$s_i(t)$是第 $i(i=1, 2, \cdots, N)$ 个源信号在 t 时刻的采样值，$\boldsymbol{x}(t)=[x_1(t), x_2(t), \cdots, x_M(t)]^{\mathrm{T}}$ 是观测信号向量，M 是观测信号个数。对于观测信号数目 M 为 2 的情况，上述问题的求解思想如图 12.1 所示，此时要最小化 $\sum\limits_{i=1}^{N}|s_i(t)|$，就是对观测信号沿着混合矩阵某两列的方向做线性分解，找出从原点到观测信号的最短路径，从图 12.1 可以看出，从原点到观测信号 $\boldsymbol{x}$ 的最短路径即为与 $\boldsymbol{x}$ 的角度最为靠近的两个向量 $\boldsymbol{a}$ 和 $\boldsymbol{b}$。

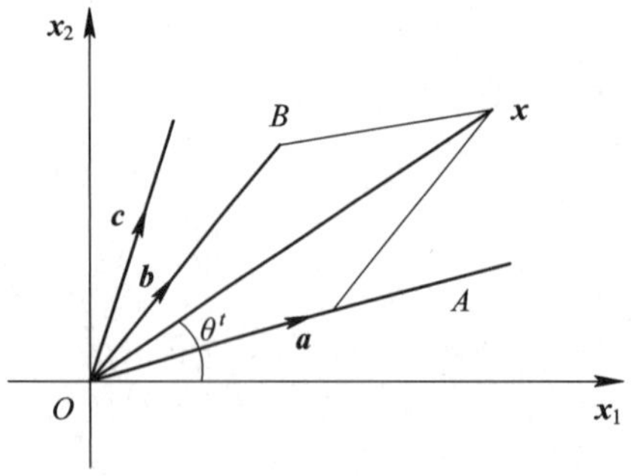

图 12.1 观测信号为 2 时的最短路径法示意图

针对观测信号数目大于 2 的情况，可以对原始的最短路径法做改进，改进后的算法适用于观测信号数目大于 2 的源信号恢复。改进思路就是首先选取第一个观测信号，接着遍历选取余下的 $M-1$ 个，每次选取一个，也就是说每次处理的观测信号是第一个信号和任意一路信号的组合，总共有 $C_{M-1}^{1}=M-1$ 种组合，接着将选取的这两路信号作为观测信号，利用最短路径法恢复出对应的源信号，则恢复出的源信号有 C_{M-1}^{1} 组，再对这 C_{M-1}^{1} 组源信号值相加求平均，得到的就是待恢复的源信号。

最短路径算法步骤如下。

步骤 1　选取第一个观测信号，接着依次遍历选取剩余的 $M-1$ 个，每次选择一个，则会产生 $C_{M-1}^{1}=M-1$ 个仅有 2 个观测信号的信号组合 $\widetilde{\boldsymbol{X}}_m(t)=[x_1(t),\ x_m(t)]^{\mathrm{T}}$，$(m=2,\ 3,\ \cdots,\ M)$。

步骤 2　对步骤 1 中的每一组观测信号进行预处理，去除观测信号全为 0 的列向量，然后进行归一化。

步骤 3　计算混合矩阵各个列向量的角度：$\theta_{m,j}^{A}=\arctan(a_{m,j}/a_{1,j})(m=2,\ 3,\ \cdots,\ M)$，$a_{m,j}$ 表示混合矩阵 $\boldsymbol{A}$ 中的第 m 行第 j 列对应的元素，$\theta_{m,j}^{A}$ 表示混合矩阵第 j 列第 m 行对应的角度。

步骤 4　for $t=1:T$ 循环执行步骤 5、步骤 6。

步骤 5　for $m=2:M$ 执行步骤 5.1～步骤 5.5。

步骤 5.1　计算 t 时刻第 m 个观测信号相对第一个观测信号的角度：

$$\theta_m^t=\arctan\frac{\boldsymbol{x}_m(t)}{\boldsymbol{x}_1(t)} \tag{12.2}$$

步骤 5.2　找出该时刻最接近观测信号向量角度 θ_m^t 的两个混合矩阵列向量角度，并记录对应的列序号 j_1，j_2；

步骤 5.3　令 $\widetilde{\boldsymbol{a}}_{j_1}=[a_{1,j_1},\ a_{m,j_1}]^{\mathrm{T}}$，$\widetilde{\boldsymbol{a}}_{j_2}=[a_{1,j_2},\ a_{m,j_2}]^{\mathrm{T}}$，$\widetilde{\boldsymbol{a}}_{j_1}$、$\widetilde{\boldsymbol{a}}_{j_2}$ 是与观测信号组合 $\widetilde{\boldsymbol{X}}_m(t)$ 方向最近的两个列向量；

步骤 5.4　$\widetilde{\boldsymbol{A}}_m=[\widetilde{\boldsymbol{a}}_{j_1},\ \widetilde{\boldsymbol{a}}_{j_2}]=\begin{bmatrix} a_{1,j_1},\ a_{1,j_2} \\ a_{m,j_1},\ a_{m,j_2}\end{bmatrix}$，$\boldsymbol{W}_m=\widetilde{\boldsymbol{A}}_m^{-1}$；

步骤 5.5　计算出 t 时刻由观测信号 $\widetilde{\boldsymbol{X}}_m(t)$ 恢复出的源信号：

$$\begin{cases} [\hat{\boldsymbol{s}}_{j_1}^{m}(t),\ \hat{\boldsymbol{s}}_{j_2}^{m}(t)]^{\mathrm{T}}=\boldsymbol{W}_m\widetilde{\boldsymbol{X}}_m(t) \\ \hat{\boldsymbol{s}}_{j}^{m}(t)=0\ \text{for}\ j\neq j_1 \end{cases} \tag{12.3}$$

end 步骤 5

步骤 6　计算 t 时刻恢复出的源信号的平均值：

$$\hat{\boldsymbol{s}}(t)=\frac{1}{M-1}\sum_{m=2}^{M}\hat{\boldsymbol{s}}^{m}(t) \tag{12.4}$$

其中，$\hat{\boldsymbol{s}}^{m}(t)=[\hat{\boldsymbol{s}}_1^{m}(t),\ \hat{\boldsymbol{s}}_2^{m}(t),\ \cdots,\ \hat{\boldsymbol{s}}_N^{m}(t)]$

end 步骤 6

12.2 基于统计稀疏分解的源信号恢复算法

统计稀疏分解法(Statistical Sparse Decomposition，SSDP)是在观测信号已知的条件下，对观测信号进行聚类得到混合矩阵，以使得同一时间段内的源信号的互相关性最小为准则，选出起主导作用的源信号所对应的列，在此基础上实现在噪声环境下同一时间段内的源信号恢复。SSDP算法的基本思想是：选取时间间隔为 Δt 的一段混合信号，定义其在 Δt 内的协方差矩阵 $\boldsymbol{C}_x$ 为

$$\boldsymbol{C}_x = E((\boldsymbol{x}(t) - E_x)(\boldsymbol{x}(t) - E_x)^{\mathrm{T}}) \tag{12.5}$$

其中，$\boldsymbol{x}(t)$表示 t 时刻混合信号向量，E_x 是 $\boldsymbol{x}(t)$的均值，相应的，源信号在 Δt 内的协方差矩阵定义为

$$\boldsymbol{C}_s = E((\boldsymbol{s}(t) - E_s)(\boldsymbol{s}(t) - E_s)^{\mathrm{T}}) \tag{12.6}$$

其中，$\boldsymbol{s}(t)$表示 t 时刻的源信号向量，E_s 是 $\boldsymbol{s}(t)$的均值。

在给定时间间隔 Δt 内，协方差矩阵按下式进行估计：

$$\boldsymbol{C}_x \approx \frac{1}{\Delta t}\sum_{t=t_0}^{t_1}\left[\boldsymbol{x}(t) - \frac{1}{\Delta t}\sum_{t=t_0}^{t_1}\boldsymbol{x}(t)\right]\left[\boldsymbol{x}(t) - \frac{1}{\Delta t}\sum_{t=t_0}^{t_1}\boldsymbol{x}(t)\right]^{\mathrm{T}} \tag{12.7}$$

其中，$\Delta t = t_1 - t_0 + 1$。由于源信号之间的独立性，在 Δt 时间间隔内，观测信号数目为 M，源信号数目为 N 的情况下，源信号协方差矩阵可以表示为

$$\boldsymbol{C}_s \approx \begin{bmatrix} \boldsymbol{C}_s^{\mathrm{sub}} & \boldsymbol{0}_{M\times(N-1)} \\ \boldsymbol{0}_{(N-M)\times M} & \boldsymbol{0}_{(N-M)\times(N-M)} \end{bmatrix} \tag{12.8}$$

其中，$\boldsymbol{C}_s^{\mathrm{sub}} \in \boldsymbol{R}^{M\times M}$是对角矩阵，而 $\boldsymbol{C}_s^{\mathrm{sub}}$ 可按下式估计：

$$\boldsymbol{C}_s^{\mathrm{sub}} = \boldsymbol{A}_{j_1,j_2,\cdots,j_M}^{-1}\boldsymbol{C}_x(\boldsymbol{A}_{j_1,j_2,\cdots,j_M}^{-1})^{\mathrm{T}} \tag{12.9}$$

因此，恢复源信号就转换为找寻合适的 j_1，j_2，…，j_M 使得$\boldsymbol{C}_s^{\mathrm{sub}}$ 为对角矩阵，j_1，j_2，…，j_M 可以通过下式计算：

$$[j_1, j_2, \cdots, j_M] = \underset{j_1,\cdots,j_M=1,\cdots,N}{\arg\min} \frac{\sum_{i=1}^{M}\sum_{j>i}|\boldsymbol{C}_s^{\mathrm{sub}}(i, j)|}{\sqrt{\boldsymbol{C}_s^{\mathrm{sub}}(1, 1), \cdots, \boldsymbol{C}_s^{\mathrm{sub}}(M, M)}} \tag{12.10}$$

找到合适的 j_1，j_2，…，j_M 以后，用于重构信号的表达式如下所述：

$$\begin{cases} [s_{j_1}(t), s_{j_2}(t), \cdots, s_{j_M}(t)]^{\mathrm{T}} = \boldsymbol{A}_{j_1,j_2,\cdots,j_M}^{-1}[x_1(t), x_2(t), \cdots, x_M(t)]^{\mathrm{T}} \\ s_j(t) = 0, j \neq j_1, j_2, \cdots, j_M \end{cases} \tag{12.11}$$

研究和仿真发现，该算法要求每一次处理的时间间隔 Δt 内，起主导作用的源信号个数 M' 必须等于观测信号个数 M，但实际中，在任意的 Δt 时间内，M' 并不总是等于 M，在这种情况下，我们需要对该算法进行一定的改进。

12.3 改进的统计稀疏分解源信号恢复算法

通过研究和仿真发现，SSDP算法性能很差，该算法要求每一次处理的时间间隔 Δt 内，起作用的源信号个数 M' 必须等于观测信号个数 M，当 Δt 内起作用的源信号个数 $M' < M$

时，比如在这段时间内 s_1，s_2，…，$s_{M'}$ 非0，其他 $N-M'$ 各源信号 $s_{M'+1}$，$s_{M'+2}$，…，s_N 为0，即此时式(12.8)中的 $\boldsymbol{C}_s^{\text{sub}}$ 不再是对角阵，而是具有如下形式：

$$\boldsymbol{C}_s^{\text{sub}} = \begin{bmatrix} \widetilde{\boldsymbol{C}}_s^{\text{sub}} & \boldsymbol{0}_{M'\times(N-M')} \\ \boldsymbol{0}_{(N-M')\times M'} & \boldsymbol{0}_{(N-M')\times(N-M')} \end{bmatrix} \tag{12.12}$$

此时 $\boldsymbol{C}_s^{\text{sub}}$ 中只有 M' 个非0的对角元素，其他 $N-M'$ 个对角元素理论上应该为0。特别地，当 $M'=1$ 时，理论上 $\boldsymbol{C}_{s\,M\times M}^{\text{sub}}$ 只有一个非0的对角元素，其余元素全部为0。可以看到此时如果按照式(12.10)来求解最优列向量组合显然是不对的。

根据上面的分析可以看到，目前的SSDP算法是默认每次处理的 Δt 时间间隔内起作用的源信号个数 M' 等于观测信号个数 M，当该条件不满足时，SSDP算法无法正确选取合适的混合矩阵列向量，此时通过下式寻找 M 个最优的列向量：

$$[j_1, j_2, \cdots, j_M] = \underset{j_1, \cdots, j_M=1, \cdots, N}{\arg\min} \frac{\prod_{i=1}^{M}\prod_{j>i} \boldsymbol{C}_s^{\text{sub}}(i, j)}{\sum_{l=1}^{M'}\lambda_l} \tag{12.13}$$

$$\boldsymbol{C}_s^{\text{sub}} = \boldsymbol{A}_{j_1, j_2, \cdots, j_M}^{-1} \boldsymbol{C}_{\boldsymbol{x}} (\boldsymbol{A}_{j_1, j_2, \cdots, j_M}^{-1})^{\text{T}} \tag{12.14}$$

其中，λ_l 是 $\boldsymbol{C}_s^{\text{sub}}$ 中的对角元素从大到小排序后得到的第 l 个元素，这种方法称为改进的稀疏统计分解法。

下面介绍同一时刻起作用的源信号个数 M' 的估计方法。

假设在间隔 Δt 内，有 $M'\leqslant M$ 个源信号起作用，则观测信号向量可以表示为 $\boldsymbol{x}(t)=[\boldsymbol{a}_{j_1}, \boldsymbol{a}_{j_2}, \cdots, \boldsymbol{a}_{j_{M'}}]\times[s_{j_1}(t), s_{j_2}(t), \cdots, s_{j_{M'}}(t)]^{\text{T}}+\boldsymbol{v}(t)$，对观测信号向量求相关矩阵，则有 $\boldsymbol{C}_{\boldsymbol{x}}=\boldsymbol{A}^{M'}\boldsymbol{C}_s^{M'}(\boldsymbol{A}^{M'})^{\text{T}}+\boldsymbol{C}_v$，其中，$\boldsymbol{x}(t)\in\boldsymbol{R}^{M\times 1}$ 是观测信号向量，$\boldsymbol{a}_{j_{M'}}$ $(M'=1, 2, \cdots, M)$ 表示矩阵 $\boldsymbol{A}$ 中第 $j_{M'}$ 列，$s_{j_{M'}}(t)$ 表示第 $j_{M'}$ 个源信号，$\boldsymbol{v}(t)$ 表示各个接收通道接收到的高斯白噪声组成的向量，$\boldsymbol{A}^{M'}=[\boldsymbol{a}_{j_1}, \boldsymbol{a}_{j_2}, \cdots, \boldsymbol{a}_{j_{M'}}]\in\boldsymbol{R}^{M\times M'}$ 表示由 $\boldsymbol{A}$ 中的 M' 个列向量组成的子矩阵，$\boldsymbol{C}_{\boldsymbol{x}}$ 是 Δt 时间间隔内观测信号协方差矩阵，$\boldsymbol{C}_v$ 是噪声协方差矩阵。对 $\boldsymbol{C}_{\boldsymbol{x}}$ 进行特征值分解之后，得到 M 个特征值以及对应的特征向量，这 M 个特征值中应该有 M' 个大特征值 λ_1，λ_2，…，$\lambda_{M'}$，它们对应的特征向量组成信号子空间，另外有 $M-M'$ 个小特征值 $\lambda_{M'+1}$，$\lambda_{M'+2}$，…，λ_M，它们对应的特征向量组成噪声子空间。即 $\boldsymbol{C}_{\boldsymbol{x}}$ 的特征值满足 $\lambda_1>\lambda_2>\lambda_{M'}\gg\lambda_{M'+1}>\cdots>\lambda_M$，可以看到，$M'<M$ 时，$\lambda_{M'}/\lambda_{M'+1}\gg 1$。根据该特征可以估计出起作用的源信号个数 M'，对相邻特征值求比值，即令 $b_{M'}=\lambda_{M'}/\lambda_{M'+1}$ $(M'=1, 2, \cdots, M-1)$，判断 $b_{M'}$ 大于某个门限值(比如20)时对应的最小的 M' 即为起作用的源信号个数。当没有满足该条件的 M' 时，认为起作用的源信号个数为 M。

上述处理方式中，虽然 M' 可能会小于 M，但是依然寻找 M 个列向量，只要这 M 个列向量中包含有 M' 个真实的列向量，就可以很好地恢复出源信号。这时，若源信号个数没有错误地估计成小于 M 个，则源信号个数的估计误差对算法的处理是没有影响的。在源信号个数的估计上，上述错误出现的概率相对较小，因此这种处理方式是比较好的。

接着按照下式恢复源信号：

$$\begin{cases} [s_{j_1}(t), s_{j_2}(t), \cdots, s_{j_M}(t)]^{\text{T}} = \boldsymbol{A}_{j_1, j_2, \cdots, j_M}^{-1}[x_1(t), x_2(t), \cdots, x_M(t)]^{\text{T}} \\ s_j(t) = 0, j \neq j_1, j_2, \cdots, j_M \end{cases} \tag{12.15}$$

当同一时刻起主导作用的源信号个数小于或者等于观测信号个数时，改进的统计稀疏分解法(Improved Statistical Sparse Decomposition，ISSDP)能够较好地恢复出源信号。

ISSDP 算法的具体实现步骤如下。

步骤 1　将采样点数为 T 的观测信号按照采样时刻等分成 L 段，每段的长度为 ΔT，并将待处理的观测信号的分段序号 $i(i\leqslant L)$ 初始化为 1，其中，$\Delta T=T/L$。

步骤 2　计算第 i 段观测信号在$((i-1)\cdot\Delta T+1):(i\cdot\Delta T)$时间段的协方差矩阵为

$$\boldsymbol{C}_{x^i}=E((\boldsymbol{x}^i-\boldsymbol{E}_{x^i})(\boldsymbol{x}^i-\boldsymbol{E}_{x^i})^{\mathrm{T}})$$

步骤 3　估计在$((i-1)\cdot\Delta T+1):(i\cdot\Delta T)$时间段内起关键作用的源信号个数，具体方法是：针对任意一个时间段$((i-1)\cdot\Delta T+1):(i\cdot\Delta T)$，首先对第 i 段观测信号的协方差矩阵进行特征值分解，产生 M 个特征值，并对得到的 M 个特征值进行降序排列$\lambda_1>\lambda_2>\lambda_{M'}\gg\lambda_{M'+1}>\cdots>\lambda_M$；其次对排序后的相邻特征值求比值 $b=\lambda_{M'}/\lambda_{M'+1}(M'=1,2,\cdots,M-1)$；最后判断当比值 b 大于 20 时对应的最小的 M'，此时最小的 M' 就是在$((i-1)\cdot\Delta T+1):(i\cdot\Delta T)$时间段内估计的起主导作用的源信号个数。

步骤 4　按照式(12.13)，计算稀疏分解矩阵对应的列。

步骤 5　按照式(12.15)，计算在$((i-1)\cdot\Delta T+1):(i\cdot\Delta T)$时间段内恢复的源信号，并更新观测信号的分段序号 $i=i+1$。

步骤 6　判断 $i\leqslant L$ 是否成立，若是，转至步骤 2，否则，输出最终恢复的源信号矩阵为

$$\boldsymbol{s}=[[\boldsymbol{s}_{j_1}^1,\boldsymbol{s}_{j_2}^1,\cdots,\boldsymbol{s}_{j_M}^1]^{\mathrm{T}},[\boldsymbol{s}_{j_1}^2,\boldsymbol{s}_{j_2}^2,\cdots,\boldsymbol{s}_{j_M}^2]^{\mathrm{T}},\cdots,[\boldsymbol{s}_{j_1}^i,\boldsymbol{s}_{j_2}^i,\cdots,\boldsymbol{s}_{j_M}^i]^{\mathrm{T}},\\ \cdots,[\boldsymbol{s}_{j_1}^L,\boldsymbol{s}_{j_2}^L,\cdots,\boldsymbol{s}_{j_M}^L]^{\mathrm{T}}]$$

其中，$\boldsymbol{s}_{j_m}^i$ 表示在第 $i(i=1,2,\cdots,L)$个 ΔT 时间段内，根据混合矩阵的第 $j_m(m=1,2,\cdots,M)$列恢复的源信号向量，$\boldsymbol{s}_{j_m}^i=[s_{j_m}((i-1)\cdot\Delta T+1),s_{j_m}((i-1)\cdot\Delta T+2),\cdots,s_{j_m}(i\cdot\Delta T)]$。

12.4　算法性能仿真分析

1. 仿真 1

为了反映 SSDP 算法以及 ISSDP 算法各自的优点，在不同情况下通过仿真对比两个算法的性能，仿真中所用的混合矩阵为随机产生的 5×6 维的高斯混合矩阵，所用的源信号是 6 个雷达信号，图 12.2～图 12.5 分别是某一时刻最多有 1 个、2 个、4 个或 5 个源信号起作用时，源信号的时域波形图。

图 12.2～图 12.5 的源信号类型都一致，只是信号分布有所不同，源信号是 6 个雷达信号，信号的采样频率为 30×10^6 Hz，采样点数为 3000。第一路信号和第二路信号分别是载频为 3 MHz 和 5 MHz 的常规雷达信号；第三路信号是载频为 2 MHz 的线性调频雷达信号，第四路信号是载频为 3 MHz 的非线性调频雷达信号；第五信号和第六路信号是正弦调相雷达信号，载频分别为 5 MHz 和 2 MHz。

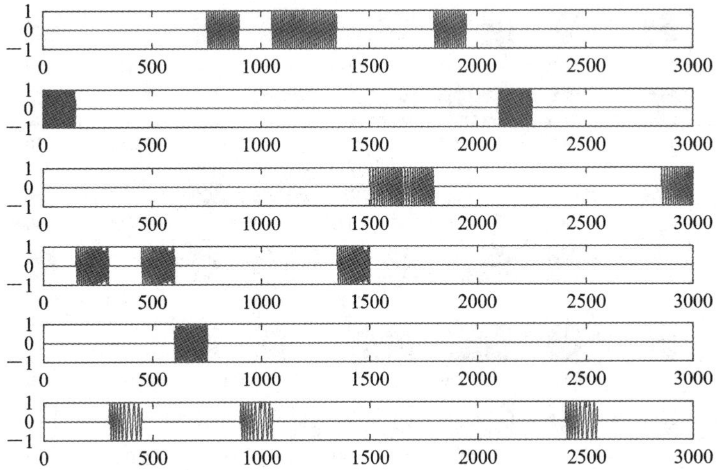

图 12.2　1 个源信号起作用时的波形图

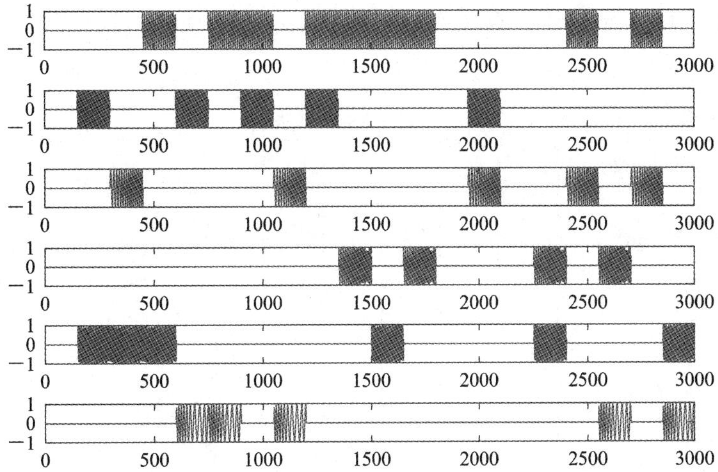

图 12.3　2 个源信号起作用时的波形图

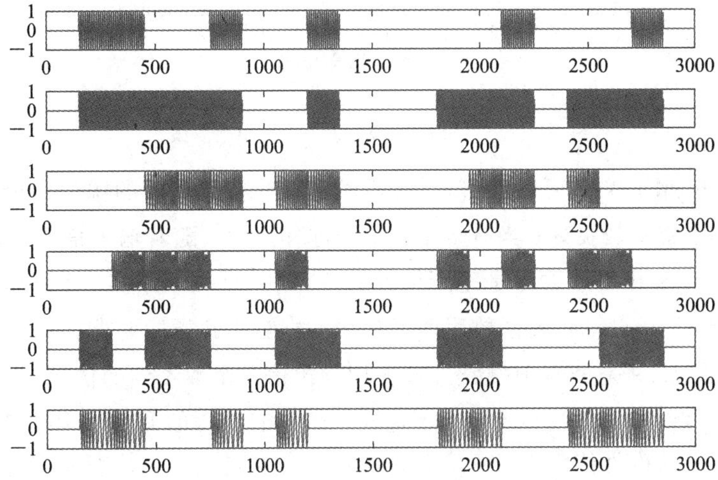

图 12.4　4 个源信号起作用时的波形图

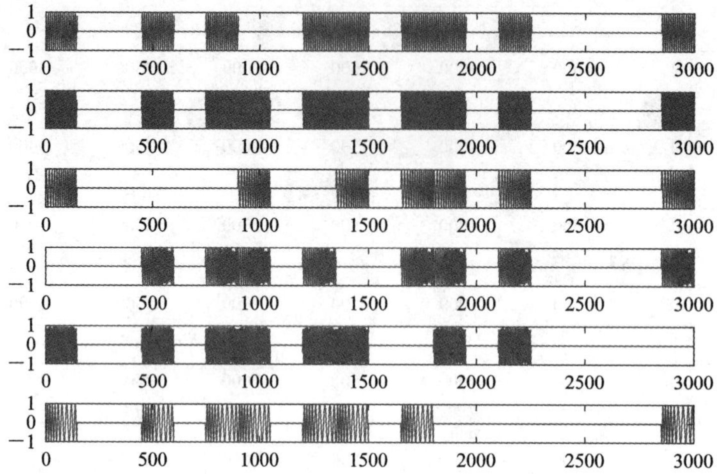

图 12.5　5 个源信号起作用时的波形图

图 12.6 和图 12.7 是 SSDP 算法在起作用的源信号个数不同的情形下，算法的性能曲线。

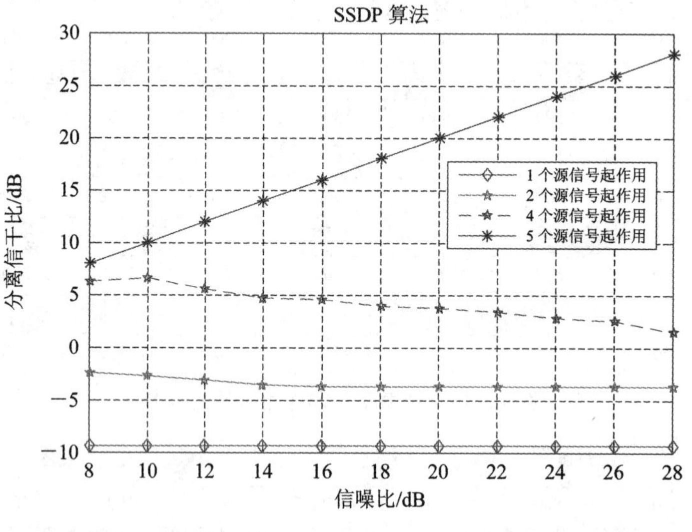

图 12.6　SSDP 算法的分离信干比曲线

通过图 12.6 和图 12.7 可以看出，SSDP 算法只有在起作用的源信号个数等于观测信号个数时，它的性能比较良好。当有 5 个源信号起作用时，随着输入信噪比的增大，SSDP 算法的分离信干比和相关系数都是逐渐增大的，当输入信噪比为 10 dB 时，SSDP 算法的分离信干比达到了 10 dB，相关系数达到了 0.95，能够达到指标要求。

图 12.8 和图 12.9 是 ISSDP 算法在起作用的源信号个数不同的情形下，算法的性能曲线。通过图 12.8 和图 12.9 可以看出，不论同一时刻起作用的源信号个数是否等于观测信号个数，ISSDP 算法的性能都比较好，并且源信号越稀疏，它的恢复精度越好。当输入信噪比为 10 dB 时：5 个源信号起作用时的分离信干比达到了 9.5 dB，相关系数达到了 0.95；

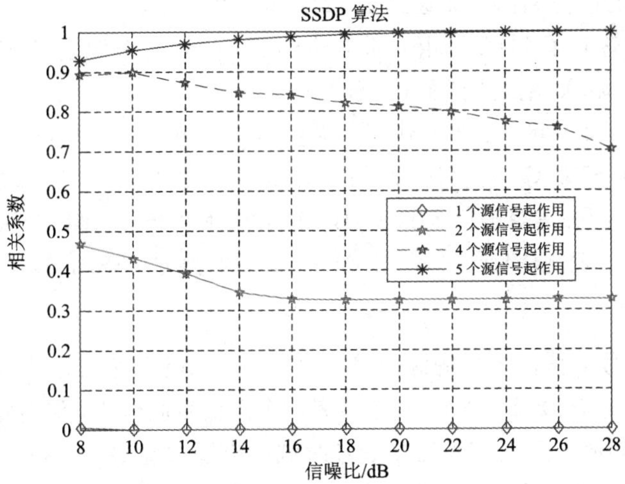

图 12.7　SSDP 算法的相关系数变化曲线

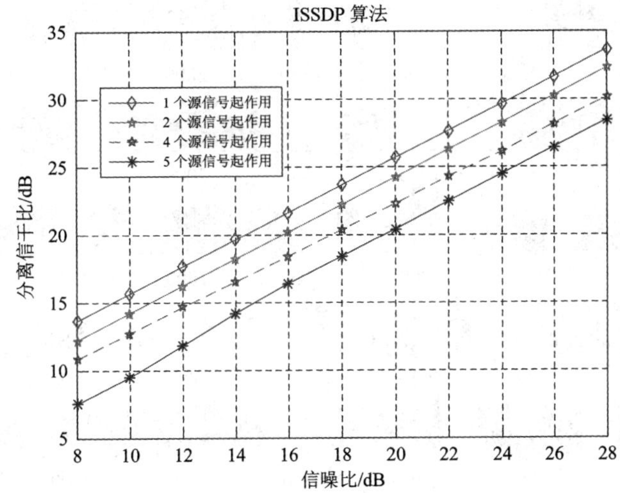

图 12.8　ISSDP 算法的分离信干比曲线

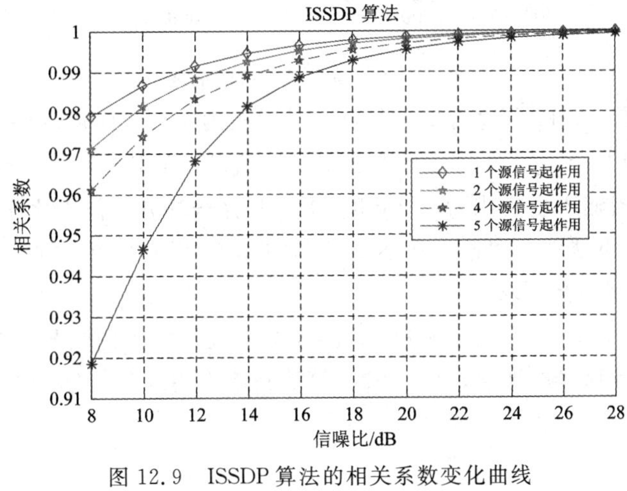

图 12.9　ISSDP 算法的相关系数变化曲线

4个源信号起作用时的分离信干比达到了12.7 dB，相关系数达到了0.97；2个源信号起作用时的分离信干比达到了14 dB，相关系数达到了0.98；1个源信号起作用时的分离信干比达到了15.6 dB，相关系数达到了0.985。

由图12.6～图12.9可知：当起作用的源信号个数等于观测信号个数时，SSDP算法的恢复精度略高于ISSDP算法，当输入信噪比为10 dB时，SSDP算法的分离信干比为10 dB，ISSDP算法的分离信干比为9.5 dB，两个算法的相关系数均为0.95，但是当起作用的源信号个数小于观测信号个数时，ISSDP算法的性能比SSDP算法好得多。

2. 仿真2

仿真2中源信号与仿真1中的源信号类型一致，都是6路雷达信号，但是该仿真中的源信号某些时刻有1个、2个、3个、4个或者5个源信号起作用，混合矩阵为随机产生的5×6维的高斯混合矩阵，图12.10是源信号时域波形图，图12.11是SSDP算法和ISSDP算法的分离信干比曲线，图12.12是SSDP算法和ISSDP算法的相关系数变化曲线。

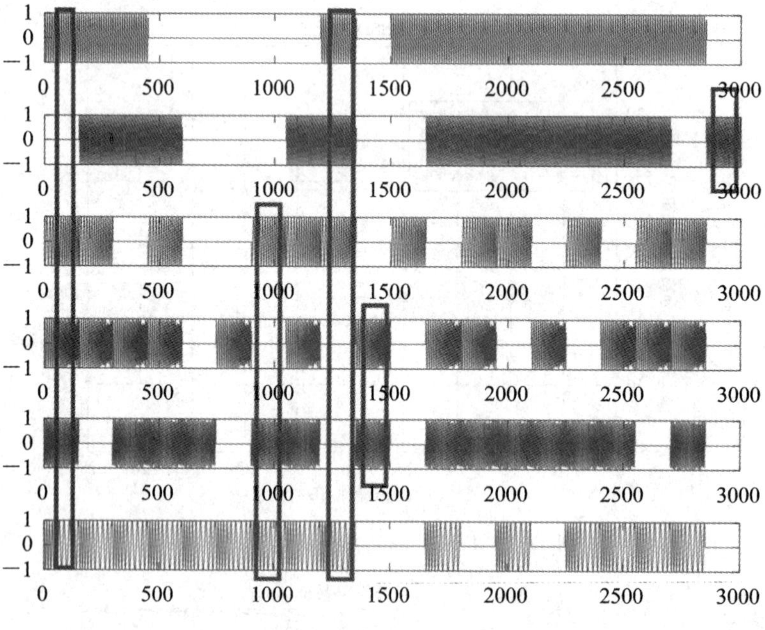

图12.10 源信号时域波形图

由图12.10～图12.12可以看出，在采样时间段内，当起作用的源信号个数不总是等于观测信号的个数时，SSDP算法几乎无法恢复源信号，而ISSDP算法依然能够达到比较理想的恢复效果。当输入信噪比为10 dB时，SSDP算法的分离信干比只有3 dB，相关系数为0.78；而ISSDP算法的分离信干比达到了13.6 dB，相关系数达到了0.98。ISSDP算法的恢复精度能够达到仿真要求。

综合仿真1和仿真2可得出：SSDP算法只有在起作用的源信号个数等于观测信号个数时，才能够实现源信号的恢复；而ISSDP算法在起作用的源信号个数小于或者等于观测信号个数的时，均能实现源信号恢复。

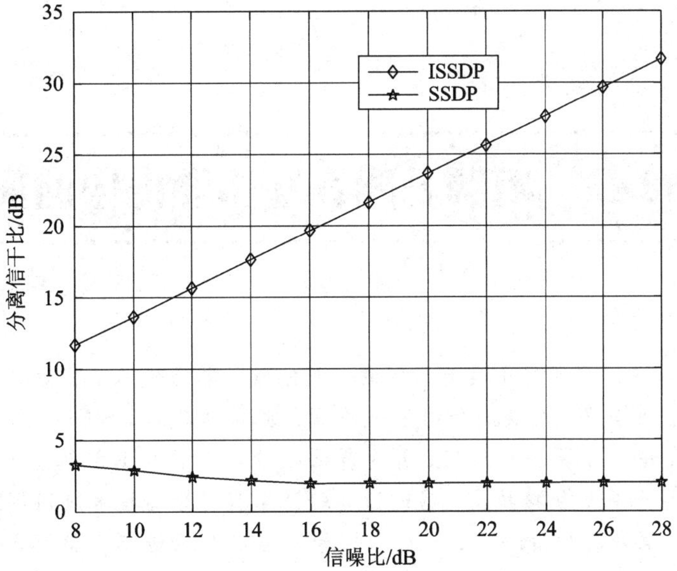

图 12.11　SSDP 算法和 ISSDP 算法的分离信干比曲线

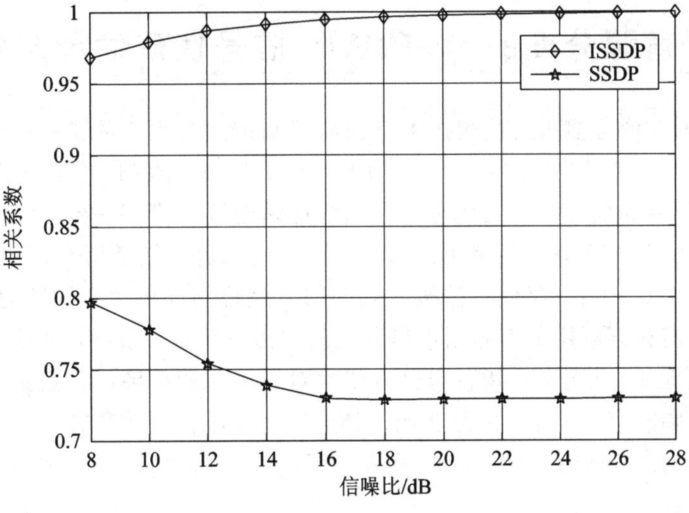

图 12.12　SSDP 算法和 ISSDP 算法的相关系数变化曲线

本 章 小 结

本章介绍了欠定盲源分离源信号恢复的其他三种算法，基于最短路径的源信号恢复算法、基于统计稀疏分解(SSDP)的源信号恢复算法以及改进的统计稀疏分解(ISSDP)源信号恢复算法，在详细介绍算法原理的基础上，对 SSDP 和 ISSDP 算法性能进行了仿真和对比，结果表明 ISSDP 算法性能更好。

第 13 章　盲源分离在军事通信中的应用

盲源分离技术在军事通信中具有广阔的应用前景，本章介绍了盲源分离技术在军事通信信号处理中的应用实例。首先，介绍了一种基于盲源分离的 DS-CDMA 信号伪码估计及多用户分离技术，给出了算法的原理，并对算法性能进行了仿真验证。其次，研究了基于盲源分离的跳频信号分选拼接技术，通过仿真验证了盲源分离技术应用到跳频信号分选拼接方面的有效性。再次，对频谱混叠的通信信号的盲源分离进行了仿真，验证了盲源分离技术在通信对抗中，从频谱混叠的信号中提取出有用信号的可行性。最后，研究了基于盲源分离的通信抗干扰技术，通过仿真证实了盲源分离技术能够抵抗多种类型的干扰。

13.1　基于盲源分离的 DS-CDMA 信号伪码估计及多用户分离

现有的 CDMA 信号多用户检测技术有的需要知道所有用户的扩频码信息，有的甚至需要严格的定时和信道信息，这在实际应用中都会受到极大限制。分析 DS-CDMA 系统模型发现，DS-CDMA 系统模型与盲源分离中的线性瞬时混合模型一致，因此可以采用盲源分离技术进行 DS-CDMA 系统的多用户检测。该方法不需要知道所有用户的扩频码信息，而且也不用进行信道估计，仅仅根据接收到的信号就可估计出用户发送的原始比特信息。而且由于盲源分离充分利用了不同用户信息之间的独立性这一条件，其性能比传统的多用户检测算法性能更优。另外，采用盲源分离技术对各用户的扩频码信息进行盲估计，这在通信侦察中有广阔的应用前景，因为在通信侦察中，对截获到的敌方信号，我方不知道任何用户的扩频码信息，利用本章介绍的盲估计算法可以估计出 CDMA 信号的伪码，进而解调出信息码元。

13.1.1　DS-CDMA 信号模型

1. 同步单径信道 DS-CDMA 信号模型

在 DS-CDMA 系统下行链路中，不考虑多径环境时，对于同步 DS-CDMA 系统，接收数据为

$$r(t)=\sum_{m=0}^{N-1}\sum_{k=1}^{K}b_{k,m}a_k s_k(t-mT)+n(t) \tag{13.1}$$

其中，a_k 是第 k 个用户的衰落因子，一般在下行链路中，对所有的用户，有 $a_1=a_2=\cdots=a_K=a$；$b_{k,m}$是第 k 个用户发送的第 m 个符号；T 是符号周期；$s_k(\cdot)$是用户的码片序列，当$t\in[0, T)$时，$s_k(t)=\{-1, +1\}$，其他情况下 $s_k(t)$为 0；$n(t)$是噪声；N 是观测时间内

用户传输的信号数；K 为用户个数。

设 C 是扩频码序列的长度，码片速率为 C/T。对接收数据用码片速率进行采样，则有

$$\begin{aligned} r(p\cdot\Delta t) &= r\left(p\cdot\frac{T}{C}\right)=\sum_{m=0}^{N-1}\sum_{k=1}^{K}b_{k,m}\cdot a\cdot s_k\left(p\cdot\frac{T}{C}-mT\right)+n\left(p\cdot\frac{T}{C}\right) \\ &= \sum_{m=0}^{N-1}\sum_{k=1}^{K}b_{k,m}\cdot a\cdot s_k\left[(p-mC)\frac{T}{C}\right]+n\left(p\cdot\frac{T}{C}\right) \end{aligned} \tag{13.2}$$

令 $\tilde{r}(p)\triangleq r(p\cdot\Delta t)$，$\tilde{s}_k(p)\triangleq s_k(p\cdot\Delta t)$，$\tilde{n}(p)\triangleq n(p\cdot\Delta t)$ 分别表示 $r(t)$，$s_k(t)$，$n(t)$ 的离散采样值，由 $s_k(t)$ 的定义可知

$$\tilde{s}_k(p)=\begin{cases}-1\text{ 或 }+1, & p\in[0,C)\\ 0, & \text{其他}\end{cases} \tag{13.3}$$

则式(13.2)可写为

$$\tilde{r}(p)=\sum_{\substack{m=0\\ p-mC\in[0,C)}}^{N-1}\sum_{k=1}^{K}b_{k,m}\cdot a\cdot\tilde{s}_k[(p-mC)]+\tilde{n}(p) \tag{13.4}$$

令：

$$\tilde{\boldsymbol{r}}_m=[\tilde{r}(mC),\ \tilde{r}(mC+1),\ \cdots,\ \tilde{r}[(m+1)C-1]]^{\mathrm{T}} \tag{13.5}$$

$$\tilde{\boldsymbol{n}}_m=[\tilde{n}(mC),\ \tilde{n}(mC+1),\ \cdots,\ \tilde{n}[(m+1)C-1]]^{\mathrm{T}} \tag{13.6}$$

则有

$$\tilde{\boldsymbol{r}}_m=\sum_{k=1}^{K}b_{k,m}\cdot a\cdot\boldsymbol{g}_k+\tilde{\boldsymbol{n}}_m \tag{13.7}$$

其中，

$$\boldsymbol{g}_k=[a\tilde{s}_k[1],\ a\tilde{s}_k[2],\ \cdots,\ a\tilde{s}_k[C]]^{\mathrm{T}} \tag{13.8}$$

令 $\boldsymbol{G}=[\boldsymbol{g}_1,\ \boldsymbol{g}_2,\ \cdots,\ \boldsymbol{g}_K]$，$\boldsymbol{b}_m=[b_{1,m},\ b_{2,m},\ \cdots,\ b_{K,m}]^{\mathrm{T}}$，则式(13.7)可写为

$$\tilde{\boldsymbol{r}}_m=\boldsymbol{G}\times\boldsymbol{b}_m+\tilde{\boldsymbol{n}}_m \tag{13.9}$$

式(13.9)就是在不考虑多径环境时，同步 DS-CDMA 系统的信号模型。

2. 多径信道中的 DS-CDMA 信号模型

当考虑多径环境时，在 DS-CDMA 系统下行链路中，对于同步 DS-CDMA 系统，接收数据为

$$r(t)=\sum_{m=0}^{N-1}\sum_{k=1}^{K}\sum_{l=1}^{L}b_{k,m}\cdot a_{kl}\cdot s_k(t-mT-\tau_{kl})+n(t) \tag{13.10}$$

其中，a_{kl} 是第 k 个用户、第 l 条路径的衰落因子，一般假设对所有的用户，有 $a_{1l}=a_{2l}=\cdots=a_{Kl}=a_l$；$b_{k,m}$ 是第 k 个用户发送的第 m 个符号；T 是符号周期；$s_k(\cdot)$ 是用户的码片序列，当 $t\in[0,T)$ 时，$s_k(t)=\{-1,+1\}$，其他情况下 $s_k(t)$ 为 0；τ_{kl} 是第 k 个用户、第 l 条路径的延迟，对所有用户有 $\tau_{1l}=\tau_{2l}=\cdots=\tau_{Kl}=\tau_l$，一般 $0<\tau_l<T/2$；$n(t)$ 是噪声；N 是观测时间内用户传输的信号数；K 是用户数。则

$$r(t)=\sum_{m=0}^{N-1}\sum_{k=1}^{K}\sum_{l=1}^{L}b_{k,m}\cdot a_l\cdot s_k(t-mT-\tau_l)+n(t) \tag{13.11}$$

同样设 C 是扩频码序列的长度，码片速率为 C/T，对接收数据 $r(t)$ 用码片速率进行采样，则有

$$r\left(p\cdot\frac{T}{C}\right)=\sum_{m=0}^{N-1}\sum_{k=1}^{K}\sum_{l=1}^{L}b_{k,m}\cdot a_l\cdot s_k\left(p\cdot\frac{T}{C}-mT-\tau_l\right)+n\left(p\cdot\frac{T}{C}\right) \tag{13.12}$$

令 $\Delta t=T/C$，$d_l=\lceil\tau_l\cdot C/T\rceil$，这里$\lceil\cdot\rceil$表示取与变量最接近的整数，$d_l$ 是第 l 条路径的离散时延，$d_l\in\{0, 1, \cdots, (C-1)/2\}$，则式(13.12)可写为

$$r(p\cdot\Delta t)=\sum_{m=0}^{N-1}\sum_{k=1}^{K}\sum_{l=1}^{L}b_{k,m}\cdot a_l\cdot s_k[(p-mC-d_l)\Delta t]+n(p\cdot\Delta t) \tag{13.13}$$

取其离散值，则有

$$\tilde{r}(p)=\sum_{m=0}^{N-1}\sum_{k=1}^{K}\sum_{l=1}^{L}b_{k,m}a_l\,\tilde{s}_k[(p-mC-d_l)]+\tilde{n}(p) \tag{13.14}$$

令

$$\tilde{\boldsymbol{r}}_m=[\tilde{r}(mC), \tilde{r}(mC+1), \cdots, \tilde{r}[(m+1)C-1], \tilde{r}[(m+1)C]]^{\mathrm{T}} \tag{13.15}$$

$$\tilde{\boldsymbol{n}}_m=[\tilde{n}(mC), \tilde{n}(mC+1), \cdots, \tilde{n}[(m+1)C-1], \tilde{n}[(m+1)C]]^{\mathrm{T}} \tag{13.16}$$

则有

$$\tilde{\boldsymbol{r}}_m=\sum_{k=1}^{K}[b_{k,m-1}\sum_{l=1}^{L}a_l\boldsymbol{g}_{k,l}+b_{k,m}\sum_{l-1}^{L}a_l\,\underline{\boldsymbol{g}}_{k,l}]+\tilde{\boldsymbol{n}}_m \tag{13.17}$$

其中，$\tilde{\boldsymbol{n}}_m$ 表示噪声向量，则扩频码向量的“前”半部分和“后”半部分分别为

$$\boldsymbol{g}_{k,l}=[s_k(C-d_l+1), \cdots, s_k(C), 0, \cdots, 0]^{\mathrm{T}} \tag{13.18}$$

$$\underline{\boldsymbol{g}}_{k,l}=[0, \cdots, 0, s_k(1), \cdots, s_k(C-d_l)]^{\mathrm{T}} \tag{13.19}$$

令$\boldsymbol{b}_m=[b_{1m}, b_{2m}, \cdots, b_{Km}]^{\mathrm{T}}$，$\boldsymbol{G}_0=\left[\sum_{l=1}^{L}a_lg_{1l}, \sum_{l=1}^{L}a_lg_{2l}, \cdots, \sum_{l=1}^{L}a_lg_{Kl}\right]$，$\boldsymbol{G}_1=\left[\sum_{l=1}^{L}a_l\,\underline{g}_{1l}, \sum_{l=1}^{L}a_l\,\underline{g}_{2l}, \cdots, \sum_{l=1}^{L}a_l\,\underline{g}_{Kl}\right]$，则用矩阵可表示为

$$\tilde{\boldsymbol{r}}_m=[\boldsymbol{G}_0\quad\boldsymbol{G}_1]\begin{bmatrix}\boldsymbol{b}_m\\\boldsymbol{b}_{m-1}\end{bmatrix}+\tilde{\boldsymbol{n}}_m=\boldsymbol{G}\hat{\boldsymbol{b}}_m+\tilde{\boldsymbol{n}}_m \tag{13.20}$$

其中，$\boldsymbol{G}_0$、$\boldsymbol{G}_1$ 分别是对应源信号 $\boldsymbol{b}_m$ 和一个单元时间的延迟信号 $\boldsymbol{b}_{m-1}$ 的 $C\times K$ 阶混合矩阵。$\boldsymbol{G}_0$、$\boldsymbol{G}_1$ 的列向量分别由扩频码向量的“前”部分和“后”部分给出。式(13.20)就是多径信道条件下的DS-CDMA信号模型。

13.1.2　基于盲源分离的DS-CDMA信号伪码估计

可以看出，式(13.9)描述的DS-CDMA系统的信号模型与盲源分离中的线性混合模型是一致的。如果观测的信号数为 N 个，即式(13.9)中 $m=1, 2, \cdots, N$，令 $\boldsymbol{X}=[\boldsymbol{r}_1, \boldsymbol{r}_2, \cdots, \boldsymbol{r}_N]$，$\boldsymbol{B}=[\boldsymbol{b}_1, \boldsymbol{b}_2, \cdots, \boldsymbol{b}_N]$，若不考虑噪声的影响，则有

$$\boldsymbol{X}=\boldsymbol{GB} \tag{13.21}$$

对 $\boldsymbol{X}$ 求相关矩阵得到 $\boldsymbol{R}_{XX}=E\{\boldsymbol{XX}^{\mathrm{T}}\}$，并对 $\boldsymbol{R}_{XX}$ 特征值分解，有

$$\boldsymbol{R}_{XX}=\boldsymbol{UDU}^{\mathrm{T}} \tag{13.22}$$

假设 $\boldsymbol{U}_s\in\boldsymbol{R}^{L\times K}$是由 $\boldsymbol{R}_{XX}$ 的 K 个主特征向量组成的矩阵，则 $\boldsymbol{U}_s^{\mathrm{T}}\in\boldsymbol{R}^{K\times L}$的列向量张成的空间应该与 $\boldsymbol{G}^{\mathrm{T}}$ 的列向量张成的子空间属于同一个子空间，即它们之间存在线性变换的关系，假设线性变换为 $\boldsymbol{A}$，即

$$\boldsymbol{U}_s^{\mathrm{T}}=\boldsymbol{AG}^{\mathrm{T}} \tag{13.23}$$

式(13.23)相当于一个盲源分离的线性混合模型，其中 $\boldsymbol{U}_s^{\mathrm{T}}$ 是混合(观测)信号矩阵，而 $\boldsymbol{A}$ 是未知的混合矩阵，$\boldsymbol{G}^{\mathrm{T}}$ 是源信号，因此可以根据 $\boldsymbol{U}_s^{\mathrm{T}}$，利用盲源分离方法估计 $\boldsymbol{G}^{\mathrm{T}}$。假设信号调制方式是 BPSK 调制，经过盲源分离之后的分离信号为 $\boldsymbol{Y}$，则对 $\boldsymbol{Y}$ 进行符号运算后就可估计出用户的扩频码，即

$$\hat{\boldsymbol{G}}^{\mathrm{T}} = \mathrm{sign}(\boldsymbol{Y}) \tag{13.24}$$

在多径环境中，当主径延迟为 0，并且主径增益远远大于其他路径时，同样可采用上述方法来估计用户的扩频码信息。

13.1.3　基于盲源分离的 DS-CDMA 信号多用户分离解调

由式(13.20)可知，多径信道的 CDMA 系统模型与盲源分离中的瞬时线性混合模型一致，因此我们可利用盲源分离技术来对用户信息比特进行估计。对于民用通信，一般在下行链路中，用户只知道自己的扩频码而无法知道其他用户的扩频码信息，而传统的解相关多用户检测则要求各个用户都知道所有用户的扩频码信息。利用盲源分离技术则对此没有任何限制，它不需要任何扩频码信息就可以估计出各用户传输的信息比特。利用盲源分离技术，还可以省略信道估计这一环节，仅仅利用接收到的多个用户的混合信号就可以对用户的发射信息进行估计。

另外，在民用通信中，即使下行各用户知道自己的扩频码信息，能够采用匹配滤波的方法检测出感兴趣的信息，但是仿真发现，这种匹配滤波的方法只是在同步单径的 CDMA 系统中才是最佳的，在多径环境中，该方法检测出的信号误码性能会恶化。盲源分离技术由于利用了不同用户信息比特之间的独立性这一条件，因此检测出来的信息误码率性能得到了很大改善。

由于盲源分离技术其固有的模糊性，如果对盲源分离算法的初始条件不加限制，则利用该方法检测出来的信息与用户之间的对应关系无法确定。因此为了解决这一问题，可以采用训练序列的方法对算法的初始向量进行限制，从而确保恢复出来的信息比特就是我们感兴趣的用户信息。具体方法如下：假设感兴趣的是第一个用户的信息，则分离向量的初始值为

$$\boldsymbol{w}(0) = \boldsymbol{Y}_p[b_{11}, b_{12}, \cdots, b_{1p}]^{\mathrm{T}} \tag{13.25}$$

其中，$b_{11}, b_{12}, \cdots, b_{1p}$ 是感兴趣用户发送的前 p 个比特信息(训练序列)，$\boldsymbol{Y}_p$ 则是训练序列对应的观测信号。对观测信号矩阵 $\boldsymbol{R}=[\boldsymbol{r}_1, \boldsymbol{r}_2, \cdots, \boldsymbol{r}_M]$进行白化后，就可以利用式(13.25)表示分离向量的初始值 $\boldsymbol{w}(0)$，采用前面章节介绍的超定盲源分离算法(如 EASI、FastICA 等)来分离出感兴趣的信号向量，设为 $\boldsymbol{y}_1$。假设信息调制方式是 BPSK 调制，则对 $\boldsymbol{y}_1$ 取符号运算 sign(·)，就可以估计出感兴趣用户传输的比特信息。

在通信侦察中，我们更是无法知道敌方 CDMA 信号的任何扩频码信息，这时如果采用传统的匹配滤波或是解相关算法来估计原始信息显然是不可能的。因此在通信侦察中，利用盲源分离技术对 CDMA 信号进行多用户检测，从而实现对敌方 CDMA 信号用户信息的非合作解调，其应用前景将更为广阔。

13.1.4　计算机仿真

1. 多用户扩频码估计仿真结果

仿真时用户数为 4，扩频码是 64 位的 Walsh 序列，CDMA 信号的调制方式是 BPSK

调制，信噪比为－10 dB，采用本章提出的算法对扩频码进行估计。图 13.1 给出了在单径信道环境中的仿真结果，当然这里没有考虑排列顺序的模糊性问题。图 13.2 给出了在具有 3 条路径的多径环境中的扩频码估计结果。路径时延和增益分别为：delay＝[0　10　20]，gain＝[1　0.1　0.01]。

从图 13.1 和图 13.2 中可以看出，4 个用户的扩频码都能正确估计出来。

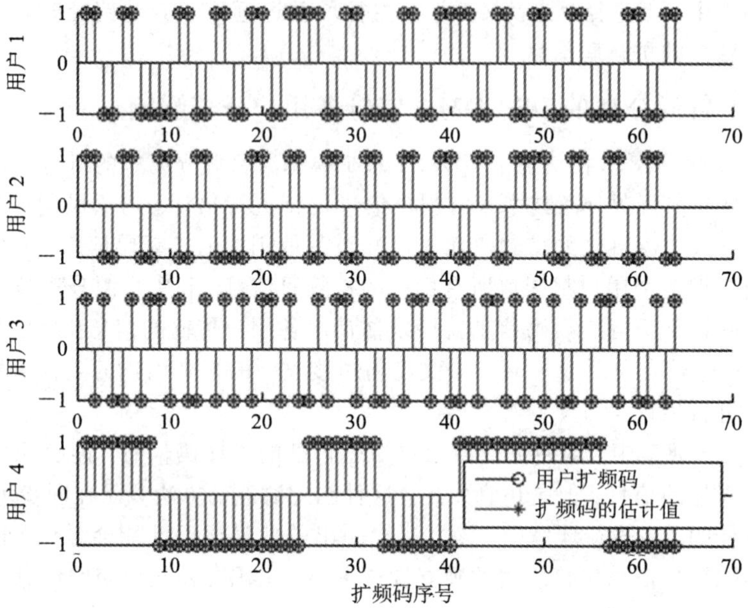

图 13.1　单径信道环境时扩频序列估计

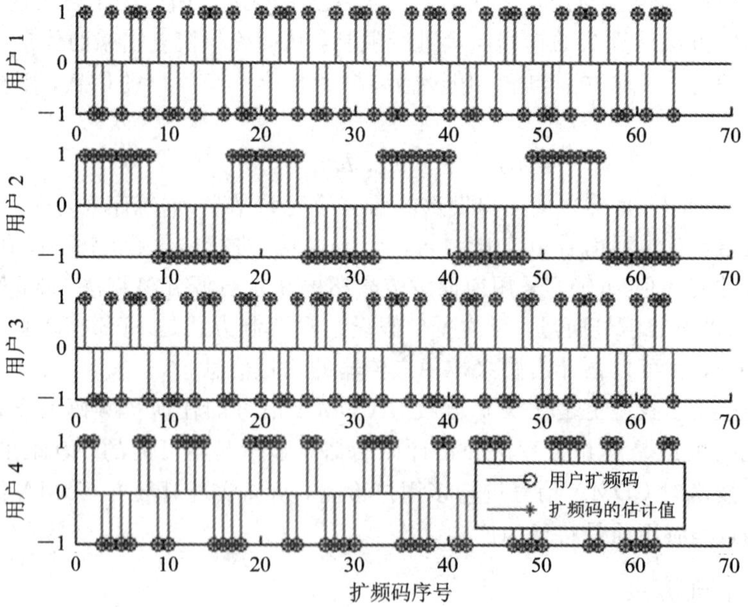

图 13.2　多径信道环境时扩频序列估计

为了研究不同用户数条件下，利用盲源分离算法对扩频码进行估计的性能，图 13.3 和图 13.4 分别给出了在单径和多径环境下，不同用户数、不同信噪比条件下，50 次仿真时，能够完全正确估计出所有用户扩频码的次数。

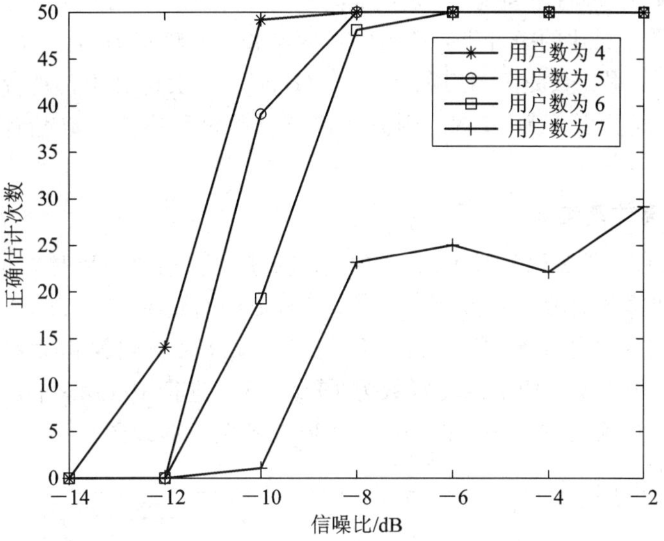

图 13.3　单径信道环境中不同用户数条件下，50 次仿真时能完全正确地估计出所有用户扩频码的次数(扩频码长度为 64)

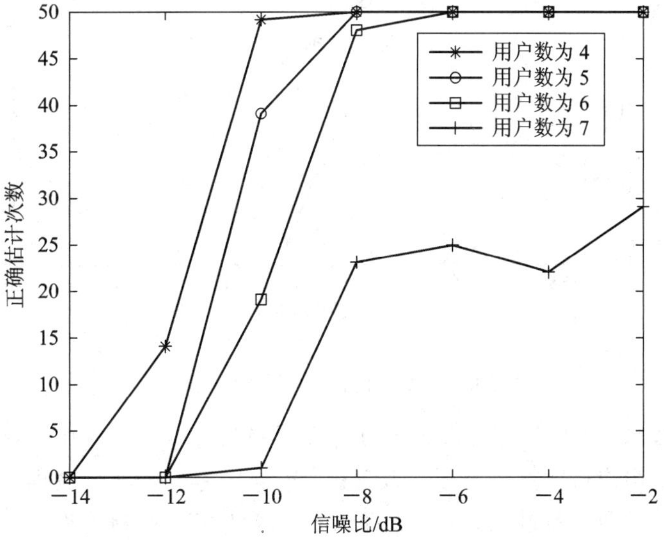

图 13.4　多径信道环境中不同用户数条件下，50 次仿真时能完全正确地估计出所有用户扩频码的次数(扩频码长度为 64)

从以上仿真结果可以看出，在单径或多径环境中，扩频码长度为 64 时，当用户数从 4 增加到 6 时，只要信噪比在－6 dB 以上时，本章给出的方法都能完全正确地估计出所有用户的扩频码。当用户数较少时，在信噪比只有－8 dB 时，也能正确地估计出所有用户的扩频码。如果扩频码长度一定，当用户数增加到一定数目时，要在所有的仿真次数中都能完全正确地估计出用户扩频码将会比较困难，也就是说扩频码长度一定，该算法所支持的用户数有一个上限。

另外，仿真发现，如果扩频码长度增加，则算法所支持的用户数也会增加。或者说在相同用户数和相同信噪比的条件下，扩频码长度越长，能够正确估计的比例越大。例如当扩频码长度为128、用户数为7、信噪比为－6 dB时，50次仿真中都能完全正确地估计出所有用户的扩频码，而长度为64时，则只在部分试验过程中能正确估计出所有用户的扩频码。

2. 多用户分离仿真结果

假设用户数为4，扩频码是长度为31的golden序列，信道环境是有4条路径的多径信道，路径时延和增益分别为：delay＝[0　3　5　7]，PathGain＝[1　0.5　0.3　0.1]；对接收到的信号分别采用盲源分离算法，以及常用的匹配滤波及空间解相关算法进行多用户检测。每次仿真每个用户发送的信息比特数为10 000个，进行100次蒙特卡罗仿真，图13.5给出了对第1个用户检测时的平均误码率与信噪比的关系曲线图。

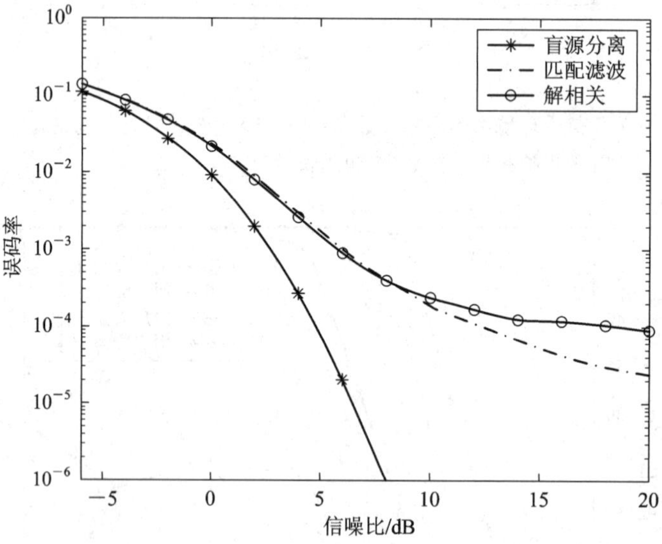

图13.5　第1个用户的误码性能比较

从图中可以看出，采用盲源分离技术进行多用户检测，在信噪比较高时，其误码性能相对匹配滤波及多用户检测算法有很大改善。当信噪比为6 dB时，其误码率相对匹配滤波或解相关算法降低了两个数量级。另外，盲源分离算法相对解相关算法来说，其优点是不用知道所有用户的扩频码信息，这对通信侦察至关重要。

本节通过分析DS-CDMA信号模型发现，DS-CDMA系统模型与线性瞬时混合的盲源分离模型一致，由此提出采用盲源分离技术进行DS-CDMA信号扩频码的盲估计。另外，我们提出的基于盲源分离的多用户检测算法相对传统的匹配滤波方法和解相关算法其误码性能更好。而且，传统的解相关算法需要知道所有用户的扩频码信息，而盲源分离算法则无需知道这些信息，仅仅根据观测到的信号，就可以估计出各用户发送的比特信息。因此基于盲源分离的多用户检测算法不仅在民用方面有很大优势，而且在通信侦察中该方法更具有广阔的应用前景。

13.2　基于盲源分离的跳频信号分选拼接技术

对跳频信号的侦察(跳频网台分选和跳频信号拼接、解跳、解调)一直是通信对抗面临的技术难题，传统基于到达时间的跳频网台分选和拼接方法在复杂的电磁环境下，效果大受影响，性能急剧下降。由于不同网台的跳频信号具有统计独立性，而同一跳频信号不同跳点之间又存在相关性，因此就想到是否可以采用盲源分离技术来实现跳频网台的分选和拼接。下面我们通过仿真模拟来论证基于盲源分离技术实现跳频信号分选拼接的可行性。

假设 3 个跳频信号的频率集分别为(注意是变频到 70 MHz 中频后对应的频率，70 MHz 对应的射频频率为 470 MHz，其他依次类推)：

$$f_{11}=63\ \text{MHz}\quad f_{12}=60\ \text{MHz}\quad f_{13}=69\ \text{MHz}\quad f_{14}=66\ \text{MHz}$$
$$f_{21}=67\ \text{MHz}\quad f_{22}=64\ \text{MHz}\quad f_{23}=67\ \text{MHz}\quad f_{24}=70\ \text{MHz}$$
$$f_{31}=68\ \text{MHz}\quad f_{32}=65\ \text{MHz}\quad f_{33}=71\ \text{MHz}\quad f_{34}=62\ \text{MHz}$$

数据采样频率为 56 MHz，跳速为 1000 跳/秒，数据速率为 16 kb/s，跳频信号占空比为 1/10，信噪比为 20 dB，三个跳频网的信号入射角度分别为 0°、20°、40°，采用 6 阵元的均匀圆阵进行接收，圆阵半径为频带中心频率波长的 3/4 倍。采用盲源分离算法对观测信号进行分离后，4 个跳频时间周期内，三个分离信号的干信比分别为：

$$\text{ISR}_1=[-37.1352\quad -49.2193\quad -49.0134];$$
$$\text{ISR}_2=[-34.3432\quad -36.4996\quad -42.4762];$$
$$\text{ISR}_3=[-41.0309\quad -31.8062\quad -35.0421];$$
$$\text{ISR}_4=[-32.4836\quad -41.2423\quad -36.3608];$$

其中，ISR_i 表示第 i 个跳频周期内 3 个分离信号的干信比。收敛后，4 个跳频周期内的全局矩阵分别为

$$|\boldsymbol{G}_1|=\begin{bmatrix}0.0017 & 1.0515 & 0.0145\\ 0.0008 & 0.0038 & 1.1200\\ 1.0478 & 0.0037 & 0.0004\end{bmatrix}$$

$$|\boldsymbol{G}_2|=\begin{bmatrix}0.0018 & 1.0417 & 0.0199\\ 0.0061 & 0.0156 & 1.1167\\ 1.0490 & 0.0076 & 0.0022\end{bmatrix}$$

$$|\boldsymbol{G}_3|=\begin{bmatrix}0.0014 & 1.0319 & 0.0090\\ 0.0104 & 0.0269 & 1.1228\\ 1.0439 & 0.0184 & 0.0014\end{bmatrix}$$

$$|\boldsymbol{G}_4|=\begin{bmatrix}0.0016 & 1.0611 & 0.0252\\ 0.0047 & 0.0084 & 1.1130\\ 1.0461 & 0.0154 & 0.0041\end{bmatrix}$$

由此可知，算法收敛后全局矩阵都近似为各行各列只有 1 个非 0 元素的准单位阵，因此盲源分离算法能够很好地分离跳频信号。为了更直观地看出分离信号的波形，图 13.6 和图 13.8 分别给出了三个跳频网源信号与分离信号的时域波形图。图 13.7 画出了 6 阵元天线阵中 6 个观测(混合)信号的时域波形图。从图 13.8 中可以看出，对跳频混合信号进行盲源分离之后，分离信号是各个源信号的一个较好的估计，根据估计出来的源信号，就可以对它进行分析识别并解调出基带信号。

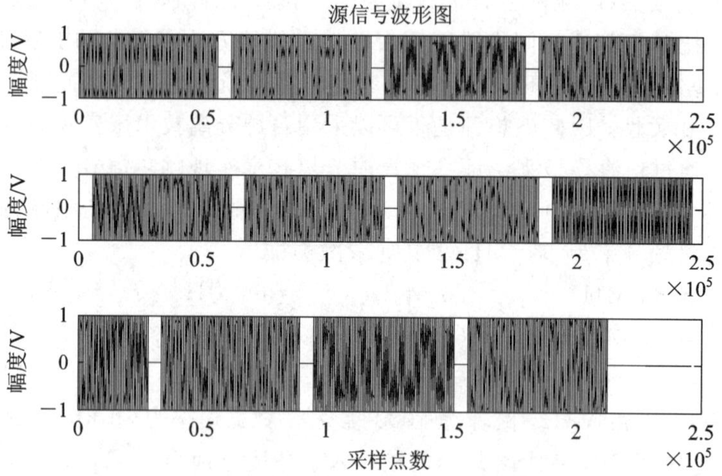

图 13.6　源信号时域波形图

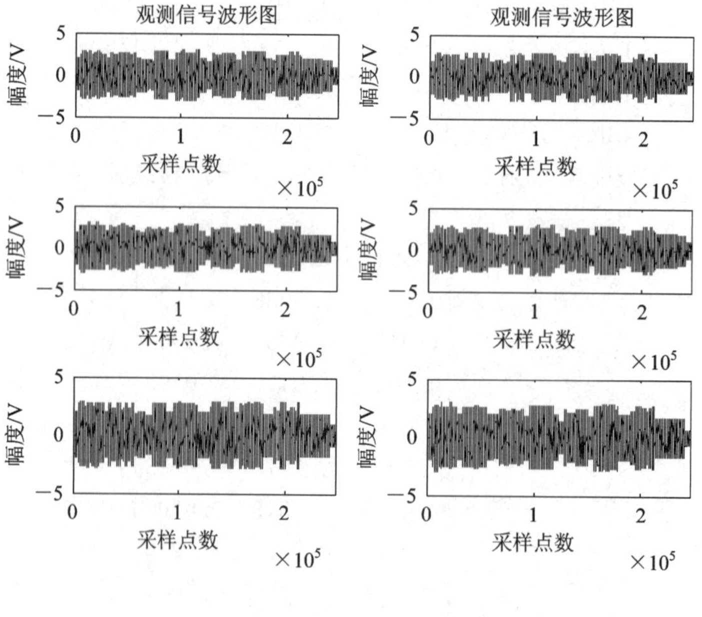

图 13.7　观测信号时域波形图

为了更直观地看出分离信号与对应源信号的频率对应关系，图 13.9～图 13.11 给出了它们的幅频特性。

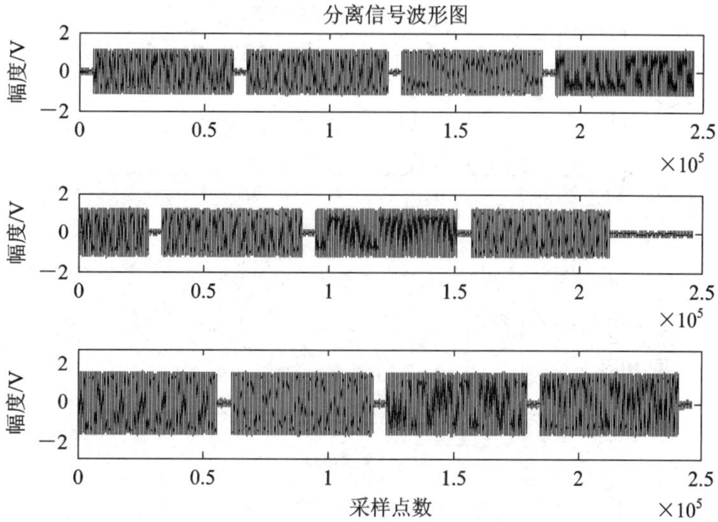

图 13.8　分离信号时域波形图

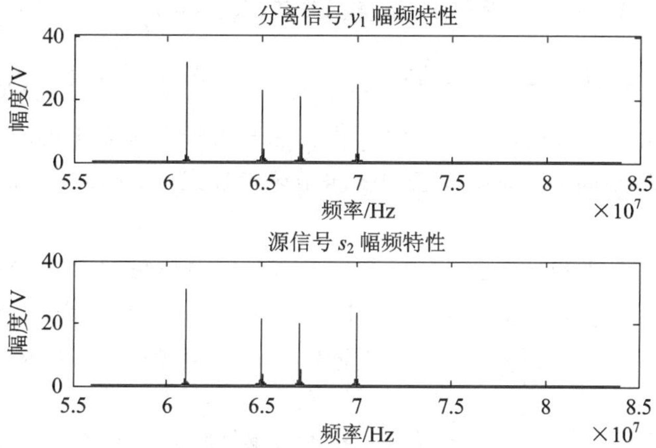

图 13.9　分离信号 y_1 与对应的源信号 s_2 的幅频特性

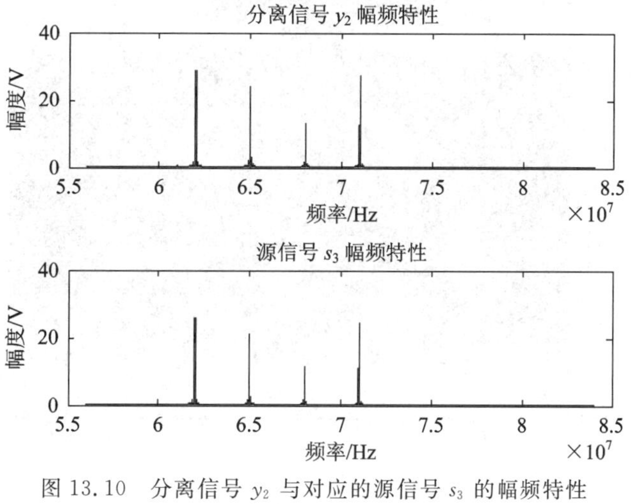

图 13.10　分离信号 y_2 与对应的源信号 s_3 的幅频特性

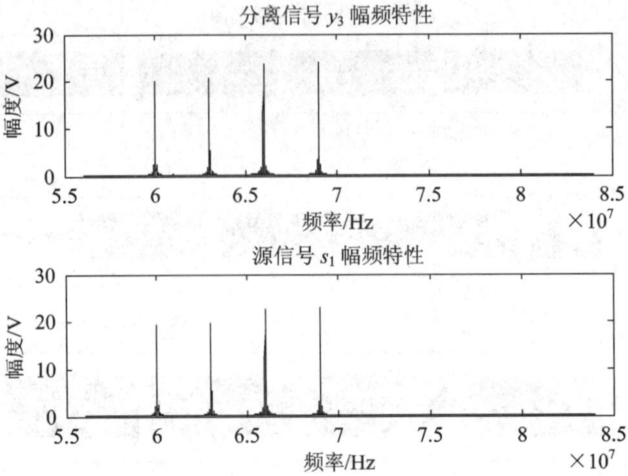

图 13.11　分离信号 y_3 与对应的源信号 s_1 的幅频特性

13.3　频谱混叠信号的盲源分离

在通信对抗中，有时乙方通信信号往往被敌方干扰信号所干扰，其频谱也掩盖在干扰信号中，如何从干扰信号中提取出有用的通信信号是通信对抗必须解决的问题。由于干扰信号与通信信号来自不同的发射源，它们之间是统计独立的，因此我们可以利用盲源分离技术来完成上述任务。

假设 3 个源信号分别为：s_1是频率在 64～76 MHz 范围的复杂信号(即干扰信号)，s_2是载频为 71 MHz、波特速率为 20 kB/s 的 BPSK 信号，s_3 是载频为 72 MHz、波特速率为 20 kB/s 的 BPSK 信号。并且 s_2、s_3 的频谱掩盖在 s_1 的频谱中，3 个源信号的频谱图如图 13.12 所示。

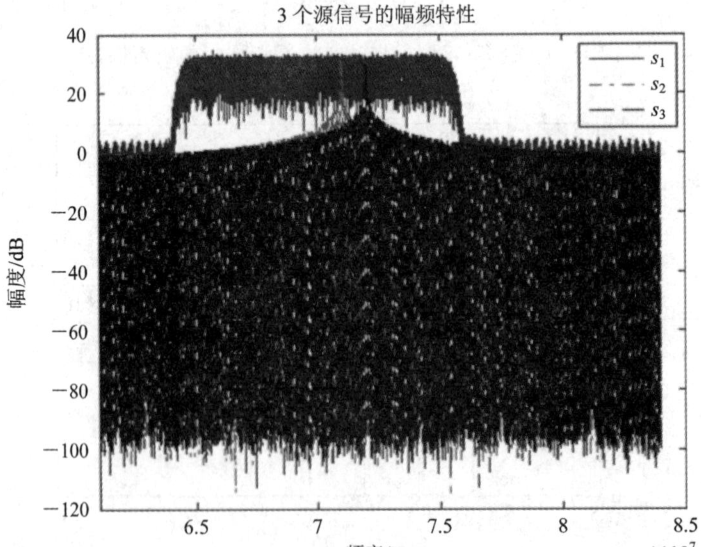

图 13.12　源信号频谱图

采用 4 阵元的均匀圆阵接收，混合矩阵为

$$H=\begin{bmatrix}0.5000-0.8660i & 0.8623-0.5065i & 0.8584+0.5129i\\ 0.7381-0.6746i & 0.5183-0.8552i & 0.9614-0.2752i\\ 1.0000-0.0000i & 0.6059-0.7955i & 0.5956-0.8033i\\ 0.7381+0.6746i & 0.9625-0.2715i & 0.5059-0.8626i\end{bmatrix}$$

观测信号的频谱图如图 13.13 所示。

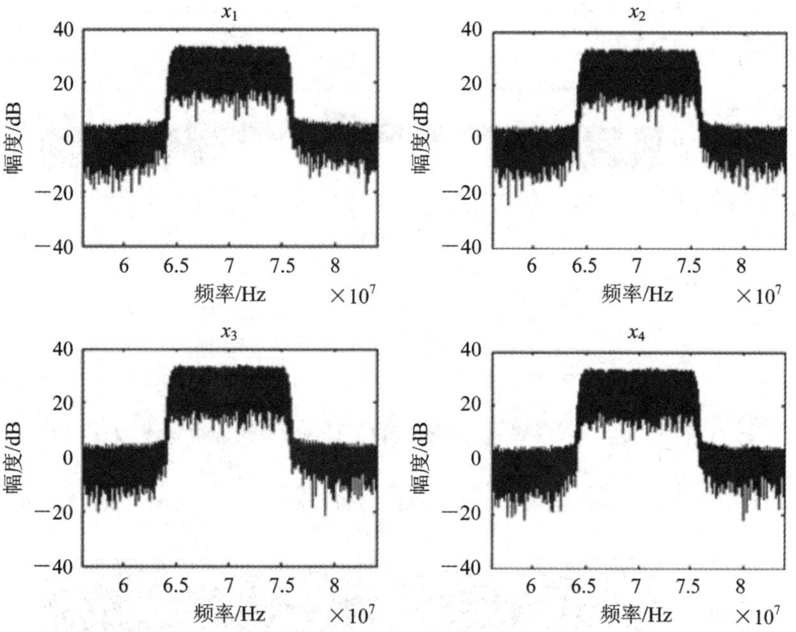

图 13.13 混合信号频谱图

对 4 个观测信号采用 EASI 盲源分离算法分离后，全局矩阵为

$$G=\begin{bmatrix}-0.5715+0.9870i & -0.0975-0.0325i & 0.0684+0.0961i\\ 0.0030+0.0029i & -0.0001+0.0001i & -23.5606-23.5799i\\ 0.0017+0.0001i & 3.3226+0.8475i & -0.0002+0.0000i\end{bmatrix}$$

取模后为

$$|G|=\begin{bmatrix}1.1405 & 0.1028 & 0.1179\\ 0.0042 & 0.0002 & 33.3334\\ 0.0017 & 33.3334 & 0.0002\end{bmatrix}$$

从该结果可以看出盲源分离技术可以将频谱混叠的源信号分开，即可以从大功率的干扰信号中提取出有用的通信信号。

为了直观地看出分离效果，图 13.14 和图 13.15 分别给出了分离信号的频谱图和时域波形图。

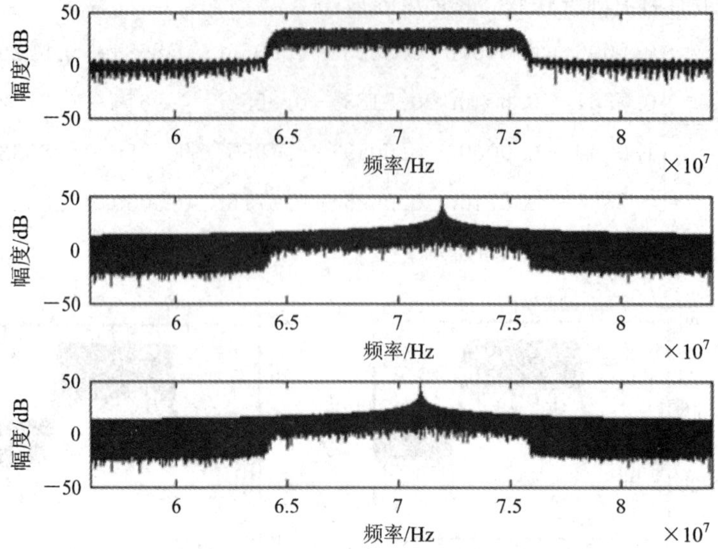

图 13.14　EASI 算法分离信号频谱图

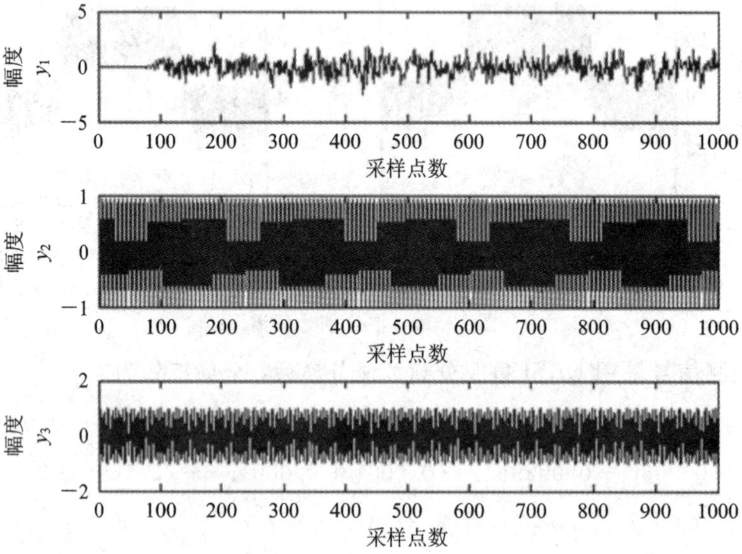

图 13.15　分离信号的时域波形图

图 13.16 和图 13.17 分别给出了观测信号和源信号的时域波形图。

当存在与 s_2 的信噪比为 20 dB 的高斯白噪声时，采用 EASI 算法分离后，全局矩阵为

$$\boldsymbol{G}=\begin{bmatrix}-0.5705+0.9865\mathrm{i} & 0.4480+0.0141\mathrm{i} & 0.1532-0.1538\mathrm{i}\\ -0.0013+0.0013\mathrm{i} & -0.4486-0.2050\mathrm{i} & -35.1293-35.1314\mathrm{i}\\ 0.0039-0.0037\mathrm{i} & 49.1149+1.2509\mathrm{i} & 0.4441+0.1619\mathrm{i}\end{bmatrix}$$

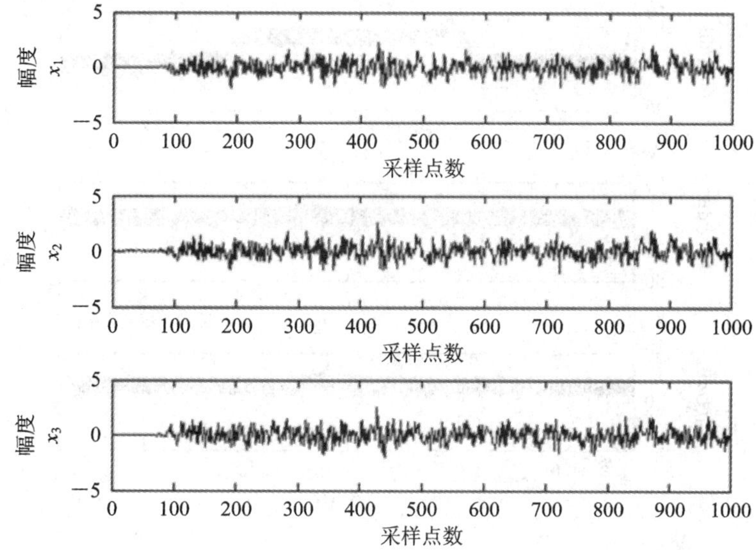

图 13.16　观测信号时域波形图

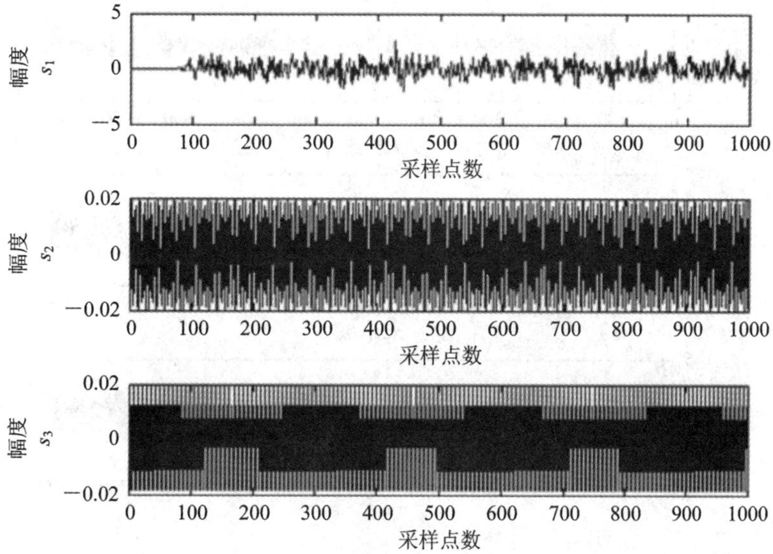

图 13.17　源信号时域波形图

取模后为

$$|\boldsymbol{G}| = \begin{bmatrix} 1.1395 & 0.4483 & 0.2171 \\ 0.0019 & 0.4933 & 49.6818 \\ 0.0054 & 49.1308 & 0.4727 \end{bmatrix}$$

图 13.18 和图 13.19 分别给出了信噪比为 20 dB 时分离信号的频谱图和时域波形图。从该结果可以看出，此时仍然可以分离出源信号 s_2、s_3，只是分离效果有所恶化。

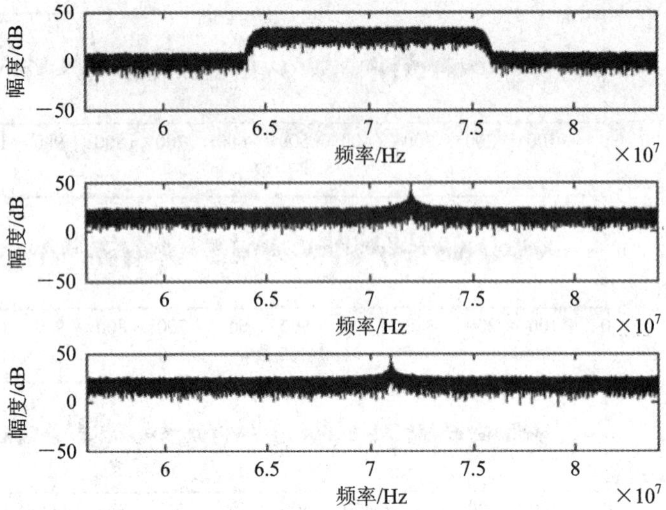

图 13.18　信噪比为 20 dB 时分离信号频谱图

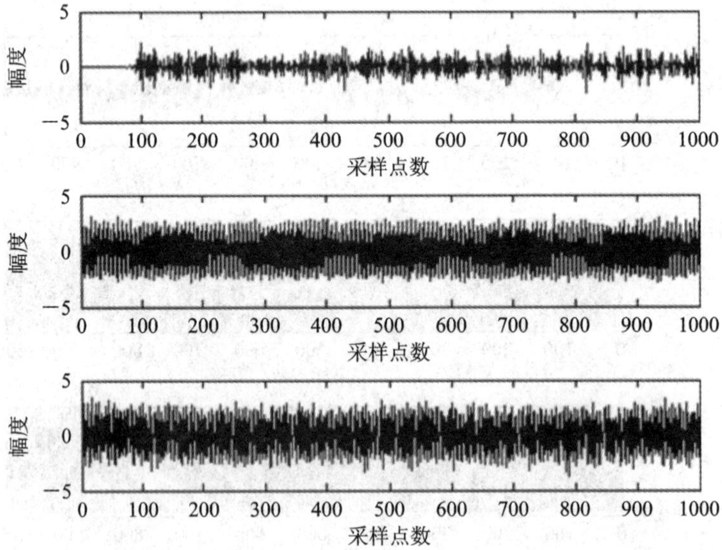

图 13.19　信噪比为 20 dB 时分离信号时域波形图

13.4　基于盲源分离的通信抗干扰技术

13.4.1　BSS 抗干扰技术原理

在现代高技术战争中，电子战场面临的形势十分严峻，各种具有快速响应能力的自动化、智能化、多功能通信对抗系统给军事通信带来了日益严重的威胁。要想保障通信链路安全可靠，通信系统和装备就必须具有抗干扰、抗侦收、抗测向等反对抗能力。世界各国在发展通信装备时，都十分注意发展通信反对抗技术，以提高军事通信的时效性、可靠性和保密性。

通信抗干扰技术的体系、方法、措施可分为 4 类：

(1) 以扩频技术为主的频域抗干扰技术；

(2) 以自适应时变和处理技术为主的时域抗干扰技术；

(3) 以自适应调零天线为主的空域抗干扰技术；

(4) 纠错编码技术。

近年来，世界各国为赢得未来电子战的胜利，都在加紧研究和发展各种抗干扰技术，并大力发展多体制相结合的综合抗干扰技术。

电子对抗技术的发展，促进干扰和抗干扰的水平越来越高，为了保障通信链路畅通，新一代通信装备普遍采用集多种抗干扰措施于一身的综合抗干扰技术，现代军事通信设备和系统的干扰能力已达到了很高的水平，但其抗干扰等反对抗技术的发展远未达到顶点，随着新型的、先进的、多功能的、超大功率的、超宽带干扰系统的出现和进化，电子对抗斗争会更加激烈，军事通信电台、通信网将面临全频段的四维一体化、自动化阻塞干扰的挑战。为确保未来高技术战场中必要信息能够安全可靠地传送，通信抗干扰技术研究仍将在更加广泛的领域中进行下去。

我们知道，无论敌方采用何种形式的干扰(同频干扰、宽带干扰、窄带干扰等)，其干扰信号与乙方通信信号都应该是统计独立的，因此我方收到的信号往往是相互独立的源信号(干扰信号和通信信号)的混合。如果采用多天线进行接收，则接收信号模型与 BSS 的信号模型一致，因此我们可以采用盲源分离技术，从混合信号中分离出干扰信号和通信信号，这样可以极大地抑制掉敌方干扰信号，从而达到抗干扰的目的。这就是基于盲源分离的抗干扰技术。该技术可以和已有的扩频、跳频、跳时等抗干扰技术相结合，组成综合的抗干扰系统，从而进一步改善系统的抗干扰性能。抗干扰系统原理框图如图 13.20 所示。

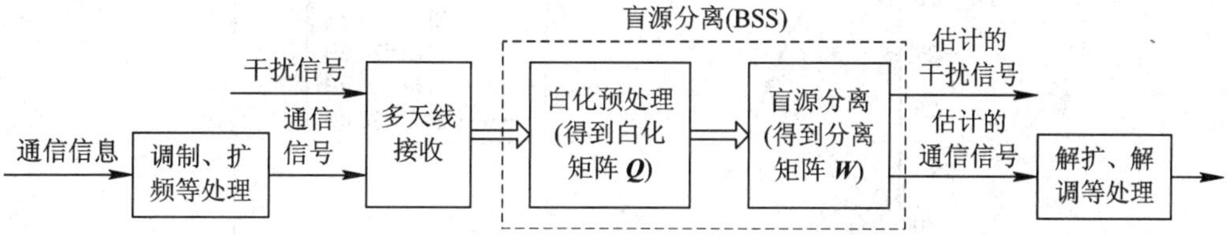

图 13.20　基于盲源分离的抗干扰系统原理框图

13.4.2　计算机仿真

1. 盲源分离抗干扰原理仿真

通信信号是载频为 63 MHz 的 4QAM 信号，信号传输速率为 56 kB/s，干扰信号是带宽为 10 kHz 的同频窄带信号，采样频率为 56 MHz，干扰信号与通信信号功率比为 20 dB，信号入射角度分别为 40°、80°，噪声为 10 dB 的高斯白噪声。采用 4 阵元的均匀线阵接收。利用 EASI 盲源分离算法对接收到的信号进行盲源分离，分离后干信比为 −33.8 dB。图 13.21 画出了分离后的通信信号的星座图。

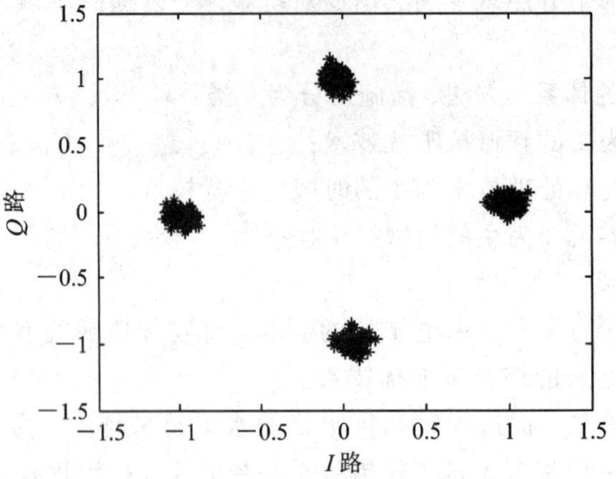

图 13.21　分离后的通信信号星座图

从图中可以看出，分离后的通信信号星座图除了存在角度旋转之外，与源信号星座图基本一致。因此利用盲源分离技术确实可以从受同频窄带信号干扰的通信信号中恢复出源通信信号，这就验证了利用盲源分离技术抗干扰的可行性。

2. BPSK 信号的盲源分离抗干扰性能仿真

1）抗同频窄带干扰性能仿真

源通信信号是载频为 630 kHz 的 BPSK 信号，符号速率为 10 kB/s，采样频率为 560 kHz，干扰信号是带宽为 2 kHz 的同频窄带信号。采用 4 阵元的均匀线阵接收，通信信号和干扰信号入射角度分别为 40°、80°。阵元半径是信号波长的一半。图 13.22 给出了不同信噪比条件下，分离前干信比（输入干信比）与分离后干信比（输出干信比）的变化曲线。

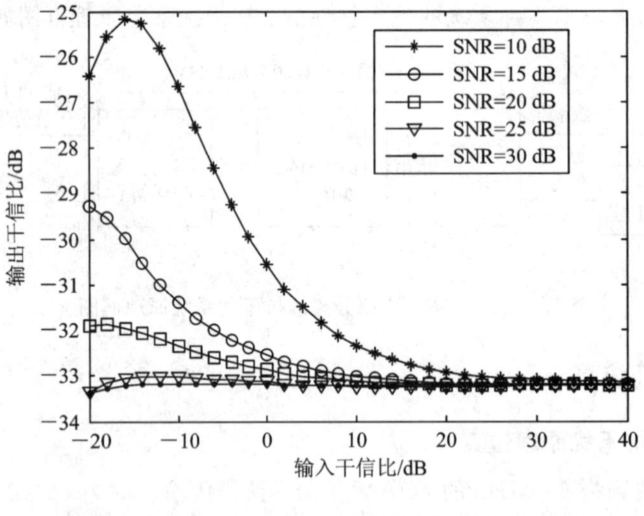

图 13.22　BPSK 信号抗同频窄带干扰性能仿真结果

当输入干信比一定时，信噪比越大，输出干信比越小，即抗干扰性能越好。当信噪比增加到一定程度时，输出干信比不再继续减小，此时系统抗干扰性能达到极限。当信噪比一定时，输入干信比越小，输出干信比就越大，抗干扰性能越差。这是由于这里定义的信噪比是通信信号与噪声的功率比，输入干信比越小，意味着干扰功率变小，因此干扰噪声功率比减小。而在盲源分离中，我们将干扰信号和通信信号都当作源信号处理，因而此时相当于 BSS 中的信噪比减小，分离效果变差，即抗干扰效果变差。当输入干信比达到一定值时，输出干信比不再减小，即此时系统抗干扰性能也达到极限。

注意到，当信噪比一定时，如 SNR=10 dB，输入干信比小于−16 dB 时，随着输入干信比的减小，输出干信比不再增加反而减小。这是因为此时输入干信比很小，BSS 性能恶化的程度比输入干信比下降的程度要小，因而总的输出干信比下降。

2）抗同频宽带干扰性能仿真

源通信信号是载频为 630 kHz 的 BPSK 信号，符号速率为 10 kB/s，采样频率为 560 kHz，干扰信号是带宽为 30 kHz 的同频宽带信号。采用 4 阵元的均匀线阵接收，通信信号和干扰信号入射角度分别为 40°、80°。阵元半径是信号波长的一半。图 13.23 给出了抗干扰性能曲线，从图中可以得到与图 13.22 同样的结论。另外，总体上来看，系统抗同频宽带干扰性能比抗同频窄带干扰性能要好一些。

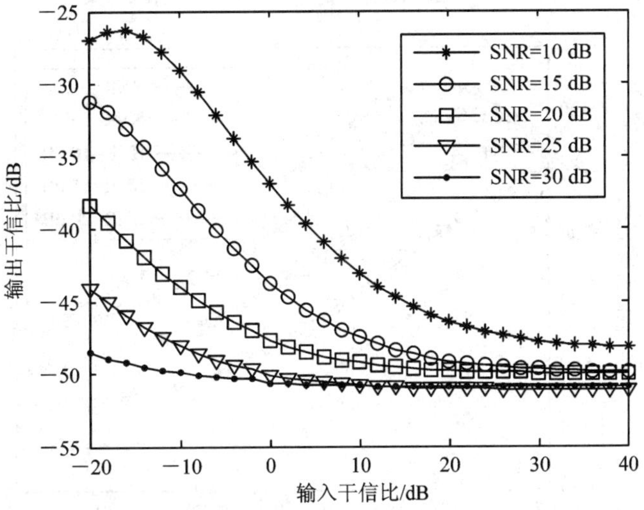

图 13.23　BPSK 信号抗同频宽带干扰性能仿真结果

3）抗相关干扰性能仿真

源通信信号是载频为 630 kHz 的 BPSK 信号，符号速率都是 10 kB/s，干扰信号载频与通信信号相差 1 kHz，其他参数相同，两个信号入射角度分别是 40°、80°，采用 4 阵元的均匀线阵接收。图 13.24 给出了抗相关干扰性能曲线，从中可以得到与图 13.22 同样的结论。

3. 扩频信号盲源分离抗干扰性能仿真

1）抗同频窄带干扰性能仿真

源通信信号是直扩信号，扩频码长度为 64 位 Walsh 码，采用 BPSK 调制，符号速率为 1.25 kB/s，信号载频为 630 kHz，采样频率为 560 kHz，干扰信号是带宽为 2 kHz 的同频窄带信号。采用 4 阵元的均匀线阵接收，通信信号和干扰信号入射角度分别为 40°和 80°。图 13.25 给出了抗同频窄带干扰的性能曲线。

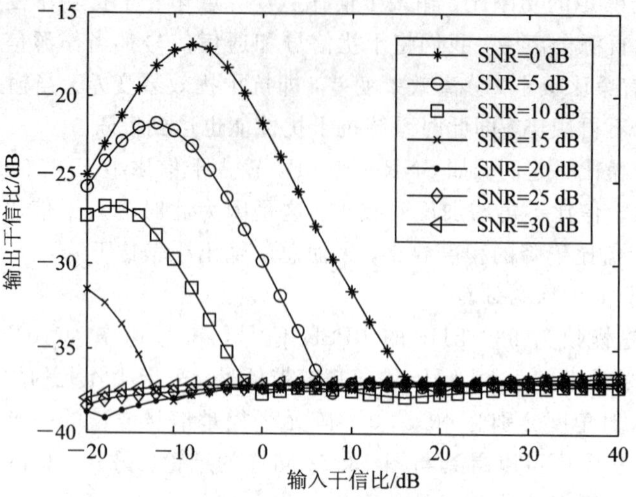

图 13.24　BPSK 信号抗相关干扰性能仿真结果

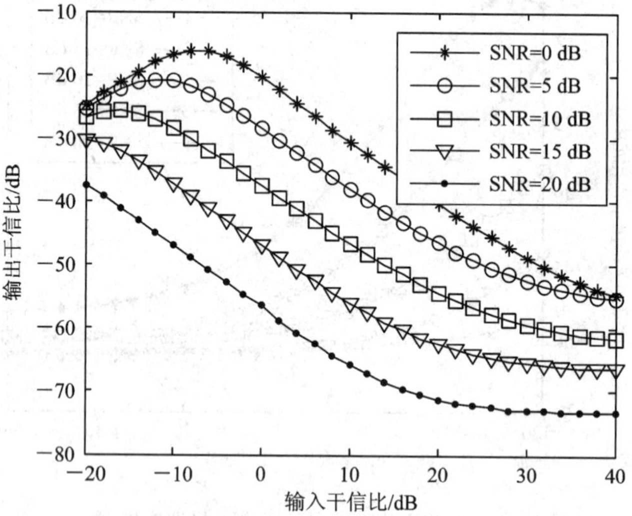

图 13.25　直扩信号抗同频窄带干扰性能仿真结果

从图 13.25 中可以看出，输入干信比一定时，信噪比越大，抗干扰性能越好。当信噪比一定时，输入干信比越大，输出干信比越小，抗干扰性能越好，但当输入干信比增加到一定程度时，系统抗干扰性能达到极限，输出干信比不再继续减小。比较图 13.22 和图 13.25 可以看出，扩频性能的抗同频窄带干扰性能比 BPSK 信号的抗干扰性能更强。

2）抗同频宽带干扰性能仿真

源通信信号是直扩信号，扩频码长度为 64 位 Walsh 码，采用 BPSK 调制，符号速率为 1.25 kB/s，信号载频为 630 kHz，采样频率为 560 kHz，干扰信号是带宽为 160 kHz 的同频宽带信号。采用 4 阵元的均匀线阵接收，通信信号和干扰信号入射角度分别为 40°和 80°。图 13.26 给出了直扩信号抗同频宽带干扰的性能曲线。比较图 13.23 和图 13.26 可以看出，扩频性能的抗同频宽带干扰性能比 BPSK 信号的抗干扰性能更强。

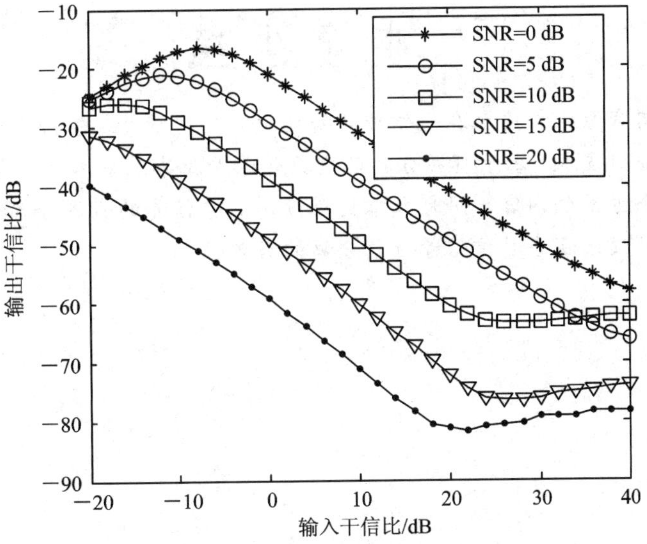

图 13.26　直扩信号抗同频宽带干扰性能仿真结果

3）抗相关干扰性能仿真

信源通信信号和干扰信号都是直扩信号，采用 BPSK 调制，通信信号的扩频码长度为 64 位 Walsh 码，符号速率为 1.25 kB/s，信号载频为 630 kHz，采样频率为 560 kHz，干扰信号载频与通信信号相差 1 kHz，其他参数相同。采用 4 阵元的均匀线阵接收，通信信号和干扰信号入射角度分别为 40°和 80°。图 13.27 给出了直扩信号抗相关干扰的性能曲线。从该图中也能得出与上述各图同样的结论。

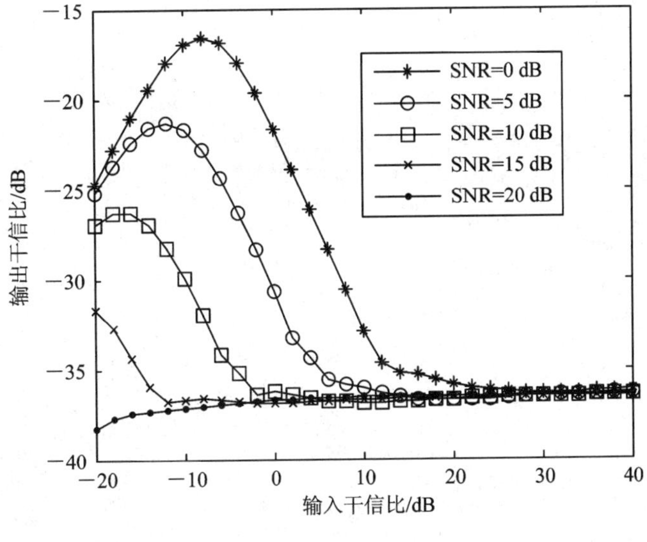

图 13.27　直扩信号抗相关干扰性能仿真结果

根据通信信号与敌方干扰信号相互独立这一条件，介绍了一种基于盲源分离的抗干扰通信系统，该系统能有效地抑制同频窄带干扰、宽带干扰等，计算机仿真证明了该系统的有效性。如果将盲源分离技术与其他抗干扰技术相结合，将会进一步提高系统的抗干扰效果。

本章小结

本章主要介绍盲源分离技术在通信信号处理中的应用情况，包括基于盲源分离的CDMA信号多用户检测技术、基于盲源分离的跳频信号分选和拼接技术、基于盲源分离的通信抗干扰技术三个方面的内容，同时本章还对频谱混叠信号的盲源分离进行了仿真，验证了盲源分离技术对频谱混叠通信信号进行分离的有效性。

第 14 章　通信信号盲源分离实测实验

为了验证盲源分离算法在实际应用中的有效性，我们搭建一个实验系统，利用该系统采集一些实际数据，然后利用盲源分离技术，对时频域上混叠(或部分混叠)的信号进行分离，并对分离后的信号进行后续的解调处理。本章的实验结果证实了盲源分离技术在通信侦察中应用的可行性。

14.1　实验系统的组成

通信信号盲源分离实验的实验系统组成如图 14.1 所示。

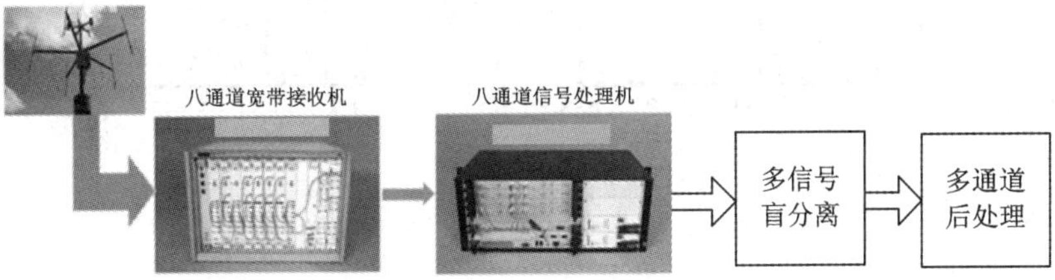

图 14.1　实验系统组成

这里接收天线阵采用的是阵元半径为 60 cm 的 5 元均匀圆型阵，但我们只采用其中的 4 路信号进行处理，因此这里实际的天线阵列模型相当于 4 元非均匀圆阵。8 通道宽带接收机频率范围是 20～1350 MHz，接收机首先对接收信号进行变频处理，将信号变换到 70 MHz 的中频上，带宽为 20 MHz，采样速率为 56 MHz。混频之后的多路 70 MHz 中频信号被送到盲源分离处理模块中，该模块输出分离后的中频信号，最后多通道后处理单元对分离信号进行解调处理。

14.2　盲源分离原理性实验

14.2.1　数字调制信号盲源分离

实验一　4 个源信号、4 个天线接收(不同频率，不同调制)的盲源分离实验

实验一的 4 个源信号分别为：频率为 1302 MHz，码速率为 20 kb/s 的 2FSK 信号，功

率为－5 dBm；频率为 1304 MHz，码速率为 50 kb/s 的 16QAM 信号，功率为－20 dBm；频率为 1307 MHz，码速率为 30 kb/s 的 BPSK 信号，功率为－5 dBm；频率为 1309 MHz，码速率为 100 kb/s 的 QPSK 信号，功率为－25 dBm。采用 4 阵元非均匀圆阵接收。

图 14.2、图 14.3 给出了 4 个观测(混合)信号的幅频特性和时域波形图。对观测信号白化后，采用 EASI 算法进行盲源分离。图 14.4、图 14.5 给出了分离后信号的幅频特性和时域波形图。从分离结果可以看出，盲源分离算法可以很好地将这 4 个源信号分离开来。

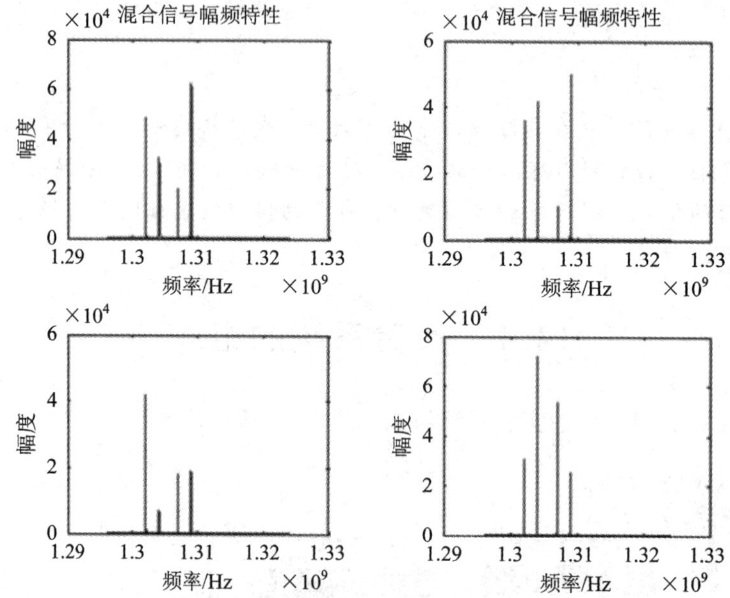

图 14.2　实验一混合信号幅频特性

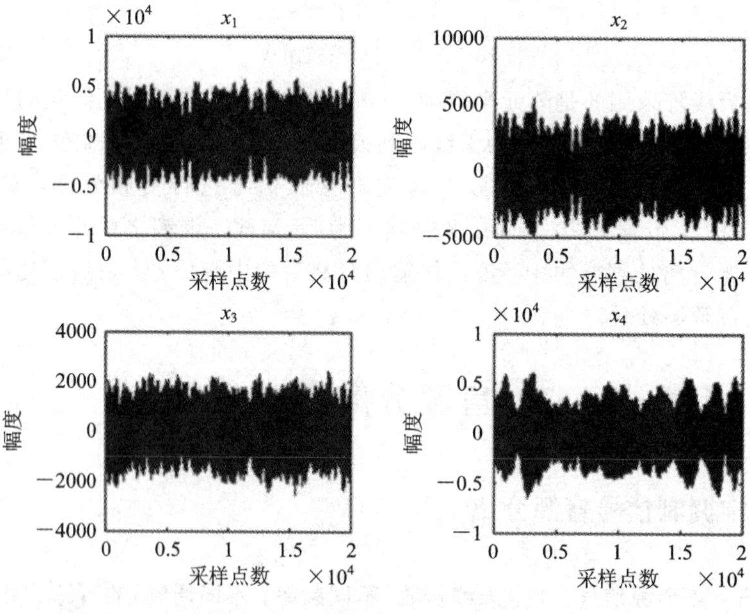

图 14.3　实验一混合信号时域波形图

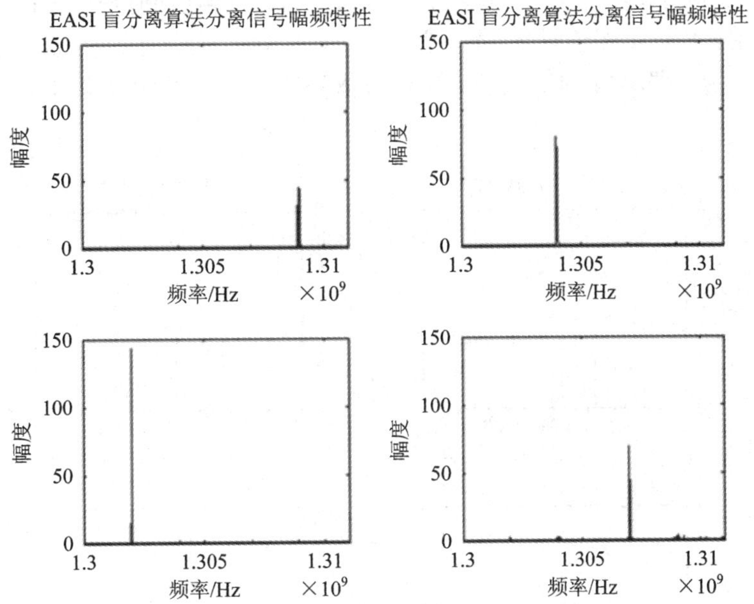

图 14.4　实验一 EASI 算法分离信号幅频特性

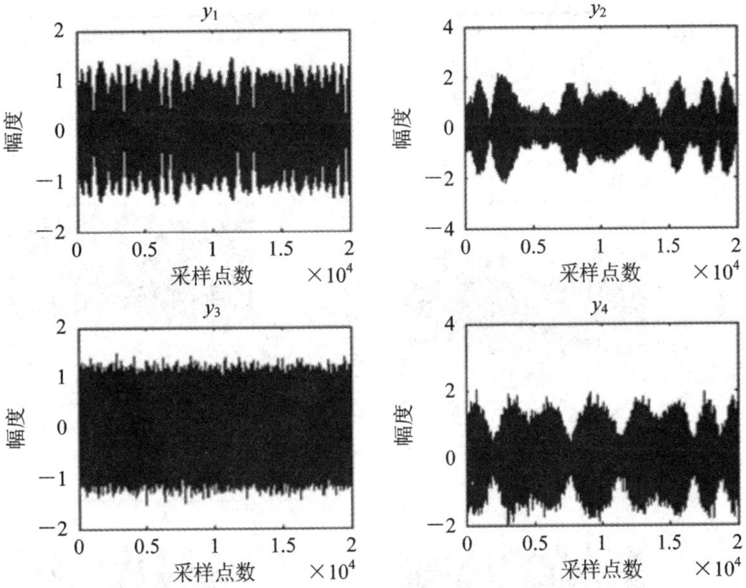

图 14.5　实验一 EASI 算法分离信号时域波形

实验二　4 个源信号、4 个天线接收(不同频率，相同调制)的盲源分离实验

实验二的 4 个源信号分别为：频率为 1302 MHz，码速率为 20 kb/s 的 BPSK 信号；频率为 1304 MHz，码速率为 50 kb/s 的 BPSK 信号；频率为 1307 MHz，码速率为 30 kb/s 的 QPSK 信号；频率为 1309 MHz，码速率为 100 kb/s 的 QPSK 信号。采用 4 阵元非均匀圆阵接收。

图 14.6、图 14.7 给出了 4 个观测(混合)信号的幅频特性和时域波形图。对观测信号白化后，采用 EASI 算法进行盲源分离。图 14.8 和图 14.9 给出了分离后信号的幅频特性和时域波形图。从分离结果可以看出，盲源分离算法也可以很好地将这 4 个源信号分离开来。

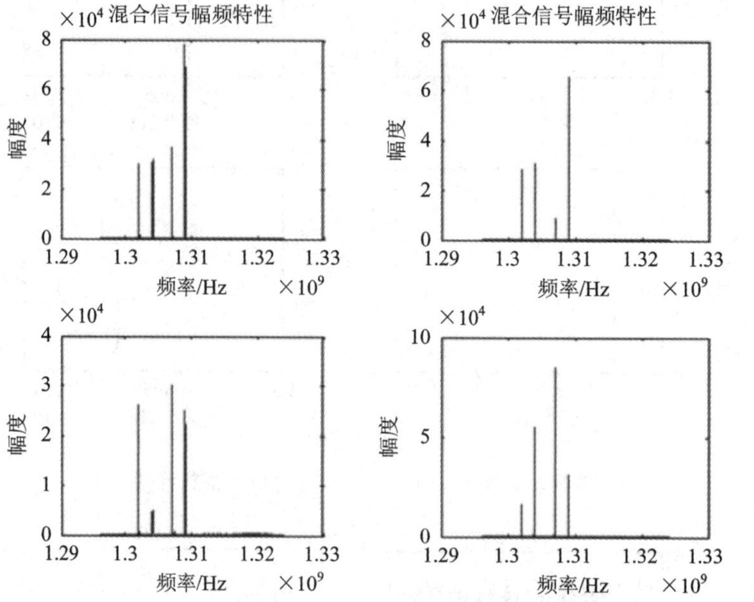

图 14.6　实验二观测(混合)信号幅频特性

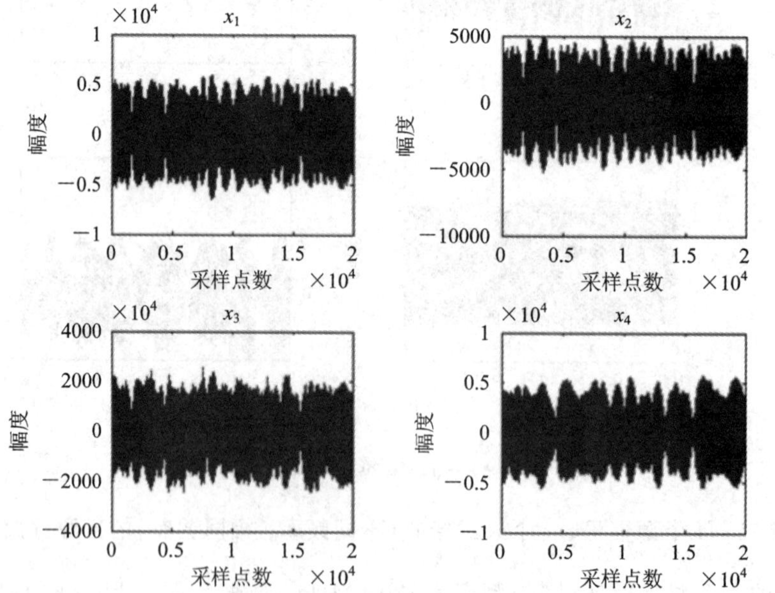

图 14.7　实验二观测(混合)信号时域波形图

以上两个实验结果证明，盲源分离算法不仅可以分离出不同调制方式的源信号，而且可以分离出相同调制方式的源信号。

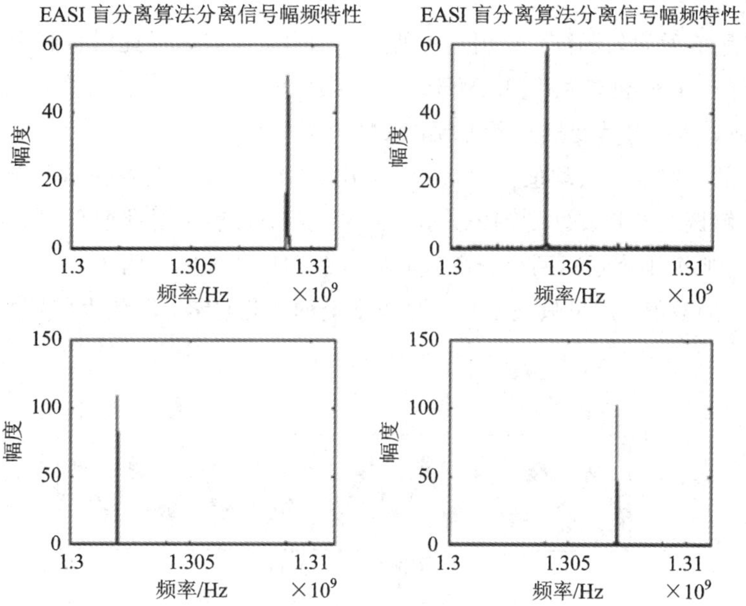

图 14.8　实验二 EASI 算法分离信号幅频特性

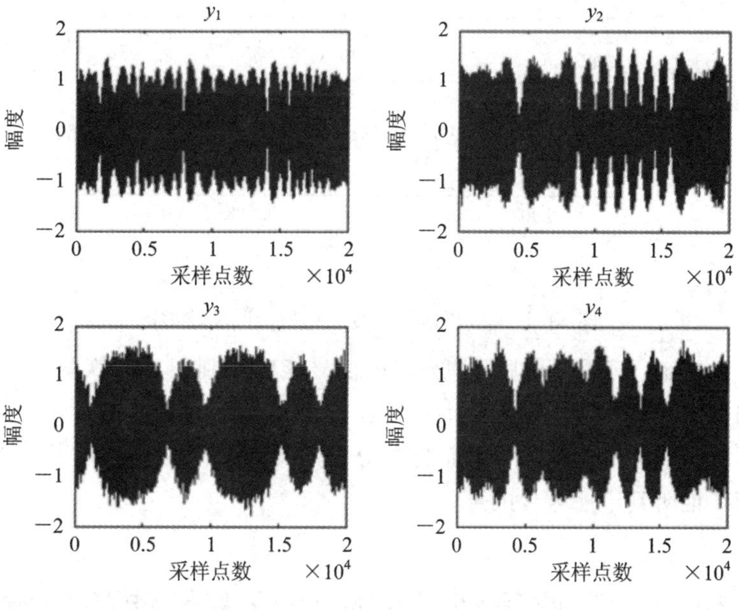

图 14.9　实验二 EASI 算法分离信号时域波形图

14.2.2　调频广播信号盲源分离

一路源信号是载频为 88.2 MHz 的调频广播信号，另一路源信号(也就是干扰信号)是同频单音调频信号，即载频为 88.2 MHz，调制信号为 1 kHz 的正弦波，频偏为 40 kHz，源信号电平为 20 dBm，同时为了使干扰信号的功率能覆盖广播电台的功率，对干扰信号采用功放进行放大。

接收端采用 5 元均匀圆阵，只用其中的 4 路信号，也就是说此时接收天线阵相当于一个非均匀的圆阵，接收机带宽为 20 MHz，中心频率为 70 MHz，首先将观测到的 4 路信号进行 A/D 变换，然后将其变换到零中频，采样频率为 56 MHz。

对接收后的 4 路信号去均值并白化后，采用 EASI 盲源分离算法进行分离，并对分离后的信号进行解调，结果如图 14.10 所示，图中，第一行表示对接收信号直接解调后的波形，第二、三行则分别表示对两个分离后的信号解调后的波形。图 14.10 中的纵坐标是经过 A/D 变换后的数值，这里只表示了信号幅度上的变化趋势，不代表信号的具体值，后面各图同上。

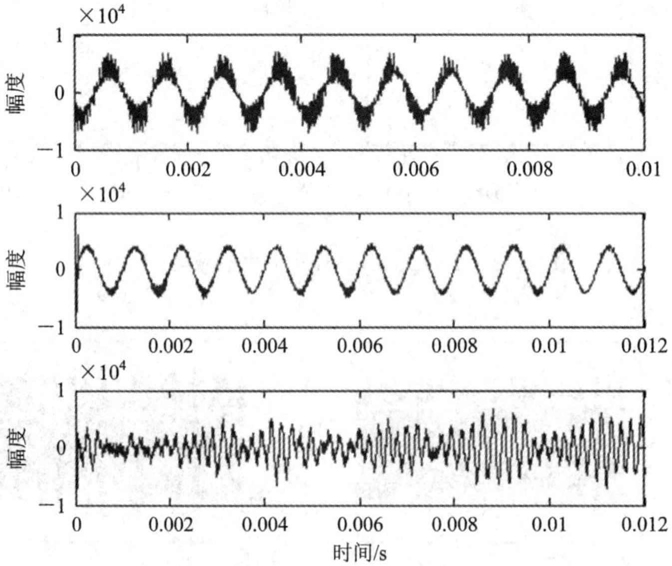

图 14.10　分离前后信号解调后的时域波形图

从图中可以看出，盲源分离后，调频广播信号能够得到很好的恢复。而且通过音响我们还可以听到，分离前接收到的是干扰和语音混杂在一起的嘈杂声音，当干扰比较大时，我们只能听到单音调频的干扰信号，而盲源分离后，接收到的是消除了干扰的语音信号，我们可以很清晰地听到广播电台的声音。

14.3　源信号载频间隔对分离性能的影响

实验一　源信号为单音调频和方波调频时载频间隔对分离效果的影响

实验一的两个源信号分别是：源信号 1 是单音调频，频偏为 25 kHz，调制信号频率 $f=1$ kHz，信号电平为 20 dBm，载频为 45 MHz；源信号 2 是方波调频，频偏为 25 kHz，调制信号频率 $f=500$ Hz，信号电平为 20 dBm，源信号 2 的载频分别为 45 MHz、45.002 MHz、

45.01 MHz。图 14.11～图 14.13 分别给出了不同载频时的分离结果，各图中最上面一行表示没有盲源分离时，对信号解调后的波形，中间一行和最下一行则表示了分离后对两个分离信号解调后的波形。

从这里我们可以看出，此时即使载频完全相同，也能将两个源信号很好地分开，载频差的改变，对分离效果的影响不大。

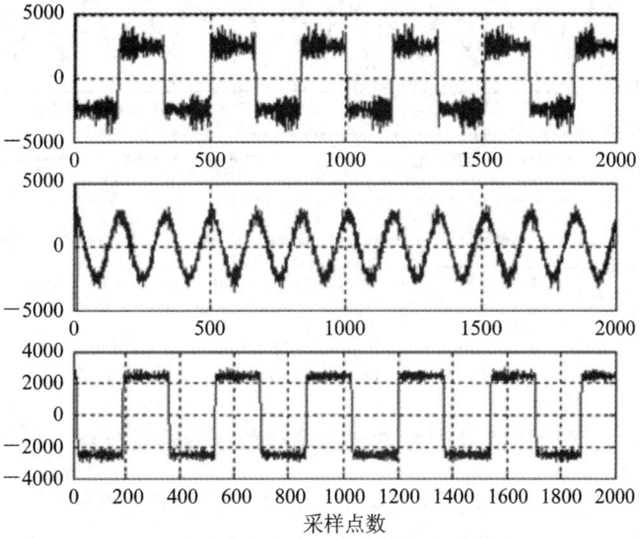

图 14.11　载频相同时分离前后信号解调后的波形图

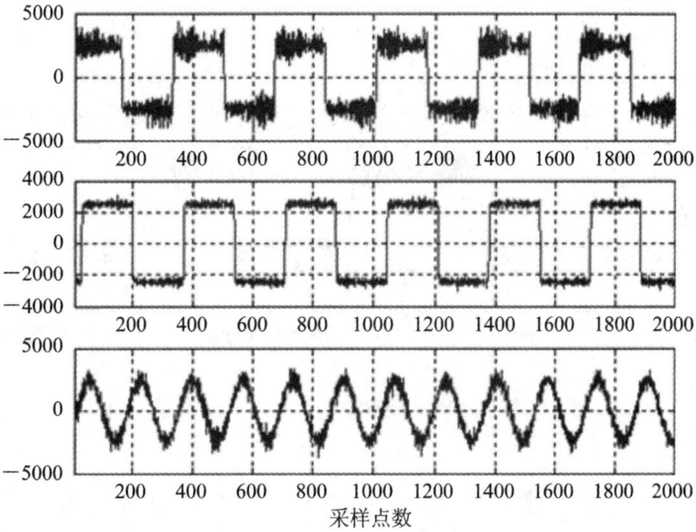

图 14.12　载频相差 2 kHz 时，分离前后信号解调后的波形图

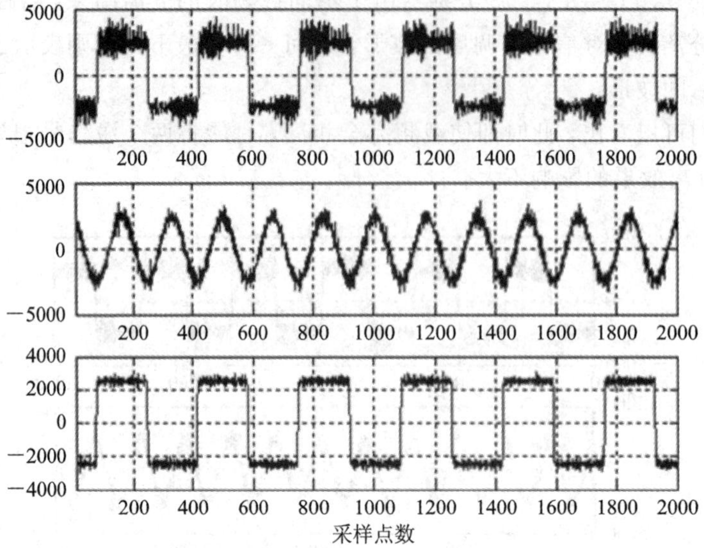

图 14.13　载频相差 10 kHz 时，分离前后信号解调后的波形图

实验二　两个源信号同为方波调频时载频间隔对分离效果的影响

实验二的两个源信号分别为：源信号 1 是方波调频信号，频偏为 25 kHz，调制信号的频率为 1 kHz(周期 1 ms)，电平为 20 dBm，载频为 45 MHz；源信号 2 是方波调频信号，频偏为 25 kHz，调制信号的频率为 400 Hz(周期 2.5 ms)，电平为 20 dBm，载频分别为 45.005 MHz、45.008 MHz、45.02 MHz、45.04 MHz。

图 14.14～图 14.17 分别给出了两个源信号不同载频间隔时的分离结果，各图中最上面一行表示没有盲源分离时，对信号解调后的波形，中间一行和最下一行则表示了分离后对两个分离信号解调后的波形。

从以上结果可以看出，两个方波调频信号的载频间隔越大，分离效果越好。

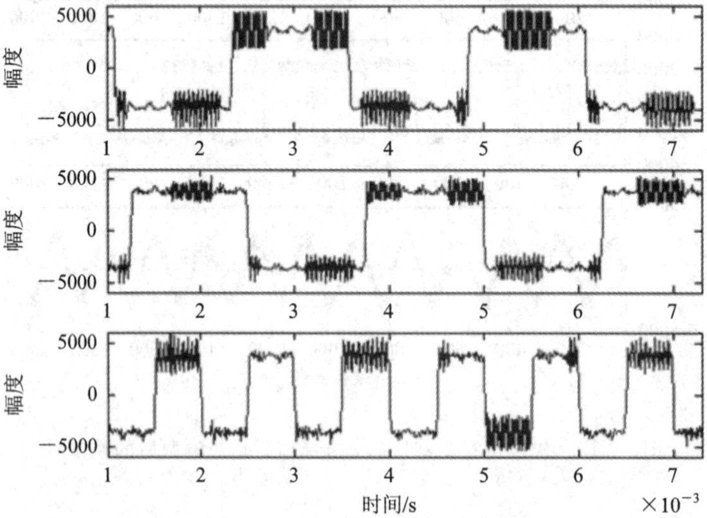

图 14.14　载频相差 5 kHz 时，分离前后信号解调后的波形图

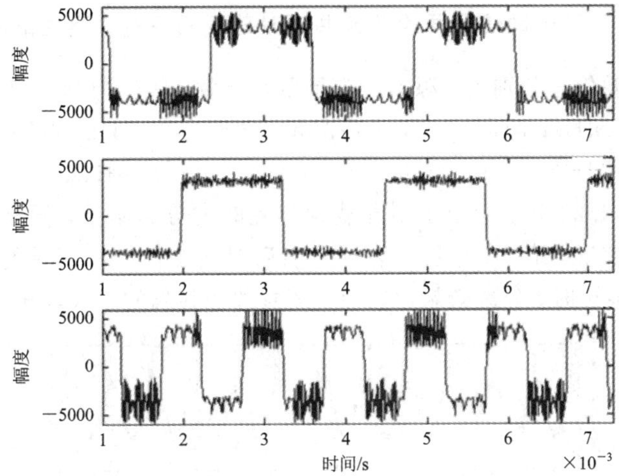

图 14.15　载频相差 8 kHz 时，分离前后信号解调后的波形图

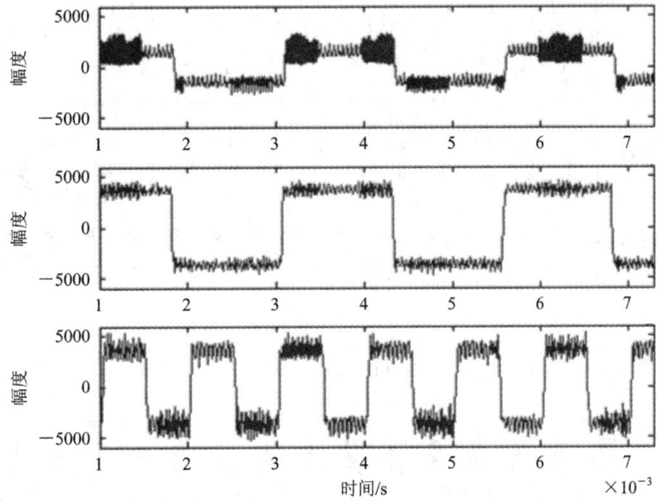

图 14.16　载频相差 20 kHz 时，分离前后信号解调后的波形图

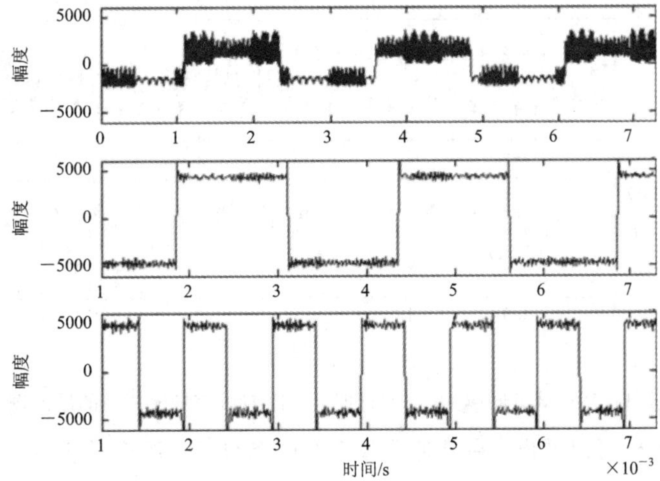

图 14.17　载频相差 40 kHz 时，分离前后信号解调后的波形图

实验三　两个源信号同为单音调频时载频间隔对分离性能的影响

实验三的两个源信号分别为：源信号 1 是单音调频，频偏为 25 kHz，调制信号频率为 10 kHz，载频为 45 MHz；源信号 2 是单音调频，频偏为 25 kHz，调制信号频率为 5 kHz，载频分别为 45.005 MHz、45.02 MHz、45.04 MHz、45.05 MHz。

图 14.18～图 14.20 分别给出了不同载频间隔时的分离结果，同样地，图中第一行表示分离前解调信号波形，第二、第三行表示分离后对两个信号解调后的波形。从图中可以看出，当载频间隔很小时，分离效果比较差，随着载频间隔的增大，分离效果越来越好。

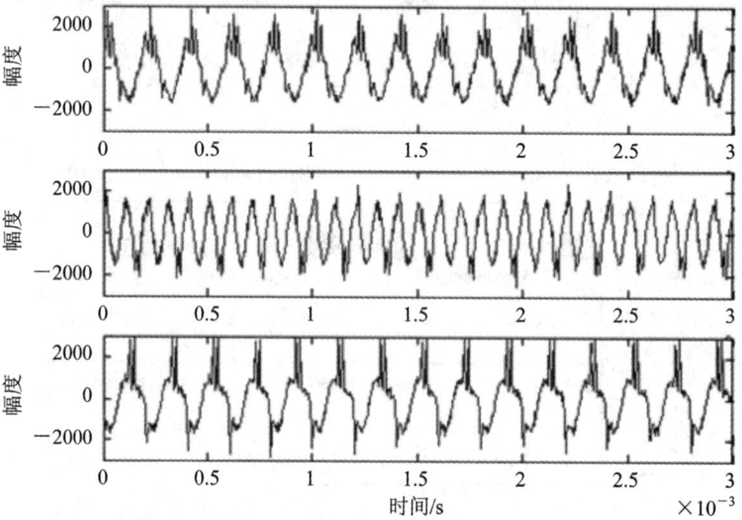

图 14.18　载频间隔为 5 kHz 时，分离前后信号解调后的波形图

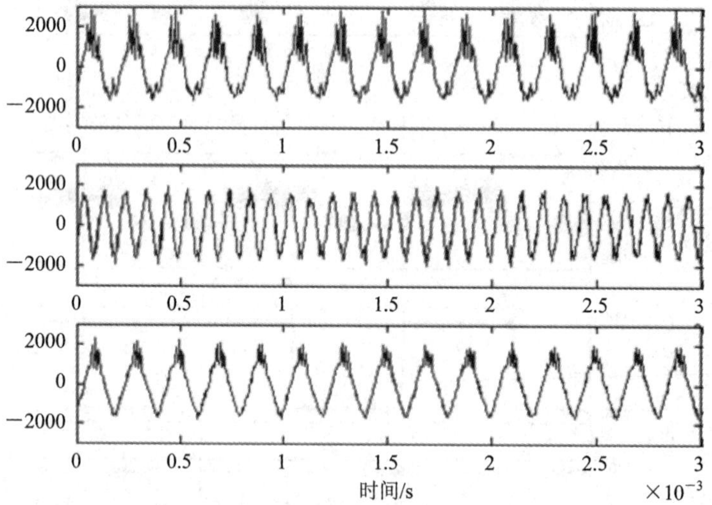

图 14.19　载频间隔为 20 kHz 时，分离前后信号解调后的波形图

从以上结果同样可以看出，在其他参数不变的条件下，两个单音调频信号的载频间隔越大，分离效果越好。

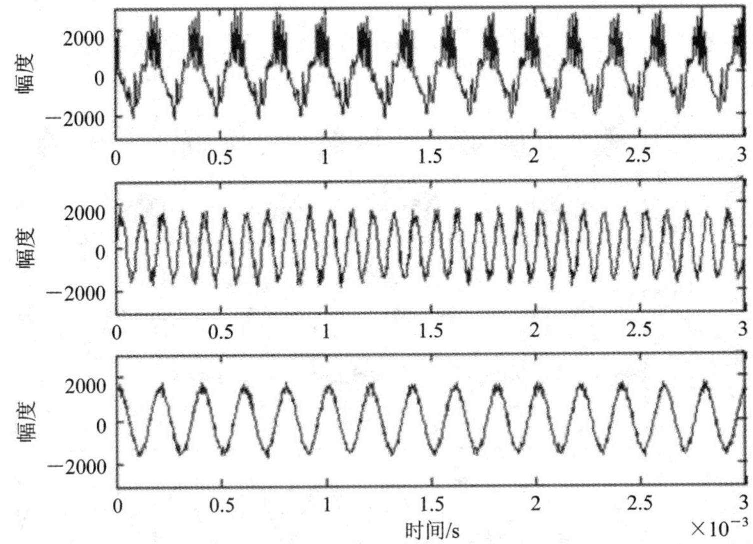

图 14.20　载频间隔为 40 kHz 时，分离前后信号解调后的波形图

14.4　信噪比对盲源分离性能的影响

假设两个源信号分别是：源信号 1 是单音调频信号，频偏为 25 kHz，调制信号频率为 1 kHz，载频为 45 MHz。源信号 2 是方波调频信号，频偏为 25 kHz，调制信号频率为 500 Hz(即周期为 2 ms)，载频为 45 MHz。

两个信号源产生的信号电平分别为 20 dBm、18 dBm、12 dBm、5 dBm。由于环境噪声不变，因此源信号电平减小，相当于信噪比降低，图 14.21～图 14.24 给出了不同信号电平条件下，盲源分离的结果。同样地，图中第一行表示分离前解调后的波形，第二、三行则表

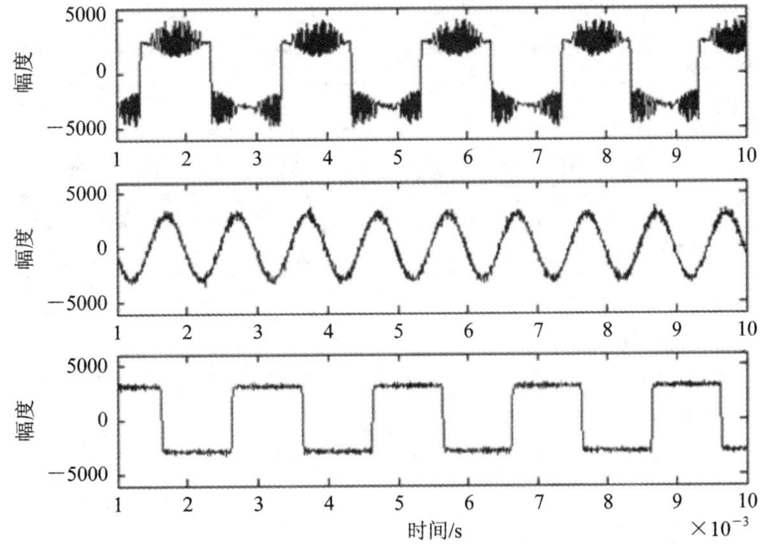

图 14.21　源信号电平为 20 dBm 时，分离前后信号解调后的波形图

示分离后的两个信号解调后的波形。

从图中可以看出，信号电平越小，即信噪比越低，盲源分离效果越差。

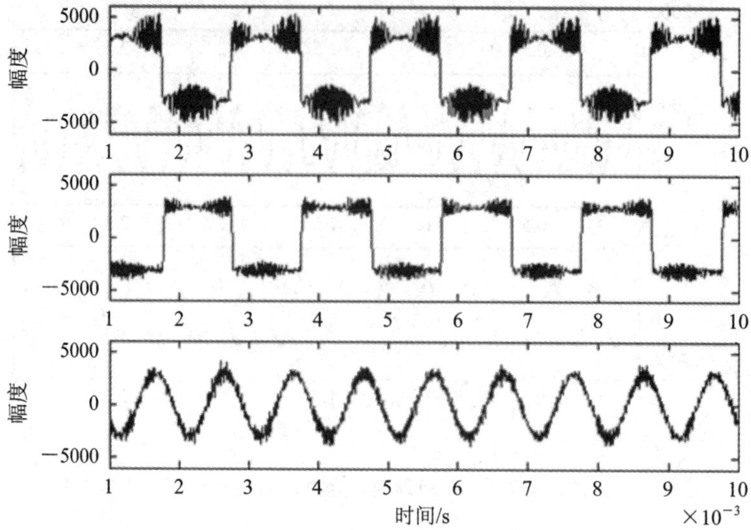

图 14.22　源信号电平为 18 dBm 时，分离前后信号解调后的波形图

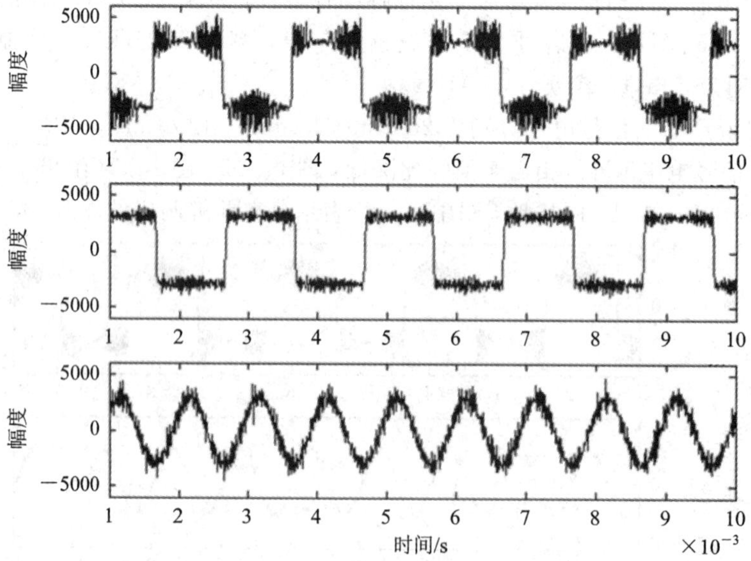

图 14.23　源信号电平为 12 dBm 时，分离前后信号解调后的波形图

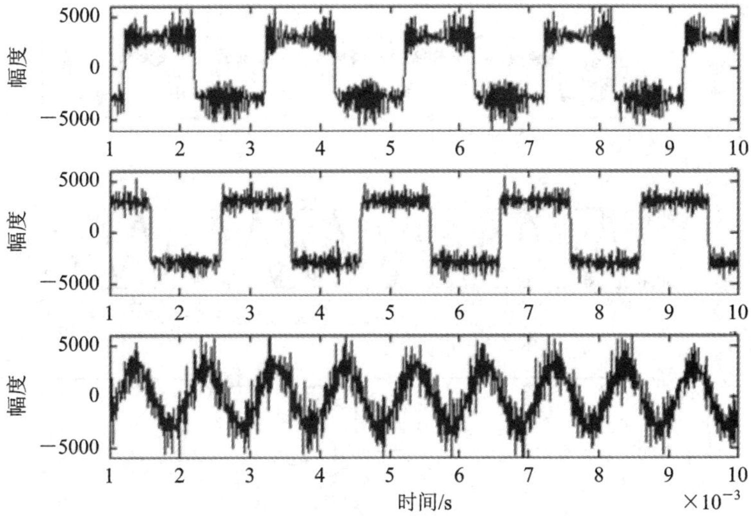

图 14.24　源信号电平为 5 dBm 时，分离前后信号解调后的波形图

14.5　盲源分离算法的空间分辨率实验

两个源信号分别为：源信号 1 是单音调频信号，载频为 400 MHz，频偏为 100 kHz，调制信号频率为 5 kHz；源信号 2 是方波调频信号，载频为 400 MHz，频偏为 100 kHz，调制信号频率为 2 kHz。

两个源信号之间的夹角分别为 0°12′、0°37′、2°30′、4°47′、8°，信噪比近 60 dB，图 14.25～图 14.29 是不同夹角时的仿真结果。图中第一行表示没有分离时信号解调后的波形，第二、三行表示分离后得到的两个信号解调后的波形。

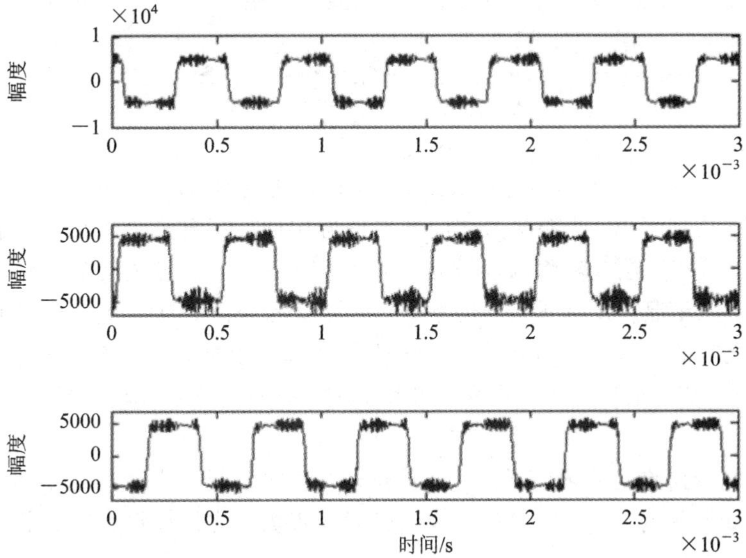

图 14.25　夹角为 0°12′时分离前后信号解调后的波形图

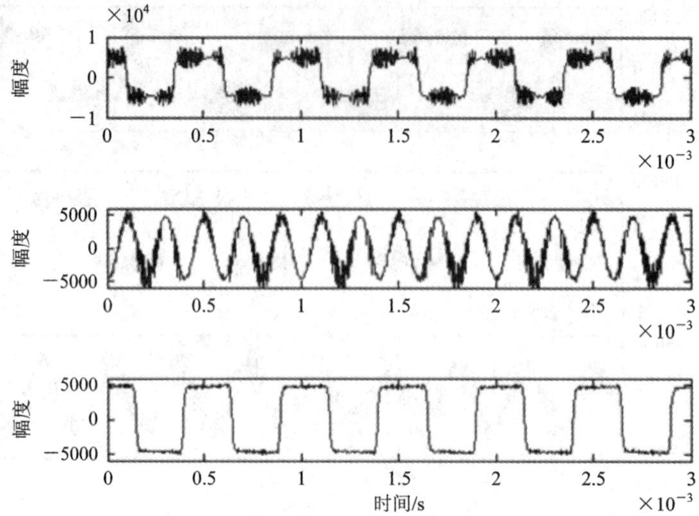

图 14.26　夹角为 0°37′时分离前后信号解调后的波形图

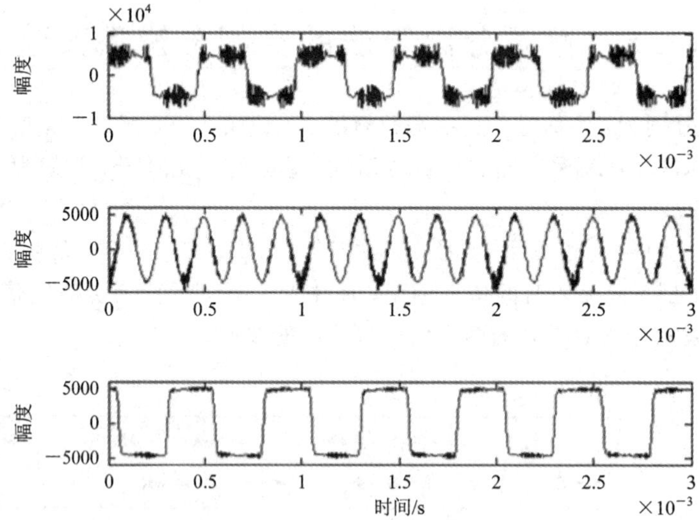

图 14.27　夹角为 2°30′时分离前后信号解调后的波形图

从图 14.25 可以看出，当源信号之间的夹角为 0°12′时，分离前后得到的解调信号波形几乎没有变化，分离算法无法将源信号分开，这是因为两个信号之间的夹角太小，混合矩阵接近奇异，不满足混合矩阵非奇异的条件，因此盲源分离算法失效。从图 14.26 中可以看出，当信号之间的夹角增大到 0°37′时，分离算法基本上能将两个源信号分开，只是分离效果不是特别好，当源信号之间的夹角继续增大时，盲源分离效果越来越好，如图 14.27～图 14.29 所示。

由上述空间分辨率实验可以看出，盲源分离算法的空间分辨率还是很高的，当然这里之所以能达到如此好的效果，主要是因为信号载频很大，波长很短，阵元半径与信号波长的比值较大(该实验中为 0.8)，因而即使源信号之间的夹角很小，混合矩阵的条件数依然很小，即混合矩阵的非奇异性较好，因此盲源分离算法依然能较好地分离出源信号。如果

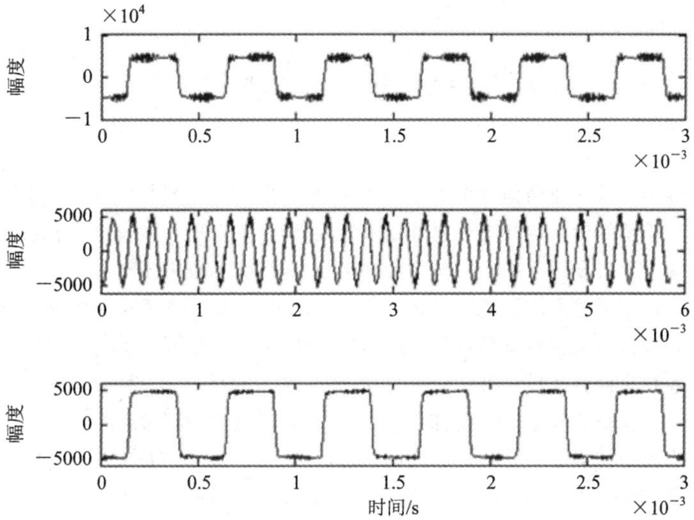

图 14.28 夹角为 4°47′时分离前后信号解调后的波形图

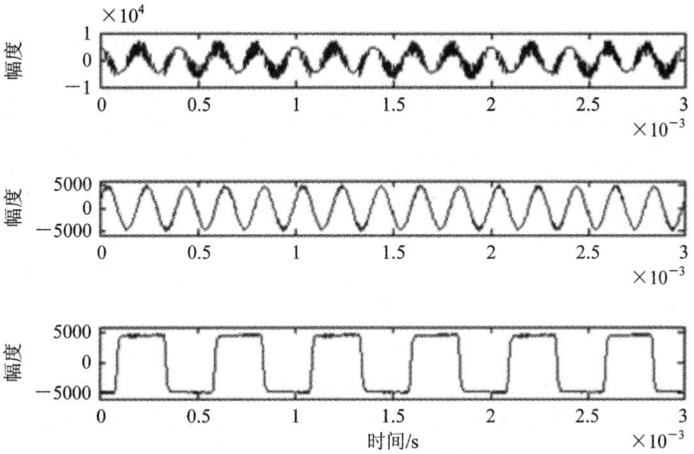

图 14.29 夹角为 8°时分离前后信号解调后的波形图

阵元半径与信号波长的比值减小，则空间分辨率也会降低。另外，本次实验中，源信号个数只有两个，如果增加源信号个数，则相应的空间分辨率也会有所下降。

本章小结

本章利用实际的发射和接收设备，在改变不同参数的情况下，利用盲源分离算法对接收到的混合信号进行盲分离，并对分离后的信号进行解调，同时为了便于对比，我们还直接将分离前的某一路混合信号进行解调，从而将分离前后的解调信号波形进行比较。实验结果表明：当两个源信号都是单音或都是方波调频时，在其他参数相同的情况下，载频间隔越大，分离效果越好；在其他参数不变的情况下，源信号功率发射越大，或者说信噪比越大，分离效果越好；在其他参数不变的情况下，两个源信号之间的夹角越大，分离效果越好。

参 考 文 献

[1] 付卫红. 盲源分离及其在通信侦察中的应用研究[D]. 西安电子科技大学，2007.

[2] 陈杰虎. 基于压缩感知的欠定盲源分离源信号恢复算法研究[D]. 西安电子科技大学，2015.

[3] 农斌. 欠定盲源分离混合矩阵估计与源信号恢复研究[D]. 西安电子科技大学，2017.

[4] 田德艳. 面向欠定盲源分离的压缩感知稀疏重构算法研究[D]. 西安电子科技大学，2017.

[5] 李爱丽. 欠定盲源分离混合矩阵估计算法的研究[D]. 西安电子科技大学，2014.

[6] 赵祎晨. 频域卷积盲源分离排序算法研究[D]. 西安电子科技大学，2022.

[7] 张琮. 卷积混合盲源分离频域算法研究[D]. 西安电子科技大学，2019.

[8] 周薪彪. 欠定盲源分离混合矩阵估计算法的研究[D]. 西安电子科技大学，2018.

[9] CARDOSO J F. Blind Identification of Independent Components with Higher Order Statistics[C]. Proc. Workshop on Higher-Order Spectral Analysis. 1989：157－160 .

[10] COMON P. Independent Component Analysis，a New Concept [J]. Signal processing. 1994，36 (2)：287－314.

[11] BELL A J and SEJNOWSKI T J. An Information-Maximization Approach to Blind Separation and Blind Deconvolution[J]. Neural Computation. 1995，7(6)：1129－1159.

[12] CARDOSO J F，and LAHELD B H. Equivariant adaptive source separation[J]. IEEE Trans. Signal Processing. 1996，44(12)：3017－3030.

[13] AMARI S and CICHOCKI A. Adaptive Blind Signal Processing：Neural Network Approaches[J]. Proceeding of IEEE. 1998，86 (10)：2026－2047.

[14] HYVARINEN A and OJA E. A Fast Fixed-Point Algorithm for Independent Component Analysis[J]. Neural compotation. 1997，9(7)：1483－1492.

[15] RATH G，GUILLEMOT C. A Complementary Matching Pursuit Algorithm for Sparse Approximation[C]. 2008 16th European Signal Processing Conference. 2008：1－5.

[16] RATH G，GUILLEMOT C. Sparse Approximation with an Orthogonal Complementary Matching Pursuit Algorithm [C]. 2009 IEEE International Conference on Acoustics，Speech and Signal Processing. 2009：3325－3328.

[17] VIDYA L，VIVEKEANAND V，SHYAMKUMAR U，et al. RBF-Network Based Sparse Signal Recovery Algorithm for Compressed Sensing Reconstruction[J]. Neural Networks. 2015，63(3)：66－78.

[18] MOHIMANI B，MASSOUD C. A Fast Approach for Overcomplete Sparse Decomposition Based on Smoothed L0 Norm[J]. IEEE Transactions on Signal Processing. 2009，1(5)：289－301.

[19] EFTEKHARI A，BUBAIE M，JUTTEN C. Robust-SL0 for Stable Sparse Representation in Noisy Settings[C]. 2009 IEEE International Conference on Acoustics，Speech and Signal Processing. April 2009：3433－3436.

[20] FIGUEIREDO M，NOWAK D and WRIGHT S. Gradient Projection for Sparse Reconstruction Application to Compressed Sensing[J]. IEEE Journal of Selected Topics in Signal Processing. 2007，1(4)：586－597.